一流本科专业一流本科课程建设系列教材

桩基设计与计算

第 2 版

姚笑青　张陈蓉　编

机械工业出版社

本书内容主要包括三大部分，一是桩基计算理论，主要介绍桩基的承载力与位移计算理论；二是桩基础的设计，包括桩基础的常规设计、复合疏桩基础的设计以及抗滑桩的设计；三是桩基施工与检测，简要介绍桩基施工方法、桩基现场大吨位试桩技术及桩基工程的检测方法。本书的重点内容是桩基础的设计与计算，编写中选用较成熟的计算理论及实践中常用的设计方法，并紧密结合现行的相关规范。

本书配有例题、设计算例及思考题，可作为土木工程专业高年级本科生及研究生桩基工程课程的教材，也可作为注册岩土工程师及注册结构工程师执业资格考试相关内容的复习教程，同时可供土木工程、交通工程、道路桥梁与渡河工程等专业技术人员参考和使用。

本书配套有教学大纲、授课PPT、视频等教学资源，免费提供给选用本书的授课教师，需要者请登录机械工业出版社教育服务网（www.cmpedu.com）注册后下载。

图书在版编目（CIP）数据

桩基设计与计算/姚笑青，张陈蓉编. —2版.—北京：机械工业出版社，2024.1

一流本科专业一流本科课程建设系列教材

ISBN 978-7-111-75120-5

Ⅰ.①桩… Ⅱ.①姚… ②张… Ⅲ.①桩基础－设计－高等学校－教材 ②桩基础－计算－高等学校－教材 Ⅳ.①TU473.1

中国国家版本馆 CIP 数据核字（2024）第 036905 号

机械工业出版社（北京市百万庄大街22号 邮政编码100037）
策划编辑：李 帅 责任编辑：李 帅 刘春晖
责任校对：樊钟英 封面设计：张 静
责任印制：李 昂
北京捷迅佳彩印刷有限公司印刷
2024年4月第2版第1次印刷
184mm×260mm · 19.5印张 · 442千字
标准书号：ISBN 978-7-111-75120-5
定价：63.80 元

电话服务 网络服务
客服电话：010-88361066 机 工 官 网：www.cmpbook.com
010-88379833 机 工 官 博：weibo.com/cmp1952
010-68326294 金 书 网：www.golden-book.com
封底无防伪标均为盗版 机工教育服务网：www.cmpedu.com

党的二十大报告中指出："加快建设制造强国、质量强国、航天强国、交通强国、网络强国、数字中国。"桩基础是建筑工程、桥梁工程、港口工程和海洋工程等工程中的主要基础形式之一，在我国有着广泛的应用。桩基工程的实践性和理论性都很强，设计施工人员不仅要依据相关规范，还需从桩基工程的基本原理出发，综合考虑上部结构荷载、地质条件、施工技术及经济条件等因素，才能保证桩基础的安全、经济、合理及施工的方便、环保。

在我国以往的土木工程专业本科教学中，只在地基基础类教材中安排一章讲授桩基础。显然，无论是课时还是内容都不能满足日益增长的桩基工程教学要求，故近些年来各大院校相继在本科阶段增设了桩基工程的专业必修课或选修课。但目前我国桩基础教材类书籍并不多，且在内容设置上还不够完整合理，譬如，有的偏重于桩基规范及施工而设计计算理论偏少偏浅，不能很好地满足课堂理论教学；有的在桩基设计方面内容不够全面，未很好地反映实际工程的应用情况；有的包含了较多的作者本人的研究成果，有的理论内容过多过深，主要适合研究生教学。因此编写和出版桩基设计与计算教材是为了满足桩基工程教学的迫切需求，同时也可满足广大设计施工人员对于桩基理论与设计实践相结合的需求。

同济大学十几年前就在土木工程专业本科生中开设了桩基设计与计算选修课程，目前已将该课程设为岩土工程专业方向的必修课。编者长期担任该门课程的教学工作，并结合我国桩基工程实践及课堂教学要求编写了本书。在多年的教学过程中，桩基工程课堂教学的内容体系不断完善，同时第1版教材经过多年的试用也日趋成熟，由第1版教材出版第2版教材已是水到渠成。

本书内容主要包括三大部分：一是桩基计算理论，主要介绍竖向受荷桩基的承载力与沉降计算理论、水平向受荷桩基的承载力与位移计算理论；二是桩基础的设计，包括桩基础的常规设计方法、复合疏桩基础的设计以及抗滑桩的设计；三是桩基施工与检测，简要介绍桩基施工方法及工艺、桩基现场大吨位试桩技术及桩基工程的检测。

本书的编写以桩基础的设计与计算为主，对于桩基施工与检测内容做概要介绍。对于桩基的设计与计算，选用较成熟的理论及实践中常用的方法，特别是结合现行的相关规范进行编写。教材编写力求内容体系完整、基本概念清晰、理论叙述简明、设计方法成熟实用。

编者在编写本书过程中，参考了国内外桩基工程相关文献资料，特别是国内的桩基规范、桩基手册及相关教材，谨此向这些作者表示衷心感谢。同行朋友们也给教材编写提出了不少宝贵意见，特别是楼晓明老师和梁发云老师为本书提供了很多资料，在此一并表示感谢！

由于编者水平和能力的局限，书中难免存在不妥之处。恳请读者提出批评和建议，以提高教材质量和水平。

编 者

2023 年 12 月于同济大学

CONTENTS

目　录

第 1 章

绪 论

　　建筑物都是建造在一定的地层上的，其荷载都是由它下面的地层来承担。受建筑物荷载影响的那部分地层称为该建筑物的地基，建筑物向地基传递荷载的下部结构则称为基础。基础分为浅基础和深基础两大类，浅基础和深基础并没有一个明确的深度界限，主要是从施工方法方面来判别的。当基础埋置深度不大，可以采用比较简便的施工方法建造，即只需经过挖坑、排水、浇筑基础等施工工序就可以建造的基础统称为浅基础；反之，若浅层土质不良，需把基础置于深处好的地层上时，就要借助于特殊的施工方法来建造深基础了。深基础主要有桩基础、沉井基础和地下连续墙等形式，其中以桩基础的历史最为悠久，其应用也最为广泛。

火神山、
雷神山医院

地基基础方案

▶▶ 1.1　桩基础的定义及应用

1.1.1　桩基及基桩的定义

　　桩是深入土层的柱形杆件，其作用是将上部结构的荷载传递给土层或岩层。

　　桩基础简称桩基，由桩和承台组成（见图 1-1），是通过承台把若干根桩的顶部连接成整体，共同承受荷载的一种深基础。基桩特指桩基础中的单桩。

1.1.2　桩的承载功能及承载机理

　　桩的承载功能主要是在保证自身结构强度的前提下将其承担的荷载传递给地基：

　　1）承受竖向压力荷载时，桩身通过桩端阻力和桩侧摩阻力将桩顶竖向荷载传递给地基（见图 1-2a）。

　　2）承受水平荷载时，桩身通过桩侧土层的侧向抗力将桩顶水平荷载传递给地基（见图 1-2b）。

　　3）承受上拔荷载时，桩身主要通过桩侧摩阻力将桩顶上拔荷载传递给地基（见图 1-2c）。

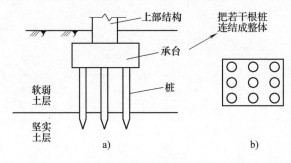

图 1-1 桩基础示意图

a）剖面图 b）平面图

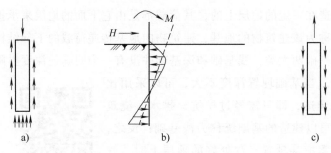

图 1-2 桩的承载机理示意图

a）竖向受压桩 b）水平受荷桩 c）抗拔桩

1.1.3 桩基础的适用情况

桩基础具有承载力高、稳定性好、沉降量小而均匀、便于机械化施工、适应性强等特点。对下述情况，一般可考虑选用桩基础方案：

1）荷载较大需由深部良好土层承担，如浅部土层较软，或浅部土层会被冲刷等。

2）建筑物对沉降量及不均匀沉降的要求较高。

3）需承受较大的水平荷载，如高层建筑、桥台、码头等。

4）需承受较大的上拔荷载，如地下车库、干船坞等底板受较大的水浮力等。

5）需考虑抗震及减震要求，如受地震或机器动力荷载作用时，设置桩基可穿越液化土层，减少振幅。

6）需水下机械化施工。

▶▶ 1.2 桩基础的分类

1.2.1 按桩身材料分类

根据桩身材料，可将桩分为木桩、混凝土桩、钢桩、组合材料桩。

木桩一般需经防腐处理，适用于水位以下，目前只用于临时性工程；混凝土桩指由素混凝土、钢筋混凝土或预应力钢筋混凝土制成的桩；钢桩指采用钢材制成的钢管桩和 H 型钢桩；组合材料桩指由两种材料组合而成的桩，如钢管混凝土桩，或桩身分段采用木桩、钢桩或混凝土桩。

1.2.2 按成桩方法分类

根据成桩方法（施工工艺），可将桩分为预制桩和灌注桩两大类，常见桩型如图 1-3 所示。

图 1-3 常见桩型

a）预制混凝土方桩 b）灌注桩 c）钢管桩 d）PHC 管桩

1. 预制桩

预制桩施工包括制桩和沉桩两个阶段。首先在工厂或施工现场预先制作成桩，然后由机械将桩打入、压入或振入土中进入持力层。常见型号和规格如下：

1) 钢筋混凝土实心方桩和空心方桩（静压法）最常见断面尺寸为 300mm×300mm ~ 500mm×500mm；工厂预制长度 $L \leqslant 12m$，现场制作长度可达 25 ~ 30m。接桩的方法有钢板角钢焊接、法兰盘螺栓和硫黄胶泥锚固等。

2) 预应力钢筋混凝土空心方桩常见截面为 500mm×500mm 和 600mm×600mm；PHC 管桩（高强度预应力管桩）常见截面为外径 $\phi500mm$、$\phi600mm$、$\phi800mm$、$\phi1000mm$，壁厚 90 ~ 130mm。桩段长 8 ~ 15m，接桩采用端板电焊或螺栓连接等。

3) 钢桩主要有钢管桩和 H 型钢桩两种类型。钢管桩系由钢板卷焊而成，常见直径有 $\phi406mm$、$\phi609mm$、$\phi914mm$、$\phi1200mm$，壁厚通常为 10 ~ 20mm。工厂预制桩段长度 $L \leqslant 15m$。

2. 灌注桩

灌注桩施工是先成孔然后再灌注成桩。按成孔方式有钻孔灌注桩、沉管灌注桩和人工挖孔灌注桩。钻孔灌注桩常见规格是ϕ600mm～ϕ1000mm，可达ϕ2m以上，桩长L可达100m以上。沉管灌注桩常见规格有ϕ325mm，ϕ377mm，ϕ425mm，一般桩长$L \leqslant$30m。

目前，还有不断涌现的新桩型和新工艺，如挤扩支盘灌注桩和后注浆工艺。挤扩支盘桩如图1-4所示，由主桩、底盘、中盘、顶盘及数个分支所组成。根据地质情况在硬土层中设置分支及承力盘。通过液压挤扩设备，对各分支和承力盘周围土体施以三维静压，经挤密的周围土体与混凝土桩身、支盘紧密地结合为一体，发挥桩土共同承载作用。支盘桩的承力盘盘径较大，如ϕ600mm～ϕ1000mm的主桩，盘径可达2000mm，其面积可达主桩截面的4倍，若加上各盘环和各分支的面积总共可达20倍主桩截面面积。灌注桩的后注浆工艺，就是利用钢筋笼底部和侧面预先埋设的注浆管，在成桩后一定时间用高压泵进行高压注浆，后注浆技术包括桩底后注浆、桩侧后注浆和桩底桩侧复式后注浆。浆液通过渗入、劈裂、填充、挤密等作用与桩体周围土体相结合，固化桩底沉渣和桩侧泥皮，起到提高承载力、减少沉降等效果。

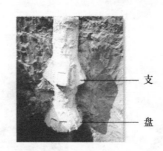

图1-4　挤扩支盘桩

1.2.3　按成桩对环境的挤土影响分类

根据成桩对环境的挤土影响（即挤土效应）可将桩分为挤土桩、部分挤土桩和非挤土桩。部分预制桩（如实心混凝土桩及封底管桩）、沉管灌注桩都属于挤土桩；部分预制桩（如开口式管桩、H型钢桩）属于部分挤土桩；钻孔桩、挖孔桩则属于非挤土桩。

1.2.4　按桩的几何尺寸及特征分类

根据桩径d的大小可将桩分为小直径桩（$d \leqslant$250mm）、中等直径桩（250mm$< d <$800mm）及大直径桩（$d \geqslant$800mm）。

根据桩的截面形状分主要有圆形、方形、矩形、三角形及H形截面桩等。

根据桩尖（端）形式分有锥形桩、平底桩、扩头桩。

1.2.5　按桩基的承载功能和机理分类

根据桩基的承载功能可将桩分为竖向抗压桩、竖向抗拔桩、水平受荷桩和复合受荷桩。

竖向抗压桩按承载机理，分为摩擦型桩和端承型桩两类。摩擦型桩是指在竖向极限荷载作用下，桩顶荷载全部或主要有桩侧阻力承受；端承型桩是指在竖向极限荷载作用下，桩顶荷载全部或主要有桩端阻力承受。

水平受荷桩分主动桩和被动桩两类。主动桩是指桩直接承受外荷载，并主动向桩周土中传递应力，如承受风力、地震力、车辆制动力等水平荷载的构筑物桩基属于主动桩。被动桩是指桩不直接承受外荷载，只是由于桩周土在自重或外荷下发生变形或运动而受到影响，是被动承受侧向土压力，如基坑支护桩、港口码头及路堤边坡的抗滑桩等属于被动桩。

1.2.6 按桩基承台位置分类

根据承台位置可将桩基分为低承台桩基（见图 1-5a）和高承台桩基（见图 1-5b）。承台底面位于地面（或冲刷线）以下的为低承台桩基；承台底面位于地面（或冲刷线）以上的为高承台桩基。

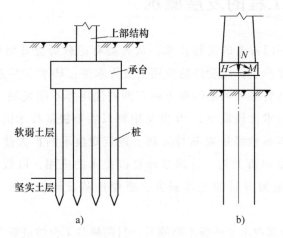

图 1-5 桩基按承台位置分类

a）低承台桩基 b）高承台桩基

高承台桩基由于承台位置较高或设在施工水位以上，可避免或减少墩台的水下作业，施工较为方便，且更经济。但是，高承台桩基刚度较小，在水平力作用下，由于承台及基桩露出地面的一段自由长度周围无土来共同承受水平外力，基桩的受力情况较为不利，桩身内力和位移都将大于在同样水平外力作用下的低承台桩基，在稳定性方面也不如低承台桩基好。

1.2.7 按桩轴方向分类

根据桩轴方向，基桩可分为竖直桩、单向斜桩和多向斜桩（见图 1-6）。竖直桩能承受较大的竖向荷载，同时也可承受一定的水平荷载，工业民用建筑大多以承受竖向荷载为主，因而多用竖直桩。斜桩的特点是能够承受较大的水平荷载，但需要相应的施工设备和工艺，如桥梁工程中的拱桥墩台等推力体系结构物中的桩基往往通过设置斜桩来承受上部结构传递来的较大的水平荷载。

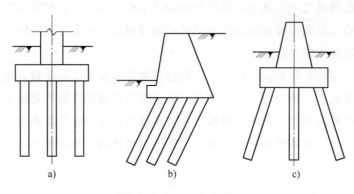

图 1-6 竖直桩与斜桩

a）竖直桩 b）单向斜桩 c）多向斜桩

1.3 桩基工程的发展概况

桩基工程技术是一门古老的工程技术，从人类有记载历史开始就有使用了。19 世纪之前为桩基技术的初级阶段，此阶段的应用主要为木桩；19 世纪后期至 20 世纪中叶为桩基技术的发展阶段，钢管桩和钢筋混凝土桩逐渐被使用并不断发展，但此阶段桩型不多，桩基设计理论和施工技术比较简单；20 世纪中期以后是桩基技术的现代化阶段，随着第二次世界大战之后世界各地经济复苏与发展，建筑规模不断扩大使桩基工程得到快速发展，出现了许多新桩型和新工艺。特别是计算机技术的应用，以数值分析为基础的理论研究以及以现代建筑业为背景的工程研究，更使桩基设计理论及施工水平上了一个新台阶。

桩基工程领域各方面的水平还将不断攀升，目前桩基工程的最新进展可简要概括为以下几方面：

1）在桩基础的施工工艺和施工技术方面，新桩型、新工艺不断涌现并应用于工程实践中。如桩端（侧）后注浆技术、长螺旋压灌灌注桩、挤扩支盘桩等新技术新桩型的应用日益增多；为满足超高层建筑及特大桥梁等工程建设的需要，大桩径超长桩的使用越来越多；随着人们对建筑环境保护要求越来越高，一些新的环保施工技术也将得到快速发展。

2）在设计计算方面，一些新的设计理念、设计方法及设计软件不断发展完善。如桩基础的变形控制设计理论与变刚度设计方法、桩基与上部结构共同作用理论及其设计方法、复合疏桩基础设计方法、复合受荷桩的计算、为适应新桩型发展而提出的一些计算方法等，使桩基设计更趋安全经济合理。

3）在桩基础的试验与检测方面，先进的测试技术及测试设备将有力支持桩基工程的试验研究和工程测试。如室内各类模型试验、室内离心试验、现场大吨位载荷试验以及现场桩基检测等测试技术和测试水平都在不断提高。

▶▶ **1.4 桩基设计与计算概述**

1.4.1 桩基础设计的总原则和技术要求

桩基础设计必须做到长久安全、经济合理、施工方便和环保。为保证桩基础设计的安全性，需满足以下技术要求：

1）桩基荷载不应超过地基的承载能力。

2）桩基变形应小于允许变形值。

3）桩基结构（包括承台和桩身）应有足够的强度、刚度及耐久性。

1.4.2 桩基础设计计算内容及其方法

桩基础设计包括桩基方案的确定（即狭义上的桩基设计）、具体计算或验算、计算结果分析和施工图绘制四大部分。桩基方案设计部分主要包括桩基类型的确定、桩身截面和桩长的确定、桩数拟定及平面布置、桩身结构及承台结构设计。桩基计算内容主要包括桩基承载力验算、桩基变形计算及桩基结构强度验算等。

桩基设计时应重视桩基的概念设计思想。所谓桩基的概念设计，就是将土力学概念、力学的概念、岩土性质的基本概念、地下水的渗流概念、各种施工工艺的特点、各种结构体系的特点、桩土与结构的共同作用、桩基实践经验等综合应用到桩基设计计算的各环节中。具体而言，桩基概念设计主要包括以下几部分：利用基本概念确定拟设计桩基的关键控制点；利用基本概念进行桩的设计和布置；利用基本概念对计算结果进行分析，进一步优化桩基方案；利用基本概念解决桩基工程中的一些疑难问题。总之，建立在基本概念和实践经验基础上的概念设计，可以避免发生难以补救的原则性错误，有利于实现桩基设计的经济合理和安全适用。

桩基础的计算应分别按桩基的承载力极限状态和正常使用极限状态进行验算。承载力极限状态验算包括地基持力层和软弱下卧层对桩基础支承作用的承载力验算（以下简称为桩基承载力验算）、桩基础稳定性验算、桩身和承台的结构强度验算；而正常使用极限状态验算包括桩基础沉降量和水平位移的验算、桩身裂缝验算等。

承载力极限状态验算方法主要有两类，一类是基于容许承载力的定值设计法，另一类是以概率理论为基础的极限状态设计法。

定值设计法是将荷载和抗力看成不变的定值，根据经验确定的安全系数来度量桩基的可靠度。实际上，荷载、承载力、变形参数的实测值都不是定值，而是具有变异性和不确定性的随机变量，因此，定值设计法的可靠度实际上是不明确的，在采用相同安全系数条件下，不同地质条件、不同桩基形式、不同桩型、不同成桩工艺和不同性质荷载下的桩基，其实际可靠度是不同的。当然，定值设计法之所以能在长时间内被作为常规方法使用，有其可取之处，如较为简单实用，而且也并非全靠经验决定问题，确定容许承载力时已同时考虑了地基的强度及变形要求，实践证明是合理可行的。

桩基概率极限状态设计法是以可靠指标度量桩基的可靠度，它包含两个方面的内容：一是桩基的承载力取不发生破坏或因变形过大无法继续承载的最大值；二是以概率理论为基础，在对荷载效应、抗力进行统计分析的基础上，使桩基的失效概率符合规定的限值，即达到一定的可靠度。实际应用时该法采用以各基本变量的标准值和分项系数表示的设计表达式来进行计算。

目前，对于桩基承载力验算，大多数规范采用容许承载力法（属于定值设计法），荷载效应取标准组合、抗力取承载力特征值或承载力容许值；对于桩身及承台结构强度验算，一般都采用分项系数法（即概率极限状态设计法），荷载效应取基本组合、抗力取强度设计值。

1.4.3　本书主要内容

本书主要介绍桩基础的计算理论及设计方法，同时简要介绍桩基施工技术、桩基试验和检测方法。具体分为以下三大部分：

1）桩基计算理论。主要介绍竖向受荷桩基的承载力与沉降计算理论、水平向受荷桩基的承载力与变形计算理论。

2）桩基础设计方法。包括桩基础常规设计、复合疏桩基础设计以及抗滑桩的设计。

3）桩基施工与检测。简要介绍桩基施工方法、桩基现场大吨位试桩技术及桩基的动力检测方法。

CHAPTER 2

第 2 章

竖向受荷桩基的承载力

▶▶ 2.1 单桩的竖向抗压承载性状

桩的作用就是把桩顶荷载 P 传递给地基，它是通过桩侧摩阻力 Q_s 及桩端阻力 Q_p 来传递的（见图 2-1），可由下式表达

$$P = Q_s + Q_p = q_s UL + q_p A_p \tag{2-1}$$

式中　Q_s——桩侧总摩阻力（kN）；

　　　Q_p——桩端总阻力（kN）；

　　　q_s——桩侧单位面积上的摩阻力，简称桩侧摩
　　　　　　阻力（kPa）；

　　　U——桩身截面周长（m）；

　　　L——桩长（m）；

　　　q_p——桩端单位面积上的阻力，简称桩端阻
　　　　　　力（kPa）；

　　　A_p——桩端全截面面积（m²）。

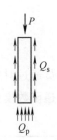

图 2-1　桩的荷载传递示意图

2.1.1 桩的荷载传递

2.1.1.1 影响桩侧阻力和桩端阻力的因素

1. 荷载传递函数

桩是通过桩侧摩阻力及桩端阻力把桩顶荷载传递给地基的。荷载传递过程是一个复杂的动态过程。当桩顶不受力时，桩静止不动，桩侧、桩端阻力为零；当桩顶受力后，桩发生一定的沉降，桩侧阻力和桩端阻力随之发挥出来，并与桩顶荷载平衡，沉降稳定；随着桩顶荷载的增大，沉降也随之增大，桩侧、桩端阻力也相应地增大，以使沉降稳定。当桩顶荷载达到某一值，桩侧、桩端阻力已达到其极限而不能再增大时，则再不能平衡桩顶荷载，此时桩将出现持续下沉，桩基达到破坏状态。可见，桩侧、桩端阻力的发挥是与桩土相对位移有关的，而且是有极限的。

9

桩侧阻力 q_s、桩端阻力 q_p 与桩土相对位移 s 之间的关系函数称为荷载传递函数。传递函数曲线的形状比较复杂，它与土层性质、埋深、施工工艺和桩径等有关。

荷载传递函数的曲线形状有加工软化型、加工硬化型、非软化硬化型，如图 2-2 所示。荷载传递函数的主要特征参数为极限阻力 q_u 和极限位移 s_u。发挥侧阻极限值 q_{su} 和端阻极限值 q_{pu} 所需的极限位移 s_u 是不同的，发挥端阻极限值所需位移较大（一般为桩底直径 10% 以上）；发挥侧阻极限值所需位移较小，如黏性土为 4~6mm、砂性土为 6~10mm。

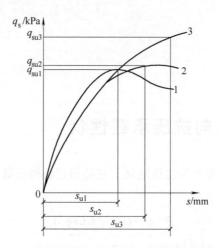

图 2-2　荷载传递函数曲线形状

1—加工软化型　2—非软化硬化型　3—加工硬化型

各国研究人员通过对实测曲线的拟合提出了许多种荷载传递函数的表达式，见表 2-1。常用的代表性传递函数模型有指数曲线、双曲线和理想弹塑性关系等。

表 2-1　桩侧摩阻力、桩端阻力的传递函数

作　者	荷载传递函数	注
Kezdi. A（1957 年）	$\tau(z)=K\gamma z\tan\phi\left[1-e^{\left(\frac{-R\delta}{\delta_a-\delta}\right)}\right]$	K 为土侧压系数
佐腾悟（1965 年）	$s<s_u$，$\tau(z)=C_s$；$s\geqslant s_u$，$\tau(z)=\tau_u$	s 为相对位移，C_s 为系数
Gardner（1975 年）	$\tau(z)=A[s/(1/K+s/\tau_u)]$	K、A 为试验常数
Vijayvergive. V. N（1977 年）	$\tau(z)=\tau_{max}(2\sqrt{s/s_u}-s/s_u)$	s_u 为桩土临界相对位移
Kraft, L. M. 等（1981 年）	$\tau(z)=G_0s/r_0/\ln\left[(r_m/r_0-\psi)/(1-\psi)\right]$ $\psi=\tau(z)R_f/\tau_{max}$	G_0 为土初始剪切模量 r_0 为桩半径 r_m 为桩沉降影响区半径 R_f 为拟合参数
Desai, C. S. 等（1987 年）	$\tau(z)=\dfrac{(K_0-K_f)s}{\left(1+\left\|\dfrac{(K_0-K_f)s}{P_f}\right\|^m\right)^{1/m}}+K_fs$	K_0 为初始弹簧刚度 K_f 为最终弹簧刚度 P_f 为屈服荷载 m 为曲线指数

（续）

作　者	荷载传递函数	注
Williams 和 Colman（1965 年）	$\tau(z) = \dfrac{2E_s s}{Kd}$	E_s 为土的弹性模量 K 为常数，取 $1.75 \sim 5$ d 为桩身直径
Woosward 等（1972 年）	$\tau(z) = \dfrac{R_f s}{\dfrac{1}{E_i} + \dfrac{s}{\tau_u}}$	E_i 为传递函数曲线的初始切线模量
Holloway, Clough 和 Visic（1975 年）	$\tau(z) = K\gamma_w \left(\dfrac{\sigma_3}{p_a}\right)^n \left[1 - \dfrac{\tau R_f}{\tau_u}\right]$	K，n，R_f 为双曲线方程的参数 p_a 为大气压力 σ_3 为侧向围压
Williams 和 Colman（1965 年）	$q_p = \dfrac{2E_{ap}}{K_p d_p}(s_p)^{2/3}$	E_{ap} 为桩端土的弹性模量 s_p 为桩端沉降 d_p 为桩端直径
Vijayvergive. V. N（1969 年）	$q_p = \left(\dfrac{s_p}{s_{pu}}\right)^{1/3} q_{pu}$	s_{pu} 为 q_{pu} 时的桩端沉降 q_{pu} 为极限桩端阻力
Reese 和 Wright（1977 年）	$q_p = 0.76\left(\dfrac{s_p}{2d_p \varepsilon_{s0}}\right)$	ε_{s0} 为不固结不排水三轴试验 $\dfrac{1}{2}(\sigma_1 - \sigma_3)_u$ 时的应变
Gardner（1978 年）	$q_p = \dfrac{s_p E_{sp}}{I_p \cdot r} \leqslant \dfrac{1}{2}q_{pu}$ $q_p = \dfrac{R_f s_p}{\dfrac{1}{E_i} + \dfrac{2s_p}{q_{pu}}} + \dfrac{1}{2}q_{pu} \geqslant \dfrac{q_{pu}}{2}$ $E_i = \dfrac{E_{sp}}{I_p r}$	r 为桩端半径 I_p 为弹性半空间表面下刚性圆形板的影响系数 E_i 为传递函数曲线的初始切线模量

2. 桩顶荷载

影响桩的荷载传递的因素很复杂，主要因素是荷载大小和荷载传递函数等。以下从桩顶荷载大小方面进行分析。

如图 2-3 所示，桩顶荷载 P 的大小不同，相应的桩侧阻力及桩端阻力的大小和分布将不同。荷载较小时，上部桩身压缩，侧阻 Q_s 继而发挥，桩身轴力 $Q_z(=P-Q_s)$ 随深度递减。当某截面处 $Q_z = 0$ 时，此截面以下桩身无轴力，桩身无压缩变形，该截面以下的桩侧摩阻力将不会发挥出来。类推可知，随荷载增大，Q_s 自上而下发挥。若荷载继续增大，桩端处桩身轴力 Q_z 将不为零，则桩端出现竖向位移，从而使桩端反力 Q_p 发挥出来。当荷载继续增大，桩侧摩阻力全部达到极限，新增荷载将全部由桩端土承担。若荷载再继续增大，最终桩端阻力达到极限，桩将急剧下沉达到破坏状态。可见，桩顶荷载大小不同，桩侧阻力及桩端阻力的大小和分布不同，即桩的荷载传递情况不同。

在某桩顶荷载 Q_0 作用下，桩的荷载传递情况如图 2-4 所示。可以通过理论计算及试验

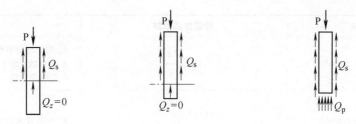

图 2-3　不同桩顶荷载大小时桩的荷载传递

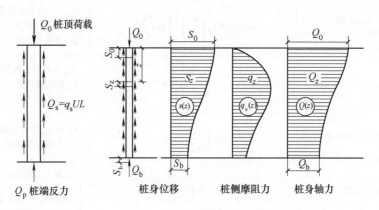

图 2-4　某级荷载作用下桩的荷载传递情况

测定的方法得到桩的荷载传递情况，即求解 Q_0 作用下的桩身截面位移 S_z、桩身轴力 Q_z 及桩侧摩阻力 q_{sz} 沿深度的分布，具体见后面叙述。

3. 影响 q_s 及 q_p 的其他因素

（1）深度效应　端阻深度效应包括临界深度和临界厚度（见图 2-5）。

当桩端进入均匀砂性土持力层的深度 h 小于某一深度时，其端阻力一直随深度线性增大；当进入深度大于该深度后，极限端阻力基本保持恒定不变，该深度称为端阻力的临界深度 h_{cp}。该恒定极限端阻力为端阻稳定值 q_{pl}。试验结果表明，h_{cp} 随

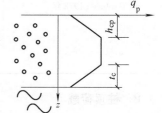

图 2-5　端阻的深度效应

砂的相对密度 D_r 和桩径的增大而增大，随覆盖压力 p_0 的增大而减小。q_{pl} 随 D_r 增大而增大，而与桩径及上覆压力 p_0 无关。

当桩端持力层下存在软弱下卧层，且桩端与软弱下卧层的距离小于某一厚度时，端阻力将受软弱下卧层的影响而降低。该厚度称为端阻的临界厚度 t_c。临界厚度 t_c 主要随砂的相对密度 D_r 和桩径 d 的增大而加大。

关于侧阻深度效应方面的试验研究尚少，机理和变化规律还有待进一步探讨。

（2）成桩效应　非密实砂土中的挤土桩，成桩过程使桩周土因挤压而趋于密实，导致桩侧、桩端阻力提高。对于群桩，桩周土的挤密效应更为显著。饱和黏土中的挤土桩，成桩过程使桩周土受到挤压、扰动、重塑，产生超孔隙水压力，随后出现孔压消散、再固结和触

变恢复，导致侧阻力、端阻力产生显著的时间效应，即软黏土中挤土摩擦型桩的承载力随时间而增长，距离沉桩时间越近，增长速度越快。

非挤土桩（如钻、冲、挖孔灌注桩）成孔过程使孔壁侧向应力解除，出现侧向土松弛变形。孔壁土的松弛效应导致土体强度削弱，桩侧阻力随之降低。采用泥浆护壁成孔的灌注桩，在桩土界面之间将形成"泥皮"的软弱界面，导致桩侧阻力显著降低，泥浆越稠、成孔时间越长，"泥皮"越厚，桩侧阻力降低越多。若形成的孔壁比较粗糙（凹凸不平），由于混凝土与土之间的咬合作用，则接触面的抗剪强度受"泥皮"的影响较小，桩侧摩阻力能得到比较充分的发挥。对于非挤土桩，成桩过程桩端土不仅不产生挤密，反而出现虚土或沉渣现象，因而使端阻力降低，沉渣越厚，端阻力降低越多。这说明钻孔灌注桩承载特性受很多施工因素的影响，施工质量较难控制。掌握成熟的施工工艺，加强质量管理对工程的可靠性显得尤为重要。

（3）尺寸效应　桩的尺寸对桩端极限阻力是有影响的，一般均认为随着桩尺寸的增大，桩端极限阻力变小。对于软土层，尺寸效应并不显著，在工程上可以不考虑；对于硬土层，如中密-密实砂土，尺寸效应明显，值得注意。

桩端阻力尺寸效应可用系数 ϕ_{pa} 表示。如图 2-6 所示为 Meyerhof（1988 年）所得的不同密实度砂土中 ϕ_{pa} 随桩径 d 的变化关系，ϕ_{pa} 随 d 的增大呈双曲线型减小，砂土密实度越大，ϕ_{pa} 越小。

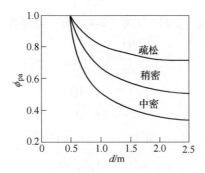

图 2-6　桩端阻力尺寸效应系数

（4）加荷工况　除了静载试验时的快、慢速加载会对试验结果有一定影响外，同一根桩经过第一次静载试验后（测得极限承载力 Q_{u1}），再进行第二次试压（测得 Q_{u2}），两次试桩的结果往往不同，即 $Q_{u1} \neq Q_{u2}$。

由钻孔灌注桩静载试验发现，若桩周主要是粉土、砂土，第一次静载荷试验后马上进行第二次静载荷试验，测得的 Q_{u2} 比其第一次静载荷试验 Q_{u1} 增加了 20%~45%；若桩周主要是黏性土时，工程试桩初压后隔天进行复压（快速法）Q_{u2} 反而降低了 25.0%。究其原因，对于非黏性土一般 $Q_{u2} > Q_{u1}$，通常认为这是由于桩周土及桩底土经过一次试验的超载预压作用，非黏性土发生剪切硬化，孔底沉渣被压实所引起的；对于黏性土 $Q_{u2} < Q_{u1}$，通常认为这是由于经过一次试压后，桩周土体被剪切破坏扰动，短时间内无法充分恢复，如果间隔较长时间后进行复压，承载力可能又会增加。可见，第二次试验并不能得到客观真实的结果。

2.1.1.2　桩的荷载传递分析

1. 荷载传递的理论分析

（1）基本公式　以桩顶作为坐标原点，如图 2-7 所示，距离桩顶 z 处的桩身轴力为

$$Q_z = Q_0 - \int_0^z U q_{sz} dz \tag{2-2}$$

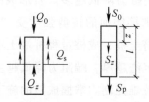

图 2-7　荷载传递的理论分析示意图

将桩视为线性变形体，若其净截面面积为 A_p，弹性模量为 E_p，桩端位移为 S_p（桩的刚体位移），则桩顶截面位移 S_0（桩顶沉降）及任意深度 z 处截面位移 S_z 为

$$S_0 = S_p + \frac{1}{A_p E_p} \int_0^l Q_z dz \tag{2-3}$$

$$S_z = S_0 - \frac{1}{A_p E_p} \int_0^z Q_z dz \tag{2-4}$$

（2）基本微分方程　对式（2-2）及式（2-4）求一阶导数，即

$$\frac{dQ_z}{dz} = -U q_{sz}$$

$$q_{sz} = -\frac{1}{U} \frac{dQ_z}{dz} \tag{2-5}$$

$$\frac{d^2 S_z}{dz^2} = -\frac{1}{A_p E_p} \frac{dQ}{dz} \tag{2-6}$$

由式（2-5）、式（2-6）可得

$$\frac{d^2 S_z}{dz^2} - \frac{U}{A_p E_p} q_{sz} = 0 \tag{2-7}$$

（3）方程的解　根据边界条件及假定荷载传递函数（q_{sz}-S_z 关系式）进行求解。按照求解微分方程的途径不同，荷载传递分析主要有解析法、位移协调法及矩阵位移法。

解析法是把传递函数假定为某种简单的曲线方程，直接代入微分方程求得解析解。简单且有代表性的传递函数模型是理想弹塑性模型（佐藤悟，1965 年）。对于比较复杂的传递函数，一般难以直接求得解析解，这时可采用位移协调法或矩阵位移法求解。对于实测的传递函数可采用位移协调法，求解时将桩划分成许多单元体，从桩端开始分析，考虑每个单元的内力与位移协调关系，迭代求解得到桩的荷载传递情况及桩顶沉降量。具体见第 3 章。

理想弹塑性模型的解析解法是假定荷载传递函数为理想弹塑性关系，如图 2-8 所示。

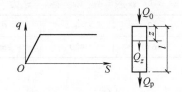

图 2-8　理想弹塑性模型荷载传递函数

边界条件为：

$z = 0$ 时

$$Q_z = Q_0 \tag{2-8}$$

$z = L$ 时

$$Q_z = Q_p = q_p A_p = k S_p A_p \tag{2-9}$$

$$S_z = S_p \tag{2-10}$$

式中　Q_p、S_p——桩端截面轴力、位移；

$\quad\quad\quad k$——桩端持力层垂直方向上的地基反力系数。

解微分方程（2-7）可得到在某级荷载 Q_0 作用下的 S_z、q_{sz}、Q_z 沿深度 z 的分布以及桩顶荷载 Q_0 与桩顶沉降 s_0 的关系。

由于土的工程性质的复杂性，加上桩的施工工艺的多样性，荷载传递函数比较复杂，这就给理论求解带来了困难和误差，实践中常借助于实测的方法来进行桩的荷载传递分析和获取计算参数 q_{sz}、q_p。

2. 荷载传递的试验分析

以桩的静载荷试验为基础，同时用应变片或钢筋计测得桩身轴力 Q_z，由所测定的桩顶荷载 Q_0、桩顶位移 S_0、桩身轴力 Q_z，可绘制桩顶的荷载-沉降曲线，并计算求得桩侧摩阻力 q_{sz}、桩端阻力 q_p、桩身截面位移 S_z。具体如下：

1）绘制 Q_0-S_0 关系曲线。

2）求得桩顶荷载 Q_0 作用下的桩侧摩阻力及桩端反力

$$q_{sz} = -\frac{1}{U}\frac{\Delta Q_z}{\Delta z} \tag{2-11}$$

$$Q_p = Q_0 - U\Sigma q_{sz}\Delta z \tag{2-12}$$

$$q_p = \frac{Q_p}{A_p} \tag{2-13}$$

3）求桩顶荷载 Q_0 作用下的桩身截面位移 S_z

$$S_z = S_0 - \frac{1}{A_p E_p}\Sigma \Delta Q_z \Delta z \tag{2-14}$$

4）得到荷载传递函数，如 q_{sz}-S_z 的关系、q_p-S_p 的关系。

【例 2-1】　钢筋混凝土灌注桩桩长 10m、直径 600mm，桩身埋设钢筋计，经静载荷试验测得桩身不同深度处的桩身轴力 Q_z，见表 2-2。试计算沿桩身各部位的桩侧摩阻力 q_{sz} 和桩端

土阻力 q_p。

表2-2　各深度处测定的桩身轴力

深度/m	0	2	4	6	8	10
桩身轴力 Q_z/kN	700	650	480	260	140	100

解：应用公式

$$q_{sz} = -\frac{1}{U}\frac{\Delta Q_z}{\Delta z} \qquad q_p = \frac{Q_p}{A_p}$$

$$U = \pi d = (3.14 \times 0.6)\ \text{m} = 1.884\text{m}$$

$$0\sim2\text{m} \quad q_{sz} = \left(-\frac{1}{1.884} \times \frac{650-700}{2}\right) \text{kPa} = 13.3\text{kPa}$$

$$2\sim4\text{m} \quad q_{sz} = \left(-\frac{1}{1.884} \times \frac{480-650}{2}\right) \text{kPa} = 45.1\text{kPa}$$

$$4\sim6\text{m} \quad q_{sz} = \left(-\frac{1}{1.884} \times \frac{260-480}{2}\right) \text{kPa} = 58.4\text{kPa}$$

$$6\sim8\text{m} \quad q_{sz} = \left(-\frac{1}{1.884} \times \frac{140-260}{2}\right) \text{kPa} = 31.8\text{kPa}$$

$$8\sim10\text{m} \quad q_{sz} = \left(-\frac{1}{1.884} \times \frac{100-140}{2}\right) \text{kPa} = 10.6\text{kPa}$$

$$Q_p = Q_z = 100\text{kN}; \qquad 校核：Q_p = Q_0 - \Sigma q_{sz}\Delta z \cdot U = 100\text{kN}$$

$$q_p = \frac{Q_p}{A_p} = \left(\frac{100}{3.14 \times 0.3^2}\right) \text{kPa} = 353.9\text{kPa}$$

2.1.1.3　影响荷载传递性状的因素

桩和土对荷载传递性状的影响主要表现如下：

1）桩端土与桩侧土的刚度比 E_b/E_s 越小，桩身轴力沿深度衰减越快，即传递到桩端的荷载越小。

2）随桩土刚度比 E_p/E_s（桩身刚度与桩侧土刚度之比）的增大，传递到桩端的荷载增大，但当 $E_p/E_s \geqslant 1000$ 后，Q_p/Q 的变化不明显。

3）随桩的长径比 L/d 增大，传递到桩端的荷载减小。当 $L/d \geqslant 40$，在均匀土中，其端阻分担的荷载趋于零；当 $L/d \geqslant 100$，不论桩端土刚度多大，其端阻分担的荷载值小到可忽略不计。即使是嵌岩桩，其长径比 $L/d > 20$ 时也可能属于摩擦型桩，其桩端总阻力也较小。

4）随桩端扩径比 D/d 增大，端阻分担荷载比增加。

2.1.2　单桩桩顶的荷载(Q)-沉降(S)曲线形式及单桩破坏模式

2.1.2.1　桩的理想化 Q-S 曲线

假定均质地基及传递函数为理想弹塑性关系，通过求解桩的微分方程，可以得到桩顶的荷载（Q）-沉降（S）曲线（见图2-9），Q-S 曲线可分为以下三个阶段。

（1）桩侧土弹性阶段　相当于 0-1 段（直线），桩身各点的摩阻力都小于极限侧阻力。

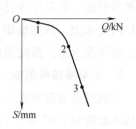

图 2-9　桩的 Q-S 曲线

（2）桩侧土弹塑性阶段　相当于 1-2 段（曲线），当桩顶的侧阻力达到极限时（相当于 1 点），Q-S 关系不再是直线，而是曲线，因为桩侧达到塑性状态后，就不再具有抗变形刚度，随着桩顶荷载增加，桩侧土达到塑性状态的范围由浅到深不断扩大，桩顶的抗变形刚度也就不断下降，即 $\Delta Q/\Delta S$ 不断减小，直到桩长范围的桩侧土均达到塑性状态（2 点）。

（3）桩侧土完全塑性阶段　相当于 2-3 段（直线），新增加的荷重将全部由桩端承担，直到持力层破坏。此时，桩顶的抗变形刚度主要取决于持力层的地基反力系数。

对于端承型桩，由于桩端持力层地基反力大，端阻破坏需较大位移，2-3 段较缓，整个 Q-S 曲线呈缓变型；对于摩擦型桩，由于桩端持力层地基反力小，2-3 段较陡，整个 Q-S 曲线呈陡降型。图 2-9 所示的单桩 Q-S 曲线是在假定地基均质、传递函数是理想弹塑性关系基础上得到的，因此是一条理想化曲线。Q-S 曲线还与土层情况、桩身质量等许多因素有关。如对于端承桩和桩身有缺陷的桩，在桩侧土阻力尚未充分发挥情况下，出现因桩身材料强度破坏时，Q-S 曲线也呈陡降型。所以实际上，由于实际地基土层分布的复杂性、荷载传递函数的非线性以及桩身质量等许多影响因素，工程桩的 Q-S 曲线形式也是很复杂的。

2.1.2.2　单桩破坏模式及 Q-S 曲线形式

1. 端承桩（柱桩）的桩身压屈破坏（见图 2-10a）

桩底支承在很坚硬的地层上，桩侧为软土，桩身受荷后发生挠曲破坏，此时桩的承载力取决于桩身的材料强度。Q-S 曲线上将呈现明显的破坏荷载，破坏拐点前曲线是缓变型。

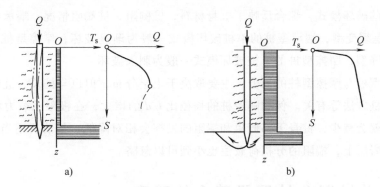

图 2-10　端承型桩的破坏模式及 Q-S 曲线

a）端承桩　b）摩擦端承桩

2. 摩擦端承桩的整体剪切破坏（见图 2-10b）

当具有足够桩身强度的桩穿过抗剪强度较低的土层，达到或沉入强度较高的土层时，桩在轴向受压荷载作用下，桩底土体逐渐形成滑动面，桩底持力层以上的软土层不能阻止滑动土楔的形成，从而出现整体剪切破坏，导致桩顶急剧下沉。此时桩的承载力主要取决于桩底土层的支承力，桩侧摩阻力起的作用很小。Q-S 曲线上将出现明显的拐点和明确的破坏荷载。破坏拐点前，曲线是缓变型。

3. 端承摩擦桩的刺入剪切破坏（见图 2-11a）

当桩身具有足够强度，桩入土深度较大，桩周土层抗剪强度较均匀时，随着桩顶竖向荷载的不断增加，桩端土的不断变形，沿桩侧及桩端发生剪切与刺入破坏，桩身贯入土中（见图 2-11a）。此时桩所受的荷载由桩侧摩阻力和桩底阻力共同承担。Q-S 曲线上无明显拐点，曲线是陡降型。

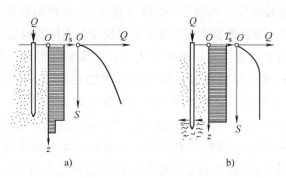

图 2-11　摩擦型桩的破坏模式及 Q-S 曲线

a）端承摩擦桩　b）纯摩擦桩

4. 纯摩擦桩的桩侧纯剪切破坏（见图 2-11b）

当桩底端处的土层比较软弱，桩上的荷载主要由侧摩擦力承担，端阻力不起作用，当摩阻力已充分发挥时，在 Q-S 曲线上有竖直向的切线（见图 2-11b）。破坏拐点前，曲线是陡降型。

以上所述的破坏模式，综合反映了桩身材料、桩侧阻、桩端阻情况。端承型桩在破坏前 Q-S 曲线一般是缓变型，端承型桩的单桩破坏模式一般为渐进破坏；摩擦型桩在破坏前 Q-S 曲线一般是陡降型，摩擦型桩的单桩破坏模式一般为刺入破坏。

关于端承型桩与摩擦型桩的划分，主要取决于土层分布，但也与桩长、桩的刚度、桩端是否扩底、成桩方法等有关。例如随着桩的长径比 l/d 的增大，在极限承载力状态下，传递到桩端的荷载就会减少，桩身下部侧阻和端阻的发挥会相对降低。如前所述当 $l/d \geqslant 100$ 时，即使桩端位于岩层上，端阻的分担荷载值也小到可以忽略。

▶▶ 2.2　单桩竖向抗压承载力的确定

2.2.1　概述

1. 单桩极限承载力

单桩极限承载力是指单桩在荷载作用下达到破坏状态前或出现不适于继续承载的变形前

所对应的最大荷载。它取决于土对桩的支承阻力和桩身承载力。

由土对桩的支承阻力计算的单桩竖向极限承载力为

$$Q_{uk} = Q_{sk} + Q_{pk} \qquad (2-15)$$

式中　Q_{uk}——单桩竖向极限承载力标准值（kN）；

　Q_{sk}、Q_{pk}——单桩的总极限侧阻力标准值和总极限端阻力标准值（kN）。

2. 单桩承载力特征值及设计值

单桩承载力特征值及设计值是设计时考虑了一定的安全度而取用的承载力值。对应于桩基设计的定值设计方法和概率极限状态设计方法这两大类设计方法，分别有单桩承载力特征值（或承载力容许值）和单桩承载力设计值。桩基设计若采用定值设计方法进行承载力验算时，桩顶荷载取标准组合值，则不能超过单桩承载力特征值或承载力容许值；桩基设计若采用概率极限状态设计方法进行承载力验算时，桩顶荷载取基本组合值，则不能超过单桩承载力设计值。需注意，我国各类相关规范对此采用的方法及术语是不同的。

（1）单桩承载力特征值及单桩承载力容许值　在定值设计方法中，根据经验确定的安全系数来保证桩基的安全度。单桩竖向极限承载力标准值除以安全系数后的承载力值即为单桩承载力特征值或单桩承载力容许值。例如 GB 50007—2011《建筑地基基础设计规范》、JGJ 94—2008《建筑桩基技术规范》和 JTG 3363—2019《公路桥涵地基与基础设计规范》中称为承载力容许值。

单桩竖向承载力特征值及单桩承载力容许值 R_a 为

$$R_a = Q_{uk} / K \qquad (2-16)$$

式中　Q_{uk}——单桩竖向极限承载力标准值（kN）；

　K——安全系数，一般取 $K = 2$。

（2）单桩承载力设计值　在概率极限状态设计方法中，是采用分项系数来保证桩基的可靠度的。在上海市 DGJ 08—11—2018《地基基础设计标准》和 JTS 147—7—2022《水运工程桩基设计规范》中，单桩设计承载力 R 为

$$R = Q_{sk} / \gamma_s + Q_{pk} / \gamma_p \qquad (2-17)$$

式中　γ_s、γ_p——侧阻分项抗力系数和端阻分项抗力系数，可按规范的规定选用；

　Q_{sk}——桩侧总极限摩阻力标准值（kN）；

　Q_{pk}——桩端总极限阻力标准值（kN）。

3. 单桩极限承载力的确定方法

单桩极限承载力的确定方法主要有静载荷试验法、经验参数法、静力计算法、静力触探等原位测试法、动力法等。

2.2.2　静载荷试验法

1. 试验装置

静载荷试验装置主要由加载系统和量测系统组成，如图 2-12a 所示。加载系统由液压千

斤顶及其反力系统组成，后者包括主、次梁及锚桩，所能提供的反力应大于预估最大试验荷载的 1.2 倍。采用工程桩作为锚桩时，锚桩数量不能少于 4 根，并应对试验过程中的锚桩上拔量进行监测。反力系统也可以采用压重平台反力装置或锚桩压重联合反力装置。采用压重平台时（见图 2-12b），要求压重必须大于预估最大试验荷载的 1.2 倍，且压重应在试验开始前一次加上，并均匀稳固放置于平台上；压重施加于地基的压应力不宜大于地基承载力特征值的 1.5 倍。

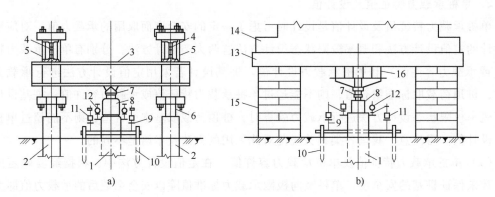

图 2-12　单桩竖向静载荷试验装置示意图

a）锚桩横梁反力装置　b）压重平台反力装置

1—试桩　2—锚桩　3—主梁　4—次梁　5—拉杆　6—锚筋　7—球座
8—液压千斤顶　9—基准梁　10—基准桩　11—磁性表座　12—位移计
13—载荷平台　14—压载　15—支墩　16—托梁

　　量测系统主要由千斤顶上的精密压力表或荷载传感器（量测荷载大小）及百分表或电子位移计（测试桩顶沉降）等组成。为准确测量桩的沉降，消除相互干扰，要求必须有基准系统。基准系统由基准桩、基准梁组成，且保证试桩、锚桩（或压重平台支墩）与基准桩之间有足够的距离，一般应大于 4 倍桩径并不小于 2m。

　　2. 试验方法

　　一般采用逐级等量加载慢速维持荷载法。分级荷载一般按最大加载量或预估极限荷载的 1/10 施加，第一级荷载可加倍施加。每级加载后，按第 5min、10min、15min、30min、45min、60min，以后按 30min 间隔测读桩顶沉降量。当每小时沉降不超过 0.1mm，并连续出现 2 次，则认为沉降已达到相对稳定，可加下一级荷载。符合下列条件之一时，可终止加载：

　　1）某级荷载作用下，桩的沉降量为前一级荷载作用下沉降量的 5 倍；桩顶总沉降量小于 40mm 时，宜加载至总沉降量超过 40mm。

　　2）某级荷载作用下，桩的沉降量为前一级荷载作用下沉降量的 2 倍，且 24h 尚未达到相对稳定。

　　3）桩顶加载达到设计规定的最大加载量。

　　4）当工程桩作为锚桩时，锚桩上拔量已达到允许值。

5）荷载-沉降曲线呈缓变型时，可加载至桩顶总沉降量 60~80mm；特殊情况下可根据具体要求加载至桩顶总沉降量为 80mm 以上。

终止加载后应进行卸载，每级卸载量按每级加载量的 2 倍控制，并按 15min、30min、60min 测读回弹量，然后进行下一级的卸载；全部卸载后，隔 3~4h 再测回弹量一次。

静载荷试验方法还有循环加卸载法（每级荷载相对稳定后卸载到零）和快速维持荷载法（每隔 1h 加一级荷载）。如果有选择地在桩身某些截面（如土层分界面的上与下）的主筋上埋设钢筋应力计，在静载荷试验时，可同时测得这些截面处主筋的应力和应变，进而可进一步得到这些截面的轴力、位移，从而根据式（2-11）算出两个截面之间的桩侧平均摩阻力。

3. 试验成果与承载力的确定

采用以上试验装置与方法进行试验，试验结果一般可整理成 Q-S、S-$\lg t$ 等曲线。Q-S 曲线表示桩顶荷载与沉降量关系，S-$\lg t$ 曲线表示对应荷载下沉降量随时间变化关系。根据 Q-S 曲线和 S-$\lg t$ 曲线可确定单桩极限承载力 Q_u。

满足终止加载条件 1）、2）所对应的荷载可认为是破坏荷载，其前一级荷载即为极限荷载（极限承载力）。因此，陡降型 Q-S 曲线发生明显陡降的起始点对应的荷载或 S-$\lg t$ 曲线尾部明显向下弯曲的前一级荷载值即为单桩极限承载力。如图 2-13 所示，某工程试桩的破坏荷载为 7480kN，尽管还未稳定，但满足终止加载条件 1）后便开始卸载，单桩极限承载力为 6800kN。

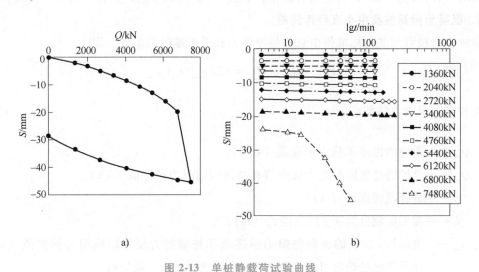

图 2-13 单桩静载荷试验曲线

a）单桩 Q-S 曲线 b）单桩 S-$\lg t$ 曲线

对缓变型 Q-S 曲线，破坏荷载较难确定，一般取 $S = 40$mm 对应的荷载作为单桩极限承载力；桩长大于 40m 时，宜考虑桩身弹性压缩量；对于大直径（直径不小于 800mm）桩，可取 $S = 0.05D$（D 为桩端直径）对应的荷载。

当各试桩条件基本相同时，单桩竖向极限承载力标准值 Q_{uk} 可按下列统计方法确定：参加统计的试桩，当满足其极差不超过平均值的30%时，可取其平均值为单桩竖向极限承载力标准值，对试桩数为3根及3根以下的桩取最小值；当极差超过平均值的30%时，应查明原因，必要时宜增加试桩数。

将单桩竖向极限承载力标准值 Q_{uk} 除以安全系数2，即得单桩竖向承载力特征值 R_a。

4. 检测数量

对于甲级、乙级建筑和地质条件复杂、施工质量可靠性低的桩基础，必须进行单桩竖向静载荷试验。在同一条件下的试桩数量不宜小于总桩数的1%，且不应小于3根，工程总桩数在50根以内时不应小于2根。静载荷试验也可在工程桩中进行，此时只要求加载到承载力特征值的2倍，而不需加载至破坏，以验证是否满足设计要求即可。

5. 从成桩到开始试验的间歇时间

对灌注桩应满足桩身混凝土养护所需的时间，一般宜为成桩后28d。对预制桩尽管施工时桩身强度已达到设计要求，但由于单桩承载力的时间效应，试桩距沉桩时间也应该有尽可能长的休止期，否则试验得到的单桩承载力明显偏小。一般要求，对于砂类土不应少于7d，粉土不应少于10d，非饱和黏性土不应少于15d，饱和黏性土不应少于25d。

2.2.3 经验参数法

根据土的物理指标与承载力参数之间的经验关系确定单桩竖向极限承载力标准值是实践中常用的一种传统方法。针对不同的桩型，《建筑桩基技术规范》推荐下列估算公式。

1. 混凝土预制桩及中小直径灌注桩

单桩竖向极限承载力标准值由总桩侧摩阻力和总桩端阻力组成，即

$$Q_{uk} = Q_{sk} + Q_{pk} = u\Sigma l_i q_{sik} + A_p q_{pk} \tag{2-18}$$

单桩竖向承载力特征值为
$$R_a = \frac{1}{K}Q_{uk} \tag{2-19}$$

式中　　Q_{uk}——单桩的极限承载力标准值（kN）；

Q_{sk}、Q_{pk}——单桩的总极限侧阻力标准值和总极限端阻力标准值（kN）；

u——桩身截面周长（m）；

l_i——按土层划分的第 i 层土桩长（m）；

q_{sik}、q_{pk}——桩周第 i 层土的极限侧阻力标准值和桩端持力层极限端阻力标准值（kPa），如无当地经验时可按规范表格选用，见表2-3、表2-4；

A_p——桩端截面面积（m²）；

K——安全系数，一般取2。

《建筑桩基技术规范》《公路桥涵地基与基础设计规范》《水运工程桩基设计规范》等都给出了相应的桩侧、桩端阻力经验参数表，由于全国各地的地基性质差别很大，各行业桩基也有各自特点，应选用各行业及各地方的承载力参数表。表2-3及表2-4为《建筑桩基技术规范》建议的桩的极限侧阻力标准值和极限端阻力标准值。

表 2-3　桩的极限侧阻力标准值 q_{sik}　　　　　（单位：kPa）

土的名称	土的状态		混凝土预制桩	泥浆护壁钻（冲）孔桩	干作业钻孔桩
填土			22~30	20~28	20~28
淤泥			14~20	12~18	12~18
淤泥质土			22~30	20~28	20~28
黏性土	流塑 软塑 可塑 硬可塑 硬塑 坚硬	$I_L>1$ $0.75<I_L\leqslant1$ $0.50<I_L\leqslant0.75$ $0.25<I_L\leqslant0.50$ $0<I_L\leqslant0.25$ $I_L\leqslant0$	24~40 40~55 55~70 70~86 86~98 98~105	21~38 38~53 53~68 68~84 84~96 96~102	21~38 38~53 53~66 66~82 82~94 94~104
红黏土	$0.7<a_w\leqslant1$ $0.5<a_w\leqslant0.7$		13~32 32~74	12~30 30~70	12~30 30~70
粉土	稍密 中密 密实	$e>0.9$ $0.75\leqslant e\leqslant0.9$ $e<0.75$	26~46 46~66 66~88	24~42 42~62 62~82	24~42 42~62 62~82
粉细砂	稍密 中密 密实	$10<N\leqslant15$ $15<N\leqslant30$ $N>30$	24~48 48~66 66~88	22~46 46~64 64~86	22~46 46~64 64~86
中砂	中密 密实	$15<N\leqslant30$ $N>30$	54~74 74~95	53~72 72~94	53~72 72~94
粗砂	中密 密实	$15<N\leqslant30$ $N>30$	74~95 95~116	74~95 95~116	76~98 98~120
砾砂	稍密 中密（密实）	$5<N_{63.5}\leqslant15$ $N_{63.5}>15$	70~110 116~138	50~90 116~130	60~100 112~130
圆砾、角砾	中密、密实	$N_{63.5}>10$	160~200	135~150	135~150
碎石、卵石	中密、密实	$N_{63.5}>10$	200~300	140~170	150~170
全风化软质岩		$30<N\leqslant50$	100~120	80~100	80~100
全风化硬质岩		$30<N\leqslant50$	140~160	120~140	120~150
强风化软质岩		$N_{63.5}>10$	160~240	140~200	140~220
强风化硬质岩		$N_{63.5}>10$	220~300	160~240	160~260

注：1. 对于尚未完成自重固结的填土和以生活垃圾为主的杂填土，不计算其侧阻力。

2. a_w 为含水比，$a_w=w/w_1$，w 为土的天然含水量，w_t 为土的液限。

3. N 为标准贯入击数；$N_{63.5}$ 为重型圆锥动力触探击数。

4. 全风化、强风化软质岩和全风化、强风化硬质岩系指其母岩分别为 $f_{rk}\leqslant15MPa$、$f_{rk}>30MPa$ 的岩石。

表 2-4 桩的极限端阻力标准值 q_{pk}

（单位：kPa）

土名称	土的状态（桩型）	混凝土预制桩桩长 l/m				泥浆护壁钻（冲）孔桩桩长 l/m				干作业钻孔桩桩长 l/m		
		l≤9	9<l≤16	16<l≤30	l>30	5≤l<10	10≤l<15	15≤l<30	30≤l	5≤l<10	10≤l<15	15≤l
黏性土	软塑 $0.75<I_L≤1$	210~850	650~1400	1200~1800	1300~1900	150~250	250~300	300~450	300~450	200~400	400~700	700~950
	可塑 $0.50<I_L≤0.75$	850~1700	1400~2200	1900~2800	2300~3600	350~450	450~600	600~750	750~800	500~700	800~1100	1000~1600
	硬可塑 $0.25<I_L≤0.50$	1500~2300	2300~3300	2700~3600	3600~4400	800~900	900~1000	1000~1200	1200~1400	850~1100	1500~1700	1700~1900
	硬塑 $0<I_L≤0.25$	2500~3800	3800~5500	5500~6000	6000~6800	1100~1200	1200~1400	1400~1600	1600~1800	1600~1800	2200~2400	2600~2800
粉土	中密 $0.75≤e≤0.9$	950~1700	1400~2100	1900~2700	2500~3400	300~500	500~650	650~750	750~850	800~1200	1200~1400	1400~1600
	密实 $e<0.75$	1500~2600	2100~3000	2700~3600	3600~4400	650~900	750~950	900~1100	1100~1200	1200~1700	1400~1900	1600~2100
粉砂	稍密 $10<N≤15$	1000~1600	1500~2300	1900~2700	2100~3000	350~500	450~600	600~700	650~750	500~950	1300~1600	1500~1700
	中密、密实 $N>15$	1400~2200	2100~3000	3000~4500	3800~5500	600~750	750~900	900~1100	1100~1200	900~1000	1700~1900	1700~1900
细砂	中密、密实 $N>15$	2500~4000	3600~5000	4400~6000	5300~7000	650~850	900~1200	1200~1500	1500~1800	1200~1600	2000~2400	2400~2700
中砂	中密、密实 $N>15$	4000~6000	5500~7000	6500~8000	7500~9000	850~1050	1100~1500	1500~1900	1900~2100	1800~2400	2800~3800	3600~4400
粗砂	中密、密实 $N>15$	5700~7500	7500~8500	8500~10000	9500~11000	1500~1800	2100~2400	2400~2600	2600~2800	2900~3600	3600~4600	4600~5200
砾砂	中密、密实 $N>15$	6000~9500		9000~10500	9500~10500	1400~2000		2000~3200			3500~5000	
角砾、圆砾	中密、密实 $N_{63.5}>10$	7000~10000		9500~11500		1800~2200		2200~3600			4000~5500	
碎石、卵石	$N_{63.5}>10$	8000~11000		10500~13000		2000~3000		3000~4000			4500~6500	
全风化软质岩	$30<N≤50$		4000~6000				1000~1600				1200~2000	
全风化硬质岩	$30<N≤50$		5000~8000				1200~2000				1400~2400	
强风化软质岩	$N_{63.5}>10$		6000~9000				1400~2200				1600~2600	
强风化硬质岩	$N_{63.5}>10$		7000~11000				1800~2800				2000~3000	

注：1. 砂土和碎石类土中桩的极限端阻力取值，宜综合考虑土的密实度，桩端进入持力层的深径比 h_b/d，土越密实，h_b/d 越大，取值越高。

2. 预制桩的岩石极限端阻力指桩端支承于中、微风化及新鲜基岩表面或进入强风化岩、软质岩一定深度条件下极限端阻力。

3. 全风化、强风化软质岩和全风化、强风化硬质岩指其母岩分别为 f_{rk}≤15MPa、f_{rk}>30MPa 的岩石。

2. 大直径桩（$d \geqslant 800\text{mm}$）

大直径桩单桩竖向极限承载力标准值，可按下式计算

$$Q_{uk} = Q_{sk} + Q_{pk} = u\Sigma\psi_{si}l_iq_{sik} + \psi_pA_pq_{pk} \tag{2-20}$$

式中　ψ_{si}、ψ_p——大直径桩侧阻力、端阻力尺寸效应系数。

3. 钢管桩

钢管桩单桩竖向极限承载力标准值，可按下式计算

$$Q_{uk} = Q_{sk} + Q_{pk} = u\Sigma l_iq_{sik} + \lambda_pA_pq_{pk} \tag{2-21}$$

式中　λ_p——桩端土塞效应系数。

4. 混凝土空心桩

混凝土空心桩单桩竖向极限承载力标准值，可按下式计算

$$Q_{uk} = Q_{sk} + Q_{pk} = u\Sigma l_iq_{sik} + q_{pk}(A_j + \lambda_pA_{p1}) \tag{2-22}$$

式中　A_j——空心桩桩端净面积（m^2）；

　　　λ_p——桩端土塞效应系数。

　　　A_{p1}——空心桩敞口面积（m^2）。

5. 嵌岩桩

嵌岩桩单桩竖向极限承载力标准值，可按下式计算

$$Q_{uk} = Q_{sk} + Q_{rk} = u\Sigma l_iq_{sik} + \zeta_rf_{rk}A_p \tag{2-23}$$

式中　Q_{sk}、Q_{rk}——土的总极限侧阻力、嵌岩段总极限端阻力（kN）；

　　　f_{rk}——岩石饱和单轴抗压强度标准值，黏土岩取天然湿度单轴抗压强度标准值（kPa）；

　　　ζ_r——嵌岩段侧阻和端阻综合系数。

6. 后注浆灌注桩

后注浆灌注桩的单桩极限承载力，应通过静载试验确定，也可按下式估算

$$Q_{uk} = Q_{sk} + Q_{gsk} + Q_{gpk} = u\Sigma q_{sjk}l_j + u\Sigma\beta_{si}q_{sik}l_{gi} + \beta_pq_{pk}A_p \tag{2-24}$$

式中　Q_{sk}——后注浆非竖向增强段的总极限侧阻力标准值（kN）；

　　　Q_{gsk}——后注浆竖向增强段的总极限侧阻力标准值（kN）；

　　　Q_{gpk}——后注浆总极限端阻力标准值（kN）；

　　　u——桩身周长（m）；

　　　l_j——后注浆非竖向增强段第 j 层土厚度（m）；

　　　l_{gi}——后注浆竖向增强段内第 i 层土厚度（m）：对于泥浆护壁成孔灌注桩，当为单一桩端后注浆时，竖向增强段为桩端以上 12m；当为桩端、桩侧复式注浆时，竖向增强段为桩端以上 12m 及各桩侧注浆断面以上 12m，重叠部分应扣除；对于干作业灌注桩，竖向增强段为桩端以上、桩侧注浆断面上下各 6m；

q_{sik}、q_{sjk}、q_{pk}——后注浆竖向增强段第 i 土层初始极限侧阻力标准值、非竖向增强段第 j 土层初始极限侧阻力标准值、初始极限端阻力标准值，可查表 2-3 及表 2-4，具体见《建筑桩基技术规范》。

β_{si}、β_p——后注浆侧阻力、端阻力增强系数，无当地经验时，可按表2-5取值。对于桩径大于800mm的桩，还应进行侧阻和端阻尺寸效应修正，具体见《建筑桩基技术规范》。

表2-5 后注浆侧阻力增强系数 β_{si}，端阻力增强系数 β_p

土层名称	淤泥 淤泥质土	黏性土 粉土	粉砂 细砂	中砂	粗砂 砾砂	砾石 卵石	全风化岩 强风化岩
β_{si}	1.2~1.3	1.4~1.8	1.6~2.0	1.7~2.1	2.0~2.5	2.4~3.0	1.4~1.8
β_p	—	2.2~2.5	2.4~2.8	2.6~3.0	3.0~3.5	3.2~4.0	2.0~2.4

注：干作业钻、挖孔桩，β_p 按列值乘以小于1.0的折减系数。当桩端持力层为黏性土或粉土时，折减系数取0.6；为砂土或碎石土时，取0.8。

【例2-2】 某预制桩截面尺寸为450mm×450mm，桩尖高度为0.5m，桩尖的入土深度为16.5m（从天然地面起算）。依次穿越土层：厚度 $h_1 = 4$m、液性指数 $I_L = 0.75$ 的黏土层；厚度 $h_2 = 5$m、孔隙比 $e = 0.805$ 的粉土层；厚度 $h_3 = 4$m、中密的粉细砂层；桩尖进入密实的中砂层3.5m。假定承台埋深1.5m。试确定该预制桩的竖向承载力特征值。

解：由表2-3查得桩的极限侧阻力标准值 q_{sik} 为

黏土层：$q_{s1k} = 55$kPa

粉土层：$q_{s2k} = 46 \sim 66$kPa，取 $q_{s2k} = 56$kPa

粉细砂层：$q_{s3k} = 48 \sim 66$kPa，取 $q_{s3k} = 57$kPa

中砂层：$q_{s4k} = 74 \sim 95$kPa，取 $q_{s4k} = 85$kPa

有效桩长（承台底面至桩端全截面）为（16.5-1.5-0.5）m = 14.5m，由表2-4查得桩的极限端阻力标准值 $q_{pk} = 5500 \sim 7000$kPa，取 $q_{pk} = 6300$kPa。

单桩竖向极限承载力标准值为

$$Q_{uk} = Q_{sk} + Q_{pk} = u\Sigma q_{sik}l_i + q_{pk}A_p$$
$$= [4 \times 0.45 \times (55 \times 2.5 + 56 \times 5.0 + 57 \times 4.0 + 85 \times 3.0) + 0.45 \times 0.45 \times 6300] \text{kN}$$
$$= 2896.65 \text{kN}$$

该预制桩的竖向承载力特征值为

$$R_a = \frac{1}{K}Q_{uk} = \left(\frac{2896.65}{2}\right)\text{kN} = 1448.3\text{kN}$$

2.2.4 静力计算法

遵循土力学原理，依据土工参数的静力分析方法估算单桩的极限承载力也是常规计算方法之一，这种方法有利于加深对桩基承载机理的理解。对于桩端阻力 q_p，用承载力理论分析计算；对于桩侧阻力 q_s，则用库仑强度表达式分析计算。基于不同的假定，单桩承载力的理论计算方法有很多种，以下列举常见的几种方法。

1. 极限端阻力的计算

以刚塑性体理论为基础，假定不同的破坏面形态，便可导出不同的极限端阻力理论公

式，如太沙基公式

$$q_{pu} = \zeta_c c N_c + \zeta_\gamma \gamma B N_\gamma + \zeta_q \gamma_0 h N_q \tag{2-25}$$

式中　ζ_c、ζ_γ、ζ_q——桩端形状系数；

N_c、N_γ、N_q——承载力系数，与土的 φ 有关；

c——土的黏聚力（kPa）；

B、h——桩端直径及桩的入土深度（m）；

γ、γ_0——桩端平面以下土的有效重度及桩端平面以上土的有效重度（kN/m³）。

2. 极限侧阻力的计算

$$Q_{su} = U \Sigma l_i q_{sui} \tag{2-26}$$

q_{su} 的计算可分为总应力法和有效应力法两大类。按计算表达式所用系数的不同，可分为 α 法、β 法、λ 法。其中 α 法、λ 法用于计算黏性土中的桩，β 法可用于计算黏性和非黏性土中的桩。

（1）α 法

$$q_{su} = \alpha c_u \tag{2-27}$$

式中　α——系数，取决于 c_u 和桩进入黏土层的厚度；

c_u——桩侧黏土层的平均不排水剪切强度（kPa）。

（2）β 法（有效应力法）

$$q_{su} = \sigma'_v K_0 \tan\delta = \beta \sigma'_v \tag{2-28}$$

式中　σ'_v——桩侧土的平均竖向有效应力（kPa）；

K_0——土的静止土压力系数；

δ——桩、土间的外摩擦角；

β——系数，如 $\beta \approx K_0 \tan\varphi'$，$\varphi'$ 为桩侧土的有效内摩擦角，若取 $\varphi' = 20° \sim 30°$，可计算得 $\beta = 0.24 \sim 0.29$，试验统计 $\beta = 0.25 \sim 0.4$。

（3）λ 法　λ 法综合了 α 法、β 法的特点，即

$$q_{su} = \lambda(\sigma'_v + 2c_u) \tag{2-29}$$

式中　λ——系数，可根据大量静载荷试验资料回归分析得出，如图 2-14 所示，λ 值随桩的入土深度 l 的增加而递减，至 20m 以下变化较小，这也反映了桩侧阻力的深度效应。

2.2.5　静力触探法

静力触探法是根据静力触探资料确定混凝土预制桩的极限承载力。

1. 单桥探头

探头锥尖角度 60°，锥底截面面积 15cm²，

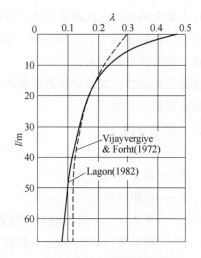

图 2-14　λ-l 的关系曲线

侧壁高度 7cm。单桥是指只有一个桥路测量系统，只能测量一个参数（比贯入阻力 p_s）。混凝土预制桩的承载力按下式计算

$$Q_{uk} = Q_{sk} + Q_{pk} = U\Sigma q_{sik}l_i + \alpha p_{sk}A_p \qquad (2\text{-}30)$$

式中　q_{sik}——用静力触探比贯入阻力值估算的桩周第 i 层土的极限侧阻力标准值（kPa）；

l_i——第 i 层土的厚度（m）；

α——桩端阻力修正系数，$\alpha = 0.75 \sim 0.9$；

p_{sk}——桩端附近的静力触探比贯入阻力标准值（kPa），应考虑桩端全截面以上 $8d$（d 为桩径）和以下 $4d$ 范围内土层的影响；

A_p——桩端面积（m^2）。

q_{sik}、p_{sk} 及 α 的取值可查阅相关规范。

2. 双桥探头

双桥是指有两个桥路测量系统，分别测量锥头阻力 q_c 及侧壁摩阻力 f_s。混凝土预制桩的承载力按下式计算

$$Q_{uk} = Q_{sk} + Q_{pk} = U\Sigma \beta_i f_{si}l_i + \alpha q_c A_p \qquad (2\text{-}31)$$

式中　β_i——第 i 层土的桩侧阻力综合修正系数；

f_{si}——第 i 层土的探头平均侧阻力（kPa）；

α——桩端阻力修正系数，对黏性土、粉土取 2/3，对饱和砂土取 1/2；

q_c——桩端平面以上 $4d$、以下 $1d$ 范围内的探头阻力平均值。

其他原位测试法还有标准贯入试验、旁压试验等。

2.2.6　动力法

动力法为估计单桩承载能力的一种间接方法，包括打桩公式和动测法。

1. 打桩公式

打桩公式是依据刚体碰撞能量守恒而推导的公式。打桩是桩受桩锤冲击而贯入土中的过程。打入桩受到桩锤一次冲击贯入土中的距离称为贯入度。贯入度与桩锤锤击能量、土的阻力（相当于极限承载力）之间存在一定关系，反映这种关系的表达式称为打桩公式（或动力公式、动力打桩公式）。

这类公式很多，其推导都是假设桩为刚体，依据刚体碰撞时的能量守恒，再引入一些假定和经验数据。

（1）能量守恒

$$QH = Re + Qh + \alpha QH \qquad (2\text{-}32a)$$

式中　Q——锤重（kg）；

H——落距（m）；

R——贯入度为 e 时桩的贯入阻力（kg）；

e——贯入度（m），锤击一次时桩的入土距离；

h——桩锤回弹高度（m）；

α——损耗系数，$0<\alpha<1$。

上式表示在锤击过程中，锤击功 QH 转化为三部分：一是消耗于将桩沉入土中一段距离所做的功 Re，称为有效功；二是能量消耗于桩锤的回弹 Qh；三是其他方面的能量消耗 αQH（如发声、发热、锤垫的变形等），后两项称为无效功。

（2）打桩公式

$$Q_u = f(Q, e, \alpha, H, h, \cdots) \tag{2-32b}$$

式中　Q_u——桩的极限承载力。

该类公式确定承载力精度较低，原因主要有两方面：一是 α 值的影响因素很复杂，变化范围也大，与桩的材料、打桩方法（如有无桩垫、桩帽等）、土的性质等都有关，很难确定；二是视桩为刚体，采用了简化的弹性碰撞模式。对于长桩和桩锤能量不足、桩身刚度不足或贯入度很小时，锤击的大部分能量都消耗在桩身弹性变形上，其结果和实际情况会相差很大。

打桩公式的应用有以下两种情况：

1）已知贯入度 e，用公式估算桩的极限承载力 Q_u，即测定桩在不同入土深度处的 e 值，就可以求得相应深度处的 Q_u。需要注意：普遍认为打桩公式不能提供很可靠的承载力预测值，但如用静载荷试验与公式配合，对某地区使用某种打桩设备而调整修正的公式才有使用意义；桩打入后，经过一段时间的间歇，其承载力往往会变化。因此，在应用打桩公式时，应采用间歇后复打的贯入度。间歇时间一般是砂性土为 7d、黏性土为 14d。

2）按照设计预期的单桩承载力，用打桩公式求最小贯入度，以此作为施工中停锤的控制标准。在现场不能简单地仅仅是把桩打到某个预定的深度，还需要有某些方法（如贯入度）决定一根桩何时已达到足够的承载力。这是因为通常土层在水平和竖向都有变化，打到预定深度的桩可能达到也可能达不到设计要求的承载力。

2. 动测法

动测法指桩的动力测试法，它是通过测定桩对所施加的动力作用的响应来分析桩的工作性状的一类方法的总称。

动力（激振力）的类型有大锤提供的冲击力、小锤提供的瞬时脉冲荷载（即瞬态激振）、激振仪提供的持续的周期荷载（即稳态激振）。以波的形式表现出的动力响应有应力（或应变）、加速度、速度、频率、振幅。

根据桩土体系在动力作用下的应变大小，可将动测法分为两大类：高应变（大锤）及低应变（小锤和稳态激振）。其中，高应变方法是指激振能量足以使桩土之间发生相对位移，使桩产生永久贯入度；低应变方法是指激振能量较小，只能激发桩土体系的某种弹性变形，而不能使桩土之间产生相对位移。

根据桩的承载性能，桩达到极限承载力时，桩周土已达到塑性破坏。只有高应变动测法才能使桩产生一定的塑性沉降（即贯入度），它所测得的土阻力才是土的极限阻力。所以高应变动测法可以判定单桩承载力。低应变动测法则只能测得桩土体系的某些弹性特征值，而土的弹性变形与其强度之间并没有内在的因果关系。因此，从理论上讲，低应变动测法不能提供单桩极限承载力，只能用于检验桩身质量（完整性）。

高应变动测法包括锤贯法（锤击贯入法）、Smith 法（波动方程分析法）、Case 法、波形拟合法等，具体见第 8 章。

2.2.7 由桩身强度确定单桩承载力

竖向荷载下桩身结构强度破坏包括轴心受压、偏心受压、桩身压曲的破坏。如果由桩身强度确定的单桩承载力小于按土阻力确定的数值，最终单桩承载力取小值。以下为《建筑桩基技术规范》的计算规定。

1. 桩身轴心受压承载力

钢筋混凝土轴心受压桩正截面受压承载力应符合以下规定：

1）当桩顶以下 5d（软土层中 10d，d 为桩身截面直径或边长）范围的桩身螺旋式箍筋间距不大于 100mm，且符合灌注桩配筋规定时

$$N \leq \psi_c f_c A_p + 0.9 f'_y A'_s \tag{2-33}$$

2）当桩身不符合上述规定时

$$N \leq \psi_c f_c A_p \tag{2-34}$$

式中　N——桩顶轴向压力设计值（kN）；

　　　ψ_c——基桩混凝土施工工艺系数，见表 2-6（GB 50007—2011《建筑地基基础设计规范》对高强度离心混凝土桩取 0.55~0.65）；

　　　f_c——混凝土抗压强度设计值（kPa）；

　　　A_p——桩身截面面积（m²）；

　　　f'_y——纵向主筋抗压强度设计值（kPa）；

　　　A'_s——纵向主筋截面面积（m²）。

表 2-6　基桩混凝土施工工艺系数

成桩施工工艺	ψ_c
混凝土预制桩、预应力混凝土空心桩	0.85
干作业非挤土灌注桩	0.90
泥浆护壁和套管护壁非挤土灌注桩、部分挤土灌注桩、挤土灌注桩	0.7~0.8
软土地区挤土灌注桩	0.6

计算轴心受压桩正截面受压承载力时，一般取稳定系数 $\varphi=1.0$。对于桩的自由长度较大的高桩承台、桩周为可液化土或为地基承载力特征值小于 25kPa 的地基土（或不排水抗剪强度小于 10kPa）时，应考虑压屈影响，即将式（2-33）和式（2-34）计算所得桩身正截面受压承载力乘以 φ 折减。其稳定系数 φ 可根据桩身压屈计算长度 l_c 和桩的设计直径 d（或矩形桩短边尺寸 b）确定。桩身压屈计算长度 l_c 依据桩顶的约束情况、桩身露出地面的自由长度、桩的入土长度、桩侧和桩底的土质条件按表 2-7 确定，桩的稳定系数

可按表 2-9 确定。

表 2-7　桩身压屈计算长度 l_c

桩顶铰接				桩顶固接			
桩底支于非岩石土中		桩底嵌于岩石内		桩底支于非岩石土中		桩底嵌于岩石内	
$h < \dfrac{4.0}{\alpha}$	$h \geqslant \dfrac{4.0}{\alpha}$	$h < \dfrac{4.0}{\alpha}$	$h \geqslant \dfrac{4.0}{\alpha}$	$h < \dfrac{4.0}{\alpha}$	$h \geqslant \dfrac{4.0}{\alpha}$	$h < \dfrac{4.0}{\alpha}$	$h \geqslant \dfrac{4.0}{\alpha}$
$l_c = 1.0 \times (l_0 + h)$	$l_c = 0.7 \times \left(l_0 + \dfrac{4.0}{\alpha} \right)$	$l_c = 0.7 \times (l_0 + h)$	$l_c = 0.7 \times \left(l_0 + \dfrac{4.0}{\alpha} \right)$	$l_c = 0.7 \times (l_0 + h)$	$l_c = 0.5 \times \left(l_0 + \dfrac{4.0}{\alpha} \right)$	$l_c = 0.5 \times (l_0 + h)$	$l_c = 0.5 \times \left(l_0 + \dfrac{4.0}{\alpha} \right)$

注：1. 表中 $\alpha = \sqrt[5]{\dfrac{m b_0}{EI}}$ 物理意义见第 4 章。

2. l_0 为高承台基桩露出地面的长度，对于低承台桩基，$l_0 = 0$。

3. h 为桩的入土长度，当桩侧有厚度为 d_l 的液化土层时，桩露出地面长度 l_0 和桩的入土长度 h 分别调整为：$l_0' = l_0 + (1-\psi_l) d_l$，$h' = h - (1-\psi_l) d_l$，$\psi_l$ 按表 2-8 取值。

4. 当存在 $f_{ak} < 25$ kPa 的软弱土时，按液化土处理。

表 2-8　土层液化折减系数 ψ_l

序号	$\lambda_N = N/N_{cr}$	自地面算起的液化土层深度 d_L/m	ψ_l
1	$\lambda_N \leqslant 0.6$	$d_L \leqslant 10$	0
		$10 < d_L \leqslant 20$	1/3
2	$0.6 < \lambda_N \leqslant 0.8$	$d_L \leqslant 10$	1/3
		$10 < d_L \leqslant 20$	2/3
3	$0.8 < \lambda_N \leqslant 1.0$	$d_L \leqslant 10$	2/3
		$10 < d_L \leqslant 20$	1.0

注：1. N 为饱和土标贯击数实测值；N_{cr} 为液化判别标贯击数临界值。

2. 对于挤土桩当桩距不大于 $4d$，且桩的排数不少于 5 排、总桩数不少于 25 根时，土层液化影响折减系数可按表列值提高一档取值；桩间土标贯击数达到 N_{cr} 时，取 $\psi_l = 1$。

3. 当承台底非液化土层厚度小于 1m 时，土层液化折减系数按表中 λ_N 降低一档取值。

表 2-9　桩身稳定系数 φ

l_c/d	≤7	8.5	10.5	12	14	15.5	17	19	21	22.5	24
l_c/b	≤8	10	12	14	16	18	20	22	24	26	28
φ	1.00	0.98	0.95	0.92	0.87	0.81	0.75	0.70	0.65	0.60	0.56
l_c/d	26	28	29.5	31	33	34.5	36.5	38	40	41.5	43
l_c/b	30	32	34	36	38	40	42	44	46	48	50
φ	0.52	0.48	0.44	0.40	0.36	0.32	0.29	0.26	0.23	0.21	0.19

注：b 为矩形桩短边尺寸，d 为桩直径。

2. 桩身偏心受压承载力

计算偏心受压桩正截面受压承载力时，一般不考虑偏心距的增大影响，但对于高承台基桩、桩身穿越液化土、土的不排水抗剪强度小于 10kPa 的特别软弱土层时，应考虑桩身在弯矩作用平面内的挠曲对轴向力偏心距的影响，即应将轴向力对截面重心的初始偏心距 e_i 乘以偏心距增大系数 η。其中偏心距增大系数 η 计算可参照 GB 50010—2010《混凝土结构设计规范》（2015 年版），参见式（5-43）。

3. 桩身压屈计算

对于打入式钢管桩，应按以下规定验算桩身局部压屈：

1）当 $t/d_s = 1/80 \sim 1/50$，$d_s \leq 600mm$，最大锤击压应力小于钢材屈服强度设计值时，可不进行局部压屈验算。其中 t 为钢管桩壁厚，d_s 为钢管桩外径。

2）当 $d_s > 600mm$ 时，可按下式验算

$$0.388E \frac{t}{d_s} \geq f_y \tag{2-35}$$

式中　E——钢材的弹性模量（kPa）；

f_y——钢材的抗压强度设计值（kPa）。

3）当 $d_s \geq 900mm$ 时，除了按式（2-35）验算外，尚应按下式验算

$$14.5E \left(\frac{t}{d_s} \right)^2 \geq f_y \tag{2-36}$$

▶▶ 2.3　群桩的竖向抗压承载性状

2.3.1　群桩效应的基本概念

群桩在竖向荷载作用下，由于承台、桩、土之间相互影响和共同作用，群桩的工作性状趋于复杂，桩群中任一根桩（即基桩）的工作性状都不同于孤立的单桩，群桩承载力将不等于各单桩承载力之和，群桩沉降也明显地超过单桩，这种现象就是群桩效应。

群桩效应可用沉降比 ζ 和群桩效率系数 η 表示

$$\zeta = \frac{S_n}{S} \tag{2-37}$$

$$\eta = \frac{Q_{ug}}{nQ_u} \tag{2-38}$$

式中　　S_n、S——群桩沉降量和单桩沉降量（mm）；

　　　　Q_{ug}、Q_u——群桩极限承载力和单桩极限承载力（kN）；

　　　　　　　n——桩数。

可见，群桩效率系数 η 越小、沉降比 ζ 越大，则表示群桩效应越强，也就意味着群桩承载力越低、群桩沉降量越大。

2.3.2　群桩效应的机理分析

桩基础常以群桩的形式出现，桩的顶部与承台连接。在竖向荷载作用下，一方面承台底面的荷载由桩承担，桩顶将荷载传递到桩侧土和桩端土上，各桩之间通过桩间土产生相互影响；另一方面，在一定条件下桩间土也可通过承台底面参与承担来自承台的竖向力。最终在桩端平面形成了应

群桩效应的机理分析

力的叠加，从而使桩端平面的应力水平大大超过单桩，应力扩散的范围和深度也远远大于单桩。这些影响的综合结果使得群桩的工作性状与单桩有很大的区别，群桩-土-承台形成一个相互影响和共同作用的体系。

1. 桩与土相互作用

对于挤土桩，在不很密实的砂土及非饱和黏性土中，由于成桩的挤土效应而使土挤密，从而增加桩侧阻力；而在饱和软土中沉入较多挤土桩则会引起超孔隙水压力，随后发生孔压消散、桩间土再固结和触变恢复，从而导致侧阻和端阻产生显著的时间效应，即软黏土中挤土桩的承载力随时间而增长，另外土的再固结还会发生负摩阻力。

2. 桩与桩相互作用

桩所承受的力是由侧阻及端阻传递到地基土中的。桩的荷载传递类型（端承桩及摩擦桩）以及桩距将影响群桩效应。

对于端承型桩，桩上的力主要通过桩身直接传到桩端土上，因桩端面积较小，在正常桩距（$3d \sim 4d$）时，各桩端的压力彼此不会相互影响（见图 2-15a），这种情况下群桩沉降量等于单桩沉降量，群桩承载力等于单桩承载力之和。

对于摩擦型桩，桩顶荷载主要通过桩侧摩阻力传递到桩周土中，然后再传到桩端土层。一般认为桩侧摩阻力在土中引起的竖向附加应力按某一角度 α 沿桩长向下扩散到桩端平面上。当桩数少且桩距较大时（如大于 $6d$），桩端平面处各桩传来的附加压力互不重叠或重叠不多（见图 2-15b），这时群桩中各桩的工作状态类似于单桩。但当桩数较多，桩距较小时，如正常桩距（$3d \sim 4d$），桩端处地基中各桩传来的压力就会相互叠加（见图 2-15c），使得桩端处压力要比单桩时数值增大，荷载作用面积加宽，影响深度更深。其结果，一方面可能使桩端持力层总应力超过土层承载力；另一方面由于附加应力数值加大，范围加宽、加深，而

使群桩基础的沉降量大大高于单桩的沉降量，特别是如果桩端持力层之下存在着高压缩性土层的情况，如图 2-15d 所示，则可能由于沉降控制而明显减小桩的承载力。

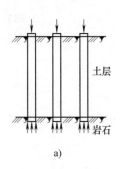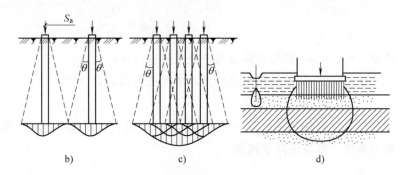

图 2-15 桩与桩之间的相互作用

3. 承台与桩土相互作用

承台与桩间土直接接触，在竖向压力作用下承台会发生向下的位移，桩间土表面承压，分担了作用于桩上的荷载，特别是摩擦型桩基，有时承台承受的荷载高达总荷载的 1/3 甚至更高。但以下几种情况下，承台与土面可能分开或者不能紧密接触，导致分担荷载的作用不存在或者不可靠：桩基础承受经常出现的动力作用，如铁路桥梁的桩基；承台下存在可能产生负摩阻力的土层，如湿陷性黄土、欠固结土、新近填土、高灵敏度黏土、可液化土；在饱和软黏土中沉入密集的群桩，引起超静孔隙水压力和土体隆起，随后桩间土逐渐固结而下沉的情况；桩周堆载或降水而可能使桩周地面与承台脱开等。

承台对于桩的摩阻力和端承力的发挥也有影响。一方面，由于承台底部的土、桩、承台三者有基本相同的位移，因而减少了桩土间的相对位移，使桩顶部位的桩侧阻力不能充分发挥出来。另一方面，承台底面向地基施加的竖向附加应力，又使桩的侧阻力和端阻力有所增加。

由刚性承台连接群桩可起到调节各桩受力的作用。在中心荷载作用下各桩顶的竖向位移基本相等，但各桩分担的竖向力并不相等，一般是角桩的受力分配大于边桩的，边桩的大于中心桩的，即是马鞍形分布。同时整体作用还会使质量好、刚度大的桩多受力，质量差、刚度小的桩少受力，最后使各桩共同工作，增加了桩基础的总体可靠度。

总之，群桩效应是桩-土-承台相互影响、共同作用的结果。对于端承型桩，大部分荷载由桩端传递，桩侧摩阻力及承台土反力传递荷载较小，故桩-土-承台相互影响小，即群桩效应弱。对于摩擦型桩，大部分荷载由桩侧摩阻力传递，承台土反力也传递荷载，桩-土-承台相互影响大，即群桩效应强。

群桩效应有些是有利的，有些是不利的，这与群桩基础的土层分布和各土层的性质、桩距、桩数、桩的长径比、桩长及承台宽度比、成桩工艺等诸多因素有关，即群桩效率系数 η 可能大于 1 也可能小于 1；而沉降比 ζ 大于或等于 1。

群桩效应有很多影响因素，主要取决于桩型、桩数和桩距。实际应用中各类规范有不同的规定，JGJ 94—2008《建筑桩基技术规范》做出如下规定：

1）对于端承型桩基、桩数少于 4 根的摩擦型柱下独立桩基，或由于地层土性、使用条件等因素不宜考虑承台效应时，基桩竖向承载力特征值应取单桩竖向承载力特征值。

2）对于符合下列条件之一的摩擦型桩基，宜考虑承台效应确定其复合基桩的竖向承载力特征值；上部结构整体刚度较好、体型简单的建（构）筑物；对差异沉降适应性较强的排架结构和柔性构筑物；按变刚度调平原则设计的桩基刚度相对弱化区；软土地基的减沉复合疏桩基础。

2.3.3 群桩的荷载传递特性

对于低承台桩基来说，由于桩-土-承台的相互作用，桩基的工作性状、荷载传递均趋于复杂，明显不同于独立单桩。群桩地基中，桩侧阻力、桩端阻力、承台土反力、桩顶反力等都随着群桩的桩距、桩数、桩长、承台宽度等变化而呈现出一定的变化规律。

1. 群桩的桩侧阻力

（1）桩距的影响　若桩间距过小，桩间土竖向位移因相邻桩的影响，桩土相对位移减小，致使桩侧阻力不能充分发挥。

（2）承台的影响　由于桩与承台的共同作用，承台与桩顶同步沉降，所以承台限制了桩上部一定范围内桩与土的相对位移，影响了桩侧摩阻力的充分发挥，产生"削弱效应"，此削弱效应存在于桩上部，从而改变了荷载传递过程。随着桩端贯入变形发展，与单桩情况不同，不是上部桩身的侧摩阻力首先达到极限后继续向下发展，而是桩身中、下部首先达到极限值，然后随着荷载的增加，从桩身中、下部开始逐步向上、向下发展，同时随着承台下土压缩量的增加，桩身侧摩阻力逐步达到极限值。

（3）桩长与承台宽度比的影响　当桩长和承台宽度比 $l/B<1.0\sim1.2$ 时，承台底土反力形成的压力泡将包围整个桩群，桩间土和桩底平面以下的土受竖向应力而产生位移，导致桩侧土的剪应力松弛而使桩侧摩阻力降低（见图 2-16）。

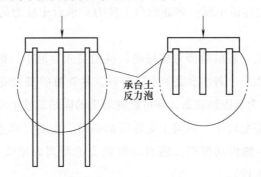

图 2-16　桩长与承台宽度比值对桩侧摩阻力的影响

（4）土性的影响　对于加工硬化型的土（如非密实的粉土、砂土），在群桩受压变形过程中，桩间土由于剪切压缩，使得其强度得到提高，并对桩侧表面产生侧向压力而使桩侧摩阻力增大。

2. 群桩的桩端阻力

（1）桩间距的影响　一般情况下桩端阻力随桩距（$s_a \geqslant 3d$）减小而增大。这是由于桩侧剪应力传递到桩端平面使主应力差减小和桩端土侧向挤出受到邻桩的相互制约所致。

（2）承台的影响　对于低承台，当桩长与承台宽度比 $l/B \leqslant 2$ 时，承台底土反力传递至桩端平面可减小主应力差（$\sigma_1 - \sigma_3$），承台还限制桩土相对位移减小桩端土侧向挤出，从而提高桩端阻力。由于承台的"增强效应"，低承台群桩端阻力大于高承台，并在桩距 $3d$ 左右呈现峰值。

（3）土性与成桩工艺的影响　对于非密实的粉土、砂土，打入桩会因桩的相互制约而使桩间土和桩端土的挤密效应更明显，桩端阻力因此而提高。

3. 承台分担荷载

承台与其下地基土接触，在竖向荷载作用下，承台下的土产生反力，承台上的部分荷载直接传到承台下的土中，从而可直接承担一部分荷载。反力分布如图 2-17 所示，从图中可以看出，反力分布外缘大、内部小，呈马鞍形。

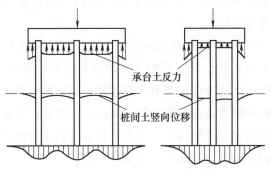

图 2-17　承台分担荷载情况

承台土反力主要是由于桩端产生贯入变形，桩土间出现相对位移而产生的。桩身弹性压缩也引起少量桩土相对位移而出现一部分承台土反力。承台土反力的大小及其分担荷载的作用随下列因素而变化。

（1）桩端持力层性质　若桩端持力层较硬，桩的贯入变形小，则承台土反力较小。

（2）承台底土层的性质　若承台底面土层较弱，尽管桩的贯入变形较大，产生的土反力也不大，若承台底地基土为欠固结状态，则可能随着土的固结而使土反力逐步减小以致消失。

（3）桩距大小　若桩距较小，桩间土受邻桩影响而产生的"牵连变形"（桩侧土因受桩侧摩阻力的牵连作用产生的剪切变形，随着与桩侧表面距离的增大而衰减）较大，将导致承台土反力减小（见图 2-17）。

（4）桩群内、外的承台面积比　桩群外部的承台底面土受桩的干涉作用远小于桩群内部，若桩群外围承台底面积所占比例较大，则承台土反力总值及其分担荷载的作用增大。

（5）沉桩挤土与固结效应　对于饱和黏性土中的打入式群桩，若桩距小、桩数多，超孔隙水压和土体上涌量随之增大，承台浇筑后，处于欠固结状态的重塑土体逐渐再固结，致使地基土与承台脱离，并将原来分担的荷载转移到桩上，甚至出现负摩擦力。

（6）荷载水平　基桩的贯入变形（包括桩端土的压缩和塑性挤出）随荷载水平提高而提高，同时基桩的刚度越低，基桩分担的荷载越小，承台分担的荷载越大。在上部土层较好、桩距较大、建筑物整体性好的情况，可考虑大幅度提高单桩设计承载力（有时可取极限承载力）以发挥承台分担荷载的作用，形成复合桩基。

总之，影响承台分担荷载比例的关键因素之一是桩间距。同时，承台土反力总值与桩端刺入量间呈较好的线性关系，因此保证桩有一定的刺入量是承台参与工作的重要条件。

4. 群桩的桩顶反力分布特征

刚性承台群桩的桩顶荷载分配规律一般是中心桩桩顶荷载 P_i 最小，角桩荷载 P_c 最大，边桩荷载 P_e 次之，与实测及理论分析结果相符。以下因素会影响桩顶荷载的分配：

（1）桩距的影响　当桩距超过常规桩距（$3d \sim 4d$）后，桩顶荷载差异随桩距增大而减小。

（2）桩数的影响　桩数越多，桩顶荷载差异越大。

（3）承台与上部结构综合刚度的影响　对于大面积桩筏、桩箱基础，桩顶荷载的差异随承台与上部结构综合刚度的增大而增大；对于绝对柔性的承台，桩顶荷载趋于均匀分配。

（4）土性的影响　对于加工硬化型土，在常规桩距条件下，桩侧摩阻力在沉降过程中因桩土相互作用而提高，而中间桩的桩侧摩阻力增量大于角、边桩，因而可出现桩顶荷载分配趋向均匀的现象。

（5）荷载水平　各桩顶荷载与平均桩顶荷载的比值 P_{av} 并不是一成不变的，它随荷载的增大而发生变化。总体规律是荷载增大，各桩荷载趋于均匀分布，表现为边桩 P_e/P_{av} 基本不随沉降量变化，而角桩荷载 P_c 和中心桩荷载 P_i 向边桩荷载靠拢，即 P_c/P_{av} 逐渐减小，而 P_i/P_{av} 则不断增大。

2.3.4　群桩的破坏模式

群桩极限承载力的计算模式是根据群桩破坏模式来确定的，分析群桩的破坏模式主要涉及两个方面，即群桩侧阻的破坏和端阻的破坏。

1. 群桩侧阻的破坏

群桩侧阻破坏模式一般划分为桩土整体破坏和非整体破坏。整体破坏是指桩土形成整体，如同实体基础那样承载和变形，桩侧阻力的破坏面发生于桩群外围（见图 2-18a）；非整体破坏是指各桩的桩土间产生相对位移，各桩的侧阻力剪切破坏发生于各桩桩周土体或桩土界面上（见图 2-18b）。

影响群桩侧阻破坏模式的因素主要有土性、桩距、承台设置方式和成桩工艺。对于砂土、粉土、非饱和松散黏性土中的挤土型群桩，在较小桩距（$s_a \leqslant 3d$）条件下，群桩侧阻一般呈整体破坏；对于无挤土效应的钻孔群桩，一般呈非整体破坏。对于低承台群桩，由于承台限制了桩土之间的相对位移，因此在其他条件相同的情况下，低承台群桩比高承台群桩更容易形成桩土的整体破坏。

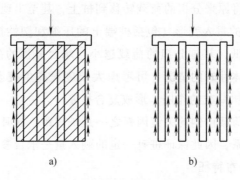

图 2-18 群桩侧阻力破坏模式

a) 整体破坏 b) 非整体破坏

2. 群桩端阻的破坏

群桩端阻的破坏分为整体剪切、局部剪切和刺入破坏三种模式，群桩端阻的破坏与侧阻的破坏模式有关。

（1）当侧阻呈桩土非整体破坏时 此时各桩单独破坏，各桩端的破坏与单桩相似。单桩的端阻力破坏模式有三种：整体剪切、局部剪切、刺入剪切。整体剪切破坏时，连续的剪切滑裂面开展至桩端平面（见图 2-19a）；局部剪切破坏时，土体侧向压缩量不足以使滑裂面开展至桩端平面；刺入剪切破坏时，桩端土竖向和侧向压缩量都较大，桩端周边产生不连续的向下辐射性剪切，桩端"刺入"土中（见图 2-19b）。

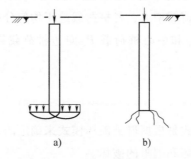

图 2-19 单桩端阻的破坏模式

当桩端持力层为密实砂土或硬黏土，其上覆层为软土，且桩不太长时，端阻一般呈整体剪切破坏；当其上覆土层为非软土时，端阻一般呈局部整体剪切破坏；当存在软弱下卧层时，可能出现刺入剪切破坏。当桩端持力层为松散、中密砂土或粉土、高压缩性及中等压缩性黏性土时，端阻一般呈刺入剪切破坏。

（2）当侧阻呈桩土整体破坏时 桩端演变成底面积与桩群面积相等的单独实体墩基，此时，由于基底面积大、埋深大，墩基一般不发生整体剪切破坏，而是呈局部剪切和刺入剪切破坏，尤以后者多见（见图 2-20a）。当存在软弱下卧层时，有可能由于软弱下卧层产生剪切破坏或侧向挤出而引起群桩整体失稳。只有当桩很短且持力层为密实土层时才可能出现墩底土的整体剪切破坏（见图 2-20b）。

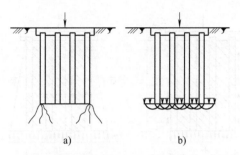

a)　　　　　　　　b)

图 2-20　群桩端阻的破坏模式

实用中，群桩的破坏模式分为"整体破坏"和"非整体破坏"。这种破坏模式的划分实际上是按桩侧阻力的破坏模式划分的（见图 2-18）。

2.4　群桩竖向抗压承载力的确定

2.4.1　群桩承载力的确定方法

1. 以单桩极限承载力为参数的群桩效率系数法

$$P_u = n\eta Q_u = nR_u \tag{2-39}$$

式中　P_u——群桩极限承载力（kN）；

n——桩数；

η——群桩效率系数；

Q_u——单桩的极限承载力（kN）；

R_u——基桩的极限承载力（kN）。

2. 以土体强度为参数的极限平衡理论法

（1）侧阻呈桩土整体破坏时　对于小桩距（$s \leqslant 3d$）挤土型低承台群桩，其侧阻一般呈整体破坏，即侧阻力的剪切破裂面发生于群桩和土形成的实体基础的外围侧表面。因此，群桩的极限承载力计算可视群桩为等代墩基或实体深基础，其计算模式有以下两种，如图 2-21 所示。

第一种：实体深基础的极限承载力 P_u 由桩群周边土的极限侧摩阻力和桩端平面处桩群外包尺寸决定的面积上土的极限承载力组成（见图 2-21a）。

$$P_u = P_{su} + P_{pu} = 2(A_0 + B_0)\sum l_i q_{sui} + q_{pu}A_0 B_0 \tag{2-40}$$

第二种：考虑了 $\varphi/4$ 的扩散角，将桩端平面扩大了的面积上的极限承载力作为 P_u（见图 2-21b）。

$$P_u = q_{pu}AB \tag{2-41}$$

其中　　　　　$A = A_0 + 2L\tan\dfrac{\overline{\varphi}}{4}$　　　　　$B = B_0 + 2L\tan\dfrac{\overline{\varphi}}{4}$ $\tag{2-42}$

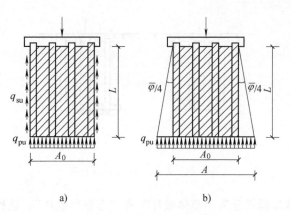

图 2-21 实体深基础计算模式

式中 q_{sui}——桩侧第 i 层土的极限侧摩阻力（kPa）;

q_{pu}——群桩实体基础底面单位面积极限承载力（kPa），可按浅基础的极限承载力公式计算（对于端阻局部剪切破坏可按太沙基修正公式计算）;

A_0、B_0、L——群桩实体基础长边、短边长和桩长（m）;

$\overline{\varphi}$——桩长范围内桩侧各土层内摩擦角的加权平均值。

（2）侧阻呈桩土非整体破坏时 各桩呈单独破坏，即侧阻力的剪切破裂面发生于各基桩的桩土界面上或近桩表面的土体中。这种非整体破坏多见于非挤土型群桩及饱和土中的挤土型高承台群桩。其极限承载力的计算，若忽略群桩效应以及承台分担荷载的作用，可按下式计算

$$P_u = P_{su} + P_{pu} = nU\Sigma l_i q_{sui} + nA_p q_{pu} \tag{2-43}$$

式（2-43）中 q_{sui}、q_{pu} 可按静力法计算。

2.4.2 规范采用的计算方法

各类规范对群桩承载力的计算有不同的规定。例如：

（1）《水运工程桩基设计规范》对于桩端进入良好持力层时中心距小于 $3d \sim 6d$，或其余情况桩距小于 $6d$ 的高桩承台的群桩，按群桩效率系数法计算群桩承载力；对于桩端进入良好持力层时中心距大于或等于 $3d \sim 6d$，或其余情况桩距大于或等于 $6d$ 的群桩不考虑群桩效应，按单桩承载力之和计算群桩的承载力。

（2）《公路桥涵地基与基础设计规范》将桩距小于 6 倍桩径的 9 根及 9 根以上的多排摩擦桩群桩视为整体破坏模式的桩基，按极限平衡法计算群桩承载力；桩间距大于 6 倍桩径时，不考虑群桩效应。

（3）《建筑桩基技术规范》中，对于桩距小于 6 倍桩径的 4 根及以上的摩擦桩群，按群桩效率系数法计算基桩承载力。

下面介绍新老两版《建筑桩基技术规范》关于基桩承载力的确定方法。承载力的群桩效应可用群桩效率系数 η 表示，见式（2-38）。

由于各影响因素对群桩效应的影响效果不同，用单一的群桩效率系数难以如实反映群桩问题，为此 JGJ 94—94《建筑桩基技术规范》在一系列原位模型试验的基础上引入了考虑承台、桩、土相互作用的分项群桩效应系数，即桩侧阻群桩效应系数 η_s、桩端阻群桩效应系数 η_p 及承台效应系数 η_c。

由于黏性土地基中桩侧阻削弱效应与桩端阻增强效应在某种程度上相互抵消，非黏性土中 η_s、η_p 一般大于 1.0；同时大量原位和室内试验表明，低桩承台的分担荷载作用明显，不可忽视。因此计算群桩承载力时，为简化计算且留更多安全储备，JGJ 94—2008《建筑桩基技术规范》只考虑承台效应系数 η_c。

摩擦型群桩在竖向荷载作用下，由于桩土相对位移，桩间土对承台产生一定竖向抗力，成为桩基竖向承载力的一部分而分担荷载，故称为承台效应。承台底地基土承载力特征值的发挥率称为承台效应系数。考虑承台效应，单桩及其对应面积的承台下地基土组成的复合承载基桩称为复合基桩。

以下是建筑桩基的新老两版《建筑桩基技术规范》关于复合基桩承载力的计算规定。

1. JGJ 94—94《建筑桩基技术规范》

$$R = \eta_s Q_{sk}/\gamma_s + \eta_p Q_{pk}/\gamma_p + \eta_c Q_{ck}/\gamma_c \tag{2-44}$$

$$Q_{ck} = f_{ck} A_c / n \tag{2-45}$$

式中　R——复合基桩承载力设计值（kN）；

η_s、η_p、η_c——桩侧阻力、桩端阻力、承台底土阻力的群桩效应系数；

Q_{sk}、Q_{pk}——单桩总极限桩侧阻力和总桩端阻力的标准值（kN）；

Q_{ck}——承台底基桩分摊的承台面积范围内地基土承载力总极限阻力标准值（kN）；

f_{ck}——承台底 1/2 承台宽度且深度范围（≤5m）内地基土极限承载力标准值（kPa）；

A_c——承台底与土接触的面积（m²）。

当根据荷载试验确定单桩竖向极限承载力标准值时，由于桩侧阻力与桩端阻力是未分离的，则群桩中基桩的竖向承载力设计值为

$$R = \eta_{sp} Q_{sp}/\gamma_{sp} + \eta_c Q_{ck}/\gamma_c \tag{2-46}$$

式中　η_{sp}——桩侧阻力桩端阻力综合群桩效应系数；

Q_{sp}——载荷试验确定的单桩极限承载力标准值（kN）。

2. JGJ 94—2008《建筑桩基技术规范》

$$R = R_a + \eta_c f_{ak} A_c \tag{2-47}$$

$$A_c = \frac{A}{n} - A_p \tag{2-48}$$

式中　R——复合基桩承载力特征值（kN）；

R_a——单桩承载力特征值（kN）；

η_c——承台效应系数，见表 2-10；

f_{ak}——承台底 1/2 承台宽度且深度范围（≤5m）内各层土的地基承载力特征值按厚度
的加权平均值（kPa）；

A_c——基桩所对应分配的承台底与土接触的净面积（m^2）；

A——承台底面积（m^2）；

n——总桩数；

A_p——单桩截面面积（m^2）。

当承台底为可液化土、湿陷性黄土、高灵敏度软土、欠固结土、新填土时，或沉桩引起
超孔隙水压力和土体隆起时，不考虑承台效应，取 $\eta_c = 0$。

表 2-10　承台效应系数 η_c

B_c/l ＼ s_a/d	3	4	5	6	>6
≤0.4	0.06~0.08	0.14~0.17	0.22~0.26	0.32~0.38	0.50~0.80
0.4~0.8	0.08~0.10	0.17~0.20	0.26~0.30	0.38~0.44	
>0.8	0.10~0.12	0.20~0.22	0.30~0.34	0.44~0.50	
单排桩条形承台	0.15~0.18	0.25~0.30	0.38~0.45	0.50~0.60	

注：1. 表中 s_a/d 为桩中心距与桩径之比；B_c/l 为承台宽度与桩长之比。当计算基桩为非正方形排列时，$s_a = \sqrt{A/n}$，
A 为承台计算域面积，n 为总桩数。

2. 对于桩布置于墙下的箱、筏承台，η_c 可按单排桩条形承台取值。

3. 对于单排桩条形承台，当承台宽度小于 $1.5d$ 时，η_c 按非条形承台取值。

4. 对于采用后注浆灌注桩的承台，η_c 宜取低值。

5. 对于饱和黏性土中的挤土桩基、软土地基上的桩基承台，η_c 宜取低值的 0.8 倍。

2.4.3　群桩软下卧层的承载力计算

当桩端持力层的厚度有限，且桩端平面以下荷载影响范围内存在软弱下卧层时，可能会
引起冲破硬持力层的冲剪破坏，群桩可能出现的破坏模式有：群桩中基桩的冲剪破坏；群桩
整体的冲剪破坏，如图 2-22 所示，此时群桩承载力还受控于软弱下卧层的承载力。为了防
止上述情况的发生，需进行相应的群桩软弱下卧层承载力验算，验算原则为：扩散到软弱下
卧层顶面的附加应力与软弱下卧层顶面土自重应力之和应小于软弱下卧层的承载力特征值。

1. 基桩冲剪破坏

对于桩距大于 $6d$ 的桩基会出现基桩单独冲剪破坏情况；另外，高桩承台群桩或低承台
下地基土可能出现自重固结、液化、湿陷、震陷、挤土隆起后再固结等的群桩，由于桩侧土
层很软弱，即使其桩距略小于 $6d$，也可能出现各基桩单独冲剪破坏。

假定桩端应力扩散后不重叠、桩截面为圆形（见图2-23），则基桩作用在软弱下卧层顶
面的附加应力为

$$\sigma_z = \frac{N - u\sum q_{si}l_i}{\frac{\pi}{4}(d_e + 2t\tan\theta)^2} \tag{2-49}$$

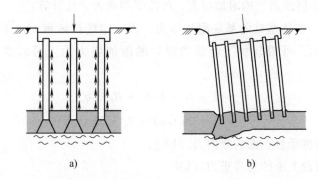

图 2-22　存在软弱下卧层时群桩破坏模式

a) 基桩冲剪破坏　b) 群桩整体冲剪破坏

软弱下卧层承载力验算公式为

$$\sigma_z + \sigma_{cz} \leqslant f_{az} \qquad (2\text{-}50)$$

式中　N——桩顶竖向压力（kN）；

　　　u——桩截面周长（m）；

　　　q_{si}——桩侧极限摩阻力（kPa）；

　　　t——桩端至软弱下卧层的距离（m）；

　　　d_e——桩端等效直径（m）：对于圆形桩端，$d_e = d$

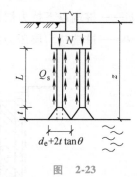

图　2-23

　　　　（d 为桩径）；对于方形桩，$d_e = 1.13b$（b 为

　　　　桩的边长）；

　　　θ——扩散角，可查表 2-11。表中 B_0 取等效直径 d_e；

　　　σ_z——作用在软弱下卧层顶面处的附加应力（kPa）；

　　　σ_{cz}——软弱下卧层顶面处地基土的自重应力（kPa）；

　　　f_{az}——软弱下卧层顶面处经深度修正后地基土承载力特征值（kPa）。

表 2-11　压力扩散角 θ

E_{s1}/E_{s2}	$t = 0.25B_0$	$t \geqslant 0.50B_0$
1	4°	12°
3	6°	23°
5	10°	25°
10	20°	30°

注：1. E_{s1} 为硬持力层的压缩模量；E_{s2} 为软弱下卧层的压缩模量。

　　2. $t < 0.25B_0$ 时，取 $\theta = 0°$，必要时宜由试验确定；当 $0.25B_0 < t < 0.5B_0$ 时，可内插取值。

2. 群桩整体冲剪破坏

当桩距小于或等于 $6d$，或基桩桩端冲剪锥体扩散线在持力层中相互交叉重叠，群桩呈现整体冲剪破坏。可假设群桩和桩间土为一实体基础。作用于软弱下卧层顶面的附加应力与地基的自重之和，应不大于软弱下卧层顶面的地基承载力，见式（2-50）。

作用在软弱下卧层顶面处的附加应力，可按下列两种方法计算：

（1）扩散角法　实体基础的基底附加压力，以一定的扩散角 θ 向下扩散至软弱下卧层顶面如图 2-24a 所示，可得软弱下卧层顶面处的附加应力为 [公式推导参见式（5-7）~式（5-11）]

$$\sigma_z = \frac{F + G - 2(A_0 + B_0)\Sigma q_{si}l_i}{(A_0 + 2h_t\tan\theta)(B_0 + 2h_t\tan\theta)} \qquad (2\text{-}51)$$

式中　F——作用在桩承台顶面的竖向力（kN）；

　　　　G——承台及台上土的自身重力（kN）；

　　A_0、B_0——群桩实体基础的长边、短边（m）；

　　　　q_{si}——第 i 层土的极限侧摩阻力（kPa）；

　　　　l_i——桩周第 i 层土的厚度（m）；

　　　　h_t——桩端以下持力层的厚度（m）；

　　　　θ——桩端持力层压力扩散角，可查表 2-11。

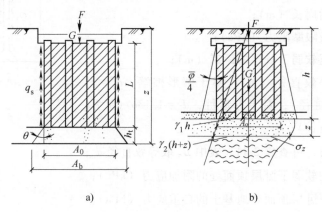

a)　　　　　　　　　　　　b)

图 2-24　群桩冲剪破坏验算

注意，在 JGJ 94—2008《建筑桩基技术规范》中，取实体基础外侧表面总极限侧阻力的 3/4 进行计算。具体参见式（5-12）。

（2）按线弹性理论近似计算　当硬持力层与软弱下卧层的压缩模量比≤3 时，群桩工作荷载作用下土中的附加应力可近似按均质线弹性体理论计算，如图 2-24b 所示，其计算式为

$$\sigma_z = \alpha(\sigma_h - \gamma_1 h) \qquad (2\text{-}52)$$

式中　σ_z——作用在软弱下卧层顶面处的附加应力（kPa）；

　　　　α——附加应力系数；

　　　　γ_1——桩埋深范围土的有效重度加权平均值（kN/m³）；

　　　　σ_h——群桩基础底面的压应力（kPa）。计算 σ_h 时假设承台顶面荷载和实体基础自身重力以 $\varphi/4$ 扩散角扩散（以考虑侧摩阻力的影响），则

$$\sigma_h = \frac{F + G_h}{\left(A_0 + 2l\tan\dfrac{\overline{\varphi}}{4}\right)\left(B_0 + 2l\tan\dfrac{\overline{\varphi}}{4}\right)} \tag{2-53}$$

式中　G_h——实体基础自重（kN），包括承台重及桩土重；

　　　　l——桩的入土长度（m）；

　　　　$\overline{\varphi}$——桩长范围内桩侧土内摩擦角的加权平均值。

2.5　桩的竖向抗拔承载力

2.5.1　概述

　　抗拔桩的应用与计算越来越受到重视，有些工程条件下需设置抗拔桩，有些需要验算桩的抗拔承载力。抗拔桩的应用一般有以下几方面：

　　1）塔式高耸结构物的桩基础，如高压输电塔、电视塔、微波通信塔、烟囱、海洋石油平台及系泊系统的桩基础，如图 2-25a～c 所示。

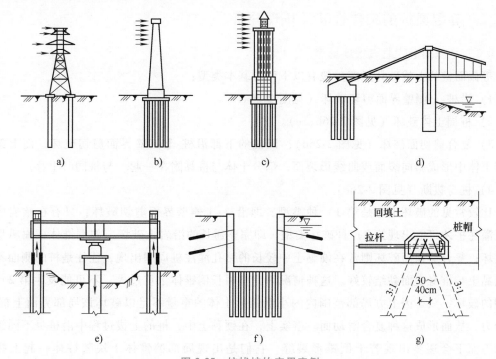

图 2-25　抗拔桩的应用实例

　　2）拉锚体系或结构的桩基础，如悬索桥的锚桩基础或其锚碇块底下的桩基础、地基土或单桩静载荷试验中所用的锚桩，如图 2-25d、e 所示。

　　3）承受较大浮托力作用的桩基础，如上部荷载较小且受地下水浮力作用的地下车库、地下商场、地铁车站等地下空间结构以及船闸、船坞等水工结构物的桩基础，如图 2-25f

所示。

4）承受巨大水平荷载的叉桩结构，如码头、桥台、挡土墙下的斜桩，如图2-25g所示。

5）特殊条件及特殊地基上的建筑物，如地震荷载作用下的建筑物、膨胀土及冻胀土地基上的建筑物。

桩基承受上拔力的情况有两类：一类是恒定的上拔力，此时完全按抗拔桩的要求进行设计计算；另一类是拉拔与下压反复交替的（如风荷载、地震作用、工程应用所要求的交变荷载等），设计时应同时满足抗压和抗拔两方面的要求，或按抗压桩设计并验算抗拔承载力。

桩的抗拔承载力受两方面因素的制约：一是桩身材料的抗拉强度；二是桩周表面特性（即桩-土侧壁截面的几何特征）和土的物理力学特性。传统意义上的等截面抗拔桩，其抗拔能力十分有限，而且往往具有应变软化性质，即抗拔能力超过峰值后，随着上拔位移的增加会逐渐降低，趋于一个终值，因此它们并非理想形式。为了提高桩的抗拔能力，通常将抗拔桩做成非等截面形式，如扩底桩、螺旋桩等，使桩体不仅发挥桩侧摩阻力，而且还能充分发挥桩的扩大头的阻力。

有关抗拔桩的研究主要包括抗拔桩的工作性状及其机理研究、抗拔桩的承载力和变形计算。以下将简要介绍等截面桩和扩底桩的工作性状及抗拔承载力。

2.5.2　等截面桩的工作性状及机理分析

2.5.2.1　等截面桩的上拔破坏形态

等截面桩的上拔破坏形态一般有以下四种基本类型：

1）沿桩-土侧壁界面剪切破坏（见图2-26a）。

2）桩周土体破坏（见图2-26b、c）。

3）复合剪切面破坏（见图2-26d），即桩的下部沿桩-土侧壁界面剪切破坏，而上部的桩周土体中形成斜向裂面或曲线形裂面，部分土体与桩黏附在一起，与桩同时上移。

4）桩身拔断（见图2-26e）。

比较常见的破坏形态是第1）种类型，即沿桩-土侧壁界面剪切破坏；只有在软岩中的粗短灌注桩才可能出现第2）种破坏类型，即完整通长的沿岩土破坏，如倒锥体或喇叭形土体破坏；复合剪切面破坏则常在硬黏土中较长的钻孔灌注桩周围出现，往往是桩的侧面不平滑而黏土与桩身表面黏结较好。这种情况因完整通长倒锥体土重过大，不可能发生第2）种类型的破坏，只是因上方局部范围内的小倒锥形土体的重量不足以破坏该局部界面上桩-土黏着力，从而形成这种复合滑动面。事实上，在硬黏土中，桩的上拔过程中沿桩身不同深度处自上而下会逐步出现若干倒锥形裂缝，它们是出现局部倒锥体土块随桩体一起上拔的诱因。

2.5.2.2　等截面桩的上拔受力性状与机理

1.　单桩的荷载传递

当桩顶受竖向上拔荷载时，桩身拉伸产生相对于土的向上位移，从而引起桩侧表面的向下侧摩阻力。等截面抗拔桩是纯摩擦桩，即只有摩阻力作用，但桩的自重对抗拔力有影响。

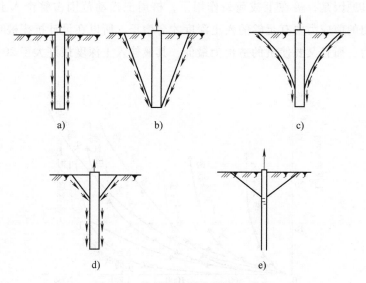

图 2-26　等截面桩的上拔破坏形态

桩侧摩阻力是自上而下逐渐发挥的。当上拔荷载较小时，桩身拉应力出现在桩的上部，即桩身拉伸发生在桩的上部，桩上部土层的侧摩阻力首先发挥出来；随桩顶上拔荷载增加，桩身拉应力逐渐向下发展，桩侧中下部土层的摩阻力随之逐步发挥；当桩身上部土的侧阻已发挥到最大值并出现滑移（此时上部桩侧土的抗剪强度由峰值强度降低为残余强度），则桩身下部土的侧阻进一步得到发挥；若上拔荷载进一步增大，整根桩出现桩土界面滑移，桩顶上拔量突然增大，桩顶上拔力反而减小并稳定在残余强度，此时由于整根桩的桩土界面滑移拔出而破坏。

另一种破坏情况是桩身混凝土或抗拉钢筋被拉断而破坏，此时桩顶上拔力残余值通常很小。

2. 单桩上拔荷载-位移曲线

1）上拔荷载-位移曲线的特点是第一、第二拐点相距很近或很难区分，接近极限荷载时曲线变化也不显著，但变形量在抗拔力达极限值后陡变上升。图 2-27 为我国一些港口拔桩试验的荷载-位移曲线。

2）当向上变形量超过极限抗拔力的变形后，随着桩的上拔量的增加，抗拔力相反地会下降，桩迅速破坏，如图 2-28 所示上拔力与上拔量关系曲线。这是由于抗拔桩周围土的松动、受荷边界条件改变以及桩周表面积减小所致。

3）桩的上拔荷载作用的方式不同，对抗拔桩 Q_t-S 曲线的影响很大。杨克己在砂土中做了同一条件下的短期维持荷载与循环荷载的对比试验（见图 2-29），发现后者比前者上拔量大，承载力降低约 30%。

3. 抗拔力与入土深度的关系

在上拔荷载作用下，不论单桩还是群桩都有一个最优化的入土深度。我国一些现场试验及杨克己的多次模型试验反映出该深度约为 20 倍桩径（见图 2-30），即当 $l<20d$（d 为桩径或边长）时，其承载力的增量变化较小；而当 $l>20d$ 时，其承载力的增量随入土深度的增加而迅速增长。其原因是，桩在上拔荷载作用下，桩周土松动范围占整个入土深度的比例较大，抵抗桩拔出的剪应力要有足够的入土深度才会增长。所以在设计抗拔桩时，不仅要获得最大抗拔承载力，而且又要使桩的造价为最低，其最佳入土深度最好大于 20 倍桩径。

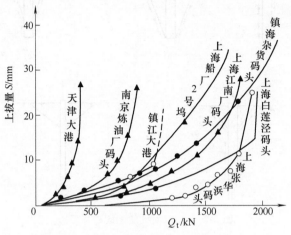

图 2-27　拔桩试验 Q_t-S 曲线

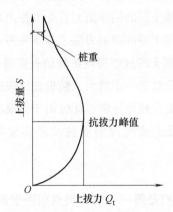

图 2-28　上拔力与上拔量关系

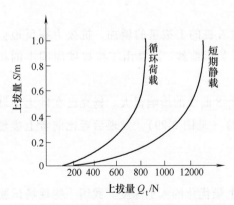

图 2-29　短期静载与循环荷载 Q_t-S 曲线

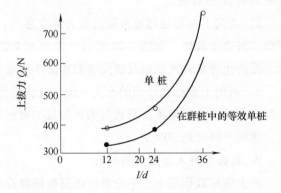

图 2-30　抗拔力与入土深度的关系

2.5.3　等截面桩抗拔承载力的确定

2.5.3.1　等截面桩的单桩抗拔承载力确定

与竖向抗压桩类似，抗拔承载力的确定方法主要有抗拔试验、静力计算公式以及规范法等。

1. 现场抗拔试验法确定单桩抗拔承载力

一般采用逐级加载、应力控制式的单桩竖向抗拔静载试验，与单桩竖向抗压静载试验方法类似，上拔试验得到上拔荷载 P 与上拔位移量 Δ 的关系曲线。

（1）试验装置　一般采用液压千斤顶加载，液压千斤顶的加载反力装置可根据现场情况确定，应尽量利用工程桩提供支座反力，抗拔试桩与支座桩的最小间距参见有关规范规定。试桩上拔变形一般采用百分表测量，布置方法与竖向抗压试验相同。

（2）试验方法　一般采用慢速维持荷载法。逐级加载，每级荷载达到相对稳定后加下一级荷载，直到满足试桩终止条件，然后逐级卸载到零。若考虑实际工程桩的荷载特征时，也可采用多循环加卸载法，即每级荷载达到相对稳定后卸载到零。

慢速维持荷载法按下列规定进行加、卸载和竖向变形观测：

1）加载分级。每级加载为预估极限荷载的 $1/15 \sim 1/10$。

2）变形观测。每级加载后间隔 5min、10min、15min 各测读一次，以后每隔 15min 测读一次，累计 1h 后每隔 30min 测读一次。每次测读值记入试验记录表，并记录桩身外露部分裂缝开展情况。

3）变形相对稳定标准。每一小时内的变形值不超过 0.1mm，并连续出现两次，认为已达到相对稳定，可加下一级荷载。

当出现下列情况之一时，即可终止加载：

1）某级荷载作用下，桩顶变形量大于前一级荷载作用下的 5 倍。

2）按桩顶上拔量控制，累计桩顶上拔量超过 100mm 或达到设计要求的上拔量。

3）按钢筋抗拉强度控制，桩顶上拔荷载达到桩受拉钢筋总极限承载力的 0.9 倍。

4）对于验收抽样检测的工程，达到设计要求的最大上拔荷载值。

然后根据试验测读的数据绘制荷载-变形曲线（P-Δ 曲线）、变形-时间曲线（Δ-lg$t$ 曲线）。

（3）单桩竖向抗拔极限承载力的判定　对于陡降型 P-Δ 曲线，取 P-Δ 曲线陡升起始点荷载为极限荷载；对于 Δ-lg$t$ 曲线，取 Δ-lg$t$ 曲线斜率明显变陡或曲线尾部显著弯曲的前一级荷载为极限荷载；当在某一级荷载下抗拔钢筋断裂时，取其前一级荷载为极限荷载。

用荷载试验确定桩的抗拔承载力时还应注意：

1）桩在打入后应充分休止后再进行拔桩试验。《建筑桩基技术规范》规定，从成桩到开始试验的间歇时间为：在确定桩身强度达到要求的前提下，对于砂类土、不应少于 10d；对于粉土和黏性土，不应少于 15d；对于淤泥或淤泥质土，不应少于 25d。

2）桩的抗拔承载力问题往往是一个渐进性破坏的问题，比抗压承载力复杂得多。通常较普遍的研究方法大多只是针对桩的短期上拔稳定性问题而言的。抗拔桩的长期稳定性问题，应作专门的研究，要考虑诸多特殊性因素，如黏性土的长期蠕变、负孔隙水压力的消散过程（也即吸水过程）会导致土含水量增加和强度降低、土体内以及桩-土界面上裂缝的不断发展等。

3）需考虑桩身重力、上拔过程中在桩底端处可能引起的短期真空吸力等影响。这种真空吸力对桩的长期抗拔承载力来说是不能做出贡献的。

2. 静力计算法确定单桩抗拔承载力

该类方法实际上是采用了竖向受压桩桩侧摩阻力的静力计算公式。

（1）圆柱状剪切破坏时桩的抗拔承载力计算公式　沿桩-土界面滑移破坏的抗拔承载力的计算，应该先获知界面上材料的抗剪强度，但柯哈威（Kulhaw）等人研究证实灌注桩实际破坏面一般出现在界面以外附近的土体内，而并非直接在界面上，因此只需知道土的抗剪强度即可。所以圆柱状剪切破坏时的桩抗拔承载力为

$$P_u = \overline{W} + \pi d \int_0^L K \overline{\gamma} z \tan \overline{\varphi} dz \tag{2-54}$$

式中　P_u——桩的极限抗拔承载力（kN）；

$\overline{W}$——钻孔桩的有效重力（kN）；

d——钻孔桩直径（m）；

L——钻孔桩长度（m）；

K——土的侧压力系数，破坏时 $K = K_u$；

$\overline{\gamma}$——土的有效重度平均值（kN/m³）；

$\overline{\varphi}$——桩周土的平均有效内摩擦角。

上式中的侧摩阻力计算就是竖向受压桩静力计算公式的 β 法。上式应用的关键在于：

1）正确确定破坏时所能动员的桩径 d_m。它一般大于钻孔桩实际桩径 d。大量研究结果表明，砂性土实际剪切面均在桩土界面外 6mm 处。

2）选择好与作用在桩身上的应力范围相适应的土内摩擦角 φ，它可用室内直接剪切试验成果确定。

3）正确确定破坏时土的侧压力系数 K_u。

对于黏性土中桩的抗拔阻力也可以采用总应力计算。对于不排水荷载条件下（如作用时间较短的荷载），可以用不排水分析法。与受压桩静力计算公式的 α 法相同，设饱和黏土 $\varphi = 0$，则单位桩侧摩擦阻力可表示为

$$f_s = \alpha S_u \tag{2-55}$$

式中　α——黏着系数，随基础种类、土的类别以及施工工艺等而变化，是一个经验系数；

S_u——土的不排水抗剪强度（kPa），随深度变化。

汤姆林逊（Tomlinson）认为，黏土中打入桩的 α 系数随 L/d（桩的长径比）而变化，α 值还与土的塑性指数有关（见图 2-31）。

此外，土的不排水强度波动范围也很大。它是有效应力、应力历史、有效上覆压力和含

水量的函数，其偏离值与平均值之比很大。因此使用总应力法进行不排水分析时需要有较大安全系数，而且总应力法不适用于长期稳定性的研究。

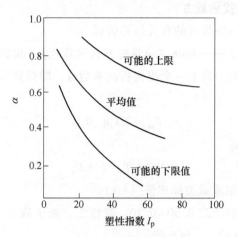

图 2-31　黏着系数 α 与土的塑性指数 I_p 的关系

（2）复合剪切面破坏时桩的抗拔承载力计算公式　复合剪切面条件下桩的抗拔承载力计算可由下列两部分组成：第一部分为桩重及与桩体一起上移的锥形土体重力；第二部分为锥形体以下的圆柱形滑动面上的剪切阻力，即

$$P_u = \overline{W}_p + \overline{W}_s + \pi d \int_{L-z_1}^{L} K\,\overline{\gamma} z \tan \overline{\varphi}\,dz \tag{2-56}$$

式中　$\overline{W}_p$　$\overline{W}_s$——桩和锥形土体有效重力（kN）；

　　　　　z_1——倒锥形土体高度（m）。

复合剪切面条件下桩抗拔承载力的计算，首先要准确估算出可能的锥形体的几何尺寸（见图 2-32）。斯梯瓦尔特（Stewart）和柯哈威（Kulhaw）等综合多人的研究结果后提出了确定倒锥体深度的方法，具体参见相关文献。关于 z_1 的确定也可以采用试算法，即计算出不同 z_1 条件下桩的抗拔承载力 P_u 值，其中最小值对应的 z_1 值就是最危险的倒锥体高度。

虽然桩的上拔与下压承载力的静力计算公式差别不大，但用静力计算公式确定桩的抗拔承载力时应注意：

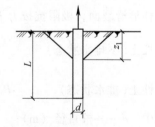

图 2-32　复合剪切面破坏模式

1）上拔和下压时基础侧壁阻力的主要区别之一就在于上拔时地面附近可能产生锥形剪切面，如果出现复合剪切面，浅部土层内实际水平土压力将降低。这是因为锥形土体会随着桩的上拔一起上移而与其下面的土脱离，从而使土内应力降低。

2）在一定条件下桩材料的泊松比效应的影响不容忽视。桩受压或受拉时所产生的侧向膨胀或侧向收缩（即泊松膨胀或泊松收缩）将使土的水平应力增加或减少，从而使土的抗剪强度和侧面摩阻力增加或减少。这种变化虽然对中等硬度至软黏土来说是微不足道的，但对硬黏土和岩石地基来说，由于土的变形模量很大，桩的泊松效应的影响就不可忽视。尤其是基岩内的锚桩，应考虑泊松收缩引起的桩-岩石之间脱开的可能性。

3. 规范法确定单桩抗拔承载力

以下简单介绍两个国内外规范的有关计算公式。

（1）我国行业标准 JGJ 94—2008《建筑桩基技术规范》 我国规范通常采用抗压桩的计算公式，将抗压桩侧壁摩阻力乘上一个拔桩折减系数 λ，即得到等截面桩的单桩抗拔极限承载力

$$T_{uk} = \Sigma \lambda_i q_{sik} u_i l_i \tag{2-57}$$

单桩的抗拔承载力验算

$$N_k \leqslant T_{uk}/2 + G_p \tag{2-58}$$

式中　T_{uk}——单桩抗拔极限承载力标准值（kN）；

　　　　λ_i——抗拔系数，砂土取 $0.50 \sim 0.70$，黏性土、粉土取 $0.70 \sim 0.80$，桩长 l 与桩径 d 之比小于 20 时，λ 取小值；

　　　　q_{sik}——桩侧表面第 i 层土的抗压极限侧阻力（kPa）；

　　　　u_i——破坏表面周长（m），对于等直径桩取 $u = \pi d$，对于扩底桩的取值见《建筑桩基技术规范》；

　　　　N_k——单桩上拔力（kN）；

　　　　G_p——桩的自重（kN），地下水位以下扣除浮力。

折减系数 λ 为一个小于 1.0 的系数，究其原因是，上拔时桩-土间界面法向应力 σ_h 与相同条件下下压时的 σ_h 相比要小。灌注桩的抗拔试验也表明：拔桩折减系数 λ 为一个小于 1.0 的系数，而且它随桩入土深度的增加而增大，这也说明了在承受拉拔荷载的桩基中采用较长的桩较为经济合理。

（2）美国国家标准《输电线路杆塔基础设计导则》 对于直桩，一般认为土的破坏面呈圆柱形滑裂面，极限抗拔力 P_u 可用下式表示：

黏性土（不排水状态）　　$$P_u = Q_s + \overline{W}_p = \pi d \sum_0^L \alpha C_u \Delta L + \overline{W}_p \tag{2-59}$$

砂性土（排水状态）　　$$P_u = Q_s + \overline{W}_p = \pi d \sum_0^L K \overline{\sigma}_v \tan\delta \Delta L + \overline{W}_p \tag{2-60}$$

式中　d——桩直径（m）；

　　　　L——地面以下桩的长度（m）；

　　　　α——剪切强度折减系数；

　　　　C_u——土的不排水强度（kPa）；

　　　　ΔL——桩段的长度（m）；

　　　　$\overline{W}_p$——桩的有效重力（kN）；

　　　　K——土的侧压力系数；

　　　　$\overline{\sigma}_v$——土有效上覆压力（kPa）；

δ——桩材与周围土之间的外摩擦角。

对于锥形破坏面的抗拔承载力计算公式为

$$P_\mathrm{u} = \pi\,\overline{\gamma}L\left[\frac{d^2}{4} + \frac{dL\tan\varphi}{2} + \frac{L^3\tan\varphi}{3}\right] + \overline{W}_\mathrm{p} \qquad (2\text{-}61)$$

对于曲形倒锥滑动面的抗拔承载力计算公式为

$$P_\mathrm{u} = \pi\,\overline{\gamma}d\,\frac{L^2}{2}SK\tan\overline{\varphi} + \overline{W}_\mathrm{p} \qquad (2\text{-}62)$$

式中　$\overline{\gamma}$——土的有效重度（kN/m³）；

　$\overline{W}_\mathrm{p}$——桩基础的有效重力（kN）；

　S——形状系数；

　K——土的侧压力系数；

　$\overline{\varphi}$——土的有效内摩擦角。

2.5.3.2　等截面桩的群桩抗拔承载力确定

在确定桩基抗拔承载力时，需分别从桩身材料强度（包括桩与承台的连接强度）、单桩周围地基抗拔承载力以及群桩的地基抗拔承载力分别加以验算，然后以其中较小者作为计算桩基容许抗拔承载力的依据。

对群桩进行现场静载荷试验十分困难，为此，桩群的抗拔承载力通常只能按一些理论或经验的公式进行群桩抗拔承载力验算。验算模式有多种，可分为两类：一类为整体破坏模式（见图 2-33）；另一类为非整体破坏模式（见图 2-34）。

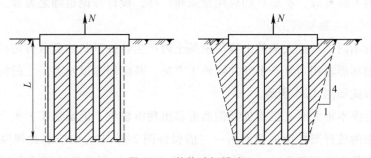

图 2-33　整体破坏模式

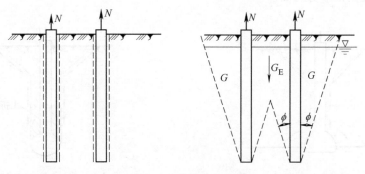

图 2-34　非整体破坏模式

我国 JGJ 94—2008《建筑桩基技术规范》的群桩抗拔验算的方法如下：

（1）群桩呈非整体破坏时 基桩的抗拔极限承载力标准值可按式（2-58）计算。

（2）群桩呈整体破坏时 基桩的抗拔极限承载力标准值按下式计算

$$T_{gk} = \frac{1}{n}u_l\Sigma\lambda_i q_{sik}l_i \tag{2-63}$$

式中 u_l——桩群外围周长。

（3）抗拔承载力验算 承受上拔力的桩基，应按下列公式同时验算群桩基础及其基桩的抗拔承载力，并按 GB 50010—2010《混凝土结构设计规范》（2015 年版）验算基桩材料的受拉承载力。

$$N_k \leqslant T_{uk}/2 + G_p \tag{2-64}$$

$$N_k \leqslant T_{gk}/2 + G_{gp} \tag{2-65}$$

式中 N_k——相应于荷载效应标准组合时的基桩上拔力（kN）；

$\quad\quad G_p$——基桩自身重力（kN），地下水位以下取浮重度，对于扩底桩按规范确定桩、土柱体周长，计算桩、土自身重力；

$\quad\quad G_{gp}$——群桩基础所包围体积的桩土总自身重力（kN）除以总桩数，地下水位以下取浮重度计算。

2.5.4 扩底桩的上拔工作性状与机理分析

扩底桩作为抗拔桩，其最大优点是可以用增加不多的材料显著增加桩基的抗拔承载力，随着扩孔技术的不断发展，扩底桩的应用越来越广泛，设计理论也随之发展。

2.5.4.1 扩底桩的上拔破坏形态

与等截面桩不同，其扩大头的上移使地基土内产生各种形状的复合剪切破坏面。这种特型基础的地基破坏形态相当复杂多变并随施工方法、基础埋深以及各层土的特性而变。扩底桩的基本破坏形式如图 2-35 所示。

当桩基础埋深不很大时，虽然桩杆侧面滑移出现得较早，但是当扩大头上移导致地基剪切破坏后，原来的桩杆圆柱形剪切面不一定能保持图 2-35 中的中段那种规则形状，尤其是靠近扩大头的部位变得更复杂，也可能演化成图 2-36 中的圆柱形冲剪式剪切面，最后可能在地面附近出现倒锥形剪切面。

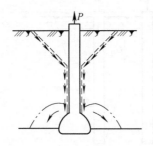

图 2-35 扩底桩的基本破坏形式

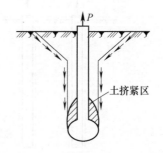

图 2-36 圆柱形冲剪式剪切面

在硬黏土层中，如果扩大头埋深不大，桩杆较短，则可能仅出现圆柱形剪切面或仅出现倒锥形剪切破坏面，也可能出现一个介于圆柱形和倒锥形之间的曲线滑动面，形如喇叭（见图 2-37）。在计算抗拔承载力时，宜多设几种可能的破坏面，选择其抗拔力最小的作为最危险滑动面。

土层埋藏条件对桩基上拔破坏形态影响很大。例如浅层有一定厚度的软土层，而扩大头又埋入下卧的硬土层（或砂土层）内一定深度处，这种设计的目的是为了保证扩底桩能具有较高的抗拔承载力，显然，这种承载力只可能主要由下卧硬土层（或砂土层）的强度来发挥，而上覆的软土层至多只能起到压重作用。所以完整的滑动面就基本上限于下卧的硬土层内开展（见图 2-38），而上面的软土层内不出现清晰的滑动面，而呈现大变形位移（塑流）。

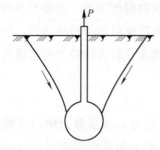

图 2-37　硬黏土中的喇叭形破坏面

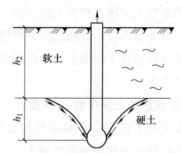

图 2-38　有上覆软土层时的上拔破坏形态

在均匀的软黏土地基中的扩底桩在上拔力作用下表现为一种固形物在浓缩流体中运动的状态。这浓缩流体就是饱和软黏土，而固形物就是桩，在软土介质内部不易出现明显的滑动面。此外，扩大头的底部软土将与扩大头底面黏在一起向上运动，所留下的空间会由真空吸力作用将扩大头四周的软土吸引进来，填补可能产生的空隙（见图 2-39）。与此同时，由于相当大范围内的土体在不同程度上被牵动，较短的扩底桩周围地面会呈现一个浅平的凹陷圈，而在软土内部则始终不会出现空隙，一直要到桩头快被拔出地面时才看得到扩大头与下部的土脱开。

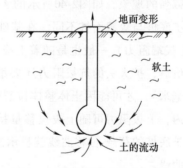

图 2-39　软土中的上拔破坏形态

2.5.4.2　扩底桩的上拔受力性状与机理

1. 扩底桩的荷载传递规律

1）在上拔过程中，扩大头上移挤压土体所产生的上拔端阻力一般随着上拔位移的增加而增大。扩大头抗拔阻力所占总上拔荷载的百分比也是随着上拔位移量而逐渐增加的。桩接近破坏荷载时，扩大头阻力往往是决定因素。研究表明扩底桩中的扩大头所担负的抗拔阻力占总的抗拔承载力的比例很大。

2）上拔时扩底桩的桩身侧摩阻力的发挥，与桩端扩大头顶上地基土受挤压变位时所引起的土抗力的发挥并非同步的。通常，桩身侧摩阻力先达到它的极限值，而此时扩大头上方的土抗力只达到其极限的很小一部分，特别是桩身很长者更是如此。

3）在扩大头顶部以上一段桩身侧壁上，因扩大头的顶住而不能发挥出桩-土相对位移，从而该段的侧摩阻力发挥也受到了限制，设计中通常忽略该段的侧摩阻力。

4）在一定的桩型条件下，扩大头的上移还将带动相当大的范围内土体一起运动，促使地表面较早地出现一条或多条环向裂缝和浅部的桩-土脱开现象。设计中通常也不考虑桩身侧面地表下 1.0m 范围内的桩-土界面摩阻力。

5）扩底桩底部真空吸力对抗拔阻力的影响不容忽视。等截面桩底部水平截面面积不大，上拔时桩底真空吸力对抗拔阻力的影响有限。而扩底桩扩大头底部面积大，若黏性土体饱和，土与桩的界面黏结密合，桩的上拔有可能使基底产生完全的真空。真空吸力在软基中桩的抗拔总阻力中将占相当大的比例。但是，在长期上拔荷载作用下，这种真空效应不会长期存在，最终会因桩土界面之间某些缝隙通道漏水漏气而逐渐减弱，最终消失。所以桩底真空吸力效应只适合于短期上拔荷载的条件。此外，对于透水性较大的粉土也不适用，砂类土更是无法考虑。

2. 扩底桩的上拔荷载-位移曲线

扩底桩的上拔荷载-位移曲线与等截面桩是不同的。通常桩基承载力中的桩侧摩阻力起初随着上拔荷载的增加也逐渐增大，但是一般在桩-土界面上相对位移达到 4~10mm 时，相应的侧壁摩阻力就会达到其峰值，其后将逐渐下降。所以等截面桩不仅抗拔承载力小，而且达到极限抗拔阻力时相应的上拔位移也很小，荷载-位移曲线有明显的转折点，甚至有峰后低头减强的现象，如图2-40所示的 4 号及 5 号等截面桩。

扩底桩与等截面桩不同，在基础上拔过程中，扩大头上移挤压土体，土对它的反作用力（即上拔端阻力）一般也是随着上拔位移的增加而增大的。并且，即使当桩侧摩阻力已达到其峰值后，扩大头的抗拔阻力还要继续增长，直到桩上拔位移量达到相当大时（有时可达数百毫米），才可能因土体整体拉裂破坏或向上滑移而失去稳定。在相当大的上拔变位变化幅度内，上拔阻力可随上拔位移量持续不断地同步增长，呈现所谓的抗拔"有后劲"的现象，扩底桩的荷载-位移曲线就显示出了该"后劲"，如图 2-40 所示的 1 号、2 号及 3 号扩底桩的曲线。

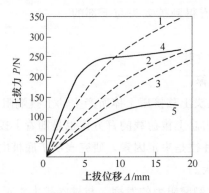

图 2-40　等截面桩及扩底桩的上拔荷载-位移曲线

2.5.5　扩底桩抗拔承载力的计算

由于扩底桩的破坏机理复杂、破坏形态多样，实际上并不存在可以普遍适用的计算公式，下面介绍两种常见模式情况下的抗拔承载力计算。公式计算仅供初步设计时估算用，施工设计一般应按现场试验确定。

1. 基本计算公式

扩底桩的极限抗拔承载力 P_u 可视为由以下三部分所组成，即桩身侧摩阻力 Q_s、扩底部分抗拔承载力 Q_B 和桩与倒锥形土体的有效自重 W_s。计算模式简图如图 2-41 所示。

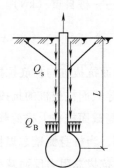

$$P_u = Q_s + Q_B + W_s \qquad (2\text{-}66)$$

式（2-66）中侧壁摩阻力 Q_s 的计算同前等截面桩。应注意桩长 L 是从地面至扩大头中部的距离（若其最大断面不在中部，则算到最大断面处），而 Q_s 的计算长度为从地面到扩大头的顶部。如属于硬裂隙土，则还应扣除桩身靠近地面的 1.0m 范围内的侧壁摩阻力。

桩扩底部分承载力可分两大不同性质的土类，黏性土和砂性土，分别求得：

图 2-41　扩底桩极限抗拔承载力计算模式简图

（1）黏性土（按不排水状态考虑）

$$Q_B = \frac{\pi}{4}(d_B^2 - d_S^2)N_c w c_u \qquad (2\text{-}67)$$

（2）砂性土（按排水状态考虑）

$$Q_B = \frac{\pi}{4}(d_B^2 - d_S^2)\overline{\sigma}_v N_q \qquad (2\text{-}68)$$

式中　d_B——扩大头直径（m）；

d_S——桩身直径（m）；

w——扩底扰动引起的抗剪强度折减系数；

$\overline{\sigma}_v$——有效上覆压力（kPa）；

N_c、N_q——承载力因素。

2. 摩擦圆柱法

该法假定在桩上拔达到破坏时，在桩底扩大头以上将出现一个直径等于扩大头最大直径的竖直圆柱形破坏土体，计算模式简图如图 2-42 所示。这种模式下桩的极限抗拔承载力计算公式为：

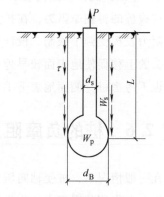

图 2-42　圆柱形滑动面计算模式

（1）黏性土（不排水状态下）

$$P_u = \pi d_B \sum_0^L c_u \Delta L + W_s + W_p \qquad (2\text{-}69)$$

（2）砂性土（排水状态下）

$$P_u = \pi d_B \sum_0^L K \overline{\sigma}_v \tan \overline{\varphi} \Delta L + W_s + W_p \tag{2-70}$$

式中　K——土的侧压力系数；

$\overline{\varphi}$——土的有效内摩擦角；

L——桩长（m），从地面算至扩大头最大断面处；

W_s——包含在圆柱形滑动体内土的重力（kN）；

W_p——桩自重（kN）。

2.5.6　等截面抗拔桩与扩底抗拔桩受力性状的比较

等截面抗拔桩与扩底抗拔桩在荷载传递及受力性状方面是很不相同的，主要表现在：

1）等截面抗拔桩的抗拔承载力较小；扩底抗拔桩的抗拔承载力相对较大。

2）等截面桩在上拔荷载作用下表现为纯摩擦桩。随上拔荷载的增大，桩侧摩阻力自上而下发挥，当桩身侧壁总摩阻力达到峰值，整根桩出现桩土界面滑移时，桩顶上拔量将突增，桩的抗拔总阻力反而减小，此时由于整根桩桩土界面滑移拔出而破坏；而扩底抗拔桩则不同，当桩侧摩阻力达到峰值后，扩大头的抗拔阻力还将继续增长，直到桩的上拔量达到相当大时（有时可达数百毫米），才可能因土体整体拉裂破坏或向上滑移而失去稳定。扩大头抗拔阻力所担负的总上拔荷载中的比例也是随着上拔位移量而逐渐增加的。桩接近破坏荷载时，扩大头阻力往往是决定因素。

3）等截面桩的荷载-位移曲线有明显的转折点，甚至有峰后低头减强的现象，如图2-40所示的4号及5号等截面桩曲线；而扩底抗拔桩的荷载-位移曲线，在相当大的上拔位移变化幅度内，上拔阻力可随上拔位移量持续不断地同步增长，呈现所谓的抗拔"有后劲"的现象，如图2-40所示的1号、2号及3号扩底桩的曲线。

4）等截面抗拔桩的抗拔承载力计算中一般要考虑全部桩长范围的桩侧摩阻力；而对于扩底抗拔桩的桩侧摩阻力，在扩大头顶部以上一段桩身侧壁上，因扩大头的顶住而使该段的侧摩阻力发挥受到了限制，设计中通常忽略该段的侧摩阻力。另外，在一定的桩型条件下，扩大头的上移促使地表面较早地出现一条或多条环向裂缝和浅部的桩-土脱开现象，设计中通常也不考虑桩身侧面地表下1.0m范围内的桩-土界面摩阻力。

▶▶ 2.6　桩的负摩阻力

在一般情况下，桩受轴向压力荷载作用后，桩将相对于桩侧土体作向下的位移，使土对桩产生向上作用的摩阻力，称为正摩阻力。但是，当桩周土体因某种原因发生下沉，其沉降速率大于桩的下沉时，则桩侧土就相对于桩作向下的位移，从而使土对桩产生向下作用的摩阻力即负摩阻力。

桩的负摩阻力将使桩侧土的部分重力传递给桩，因此，负摩阻力不但不能成为桩承载力的一部分，反而变成施加在桩上的外荷载，对入土深度相同的桩来说，若有负摩阻力发生，则桩的外荷载增大，桩的承载力相对降低，桩基沉降加大，这在桩基设计中应予以注意。

2.6.1　负摩阻力产生的原因

桩的负摩阻力能否产生，主要取决于桩与桩周土的相对位移发展情况。桩的负摩阻力产生的原因如下：

1）在桩基础附近地面大面积堆载，引起地面沉降，对桩产生负摩阻力。如对于桥头路堤高填土的桥台桩基础，地坪大面积堆放重物的车间、仓库建筑桩基础，均要特别注意负摩阻力问题。

2）土层中抽取地下水或其他原因，地下水位下降，使土层产生自重固结下沉。

3）桩穿过欠固结土层（如填土）进入硬持力层，土层产生自重固结下沉。

4）桩数很多的密集群桩打桩时，使桩周土中产生很大的超孔隙水压力，打桩停止后桩周土的再固结作用引起下沉。

2.6.2　负摩阻力的分布及中性点

桩身负摩阻力并不一定发生于整个软弱压缩土层中，产生负摩阻力的范围是桩侧土层对桩产生相对下沉的范围。桩侧土下沉量有可能在某一深度处与桩身的位移量相等。在此深度以上桩侧土下沉大于桩的位移，桩身受到向下作用的负摩阻力；在此深度以下，桩的位移大于桩侧土的下沉，桩身受到向上作用的正摩阻力。中性点为正、负摩阻力变换处的位置即该点（桩断面）就是正负摩阻力的分界点。在该断面处，桩土位移相等、摩阻力为零、桩身轴力最大（见图 2-43）。

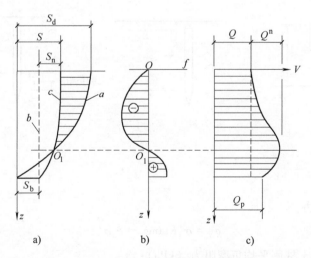

图 2-43　中性点的位置及荷载传递

a）位移曲线　b）桩侧摩阻力分布曲线　c）桩身轴力分布曲线

中性点的位置取决于桩与桩侧土的相对位移，影响中性点深度的主要因素有：

1) 桩底持力层的刚度。持力层越硬，中性点深度越深；持力层越软，中性点深度则越浅。所以在同样条件下，端承桩的中性点深度大于摩擦桩。

2) 桩周土的压缩性和应力历史。桩周土越软、欠固结度越高、湿陷性越强、相对于桩的沉降越大，则中性点深度越深。

3) 桩周土层上的外荷载。一般地面堆载越大或抽水使地表下沉越多，则中性点越深。

4) 桩的长径比。一般桩的长径比越小，则中性点相对越深。

5) 时间效应。土的固结是一个时间过程，所以桩的负摩阻力的产生与发展也是一个时间过程，其中性点的位置也是不断变化的。一般来说，中性点的深度大多是随着桩周土的固结而逐步增加的。

中性点位置可按桩周土层沉降与桩沉降相等的条件计算确定，但要精确地计算出中性点位置是比较困难的。实用中可按一些经验方法确定，一般所确定的中性点深度 l_n 是指土层固结稳定时的中性点深度。

JGJ 94—2008《建筑桩基技术规范》建议参照表 2-12 的经验值确定中性点深度 l_n。

表 2-12　中性点深度 l_n

持力层性质	黏性土、粉土	中密以上砂	砾石/卵石	基岩
中性点深度比 l_n/l_0	0.5~0.6	0.7~0.8	0.9	1.0

注：1. l_n、l_0 分别为自桩顶算起的中性点深度和桩周软弱土层下限深度。
　　2. 桩穿过自重湿陷性黄土层时，l_n 可按表列值增大 10%（持力层为基岩除外）。
　　3. 当桩周土层固结与桩基固结沉降同时完成时，取 $l_n=0$。
　　4. 当桩周土层计算沉降量小于 20mm 时，l_n 应按表列值乘以 0.4~0.8 折减。

具体应用时 l_n 及 l_0 的取值如图 2-44 所示，低承台时 l_n 自桩顶起算或高承台时 l_n 自地面起算；l_0 为桩的入土长度（直至桩端全截面）范围内压缩层的厚度。

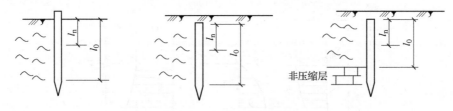

图 2-44　l_n 及 l_0 的示意图

2.6.3　负摩阻力的计算

1. 单桩负摩阻力

$$q_{si}^n = \sigma_v' K\tan\varphi' = \xi_n \sigma_v' \tag{2-71}$$

式中　q_{si}^n——第 i 层土桩侧平均负摩阻力（kPa）；

　　　K——土的侧压力系数；

　　　φ'——桩土界面的外摩擦角；

　　　ξ_n——桩周土负摩阻力系数，可按规范表取值（见表 2-13）；

σ'_v——桩周第 i 层土平均竖向有效应力（kPa）。

σ'_v 的计算如下：当填土、自重湿陷性黄土沉陷、欠固结土层产生固结和地下水降低时 $\sigma'_v = \sigma'_{\gamma i}$；当地面分布大面积荷载 p 时 $\sigma'_v = p + \sigma'_{\gamma i}$，$\sigma'_{\gamma i}$ 可由下式求得

$$\sigma'_{\gamma i} = \sum_{k=1}^{i-1} \gamma'_k \Delta z_k + \frac{1}{2} \gamma'_i \Delta z_i \tag{2-72}$$

式中　$\sigma'_{\gamma i}$——由土自重引起的桩周第 i 层土平均竖向有效应力（kPa），桩群外围桩自地面算起，桩群内部桩自承台底算起；

γ'_k、γ'_i——第 k 层土、第 i 层土有效重度（kN/m^3）；

Δz_k、Δz_i——第 k 层土、第 i 层土的厚度（m）。

表 2-13　负摩阻力系数 ξ_n

土　类	ξ_n
饱和软土	0.15~0.25
黏性土、粉土	0.25~0.40
砂土	0.35~0.50
自重湿陷性黄土	0.20~0.35

注：1. 在同一类土中，对于挤土桩，取表中较大值，对于非挤土桩，取表中较小值。
　　2. 填土按其组成取表中同类土的较大值。

2. 基桩负摩阻力

对于桩距较小的群桩，其基桩的负摩阻力会因群桩效应而降低。这是因为桩侧负摩阻力是由桩侧土体沉降而引起，若群桩中各桩表面单位面积所分担的土体重力小于单桩的负摩阻力极限值，将导致基桩负摩阻力降低，即显示群桩效应。

考虑群桩效应的基桩负摩阻力等于单桩负摩阻力乘以 η_n，其中的 η_n 为负摩阻力群桩效应系数。η_n 越小，群桩效应越强，η_n 最大取 1.0。即对于群桩，当基桩负摩阻力计算值大于 1.0 时，η_n 取 1.0；对于单桩，η_n 取 1.0。

群桩效应系数 η_n 按如下方法考虑：将单桩单位长度的负摩阻力与其单位长度内所分担的桩侧土体重力相比较。所分担的土体重力小于单桩的负摩阻力极限值，将导致群桩效应，由下式计算群桩效应系数 η_n

$$\left(s_{ax} s_{ay} - \frac{1}{4} \pi d^2 \right) \gamma'_m \leqslant \pi d q_s^n \tag{2-73}$$

$$s_{ax} s_{ay} \leqslant \frac{\pi d q_s^n}{\gamma'_m} + \frac{1}{4} \pi d^2 = \pi d \left(\frac{q_s^n}{\gamma'_m} + \frac{d}{4} \right) \tag{2-74}$$

$$\eta_n = s_{ax} s_{ay} \Big/ \left[\pi d \left(\frac{q_s^n}{\gamma'_m} + \frac{d}{4} \right) \right] \tag{2-75}$$

式中　s_{ax}、s_{ay}——纵横向桩的中心距（m）；

　　　　d——桩径（m）；

　　　　q_s^n——中性点以上桩的厚度加权平均摩阻力标准值（kPa）；

　　　　γ'_m——中性点以上桩周土厚度加权平均有效重度（kN/m^3）。

3. 基桩的下拉荷载

求得负摩阻力强度 q_{si}^n 后，将其乘以产生负摩阻力深度范围内桩身表面积，则可得到作用于桩身总的负摩阻力，即下拉荷载

$$Q_g^n = \eta_n u \sum_{i=1}^{n} q_{si}^n l_i \tag{2-76}$$

式中　Q_g^n——群桩中任一基桩的下拉荷载标准值（kN）；

　　　　n——中性点以上土层数；

　　　　q_{si}^n——中性点以上桩的摩阻力标准值（kPa）；

　　　　l_i——中性点以上各土层的厚度（m）。

4. 负摩擦桩的承载力验算

对于摩擦型基桩，取桩身计算中性点以上侧阻力为零，按下式验算基桩承载力

$$N_k \leqslant R_a \tag{2-77}$$

对于端承型基桩，应考虑负摩阻力引起基桩的下拉荷载，按下式验算基桩承载力

$$N_k + Q_g^n \leqslant R_a \tag{2-78}$$

式中　Q_g^n——基桩的下拉荷载标准值（kN）；

　　　　R_a——考虑负摩阻力的竖向承载力特征值（kN）；其中桩侧摩阻力只计中性点以下部分。

另外需注意，当土层分布不均匀或建筑物对不均匀沉降较敏感时，由于下拉荷载是附加荷载的一部分，故应将其计入附加荷载进行沉降验算。

【例2-3】　某建筑基础采用钻孔灌注桩，桩径1m，桩长9m，承台底面埋深1.8m。地基土层分布如图2-45所示。当地下水位由-1.8m降至-7.3m后，求单桩负摩阻力引起的下拉荷载。

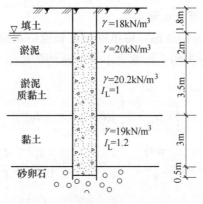

图2-45　地基土层分布

解：由于降水引起的桩周高压缩性土再固结，会引起桩侧负摩阻力。桩端持力层为砂卵石，属端承型桩，应考虑负摩阻力引起的下拉荷载。

（1）求中性点深度

该桩桩顶在承台底面处，距地面1.8m。桩长范围内压缩层厚度 l_0 为8.5m（至砂卵石顶

面)，由表 2-12，中性点深度 l_n 为

$$l_n/l_0 = 0.9 \quad l_n = 0.9l_0 = (0.9 \times 8.5)\,\text{m} = 7.65\,\text{m}$$

（2）计算桩侧负摩阻力

负摩阻力的计算公式见式（2-71）~式（2-72）。

负摩阻力系数取值为：淤泥和淤泥质黏土 ξ_n 取 0.2；黏性土 ξ_n 取 0.3。桩侧负摩阻力计算如下：

1）深度 1.8~3.8m，淤泥

$$\sigma'_{\gamma i} = \sum_{k=1}^{i-1} \gamma'_k \Delta z_k + \frac{1}{2}\gamma'_i \Delta z_i = \left(18 \times 1.8 + \frac{1}{2} \times 20 \times 2.0\right)\text{kPa} = 52.4\,\text{kPa}$$

$$q^n_{si} = \xi_n \sigma'_{\gamma i} = (0.2 \times 52.4)\,\text{kPa} = 10.48\,\text{kPa}$$

2）深度 3.8~7.3m，淤泥质黏土

$$\sigma'_{\gamma i} = \sum_{k=1}^{i-1} \gamma'_k \Delta z_k + \frac{1}{2}\gamma'_i \Delta z_i = \left(18 \times 1.8 + 20 \times 2.0 + \frac{1}{2} \times 20.2 \times 3.5\right)\text{kPa} = 107.75\,\text{kPa}$$

$$q^n_{si} = \xi_n \sigma'_{\gamma i} = (0.2 \times 107.75)\,\text{kPa} = 21.55\,\text{kPa}$$

3）深度 7.3~9.45m，黏土

$$\sigma'_{\gamma i} = \sum_{k=1}^{i-1} \gamma'_k \Delta z_k + \frac{1}{2}\gamma'_i \Delta z_i = \left(18 \times 1.8 + 20 \times 2 + 20.2 \times 3.5 + \frac{1}{2} \times 9 \times 2.15\right)\text{kPa}$$

$$= 152.78\,\text{kPa}$$

$$q^n_{si} = \xi_n \sigma'_{\gamma i} = (0.3 \times 152.78)\,\text{kPa} = 45.83\,\text{kPa}$$

（3）求基桩下拉荷载

取群桩效应系数 η_n 为 1.0，由式（2-76）可得

$$Q^n_g = \eta_n u \sum_{i=1}^{n} q^n_{si} l_i = [1.0 \times 3.14 \times 1 \times (10.48 \times 2.0 + 21.55 \times 3.5 + 45.83 \times 2.15)]\text{kN}$$

$$= 612.0\,\text{kN}$$

2.6.4　消减负摩阻力的措施

消减负摩阻力的技术措施主要有降低桩与桩侧土间摩擦力、隔离法、预处理等，具体方法如下：

1）桩侧涂层法。在可能产生负摩阻力范围的桩段，采用在桩侧涂沥青或其他化合物的办法来降低土与桩身的摩擦系数，从而消减负摩阻力。

2）预钻孔法。在中性点以上桩位采用预钻孔，然后将桩插入，在桩周围灌入膨润土混合浆，达到消减负摩阻力的目的。该方法一般适用于黏性土地层。

3）双层套管法。该法是在桩外侧设置套管，用套管承受负摩阻力。

4）设置消减负摩阻桩群法。该法是在工程桩基周围设置一排桩，用以承受负摩阻力，从而消减工程桩的负摩阻力。

5）地基处理法。对于饱和软黏土层采用预压法、复合地基方法，对于松散土采用强夯

法等，使土层充分固结、密实；对于湿陷性黄土采用浸水、强夯等方法消除其湿陷，从而达到消减负摩阻力的目的。

6）其他预防方法。在饱和软土地区，可选择非挤土桩或部分挤土桩。对挤土桩，可适当增加桩距，选择合理的打桩流程，控制沉桩速率及打桩根数，打桩后休止一段时间后再施工基础及上部结构；对于周边有大面积抽吸地下水或降水情况，在桩群周围采取回灌等方法来达到消减或避免负摩阻力的产生。

💡 **思考题**

2-1　什么是桩的荷载传递函数？

2-2　绘出设计荷载作用下单桩的一组桩身位移、桩身轴力及桩侧摩阻力的分布。如果存在负摩阻力，上述分布曲线又将是如何？

2-3　什么是端阻的深度效应？

2-4　分析荷载工况对桩顶极限荷载 Q_u 的影响。

2-5　简述单桩破坏模式及 Q-S 曲线形式。

2-6　端承型桩与摩擦型桩是如何划分的？

2-7　试比较两类桩基设计方法（定值设计法、概率极限状态设计方法）。

2-8　单桩极限承载力的确定方法有哪些？

2-9　如何根据桩的竖向静载荷试验 Q-S 曲线确定单桩承载力？

2-10　什么是群桩效应？主要影响因素有哪些？

2-11　试分析群桩效应的机理。

2-12　简述刚性承台群桩的桩顶荷载分配规律。

2-13　实用中群桩的破坏模式分为哪两种破坏模式？

2-14　群桩承载力的确定方法有哪两类？JGJ 94—2008《建筑桩基技术规范》采用的是哪类方法？

2-15　什么是单桩、基桩、复合基桩？

2-16　桩的抗拔承载力主要取决于哪些因素？

2-17　单桩上拔荷载-位移关系有哪些特点？

2-18　抗拔力与入土深度的关系如何？

2-19　JGJ 94—2008《建筑桩基技术规范》是如何确定单桩抗拔承载力和群桩抗拔承载力的？

2-20　扩底桩的上拔荷载-位移曲线与等截面桩相比有何特点？

2-21　什么是桩的负摩阻力？产生的原因有哪些？

2-22　什么是中性点？影响其位置的因素有哪些？

2-23　简述摩擦型桩与端承型桩两种情况下的负摩擦桩承载力验算方法。

第 3 章

竖向受荷桩基的沉降

3.1 竖向受荷桩基的沉降性状

3.1.1 单桩沉降性状

1. 单桩沉降量的组成

单桩受到荷载作用后，其沉降量由三部分组成：

1）桩身的弹性压缩。

2）桩端下土体压缩所产生的桩端沉降，包括由于桩侧摩阻力向下传递引起的桩端下土体压缩，以及由于桩端荷载引起的桩端下土体压缩。

3）桩端产生的刺入变形。

对刺入变形目前研究还不充分，但在正常工作条件下，桩端的刺入变形很小，可以忽略不计。所以，单桩的桩顶沉降 S 可表达为

$$S = S_e + S_b \tag{3-1}$$

式中 S_e——桩身的弹性压缩（mm）；

S_b——桩端以下土体的压缩（mm）。

2. 影响单桩沉降的因素

研究表明影响单桩沉降的主要因素有荷载水平 p/p_u、桩的长径比 L/d、桩端持力层的模量 E_b 与桩周土的模量 E_s 之比、桩的相对刚度系数 K（$K = E_p R_A / E_s$，其中 E_p 为桩的模量，R_A 为桩身截面积与桩周截面面积之比，对实心桩 $R_A = 1$）等。具体影响如下

1）荷载水平低，则单桩沉降小。

2）对于摩擦桩，单桩沉降随着 L/d 和 K 的增大而减小。即桩越长和桩的刚度越大，单桩沉降就越小。

3）对于端承桩，桩端持力层越硬，则单桩沉降越小。

影响单桩沉降的各种因素之间也会相互作用，最终对单桩沉降产生一个综合影响：

1）L/d 和 K 的大小使得持力层性状对单桩沉降的影响发生变化。对于细长桩（L/d 较

大），桩端持力层性状对单桩沉降影响较小；对于短桩（L/d 较小），桩端持力层性状对单桩沉降影响较大。K 值的减小使得持力层性状对单桩沉降的影响降低；K 值的增大使得持力层性状对单桩沉降的影响明显。桩端持力层性状对单桩沉降影响较大的为刚性桩特征，反之为柔性桩特征。综上，刚性桩与柔性桩的划分主要取决于 L/d 和 K。

2）桩身压缩量占单桩沉降量的比例随着 L/d 的增大和 K 的减小而增大。桩身 K 较大时（如实心混凝土桩 $K \approx 1000$），短桩一般以桩端沉降为主，长桩一般以桩身压缩为主。桩身 K 较小时（如水泥搅拌桩 $K \approx 50$），则无论长桩还是短桩，其单桩沉降均以桩身压缩为主。综上，使得桩身压缩量在单桩沉降中占主导成分的 K 和 L/d 条件，与使得持力层对单桩沉降影响较小的 K 和 L/d 条件是一致的。反之亦然，即柔性桩的桩端持力层性状对单桩沉降影响较小，柔性桩的桩身压缩量在单桩沉降中所占比例较大。

3）对于混凝土桩，由于短桩的桩端沉降占支配地位，而持力层性状的差异将使桩端沉降变化较大，因此短桩的沉降量会呈现较大的离散性；反之，长桩的桩身压缩沉降占支配地位，尽管持力层性状的差异将使桩端沉降变化大，但终因其桩端沉降占单桩沉降的比例较小，因此长桩的沉降量呈现较小的离散性。

3.1.2　沉降的群桩效应

群桩与单桩的作用性状是有差别的，影响其承载力与沉降的主要因素也不相同。单桩的沉降和承载力受桩侧摩阻力影响较大；而群桩的沉降在很大程度上与桩端以下土层的压缩性有关。

由于群桩相邻桩应力的重叠使桩端平面以下应力水平比单桩高，附加应力沿深度方向的衰减比单桩更慢，因此影响深度与压缩层厚度也大大超过单桩（见图 2-15）。一般在相同的桩顶荷载下群桩的沉降量比单桩沉降量大，群桩沉降延续的时间也比单桩长。

实际上在发生群桩承载力的整体破坏之前，往往先表现出较大的沉降或不均匀沉降，如此大的变形在实际工程中往往是不容许的，即沉降要求不仅是校核条件，也是确定承载力的依据，因此，群桩效应对沉降的影响需引起重视。

桩基沉降的群桩效应可用相同桩顶荷载下的群桩沉降量 S_g 与单桩沉降量 S_1 之比，即沉降比 R_S 来度量

$$R_S = \frac{S_g}{S_1} \tag{3-2}$$

群桩沉降比 R_S 主要受以下因素的影响：

1）桩数的影响。群桩中的桩数是影响沉降比的主要因素。在常规桩距（$3d \sim 4d$）和非条形排列条件下，沉降比随桩数增加而增大。

2）桩距的影响。当桩距大于常规桩距（$3d \sim 4d$）时，沉降比随桩距增大而减小。

3）长径比的影响。桩的影响范围与桩长有关，R_S 随桩的长径比 L/d 增大而增大。

4）桩型的影响。由端承桩组成的群桩，其持力层压缩性比较低，通过承台传递的上部结构荷载大部分或全部由桩身直接传递到桩端土层，通过桩侧传至桩周土层中的应力就很

小，因此群桩中各桩的相互影响很小。特别是嵌岩桩，可以认为端承型群桩中各桩的工作状态与独立单桩近似，不存在群桩效应，沉降比 R_s 接近 1。

由摩擦桩组成的群桩，其持力层比较软弱或桩端存在较厚的沉渣，压缩性比较低，通过承台传递的上部结构荷载大部分或全部通过桩侧传至桩周土层中，因此群桩中各桩的相互影响很大。桩数较多时，沉降比 R_s 可以大于 10。

▶▶ 3.2　沉降计算方法概述

桩基沉降计算方法主要有荷载传递法、弹性理论法、剪切位移法、数值计算法及各种简化计算方法。各类沉降计算方法的基本原理和假设条件不同，因而适用情况不同，具体见表 3-1。其中荷载传递法假定桩侧任何点的位移只与该点上的摩阻力有关，因而只能用于单桩沉降分析。另外，考虑到计算简便及参数的取值，目前规范中采用的是各种简化计算方法。例如，《建筑桩基技术规范》采用的是基于分层总和法的实体深基础法和明德林-盖得斯法，前者的土中附加应力是由实体深基础产生的，应力计算采用 Boussinesq 解；后者的土中附加应力是由各基桩荷载产生的，应力计算采用 Mindlin 解。

表 3-1　桩基沉降计算方法比较

沉降计算方法	桩模型	土模型	桩土间关系	优缺点
荷载传递法	弹性桩	弹塑性非连续介质	桩土位移协调；若侧阻存在最后的恒值，则可出现桩土相对滑移	能较好地反映桩土间的非线性和地基的成层性，而且计算较简便。但该法没有考虑土的连续性，无法用于群桩分析
弹性理论法	弹性桩	弹性连续介质	桩土位移协调	具有较完善的理论基础及单桩和群桩计算体系，能较好地进行桩基沉降的参数分析研究。但该法是基于弹性力学的基本解，将土体视为线弹性连续介质，用 E_s、ν_s 两个变形指标表示土的性质，与很多实际情况不相符
剪切位移法	刚性桩或弹性桩	沿桩径向的弹性连续介质，忽略土竖向的连续性	桩土位移协调	该法可以给出桩周土体的位移变化场，通过叠加方法可以考虑群桩的共同作用，较有限元法和弹性理论法简单。但假定桩土之间没有相对位移，桩侧土体上下层之间没有相互作用，这些与实际工程的桩土工作特性并不相符
数值计算法	弹性或弹塑性	弹塑性连续介质	桩土位移协调或容许滑移产生	通过建立模型可以考虑桩土滑移的发生等其他理论方法不能考虑的情况，但模型中桩土的假定与实际情况不能完全相同，另外还存在模型参数的取值问题

（续）

沉降计算方法	桩模型	土模型	桩土间关系	优缺点
简化计算方法	在《建筑桩基技术规范》中一般假定为刚性桩，较少考虑桩身压缩量；桥梁规范中常假定为弹性桩，计及桩身压缩量	土为弹性连续介质。一般不考虑桩间土的压缩变形，只考虑桩端以下地基土的压缩	桩土位移协调	该法的优点是计算简便，特别是规范推荐的方法，一般都乘以沉降计算经验系数，桩基沉降计算可以满足工程精度要求

沉降计算是一个复杂的课题，在工程上可根据荷载特点、土层条件、桩的类型等来选择合适的桩基沉降计算模式及相应的桩土计算参数。沉降计算结果是否符合实际，在很大程度上取决于计算参数的选取是否正确。本章将介绍上述除数值计算法（主要包括有限元法、边界元法、有限条分法等）外的各类桩基沉降计算方法。

▶▶ 3.3 荷载传递法

3.3.1 基本原理

把桩划分为若干弹性单元，每一单元与土体之间用非线性弹簧联系，以模拟桩土之间的荷载传递关系。桩端处的土也用非线性弹簧与桩端联系（见图 3-1）。这些非线性弹簧的应力-应变关系，表示桩侧摩阻力 τ（或桩端抗力 σ）与剪切位移 S（或桩端位移 S）的关系。τ-S 或 σ-S 关系称为传递函数。

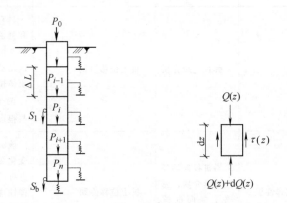

图 3-1 桩的荷载传递法计算模型

桩身任一单元体静力平衡条件为

$$\frac{\mathrm{d}Q(z)}{\mathrm{d}z} = -u\tau(z) \tag{3-3}$$

式中 u——桩截面周长。

桩单元体产生的弹性压缩 $\mathrm{d}S$ 为

$$dS = -\frac{Q(z)\,dz}{A_p E_p} \tag{3-4}$$

式中　　A_p——桩身截面面积；

　　　　E_p——桩身弹性模量。

联立式（3-3）和式（3-4）得荷载传递法的基本微分方程

$$\frac{d^2 S}{dz^2} = \frac{u}{A_p E_p}\tau(z) \tag{3-5}$$

若已知荷载传递函数，则解此方程可得到单桩的荷载传递情况，即 z 深度处的桩身轴力 $Q(z)$、侧摩阻力 $\tau(z)$，以及桩身截面位移 $S(z)$ 和桩顶沉降量 S_0。目前求解该微分方程的方法有解析法、位移协调法以及矩阵位移法。

3.3.2　解析法

解析法假定传递函数为某种简单的曲线方程，直接求解微分方程。

解析法中常见的有：佐腾悟方法，对应的传递函数为理想弹塑性关系；Kezdi 方法，对应的传函数为指数曲线；Gardner 方法，对应的传递函数为双曲线；Vijayvergiya 方法，对应的传递函数为抛物线。其中的佐腾悟方法见第二章中所述。

3.3.3　位移协调法

位移协调法

当传递函数很复杂或不能用函数关系式表达（如实测的传递函数）时，上述微分方程无法求得解析解，只能采用数值解法。其中的位移协调法是将桩划分成若干单元体（见图 3-2），考虑每个单元的内力与位移协调关系，从而求解桩的荷载传递及沉降量。具体步骤如下：

1）已知桩的特征值（桩长 L、截面面积 A_p、弹性模量 E_p），以及实测的桩侧传递函数曲线 $\tau(z)$-S。

2）将桩分成 n 个单元，每个单元长 $\Delta L = L/n$。n 的大小取决于计算精度要求。当 $n=10$ 时，一般可满足实用要求。

3）先假定桩端处单元 n 底面产生的位移 S_b（即桩端位移）。由此位移引起的桩端阻力 P_b（即桩端处桩的轴向力）可按下面方法计算

$$P_b = K_b A_b S_b \tag{3-6}$$

式中　　K_b、A_b——桩端处的地基反力系数和桩截面面积。

4）假定第 n 单元桩中点截面处的位移为 S'_n（一般可假定 S'_n 等于或略大于 S_b），然后从实测的传递函数曲线上得到相应于 S'_n 时的桩侧摩阻力 τ_n 值。

5）求第 n 单元桩顶面处轴向力 Q_{n-1}

$$Q_{n-1} = Q_b + \tau_n u \Delta L \tag{3-7}$$

6）求第 n 单元桩中央截面处桩的位移：$S_n = S_b + \Delta$，其中 Δ 为第 n 单元下半段桩的弹性压缩量，即

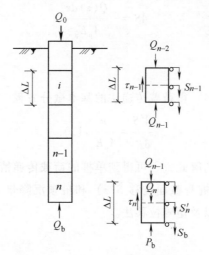

图 3-2 位移协调法的计算模型

$$\Delta = \frac{\Delta L}{2} \cdot \frac{1}{A_p E_p} \cdot \frac{Q_b + Q_n}{2} \tag{3-8}$$

其中：
$$Q_n = \frac{1}{2}(Q_b + Q_{n-1}) \tag{3-9}$$

7）校核是否 $S_n = S'_n$。若不符，重新假定 S'_n，重复 4）~6）步直至计算值 S_n 与假定值 S'_n 相等。由此得到 Q_b、Q_{n-1}、S_n、τ_n。

8）再向上推移一个单元段，假定第 $n-1$ 单元桩中点截面处的位移为 S'_{n-1}（一般可假定 S'_{n-1} 略大于 S_n）。按上述步骤计算 $n-1$ 单元的 Q_{n-2}、S_{n-1}、τ_{n-1}。

9）依次逐个向上推移，直至桩顶第一个单元，即可求得对应于桩端位移 S_b 的桩顶荷载 P_0 及桩顶沉降量 S_0。

10）重新假定不同的桩端位移，重复上述 3）~9）步骤，求得一系列的 $Q(z) \sim z$ 及 $\tau(z) \sim z$ 曲线、$Q_0 \sim S_0$ 曲线。

11）假定不同的桩端位移，递推计算出不同的 Q_0 及 S_0 得到 Q_0-S_0 后，则可从该计算曲线上得到实际工作荷载作用下的沉降量以及极限承载力。

3.3.4 荷载传递法的不足

荷载传递法的不足有以下几方面：

1）该方法假定桩侧任何点的位移只与该点摩阻力有关，而与其他点的应力无关，即忽略了土的连续性，与实际不符。

2）由于上述假定，荷载传递法只能用于单桩的分析与计算。

3）该方法应用的关键是要取得符合实际的传递函数。但实际上，荷载传递函数的取得（理论关系或实测曲线）精度并不理想。

3.4　弹性理论法

将地基视为半无限弹性体，采用以 Mindlin 解为基础的多种分析方法，通常称为弹性理论分析方法。在工作荷载下，由于桩侧和桩端土体中的塑性变形不明显，故可近似应用弹性理论和叠加原理进行沉降分析。

3.4.1　单桩的沉降计算

弹性理论法的基本原理，是将土视为弹性连续介质，采用半无限弹性体内集中荷载作用下的 Mindlin 解计算土体位移；将桩分成若干均匀的受荷单元，桩单元的位移为轴向荷载下的弹性压缩；通过各单元桩体位移与土体位移之间的协调条件建立平衡方程，从而求解桩体位移和应力。

在土体位移计算时，土体所受荷载为桩侧摩阻力及桩端压应力（见图 3-3）。桩身剪应力分布有三种假定：

1）作用在各单元中点处桩轴上的集中荷载。

2）作用在各单元中点处的圆形面积上的均布荷载。

3）作用在各单元四周侧面积上的均布荷载。

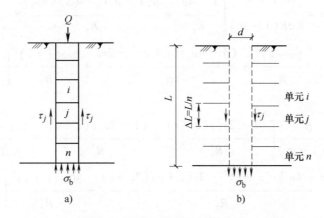

图 3-3　弹性理论法的计算模型

a）桩的受力　b）桩周土的受力

第 3）种假定同桩的实际工作状况最符合，特别是桩较短的情况。但对较细长的桩，按上述三种剪应力分布假定计算得到的解差别很小。下面主要介绍第 3）种假定的方法。

1. 基本假定与简化

1）将土视为均匀的、连续的、各向同性的弹性半空间，具有变形模量 E_s 及泊松比 ν_s，它们都不因有桩的存在而发生变化。

2）将桩看作长度 L、直径 d、底端直径 d_b 的一根圆柱形桩；桩顶与地面齐平，并作用有轴向外荷载 Q；沿桩身周围作用有均布的剪应力 τ；在桩端作用有均布的竖向应

力 σ_b。

3）假定桩与桩侧相邻土之间的位移协调一致，即桩土之间不产生滑动，桩身某点的位移即为与之相邻点土体的位移；只考虑桩与其邻近土之间的竖向位移协调，忽略它们之间的径向位移协调。

4）土中任一点的应力和位移利用半无限弹性体中集中力 Mindlin 解求得。

2. 半无限弹性体中集中力 Mindlin 解

弹性半无限体内深度 c 处作用集中力 Q，离地面深度 z 处的任一点 i 处的位移和应力的 Mindlin 解（见图3-4）为：

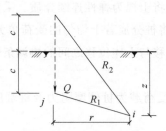

图 3-4 弹性理论 Mindlin 解

竖向位移解

$$w = \frac{Q(1+\nu_s)}{8\pi E(1-\nu_s)}\left[\frac{3-4\nu_s}{R_1}+\frac{8(1-\nu_s)^2-(3-4\nu_s)}{R_2}+\right.$$
$$\left.\frac{(z-c)^2}{R_1^3}+\frac{(3-4\nu_s)(z+c)^2-2cz}{R_2^3}+\frac{6cz(z+c)^2}{R_2^5}\right] \tag{3-10}$$

竖向应力解

$$\sigma_z = \frac{Q}{8\pi(1-\nu_s)}\left[\frac{(1-2\nu_s)(z-c)}{R_1^3}-\frac{(1-2\nu_s)(z-c)}{R_2^3}+\frac{3(z-c)^3}{R_1^5}+\right.$$
$$\left.\frac{3(3-4\nu_s)z(z+c)^2-3c(z+c)(5z-c)}{R_2^5}+\frac{30cz(z+c)^3}{R_2^7}\right] \tag{3-11}$$

式中 R_1、R_2——$R_1=\sqrt{r^2+(z-c)^2}$, $R_2=\sqrt{r^2+(z+c)^2}$；

　　　c——集中力作用点的深度；

　　　ν_s——土的泊松比。

3. 土的位移方程

在一般情况下，将桩划分成 n 个单元（见图3-5），每段桩长 $\Delta L=L/n$，如取 $n=10$，其精度可以满足计算要求。考虑图中的典型单元 i，单元 j 上的剪应力 τ_j 在 i 处产生的桩周土位移可表示为

$$S_{ij}^s = \frac{d}{E_s}I_{ij}\tau_j = \delta_{ij}\tau_j \tag{3-12}$$

式中　I_{ij}——单元 j 上的剪应力 $\tau_j = 1$ 时，在 i 处产生的竖向位移系
　　　　　数，由 Mindlin 集中力的解进行积分得到；

　　　　δ_{ij}——单元 j 上的剪应力 $\tau_j = 1$ 时在 i 处产生的竖向位移，即
　　　　　地基土的柔度系数，由 $\delta_{ij} = (d/E_s)I_{ij}$ 求得。

全部 n 个单元上的剪应力和桩端上的竖向应力在 i 处产生的土
位移 S_i^s 为

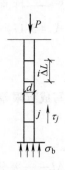

图 3-5　桩单元的划分

$$S_i^s = \sum_{j=1}^{n} \delta_{ij}\tau_j + \delta_{ib}\sigma_b \qquad (3\text{-}13)$$

式中　σ_b——桩端竖向应力。

对于其他的单元和桩端可以写出类似的表达式，于是桩所有单
元的土位移可用矩阵形式表示为

$$\{S^s\} = [F_s]\{\tau'\} \qquad (3\text{-}14)$$

式中　$\{S^s\}$——土位移矢量，$\{S^s\} = \{S_1,\ S_2,\ \cdots,\ S_n,\ S_b\}^{\mathrm{T}}$；

　　　　$\{\tau'\}$——桩侧剪应力和桩端应力矢量，$\{\tau'\} = \{\tau_1,\ \tau_2,\ \cdots,\ \tau_n,\ \sigma_b\}^{\mathrm{T}}$；

　　　　$[F_s]$——地基土的柔度矩阵，该矩阵为满阵，由下式给出

$$[F_s] = \begin{bmatrix} \delta_{11} & \delta_{12} & \cdots & \delta_{1n} & \delta_{1b} \\ \delta_{21} & \delta_{22} & \cdots & \delta_{2n} & \delta_{2b} \\ \vdots & \vdots & \vdots & \vdots & \vdots \\ \delta_{n1} & \delta_{n2} & \cdots & \delta_{nn} & \delta_{nb} \\ \delta_{b1} & \delta_{b2} & \cdots & \delta_{bn} & \delta_{bb} \end{bmatrix} \qquad (3\text{-}15)$$

4. 桩的位移方程

假设桩身材料的弹性模量 E_p 和截面面积 A_p 均为常数。将面积比 R_A 定义为桩截面面积
与桩外周边的面积之比，即 $R_A = \dfrac{A_p}{\pi d^2/4}$，对实心桩 $R_A = 1$。

分析桩单元的位移时，只考虑桩的轴向压缩，忽略径向应变（见图 3-6），考虑圆柱单
元竖向力的平衡，得

$$A_p \frac{\partial \sigma}{\partial z}\mathrm{d}z = \tau u\,\mathrm{d}z \qquad (3\text{-}16)$$

$$\frac{\mathrm{d}\sigma}{\mathrm{d}z} = -\frac{4\tau}{R_A d} \qquad (3\text{-}17)$$

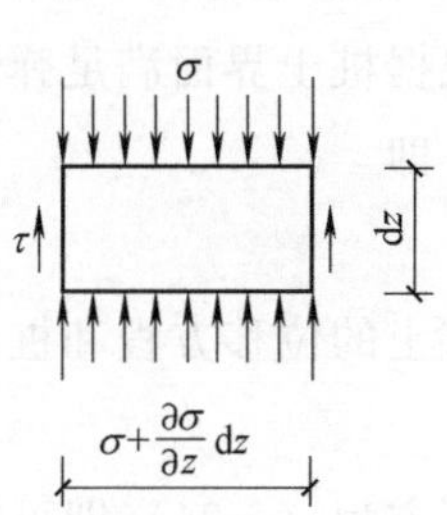

图 3-6　桩单元的计算

式中　σ——桩的轴向应力（在断面上均匀分布），桩顶 $\sigma = Q/A_p$，桩端 $\sigma = \sigma_b$；

　　　　τ——桩侧剪应力。

单元的轴向应变为

$$\frac{\mathrm{d}S^p}{\mathrm{d}z} = -\frac{\sigma}{E_p} \qquad (3\text{-}18)$$

式中 S^p——桩的轴向位移。

由式（3-17）和式（3-18）可得

$$\frac{\mathrm{d}^2 S^p}{\mathrm{d}z^2} = \frac{4\tau}{d} \frac{1}{R_A E_p} \tag{3-19}$$

上式可写成有限差分的形式，用于计算点 $i = 1, 2, \cdots, n$，可得桩的位移方程为

$$\{\tau\} = -\frac{d}{4 \cdot \Delta L^2} E_p R_A [I_p] \{S^p\} + \{Y\} = -[K_p]\{S^p\} + \{Y\} \tag{3-20}$$

式中 ΔL——差分单元的步长 L/n；

$\{\tau\}$——剪应力矢量；

$\{S^p\}$——桩的位移矢量；

$\{Y\}$——常系数向量 $\{Y\} = \left[\dfrac{Qn}{\pi Ld}, 0, 0, \cdots, 0, 0, 0\right]^T$；

$[K_p]$——桩身结构刚度矩阵，$(n+1)$ 方阵，按下式计算

$$[K_p] = \begin{bmatrix} -1 & 1 & 0 & 0 & \cdots & 0 & 0 & 0 & 0 \\ 1 & -2 & 1 & 0 & \cdots & 0 & 0 & 0 & 0 \\ 0 & 1 & -2 & 1 & \cdots & 0 & 0 & 0 & 0 \\ \vdots & \vdots & \vdots & \vdots & \vdots & \vdots & \vdots & \vdots & \vdots \\ 0 & 0 & 0 & 0 & \cdots & 1 & -2 & 1 & 0 \\ 0 & 0 & 0 & 0 & \cdots & 2 & 2 & -5 & 3.2 \\ 0 & 0 & 0 & 0 & \cdots & 0 & -\dfrac{4}{3}f & 12f & -\dfrac{32}{3}f \end{bmatrix} \tag{3-21}$$

式中 f——计算常数，按下式计算

$$f = \frac{L/d}{nR_A} \tag{3-22}$$

5. 根据桩土位移协调条件建立共同作用方程

根据桩土界面满足弹性条件（即界面不发生滑移），则沿界面桩与土相邻诸点的位移均相等，即

$$\{S^s\} = \{S^p\} \tag{3-23}$$

将土的位移方程和桩的位移方程代入，可得单桩与弹性地基土的共同作用方程

$$([K_p] + [F_s]^{-1})\{S\} = \{Y\} \tag{3-24}$$

解方程（3-24）即可得到单桩各单元的竖向位移 $\{S\}$。将 $\{S\}$ 代入桩的位移方程，还可求得桩身各单元的侧摩阻力 $\{\tau\}$。

6. Poulos 的参数解及图表

上述分析是假定地基为均质弹性半空间的理想化模式，在此基础上，Poulos 考虑了有限厚度土层、桩端处为较坚硬的土层等情况，对理想化模式进行了修正（Poulos&Davis，1980年），使理论分析的条件更趋近于土层的实际分布。他将理想化模式的单桩分析以及修正后

的单桩分析的典型数值结果一并以参数解形式来表示，并配以图表。这种参数解形式不仅便于在工程中用来估算单桩沉降，还能揭示影响单桩沉降的因素，下面介绍其参数解。

（1）有限厚度均匀土中单桩的沉降

$$S = \frac{QI}{E_s d} \tag{3-25}$$

$$I = I_0 R_k R_h R_\nu \tag{3-26}$$

式中　Q——作用于桩顶的竖向荷载（kN）；

$\quad\quad I$——单桩沉降系数；

$\quad\quad I_0$——刚性桩在半无限体中的沉降影响系数（由 Mindlin 集中力的解进行积分得到）；

$\quad\quad R_k$——考虑桩压缩性影响的修正系数；

$\quad\quad R_h$——考虑刚性下卧层影响的修正系数；

$\quad\quad R_\nu$——土的泊松比 ν_s 修正系数；

式（3-26）中的 I_0、R_k、R_ν、R_h 如图 3-7 所示。

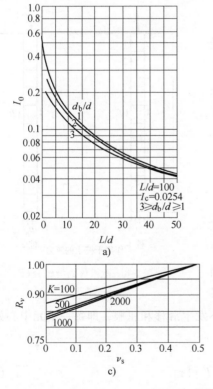

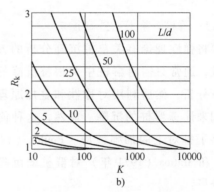

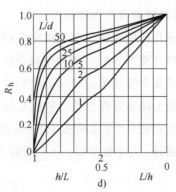

图 3-7　单桩沉降系数的计算系数

a）沉降影响系数 I_0　b）桩压缩性修正系数 R_k　c）土的泊松比修正系数 R_ν　d）土层厚度修正系数 R_h

（2）成层土中的单桩　对于成层土中的单桩沉降分析，可仍用均匀土的沉降计算式，但用平均模量 $(E_s)_{av}$ 代替 E_s 作近似计算。

$$(E_s)_{av} = \left(\frac{1}{L}\right) \sum_{i=1}^{n} E_i h_i \tag{3-27}$$

式中　n——桩长范围土层数；

　　　E_i——i 层土的变形模量（MPa）；

　　　h_i——i 层的厚度（m）。

用 $(E_s)_{av}$ 计算单桩的沉降误差为 $10\% \sim 15\%$。

7. 弹性理论法的不足

1）把土体视为线弹性连续介质，用变形模量 E_s 和泊松比 ν_s 两个变形指标表示土的性质，与很多实际情况不符。

2）ν_s 大小对计算结果影响不大，而 E_s 是关键指标。但 E_s 很难从室内土工试验中取得精确数值，大都需从单桩载荷试验结果反算土的变形模量 E_s。

3）计算工作量大，实际工程中应用较少，但适用于程序开发。

3.4.2　群桩沉降计算

3.4.2.1　群桩沉降分析的叠加法

要将弹性理论有关单桩沉降分析的方法扩展于群桩，通常只需对群桩中两根桩沉降的相互作用进行分析，然后利用对称性和叠加原理将两桩分析用来计算群桩的沉降。显然，这种简化的方法忽略了桩对土的加强效应。Poulos（1968 年）、Poulos 和 Mattes（1971 年）对群桩的沉降进行了如下分析：

1. 两根桩的相互作用分析

先考虑几何尺寸和受荷条件完全相同的两根桩组成的群桩（见图 3-8）。如同单桩分析一样，将每根桩划分成几个圆柱单元和一个均匀受荷的圆桩端底面。假设土体为弹性介质，桩体受荷后，土体保

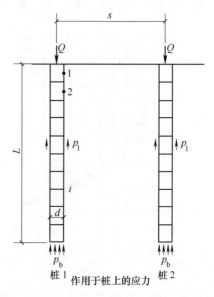

图 3-8　两根桩的群桩分析

持弹性（忽略桩对土的加强效应）。假设桩土界面不发生滑移和屈服，即每一单元中心处桩与土的位移相等。与单桩类似，土的位移方程可写为

$$\{S^s\} = \frac{d}{E_s} [I^1 + I^2]\{\tau\} \tag{3-28}$$

式中　　$\{S^s\}$——土的位移矢量；

　　$[I^1 + I^2]$——土位移影响系数 $I_{ij}^1 + I_{ij}^2$ 的 $(n+1) \times (n+1)$ 阶矩阵；

　　　　$\{\tau\}$——桩侧剪应力和桩端应力矢量；

　　I_{ij}^1、I_{ij}^2——桩 1 和桩 2 中单元 j 上的单位剪应力对桩 1 的单元 i 所产生的土位移影响系数。

式（3-28）中的 $I_{ij}^1 + I_{ij}^2$ 的值可以通过半无限体中竖向荷载所产生的竖向位移的 Mindlin 方程求积分而得到。由式（3-28）考虑土的位移与桩位移相等，可解得沿桩身的剪应力和位移。因此两根桩的群桩分析与单桩相似，只是土的位移影响系数矩阵中包含了第 2 根桩的作用。

可将以上的分析结果用相互作用系数 α 表示，α 可定义为

$$\alpha = \frac{\text{邻近桩引起的附加沉降}}{\text{桩在自身荷载下的沉降}} = \frac{S_{ij}}{S_{ii}} \qquad (3\text{-}29)$$

这里假设桩自身的荷载与邻桩的荷载是相等的，则

$$\alpha_{ij} = \frac{\delta_{ij} Q_j}{\delta_{ii} Q_i} \xrightarrow{\;\text{由}\; Q_i = Q_j\;} \delta_{ij} = \delta_{ii} \alpha_{ij} \qquad (3\text{-}30)$$

式中　S_{ij}——桩 j 荷载引起桩 i 的沉降；

$\quad\quad S_{ii}$——桩 i 在自身荷载下的沉降；

$\quad\quad \alpha_{ij}$——桩 i 与桩 j 间的相互作用系数，$i=j$ 时，$\alpha_{ii}=1$；

$\quad\quad \delta_{ij}$——j 桩单位荷载作用下引起桩 i 的沉降；

$\quad\quad \delta_{ii}$——i 桩在自身单位荷载作用下的沉降，即桩群中 i 桩的柔度系数。

1）桩的相互作用系数 α_F。Poulos 和 Mattes（1971 年）已解得在均质半无限体中两根桩的相互作用系数 α_F，α_F 为桩的距径比（S_a/d）、长径比（L/d）和桩的刚度系数 K（$K = E_p R_A/E_s$）的函数。由图 3-9 可见，当 S_a/d 增大，相互作用明显降低；当 L/d 和 K 增大即桩越细长或越坚硬，相互作用则趋于增大。

2）特殊条件下的相互作用系数 α。Poulos 还分析提出，当土层厚度为有限的情况下，当摩擦桩为扩底桩时，或地基模量随深度成线性增大时，或桩端持力层刚度很大的端承桩时，相互作用系数 α 通常呈减小的变化规律。

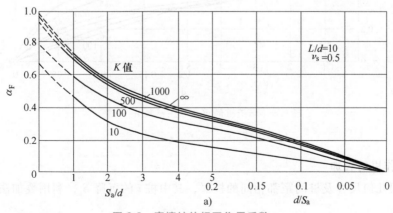

图 3-9　摩擦桩的相互作用系数 α_F

a）$L/d = 10$

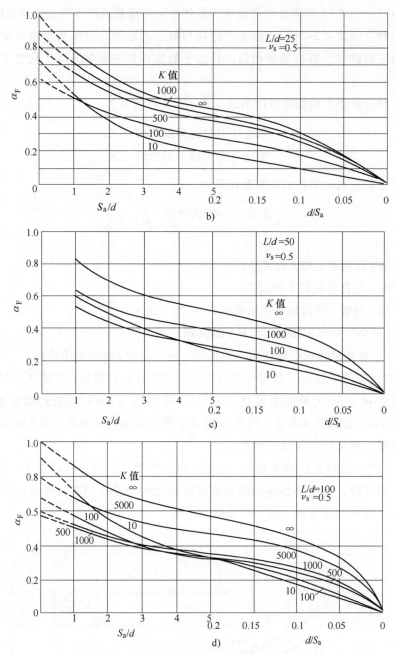

图 3-9　摩擦桩的相互作用系数 α_F（续）

b) $L/d = 25$　c) $L/d = 50$　d) $L/d = 100$

2. 群桩作用的叠加

对于 n 根几何尺寸及桩间距都相同的桩群，其中桩 i 的沉降 S_i，利用叠加法可表示为

$$S_i = \delta_{ii} \sum_{\substack{j=1 \\ j \neq i}}^{n} \alpha_{ij} Q_j + \delta_{ii} Q_i = \delta_{ii} \sum_{j=1}^{n} \alpha_{ij} Q_j = \sum_{j=1}^{n} \delta_{ij} Q_j \tag{3-31}$$

式中　δ_{ii}——i 桩在单位荷载作用下的沉降，即桩群中 i 桩的柔度系数；当有试桩资料时，可按下式确定 δ_{ii}

$$\delta_{ii} = \frac{1}{K_{ii}} = \left(\xi \frac{Q_{\mathrm{d}}}{S_{\mathrm{d}}} \right)^{-1} \tag{3-32}$$

式中　K_{ii}——刚度系数；

　　　ξ——考虑试桩沉降的完成系数，对于砂土可取 $\xi = 0.8$，一般黏性土可取 $\xi = 0.6 \sim 0.7$，饱和软土可取 $\xi = 0.4 \sim 0.5$；

　Q_{d}、S_{d}——单桩设计荷载和设计荷载下的沉降。

所有桩的沉降可用矩阵形式来表示：

$$\begin{Bmatrix} S_1 \\ S_2 \\ \cdots \\ S_n \end{Bmatrix} = \begin{bmatrix} \delta_{11} & \delta_{12} & \cdots & \cdots & \delta_{1n} \\ \delta_{21} & \delta_{22} & \cdots & \cdots & \delta_{2n} \\ \cdots & \cdots & \cdots & \cdots & \cdots \\ \delta_{n1} & \delta_{n2} & \cdots & \cdots & \delta_{nn} \end{bmatrix} \begin{Bmatrix} Q_1 \\ Q_2 \\ \cdots \\ Q_n \end{Bmatrix} \tag{3-33}$$

或写为　　　　　　　　　　　$\{S\} = [\Delta]\{Q\}$　　　　　　　　　　　　(3-34)

式中　$[\Delta]$——群桩柔度矩阵，可用下式表达

$$[\Delta] = \begin{bmatrix} \delta_{11} & \delta_{12} & \cdots & \cdots & \delta_{1n} \\ \delta_{21} & \delta_{22} & \cdots & \cdots & \delta_{2n} \\ \cdots & \cdots & \cdots & \cdots & \cdots \\ \delta_{n-1} & \delta_{n-2} & \cdots & \cdots & \delta_{nn} \end{bmatrix} \tag{3-35}$$

群桩沉降分析叠加法的应用有以下两种情况：

1）柔性承台桩基。已知各桩桩顶荷载 Q_i，由式（3-34）可求得群桩中各桩桩顶沉降 S_i，由此可绘出群桩沉降的分布曲线或等值线图。若各桩桩顶荷载相同，由于叠加效应，各桩沉降将不同，一般呈碟形，即中间大、两边小的分布形式。

2）刚性承台桩基。对刚性承台，当轴心荷载作用时，承台下各桩沉降 S 相同。若已知承台底面总荷载 P，解下列方程组，便可求得群桩各桩桩顶荷载 Q_i 和群桩沉降 S。

$$\begin{cases} \{S\} = [\Delta]\{Q\} \\ P = \sum_{i=1}^{n} Q_i \end{cases} \tag{3-36}$$

此时各桩沉降 S 相同，但各桩桩顶受荷 Q_i 不等，角桩受荷最大，中心桩受荷最小，边桩受荷介于角桩与中心桩之间。

【例 3-1】　某桩基础由四根钢筋混凝土桩组成，正方形布桩（见图 3-10），桩长 $L = 20\mathrm{m}$，桩径 $d = 0.5\mathrm{m}$，桩距 $s_\mathrm{a} = 2\mathrm{m}$，刚性承台上作用轴心荷载 5000kN，试用弹性理论法确定各桩所受荷载和沉降。已知资料：（1）进行了单桩静载荷试验，当荷载为 1250kN 时桩顶沉降为 15mm；（2）$s_\mathrm{a}/d = 4$ 时的相互作用系数 $\alpha = 0.38$，$s_\mathrm{a}/d = 6$ 时 $\alpha = 0.32$。

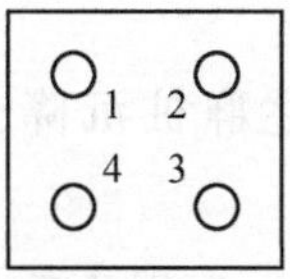

图 3-10　桩位示意图

解：
$$\begin{cases} S_i = \sum_{j=1}^{n} \delta_{ij} Q_j = S \text{ 其中 } \delta_{ij} = \delta_{ii} \alpha_{ij} \\ P = \sum_{i=1}^{n} Q_i \end{cases}$$

$$\delta_{ii} = \frac{S_d}{Q_d} = \left(\frac{15}{1250}\right) \text{mm/kN} = 0.012 \text{mm/kN}$$

$$\frac{s_a}{d} = \frac{2}{0.5} = 4, \quad \text{则 } \alpha_{12} = \alpha_{14} = 0.38$$

$$\frac{s_a}{d} = \frac{2\sqrt{2}}{0.5} = 5.66, \quad \text{线性内插得} \quad \alpha_{13} = 0.33$$

对于对称的 4 根桩，如图 3-10 所示，刚性承台在轴心荷载作用下每根桩的桩顶荷载及沉降均相同，即

$$Q_i = \frac{N}{4} = \left(\frac{5000}{4}\right) \text{kN} = 1250 \text{kN}$$

$$S = S_i = \sum_{j=1}^{4} \delta_{ij} Q_j = \delta_{11} Q_1 + \delta_{12} Q_2 + \delta_{13} Q_3 + \delta_{14} Q_4 = Q\delta_{11}(1 + \alpha_{12} + \alpha_{13} + \alpha_{14})$$

$$= Q\delta_{11}(1 + 2\alpha_{12} + \alpha_{13}) = [1250 \times 0.012 \times (1 + 2 \times 0.38 + 0.33)] \text{mm} = 31.35 \text{mm}$$

3.4.2.2　沉降比法计算群桩沉降

群桩沉降 S_g 一般要大于在相同荷载作用下单桩的沉降 S，通常将这两者沉降的比值称为群桩沉降比 R_S。在工程实践中，有时利用群桩沉降比 R_S 和单桩沉降 S 来估算群桩沉降 S_g，即

$$S_g = R_S S \tag{3-37}$$

S 通常可从现场单桩载荷试验的荷载-沉降曲线上求得，或由弹性理论法单桩沉降计算公式（3-25）计算。

R_S 的估算方法有两类，即经验法和弹性理论法。经验法是基于桩基原型观测或室内模型试验而得到的计算 R_S 的经验公式，以下介绍弹性理论法求 R_S。

1. 群桩沉降比

$$R_S = \frac{\text{群桩的沉降}}{\text{在群桩各桩平均荷载作用下孤立单桩的沉降}} = \frac{S_g}{S} \tag{3-38}$$

由上述群桩沉降分析叠加法计算刚性承台连接的方形群桩的沉降，可得到 R_S 的理论解：

1）厚层均质土刚性承台下摩擦桩群桩沉降比 R_S 的弹性理论解。表 3-2 中给出了均质土中方形群桩 R_S 的理论解。由表可见，当 s_a/d 减小（s_a 为桩间距），R_S 增大。桩数增多，R_S 也增大，K 增大，R_S 也增大。

表 3-2 均质土中方形群桩 R_S 的理论解

L/d	s_a/d	沉 降 比 R_S											
		群桩内桩的根数 n											
		4			9			16			25		
		刚 性 系 数 K											
		100	1000	∞	100	1000	∞	100	1000	∞	100	1000	∞
10	2	2.25	2.54	2.62	3.80	4.42	4.48	5.49	6.40	6.53	7.20	8.48	8.68
	5	1.73	1.88	1.90	2.49	2.82	2.85	3.25	3.74	3.82	3.98	4.70	4.75
	10	1.39	1.48	1.50	1.76	1.98	1.99	2.14	2.46	2.46	2.53	2.95	2.95
25	2	2.14	2.65	2.87	3.64	4.84	5.29	5.38	7.44	8.10	7.25	10.28	11.25
	5	1.74	2.09	2.19	2.61	3.48	3.74	3.54	4.96	5.34	4.48	6.50	7.03
	10	1.46	1.74	1.78	1.95	2.57	2.73	2.46	3.43	3.63	2.98	4.28	4.50
50	2	2.31	2.56	3.01	3.79	4.52	5.66	5.65	7.05	8.94	7.65	9.91	12.66
	5	1.81	2.10	2.44	2.75	3.51	4.29	3.72	5.11	6.37	4.74	6.64	8.67
	10	1.50	1.78	2.04	2.04	2.72	3.29	2.59	3.73	4.65	3.16	4.76	6.04
100	2	2.27	2.26	3.16	4.05	4.11	6.15	6.14	6.50	9.92	8.40	9.25	14.35
	5	1.88	2.01	2.64	2.94	3.38	4.87	4.05	4.98	7.54	5.18	6.75	10.55
	10	1.56	1.76	2.28	2.17	2.73	3.93	2.80	3.81	5.82	3.48	5.00	7.88

当桩数超过 16 时，R_S 与桩数的平方根近似成线性增长。因此对于给定的 s_a/d、K、L/d，R_S 值可以由下式依据 16 根桩的群桩和 25 根桩的群桩的 R_S 推求，即

$$R_S = (R_{25} - R_{16})(\sqrt{n} - 5) + R_{25} \tag{3-39}$$

式中　R_{25}、R_{16}——25 根桩群桩和 16 根桩群桩的 R_S 值（见表 3-2）；

　　　n——群桩的桩数。

2）刚性承台下端承桩的群桩沉降比 R_S 的弹性理论解。表 3-3 给出了方形端承群桩 R_S 的理论解，由表可见当 s_a/d 减小、桩数增多、L/d 增大时，R_S 均增大，但当 K 增大时，R_S 减小，$K \to \infty$，桩顶荷载直接传到桩端刚性层，$R_S = 1.0$，这个变化与摩擦桩相反。$R_S = 1.0$ 意味着群桩的沉降相当于单桩的沉降。

表 3-3 方形端承群桩 R_S 的理论解

L/d	s_a/d	沉 降 比 R_S											
		群桩内桩的根数 n											
		4			9			16			25		
		刚 性 系 数 K											
		100	1000	∞	100	1000	∞	100	1000	∞	100	1000	∞
10	2	1.14	1.00	1.00	1.31	1.00	1.00	1.49	1.00	1.00	1.63	1.00	1.00
	5	1.08	1.00	1.00	1.12	1.02	1.00	1.14	1.02	1.10	1.15	1.03	1.00
	10	1.01	1.00	1.00	1.02	1.00	1.00	1.02	1.00	1.00	1.02	1.00	1.00
25	2	1.62	1.05	1.00	2.57	1.16	1.00	3.28	1.33	1.00	4.13	1.50	1.00
	5	1.36	1.08	1.00	1.70	1.16	1.00	2.00	1.23	1.00	2.23	1.28	1.00
	10	1.15	1.04	1.00	1.26	1.06	1.00	1.33	1.07	1.00	1.38	1.08	1.00

（续）

L/d	s_a/d	沉　降　比　R_S											
		群桩内桩的根数 n											
		4			9			16			25		
		刚　性　系　数　K											
		100	1000	∞	100	1000	∞	100	1000	∞	100	1000	∞
50	2	2.24	1.59	1.00	3.59	1.96	1.00	5.27	2.63	1.00	7.06	3.41	1.00
	5	1.73	1.32	1.00	2.56	1.72	1.00	3.38	2.16	1.00	4.23	2.63	1.00
	10	1.43	1.21	1.00	1.87	1.46	1.00	2.29	1.71	1.00	2.71	1.97	1.00
100	2	2.26	1.81	1.00	3.95	3.04	1.00	5.89	4.61	1.00	7.93	6.40	1.00
	5	1.84	1.67	1.00	2.77	2.52	1.00	3.74	3.47	1.00	4.68	4.45	1.00
	10	1.44	1.46	1.00	1.99	1.98	1.00	2.48	2.53	1.00	2.98	3.10	1.00

2. 沉降计算

$$S_g = R_S S \tag{3-40}$$

式（3-40）中单桩沉降 S 的计算可采用以下两种方法：

1）S 通常可从现场单桩载荷试验的荷载–沉降曲线上求得。$S = S_0/\xi$，S_0 为通过静载试验得到的在平均荷载（P_g/n）作用下对应的沉降，ξ 为考虑试桩沉降的完成系数。

2）利用弹性理论法推导的均匀土中单桩沉降的计算公式（3-25）和式（3-26），可得

$$S_g = R_S S = \frac{R_S Q_g I}{n E_s d} \tag{3-41}$$

式中　S——在平均荷载（P_g/n）作用下单桩的沉降（mm）；

　　Q_g——群桩承担的荷载（kN）；

　n、d——桩数和桩径（或等效直径）（m）；

　　E_s——土的变形模量（MPa）。

3.4.2.3　整体共同作用分析法计算群桩沉降

将用于单桩分析的弹性理论法扩展到任意桩数群桩的整体分析，如果桩土之间位移协调，即 $S_{pi} = S_{si}$，即得群桩桩土共同作用方程

$$[[K_p]^g + ([F_s]^g)^{-1}]\{S_p\} = \{Y\}^g \tag{3-42}$$

$$[F_s]^g = \begin{bmatrix} [F_s]_{11} & [F_s]_{12} & \cdots & [F_s]_{1n} \\ [F_s]_{21} & [F_s]_{22} & \cdots & [F_s]_{2n} \\ \cdots & \cdots & \cdots & \cdots \\ [F_s]_{m1} & [F_s]_{m2} & \cdots & [F_s]_{mn} \end{bmatrix} \tag{3-43}$$

$$[K_p]^g = \begin{bmatrix} [K_p] & 0 & \cdots & 0 \\ 0 & [K_p] & \cdots & 0 \\ \cdots & \cdots & \cdots & \cdots \\ 0 & 0 & \cdots & [K_p] \end{bmatrix} \tag{3-44}$$

式中　$[F_s]_{ij}$——j 桩各单元对 i 桩各单元的影响矩阵；

$[K_p]$——桩身结构刚度矩阵，$(n+1)$ 阶方阵。

解方程可以得到每根桩的桩身各单元沉降和摩阻力。这样分析的好处是除了能得到每根桩的桩顶沉降之外，还能得到每根桩的摩阻力分布，了解桩的荷载传递情况。

▶▶ 3.5　剪切位移法

3.5.1　单桩分析

1. 基本原理

剪切位移法也称为剪切变形传递法。Cooke（1974 年）通过在摩擦桩桩周用水平测斜计量测桩周土体的竖向位移，发现在一定的半径范围内土体的竖向位移分布呈漏斗状的曲线。当桩顶荷载水平 P/P_u 较小时，桩在竖向荷载作用下，可以认为桩与土之间不发生相对滑动，桩周土随着桩的沉降相应地发生剪切变形，相应的剪应力 τ 从桩侧表面沿径向向外扩散到周围土体中。桩侧摩阻力由桩周土以剪应力沿径向向外传递，传到桩端的力很小，桩端以下土的固结变形是很小的，故桩端以下土体的沉降 S_b 是不大的，可以认为单独摩擦桩的沉降只与桩侧土的剪切变形有关，即

$$S_0 = S_b = S \tag{3-45}$$

式中　S_0——桩顶沉降；

　　　S_b——桩端沉降；

　　　S——桩侧土沉降。

如图 3-11 所示，在桩土体系中某一截面处，分析沿桩侧的环形土单元 $ABCD$，在荷载的作用下，土单元 $ABCD$ 随着桩的沉降由受荷前的水平面位置发生位移，并发生剪切变形，成为 $A'B'C'D'$，并将剪应力传递给邻近单元 $B'C'E'F'$，这个传递过程连续地沿径向往外传递，直到传递到很远处的 x 点（距桩中心轴 $r_m = nr_0$ 处），在 x 点处由于剪应变已很小可忽略不计。假设所发生的剪应变为弹性应变，即剪应力与剪应变成正比关系。

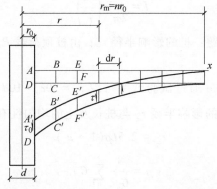

图 3-11　剪切变形传递法桩身荷载传递模型

2. 计算推导

在距桩轴 r 处土单元的竖向位移为 S，则土单元的剪应变 $\gamma = \mathrm{d}S/\mathrm{d}r$，其剪应力 τ 为

$$\tau = G_s \frac{\mathrm{d}S}{\mathrm{d}r} \tag{3-46}$$

式中　G_s——土的剪切模量

如土单元厚度为 a、桩侧摩阻力为 τ_0，桩半径 $r_0(r_0 = d/2)$，则

$$2\pi r_0 a \tau_0 = 2\pi r a \tau \tag{3-47}$$

$$\tau = \frac{r_0}{r} \tau_0 \tag{3-48}$$

由式 (3-46) 和式 (3-47) 可得

$$\mathrm{d}S = \frac{\tau}{G_s} \mathrm{d}r = \frac{r_0 \tau_0}{G_s} \frac{\mathrm{d}r}{r} \tag{3-49}$$

如土的剪切模量 G_s 与 r 无关，可得桩侧土的沉降 S

$$S = \int \mathrm{d}S = \frac{r_0 \tau_0}{G_s} \int_{r_0}^{r_m} \frac{\mathrm{d}r}{r}$$

$$S = \frac{r_0 \tau_0}{G_s} \ln\left(\frac{r_m}{r_0}\right) \tag{3-50}$$

若不考虑桩身压缩，则桩顶沉降 S_0 等于桩侧土沉降 S。

假设桩侧摩阻力沿桩身的分布是均匀的，桩长为 L，桩顶施加荷载 P_0 由桩身传到土中的荷载为 P_s，则 $\tau_0 = P_s/\pi L d$。G_s 和 E_s 分别为桩侧土的剪切模量和弹性模量。若 $E_s = 2G_s(1 + \nu_s)$，当取土的泊松比 $\nu_s = 0.5$，则 $E_s = 3G_s$。代入上式可得桩顶沉降 s_0 为

$$S_0 = \frac{P_s}{2\pi L G_s} \ln\left(\frac{r_m}{r_0}\right) = S = \frac{3}{2\pi} \frac{P_s}{L E_s} \ln\left(\frac{r_m}{r_0}\right) = \frac{P_s}{L E_s} I \tag{3-51}$$

其中

$$I = \frac{3}{2\pi} \ln\left(\frac{r_m}{r_0}\right) \tag{3-52}$$

以上计算中还有待解决的问题：桩的影响半径 r_m；由桩顶荷载 P_0 计算 S。

3. 单桩分析

（1）影响半径 r_m　Cooke 通过试验认为可取 $r_m = 20r_0 = 10d$；Randolph 和 Wroth（1978 年）通过有限元分析认为桩的影响半径 r_m 与桩长及土的均匀性有关。建议用下式确定

$$r_m = 2.5 L \rho (1 - \nu_s) \tag{3-53}$$

$$\rho = \frac{1}{G_b L} \sum_{i=1}^{n} G_i l_i \tag{3-54}$$

式中　L——桩长；

ν_s——土的泊松比；

ρ——不均匀系数，表示桩侧土和桩底土的剪切模量之比；对于均匀土，$\rho = 1$；对于 G_s 随深度成正比增大时，$\rho = 0.5$；

G_b——桩底处土的剪切模量；

n——桩身范围的土层数；

G_i——单元 i 处土的剪切模量；

l_i——单元 i 处土的厚度。

（2）由桩顶荷载 P_0 计算 S

对纯摩擦刚性桩

$$P_0 = P_s \tag{3-55}$$

对于摩擦端承刚性桩

$$P_0 = P_s + P_b \tag{3-56}$$

将桩端作为刚性墩（不考虑桩侧摩阻力作用），按弹性力学 Timoshenko 解计算桩端沉降量 S_b，在集中荷载 P_b 作用下其竖向位移 S_b 的表达式为

$$S_b = \frac{P_b}{4r_0} \frac{1 - \nu_s}{G_b} \eta \tag{3-57}$$

式中　η——桩入土深度影响系数，一般取 $0.84 \sim 1.0$。

由式（3-51）即 $S_0 = \dfrac{1}{2\pi}\dfrac{P_s}{LG_s}\ln\left(\dfrac{r_m}{r_0}\right)$ 可得

$$P_0 = P_s + P_b = \frac{2\pi LG_s}{\ln\left(\dfrac{r_m}{r_0}\right)}S_0 + \frac{4r_0 G_b}{(1 - \nu_s)\eta}S_b \tag{3-58}$$

由 $S_0 = S_b = S$ 可得

$$S = \frac{P_0}{\dfrac{2\pi LG_s}{\ln\left(\dfrac{r_m}{r_0}\right)} + \dfrac{4r_0 G_b}{(1 - \nu_s)\eta}} \tag{3-59}$$

式中　P_0——桩顶施加的荷载；

G_s、G_b——桩侧土和桩底土的剪切模量。

由式（3-59）可看出，对摩擦单桩加大桩长可减小沉降。

（3）考虑桩身可压缩　将刚性桩改为可压缩的弹性桩，将式（3-50）、式（3-57）作为桩侧、桩端土线弹性传递函数，按荷载传递法可导得单桩沉降计算的解析解。Randolph 等假定土层均匀，剪切模量均为 G_s 时，得到如下公式

$$\frac{P_0}{G_s r_0 S_0} = \left[\frac{4}{\eta(1 - \nu_s)} + \frac{2\pi}{\zeta}\frac{L}{r_0}\rho\frac{\tanh(\mu L)}{\mu L}\right]\left[1 + \frac{4}{\eta(1 - \nu_s)}\frac{1}{\pi\lambda}\frac{L}{r_0}\frac{\tanh(\mu L)}{\mu L}\right]^{-1} \tag{3-60}$$

$$\mu = \frac{1}{r_0}\sqrt{\frac{2}{\zeta\lambda}} \tag{3-61}$$

式中　η——桩端以上土层对持力层的影响系数，取 $0.85\sim1.0$；

　　　ζ——$\zeta = \ln(r_m/r_0)$；

　　　λ——桩的弹性模量与土的剪切模量之比，$\lambda = E_p/G_s$。

3.5.2　群桩分析

根据剪切位移理论，可得桩距 S_{ij} 的两根桩桩侧摩阻力相互作用产生附加沉降的位移方程为

$$S_{sij} = \frac{r_0\tau_0}{G_s}\ln\left(\frac{r_m}{S_{ij}}\right) \tag{3-62}$$

两根桩桩端阻力相互作用产生附加沉降的位移方程为

$$S_{bij} = \frac{P_b}{4S_{ij}}\frac{1-\nu_s}{G_b}\eta = \frac{\pi r_0^2\sigma_b(1-\nu_s)}{4S_{ij}G_b} \tag{3-63}$$

据此可以建立考虑桩-桩相互影响的群桩的地基刚度矩阵方程，按类似弹性理论法与桩的刚度矩阵方程耦合，进行相互作用系数或群桩沉降分析。

对于摩擦桩，桩侧摩阻力通常比桩底反力大得多，Randolph 和 Wroth（1978 年）指出，当桩的长细比 $L/r_0 = 40$ 时，P_b/P_0 的变化范围在 7%（当 $\nu = 0$ 时）至 11%（$\nu = 0.5$ 时）之间；当桩更长时，桩底反力更小。高层建筑所用的桩通常很长，因此，桩底反力很小。另外，当桩距不是很小时，一根桩的桩底反力对另一根桩的影响很小，故在计算桩 j 在单位荷载 $P_j = 1$ 作用下引起桩 i 的沉降时，可认为桩 i 的沉降是由桩 j 的桩侧摩阻力引起的。

▶▶ 3.6　简化计算方法

3.6.1　单桩沉降计算的简化方法

在竖向工作荷载作用下，单桩沉降 S 由桩身压缩量 S_e 和桩端沉降 S_b 组成，见式（3-1）。基于 S_e、S_b 的不同算法，有多种简化方法计算 S，以下是我国铁路和公路桥涵地基与基础设计规范的方法

$$S = S_e + S_b = \Delta\frac{PL}{E_pA_p} + \frac{P}{C_0A_0} \tag{3-64}$$

式中　Δ——桩侧摩阻力分布系数，对于打入和振动下沉的摩擦桩 $\Delta = 2/3$，对于钻（挖）孔灌注摩擦桩 $\Delta = 1/2$，对于端承桩 $\Delta = 1$；

　　　P——桩顶荷载（kN）；

　　　L——桩长（m）；

　　　E_p——桩身弹性模量（kPa）；

A_p——桩身截面面积（m^2）；

C_0——桩端处土的竖向地基系数（kN/m^3）。当桩长 $L \leqslant 10m$ 时取 $C_0 = 10m_0$，当桩长 $L > 10m$ 时取 $C_0 = Lm_0$，m_0 为地基系数随深度变化的比例系数；

A_0——自地面（或桩顶）以 $\varphi/4$ 角扩散至桩端平面处的面积（m^2）。

3.6.2　群桩沉降计算的简化方法

3.6.2.1　实体深基础法（等代墩基法）

该类方法是将桩基础等代为实体的深基础，对于此实体基础的大小及基底压力的假定和计算，各类规范的规定有所不同，下面主要介绍 JGJ 94—2008《建筑桩基技术规范》及 GB 50007—2011《建筑地基基础设计规范》的具体算法。

1.《建筑桩基技术规范》方法

《建筑桩基技术规范》采用等效作用分层总和法计算桩基沉降。它适用于桩中心距小于或等于 6 倍桩径的群桩基础。首先将桩基础视为实体深基础；再按浅基础的分层总和法计算沉降；最后乘以桩基等效沉降系数，该系数为均质土中群桩沉降的明德林解与等效作用面上布辛奈斯克解的比值。具体步骤如下：

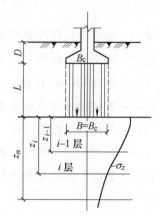

1）将桩基础视为实体基础。基础埋深为桩端处；基底尺寸取承台投影面积；基底附加压力近似取承台底面的平均附加压力（见图 3-12）。

图 3-12　《建筑桩基技术规范》桩基沉降计算示意图

2）按浅基础沉降计算方法计算沉降 S

$$S = \psi S' \tag{3-65}$$

式中　S'——按浅基础分层总和法计算的沉降；

　　　ψ——桩基沉降计算经验系数。

3）引入桩基等效沉降系数 ψ_e。浅基础计算沉降所用的应力计算公式是布辛奈斯克解（即荷载作用在半无限体表面的情况），而桩基有较大的埋深，若采用布辛奈斯克解来计算深基础下的应力，将使计算结果偏大很多。故桩端以下土中的应力计算应采用明德林解（即荷载作用在半无限体内部的情况）。但此应力计算方法较烦琐且计算参数取值较难。所以，桩端以下土中的应力计算仍采用浅基础的布辛奈斯克解方法，但同时引入深基础明德林解与浅基础布辛奈斯克解之间的比值作为修正系数 ψ_e。

$$\psi_e = C_0 + \frac{n_b - 1}{C_1(n_b - 1) + C_2} \tag{3-66}$$

$$S = \psi_e \psi S' \tag{3-67}$$

式中　n_b——矩形布桩时短边布桩数，布桩不规则时 $n_b = \sqrt{nB_c/L_c}$，当计算值小于 1 时，取 $n_b = 1$，L_c、B_c、n 分别为矩形承台的长、宽及总桩数；

C_0、C_1、C_2——参数，根据距径比（桩中心距与桩径之比）s_a/d、长径比 L/d 及基础长宽比

L_c/B_c 按《建筑桩基技术规范》确定。

2. GB 50007—2011《建筑地基基础设计规范》方法

《建筑地基基础设计规范》中的桩基沉降计算，对实体深基础的假定有两种方法即荷载扩散法及扣除群桩侧壁摩阻力法，具体见图 3-13 及图 3-14，然后按浅基础沉降计算的应力面积法进行计算。

1）荷载扩散法（见图 3-13）。实体深基础的基底埋深取至桩端平面处；基底面积取沿桩群顶部外缘扩散到桩端的面积，基底附加压力按下式计算

$$p_0 = \frac{F + G_h}{\left(a_0 + 2l \times \tan\dfrac{\varphi}{4}\right)\left(b_0 + 2l \times \tan\dfrac{\varphi}{4}\right)} - p_c \tag{3-68}$$

式中　F——相应于荷载效应准永久组合时作用在桩基承台顶面的竖向力（kN）；

G_h——在扩散后面积上，从设计地面至桩端平面间的承台、桩和土的总重（kN）。可按 20kN/m^3 计算，水下扣除浮力；

a_0、b_0——群桩的外缘矩形面积的边长（m）；

l——桩的入土长度（m）；

φ——桩周土的平均内摩擦角；

p_c——桩端平面处地基土的自重应力（kPa），地下水位以下应扣除浮力。

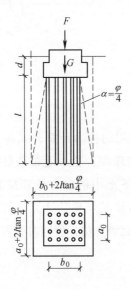

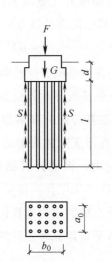

图 3-13　荷载扩散法计算示意图　　图 3-14　扣除群桩侧壁摩阻
力法计算示意图

若假定桩身长度 l 范围的桩土混合体总重力与同体积原地基土总重力相等，则式（3-68）可近似为

$$p_0 = \frac{F + G - \sigma_{cd} \times a_c \times b_c}{\left(a_0 + 2l \times \tan\dfrac{\varphi}{4}\right)\left(b_0 + 2l \times \tan\dfrac{\varphi}{4}\right)} \tag{3-69}$$

式中　G——承台和承台上土的自身重力（kN），可按 20kN/m³ 计算，水下扣除浮力。

σ_{cd}——承台底面处地基土的自重应力（kPa），可按 20kN/m³ 计算，水下扣除浮力；

a_c、b_c——承台底面的边长（m）。

2）扣除群桩侧壁摩阻力法（见图 3-14）。基底埋深取至桩端平面，基底面积取桩群外缘的面积，基底附加压力按下式计算

$$p_0 = \frac{F + G - 2(a_0 + b_0)\Sigma q_{si} h_i}{a_0 b_0} \tag{3-70}$$

式中　q_{si}——第 i 层土的侧摩阻力特征值（极限值除以 2）（kPa）；

h_i——桩身所穿越的第 i 层土的土层厚度（m）。

3.6.2.2　Mindlin-Geddes 应力解法（明德林-盖得斯法）

上海市 DGJ 08—11—2018《地基基础设计标准》中采用该法计算桩基础沉降量。

1. 基本原理

1）桩端下土的压缩变形计算仍采用分层总和法（见图 3-15）。

2）应力计算方法。不将桩基等代为实体基础，而是将各基桩在桩端平面以下土中产生的附加应力进行叠加；土中应力计算采用明德林应力解。

2. Mindlin（明德林）应力解（见图 3-16）

$$\sigma_z = \frac{Q}{L^2} K_p \tag{3-71}$$

$$K_p = \frac{1}{8\pi(1 - \nu_s)}\left[-\frac{(1 - 2\nu_s)(m - 1)}{A^3} - \frac{(1 - 2\nu_s)(m - 1)}{B^3} - \frac{3(m - 1)^3}{A^5} - \right.$$
$$\left. \frac{3(3 - 4\nu_s)m(m + 1)^2 - 3(m + 1)(5m - 1)}{B^5} - \frac{30m(m + 1)^3}{B^7} \right] \tag{3-72}$$

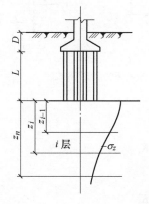

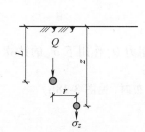

图 3-15　Mindlin-Geddes 应力解法　　图 3-16　Mindlin 应力解

其中 $\qquad m = \dfrac{z}{L}, \quad n = \dfrac{r}{L}, \quad A^2 = n^2 + (m-1)^2, \quad B^2 = n^2 + (m+1)^2$

式中　ν_s——地基土的泊松比，上海地区一般可取 0.4；

　　　　z——计算点离承台底面的竖向距离（m）；

　　　　r——计算点离桩身轴线的水平距离（m）。

3. 单桩荷载下地基土中竖向附加应力的计算

明德林（Mindlin，1936 年）得出了半无限弹性体内作用集中力情况下的应力解答。盖德斯（Geddes，1966 年）将作用于桩端土上的压应力简化为一集中荷载 Q_p；把桩侧摩阻力简化为沿桩轴线的线荷载，并假定桩侧摩阻力为沿深度呈矩形分布或三角形分布。桩侧总摩阻力为 Q_s，呈矩形分布时的总侧阻为 Q_r、呈三角形分布时的总侧阻为 Q_t（见图 3-17），然后根据明德林解积分求出了单桩荷载下土中竖向应力的表达式。

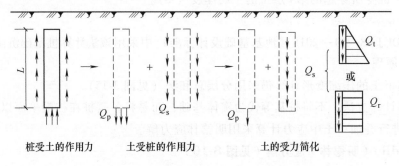

图 3-17　单桩荷载下土的受力简化示意图

1）桩端集中荷载 Q_p 作用下土中 z 深度处的竖向应力 σ_{zp} 的计算图式如图 3-18a 所示，计算公式见式（3-71）。

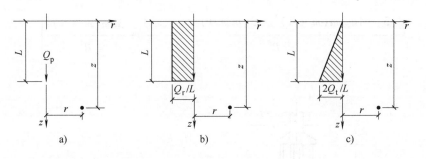

图 3-18　单桩荷载下土中竖向应力计算图式

2）桩侧阻力 Q_s 作用下 σ_{zs} 的计算：

侧阻呈矩形分布时（见图 3-18b）　　　　$\sigma_{zr} = \dfrac{Q_r}{L^2} K_r$ 　　　　　　　　　（3-73）

侧阻呈三角形分布（见图 3-18c）　　　　$\sigma_{zt} = \dfrac{Q_t}{L^2} K_t$ 　　　　　　　　　（3-74）

其中：

$$K_r = \frac{1}{8\pi(1-\nu_s)}\left\{ -\frac{2(2-\nu_s)}{A} + \frac{2(2-\nu_s)+2(1-2\nu_s)\frac{m}{n}\left(\frac{m}{n}+\frac{1}{n}\right)}{B} - \frac{2(1-2\nu_s)\left(\frac{m}{n}\right)^2}{F} + \right.$$

$$\frac{n^2}{A^3} + \frac{4m^2 - 4(1+\nu_s)\left(\frac{m}{n}\right)^2 m^2}{F^3} + \frac{4m(1+\nu_s)(m+1)\left(\frac{m}{n}+\frac{1}{n}\right)^2 - (4m^2+n^2)}{B^3} +$$

$$\left. \frac{6m^2\left(\frac{m^4-n^4}{n^2}\right)}{F^5} + \frac{6m\left[mn^2 - \frac{1}{n^2}(m+1)^5\right]}{B^5} \right\}$$

$$(3\text{-}75)$$

$$K_t = \frac{1}{4\pi(1-\nu_s)}\left\{ -\frac{2(2-\nu_s)}{A} + \frac{2(2-\nu_s)(4m+1) - 2(1-2\nu_s)\left(\frac{m}{n}\right)^2(m+1)}{B} + \right.$$

$$\frac{2(1-2\nu_s)\frac{m^3}{n^2} - 8(2-\nu_s)m}{F} + \frac{mn^2+(m-1)^3}{A^3} + \frac{4\nu_s n^2 m + 4m^3 - 15n^2 m}{B^3} -$$

$$\frac{2(5+2\nu_s)\left(\frac{m}{n}\right)^2(m+1)^3 - (m+1)^3}{B^3} + \frac{2(7-2\nu_s)nm^2 - 6m^3 + 2(5+2\nu_s)\left(\frac{m}{n}\right)^2 m^3}{F^3} +$$

$$\frac{6nm^2(n^2-m^2) + 12\left(\frac{m}{n}\right)^2(m+1)^5}{B^5} - \frac{12\left(\frac{m}{n}\right)^2 m^5 + 6nm^2(n^2-m^2)}{F^5} -$$

$$\left. 2(2-\nu_s)\ln\left(\frac{A+m+1}{F+m} \times \frac{B+m+1}{F+m}\right) \right\}$$

$$(3\text{-}76)$$

式中　F——$F=m^2+n^2$。

侧阻呈其他分布形式时，可由矩形和三角形两种分布形式进行叠加计算。

3）单桩荷载下（Q_p、Q_s 作用）的土中附加应力 σ_z 为

$$\sigma_z = \sigma_{zp} + \sigma_{zs}$$

$$= \sigma_{zp} + \sigma_{zr} \pm \sigma_{zt} = \frac{Q_p}{L^2}K_p + \frac{Q_r}{L^2}K_r \pm \frac{Q_t}{L^2}K_t \quad (3\text{-}77)$$

式（3-77）计算需已知桩端荷载大小、桩侧摩阻力的大小及分布形式。若桩顶荷载为

Q，假定 α 为桩端荷载分担比，则有

$$Q_p = \alpha Q, \qquad Q_s = (1 - \alpha)Q \tag{3-78}$$

假定 β 为矩形分布侧阻荷载分担比，则有

$$Q_r = \beta Q, \qquad Q_t = (1 - \alpha - \beta)Q \tag{3-79}$$

则单桩荷载下地基土中竖向附加应力为

$$\sigma_z = \frac{Q_p}{L^2}K_p + \frac{Q_r}{L^2}K_r \pm \frac{Q_t}{L^2}K_t = \frac{Q}{L^2}\big[\alpha K_p + \beta K_r \pm (1 - \alpha - \beta)K_t\big] \tag{3-80}$$

式（3-80）计算中参数 α、β 较难确定。上海市 DGJ 08—11—2018《地基基础设计标准》根据上海地区的工程条件，对计算参数所做的规定是：α 近似取单桩极限端阻力与单桩极限承载力的比值；β 采用侧阻沿桩身线性增长分布的形式，即按三角形分布 $\beta = 0$。

4. 沉降计算步骤

1）单桩荷载下地基土中竖向附加应力的计算，见式（3-80）。

2）群桩荷载下地基土中竖向附加应力的计算

$$\sigma_z = \sum_{j=1}^{k} \sigma_{zj} \tag{3-81}$$

式中　k——桩数；

　　　σ_{zj}——第 j 根桩产生的土中竖向附加应力。

3）分层总和法计算桩端平面以下土的压缩量

$$S' = \sum_{i=1}^{n} \frac{\sigma_{zi}}{E_{si}} h_i \tag{3-82}$$

式中　n——计算分层数；

　　　σ_{zi}——群桩荷载在基础中心点以下第 i 土层中点处的竖向附加应力。

4）乘以桩基沉降计算经验系数 ψ_m

$$S = \psi_m S' \tag{3-83}$$

3.6.2.3　简易理论法

该方法由董建国教授针对桩箱（筏）基础提出的，是对实体深基础法的一个改进。在外力 P 作用下，桩筏（箱）基础要下沉，必须要克服桩群外包侧表面积上土的总抗剪力 T。若 $P \leqslant T$ 时，按复合地基模式计算沉降；若 $P > T$ 时，按实体深基础模式计算沉降。

图 3-19 表示桩箱（筏）基础的受力机理，图中 D 为箱（筏）基础的埋深，L 为桩的长度。在外力 P 作用下，桩箱（筏）基础要沉降，必须克服该桩箱（筏）基础沿着长、宽周边深度方向土体的抵抗，其总抗剪力为 T。

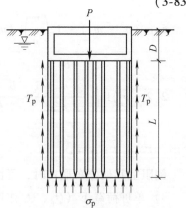

图 3-19　桩箱基础受力机理

简易理论法是首先比较外荷载 P 和总抗剪力 T 的大小，最后给出两种计算分析模式。

1. $P \leqslant T$ 时复合地基模式

当 $P \leqslant T$ 时，把桩的插入视作对桩长范围内土体的加固，与土体一起形成复合地基，桩

间土的变形必须与桩的压缩变形协调，即桩长范围内土体的压缩量可用桩的压缩量代替，所以在 $P \leq T$ 情况下，把桩箱（筏）基础的最终沉降分成两部分，即

$$S = S_p + S_s \tag{3-84}$$

式中　S_p——桩身的压缩量；

　　　S_s——桩端平面下土的压缩量。

在 $P \leq T$ 的情况，桩长通常为 40~50m 的长桩和超长桩，当这类桩用桩的设计荷载来设计时，一般情况是沿桩长压应力分布形式为三角形分布，这种压应力分布情况下桩的压缩量为

$$S_p = \frac{P_p L}{2 A_p E_p} \tag{3-85}$$

式中　P_p——桩的设计荷载（kN）；

　　　L——桩长（m）；

　　　A_p——桩的截面面积（m^2）；

　　　E_p——桩的弹性模量（kPa）。

桩端平面下土层的压缩量 S_s 用分层总和法计算，附加压力作用平面为箱（筏）底平面，如图 3-20 所示，附加压力 p_0 用下式计算

$$p_0 = \frac{P}{A} - \sigma_{cz0} \tag{3-86}$$

式中　A——箱（筏）基础底面积（m^2）；

　　　σ_{cz0}——在箱（筏）底面处的自重应力（kPa）。

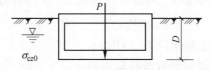

图 3-20　箱筏底面附加压力计算

附加应力计算应考虑相邻荷载的影响，采用布辛奈斯克解计算。压缩层厚度取桩端平面下一倍箱（筏）基础的宽度，压缩模量 E_s 采用地基土在自重应力至自重应力加附加应力时对应的模量，计算结果均不乘以桩基沉降计算经验系数。

2. $P > T$ 时，等代实体深基础模式

如果外荷载 P 大于总抗剪力 T，箱（筏）基础沿着长、宽周边深度方向的剪力抵抗不住外荷载的作用，使箱（筏）下四周土产生很大的剪切应变，此刻群桩桩长范围外的周围土体和群桩长度范围内的桩间土的整体性受到破坏，但仍有联系。在这种状态下，桩箱（筏）基础才可以采用等代实体深基础模式，附加压力 p_0 作用平面为桩端平面，可用下式计算

$$P_0 = \frac{P + G - T}{A} - \sigma_{cz} \tag{3-87}$$

式中　G——包括桩间土在内的群桩实体的重力（kN）；

　　　T——桩箱（筏）基础沿着长、宽周边深度方向桩长范围的总抗剪力（kN）；

σ_{cz}——桩端平面处土的自重应力。

沉降量计算是从桩端平面算起，采用分层总和法，计算方法也类同于 $P \leqslant T$ 的情况；压缩层厚度算到附加压力等于土自重应力的 10% 处为止。沉降计算结果同样不要乘以桩基沉降计算经验系数。

3. 总抗剪力 T 的计算

为了判断桩箱（筏）基础采用哪种计算最终沉降量的模式，关键问题是总抗剪力 T 如何计算。总抗剪力 T 是与土体抗剪强度有关的，令土的静止侧压力参数 $K_0 = 1$，土的总抗剪力 T 为

$$T = U \sum_{i=1}^{n} (\overline{\sigma}_{czi} \tan\varphi_i + c_i) h_i \tag{3-88}$$

式中　U——箱（筏）基础平面的周长（m）；

　　$\overline{\sigma}_{czi}$——箱（筏）基础底面到桩端范围内第 i 层土的平均自重应力（kPa）；

　　φ_i、c_i——第 i 层土的直剪试验的两个强度参数（内摩擦角和黏聚力）；

　　h_i——第 i 层土的厚度（m）。

3.6.2.4　半理论半经验公式（考虑承台分担作用的群桩沉降计算）

该方法是由杨敏教授提出的适用于桩箱基础沉降的计算公式。该方法是将桩箱基础作为刚性体来考虑，根据 Poulos 沉降比法计算刚性基础下群桩沉降的公式，并考虑承台分担作用，推导得到沉降计算的理论公式，同时结合地区经验给出经验修正系数，最终得出计算桩箱基础沉降的半理论半经验公式。

1）建筑物的总荷载 P 由桩群 P_g 和箱基（基底土）P_s 共同承担

$$P = P_g + P_s, \qquad P_s = pA_e \tag{3-89}$$

式中　p——作用在基础底面上的土压力（kPa）；

　　A_e——基础面积 A 减去群桩的有效受荷面积（m^2），即

$$A_e = A - n \frac{\pi(K_p d)^2}{4} \tag{3-90}$$

式中　K_p——反映桩沉降影响范围的系数，软土地基取 1.5。

2）基础底面沉降 S_s 可用下式近似表示

$$S_s = pB_e \frac{1 - \nu_s^2}{E_0} \tag{3-91}$$

式中　B_e——基础的等效宽度（m），取 $B_e = \sqrt{A}$，A 为基础面积；

　　E_0 和 ν_s——土的变形模量和泊松比，可近似取 $E_0 = 3E_{s0.1-0.2}$，$E_{s0.1-0.2}$ 为土的压缩模量。

3）刚性基础下群桩沉降 S_g 的计算。由弹性理论法 Poulos 和 Davis 给出的式（3-26），可得刚性基础下单桩沉降的计算公式为

$$S_{单桩} = \frac{QI}{E_0 d} = \frac{P_g I}{n E_0 d} \tag{3-92}$$

由式（3-37）则可得群桩沉降

$$S_g = \frac{P_g I}{n E_0 d} R_s \tag{3-93}$$

式中　P_g——群桩承担的荷载（kN）；

n 和 d——桩数和桩径（或等效直径）；

I——单桩的沉降系数（见弹性理论法）；

R_s——群桩沉降比。

为使用方便，令 $C = R_s I$，则式（3-93）写为

$$S_g = \frac{P_g}{n E_0 d} C \tag{3-94}$$

式中　C——桩基的沉降系数。

4）箱（筏）基底面的沉降 S_s 应该等于群桩的沉降 S_g，即

$$S_s = S_g = S \tag{3-95}$$

由前述各式代入式（3-95）整理可得

$$S = \frac{P B_e (1 - \nu_s^2)}{E_0} \cdot \frac{C}{A_e C + n d B_e (1 - \nu_s^2)} \tag{3-96}$$

5）根据上海地区经验，乘以桩基沉降的经验系数 m_c，得到计算建筑物竣工时沉降的半理论半经验公式为

$$S_c = m_c s = m_c \frac{P B_e (1 - \nu_s^2)}{E_0} \frac{C}{A_e C + n d B_e (1 - \nu_s^2)} \tag{3-97}$$

式中　S_c——建筑物竣工时的沉降；

m_c——桩基沉降的经验系数，上海软土地区按表 3-4 确定。

表 3-4　桩基沉降经验系数 m_c 值

类　别	桩入土深度/m	m_c
I	20~30	0.50~0.70
II	30~45	0.25~0.30
III	>45	0.15~0.18

若把 S_c 值代入式（3-94）可得

$$P_g = \frac{S_c E_0 n d}{C m_c} \tag{3-98}$$

式（3-98）是考虑桩与箱基土共同作用时群桩承担建筑物荷载的公式。

3.6.2.5　复合桩基沉降计算

复合桩基是指考虑承台底土分担荷载的桩基，包括疏桩基础及减沉复合疏桩基础。以下所述为 JGJ 94—2008《建筑桩基技术规范》对于上述两种情况桩基沉降计算方法的规定，而关于减沉复合桩基的设计详见第 6 章。

1. 单桩、单排桩、疏桩基础的沉降计算方法

工程实际中，采用一柱一桩或一柱两桩、单排桩、桩距大于 $6d$ 的疏桩基础并非罕见。例如，在按变刚度调平设计中，对框架-核心筒结构，刚度相对弱化的外围桩基，柱下一般布置 1~3 根桩；对剪力墙结构，常采取墙下布置单排桩；框架和排架结构建筑桩基按一柱一桩或一柱二桩布置的也不少。另外，对于刚度弱化区的筏形承台，桩距往往大于 $6d$。疏桩基础工作性状有两类情况：一是承台底地基土脱开不承担荷载；二是承台底地基土承担荷载，属于复合桩基。对于桩数少桩距大的疏桩基础以及复合桩基的情况，其沉降计算与普通群桩桩基计算模式应予以区分。由此，JGJ 94—2008《建筑桩基技术规范》提出了对于单桩、单排桩、疏桩（桩距大于 $6d$）基础的沉降计算方法：采用考虑桩径影响的 Mindlin 应力公式计算桩荷载引起的应力，并且同时还考虑承台的作用及桩身压缩量。

（1）考虑桩径影响的 Mindlin 应力公式　如图 3-21 所示，假定单桩在竖向荷载 Q 作用下，桩端阻力 $Q_p = \alpha Q$ 均匀分布；桩侧阻力则由沿桩身均匀分布和沿桩身线性增长分布两种形式组成，其值分别为 $Q_{s1} = \beta Q$ 和 $Q_{s2} = (1-\alpha-\beta)Q$。$\alpha$ 为桩端阻力比，即端阻在所承担的总荷载中所占的比例，β 为均匀分布侧阻力比。基桩侧阻力分布可简化为沿桩身均匀分布的模式，即取 $\beta = 1-\alpha$，$Q_{s2} = 0$。当有测试依据时，可根据测试结果分别采用不同的侧阻分布模式。

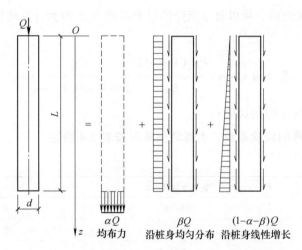

图 3-21　端阻力及侧阻力的荷载分担和分布模式

在确定阻力分布参数 α 和 β 后，土中任一点处的附加应力由这三部分荷载所产生的附加应力叠加而成，即

$$\sigma_z = \sigma_{zp} + \sigma_{zsr} + \sigma_{zst} \tag{3-99}$$

端阻力 Q_p 在应力计算点所引起的附加应力 σ_{zp} 可由 Mindlin 解导出，即

$$\sigma_{zp} = \frac{\alpha Q}{L^2} I_p \tag{3-100}$$

均匀分布的侧阻力 Q_{s1} 在应力计算点所引起的附加应力 σ_{zsr} 为

$$\sigma_{zsr} = \frac{\beta Q}{L^2} I_{sr} \tag{3-101}$$

三角形分布的侧阻力 Q_{s2} 在应力计算点所引起的附加应力 σ_{zst} 为

$$\sigma_{zst} = \frac{(1 - \alpha - \beta)Q}{L^2} I_{st} \tag{3-102}$$

式中　　I_p、I_{sr}、I_{st}——考虑桩径影响的明德林解应力影响系数，可按 JGJ 94—2008《建筑桩
基技术规范》附录 F 确定；

r——桩身半径；

z——计算应力点离桩顶的竖向距离；

L——桩长。

对于群桩，计算土中某一点的附加应力时，可先分别计算各基桩在该点产生的附加应力，然后叠加即可。如叠加结果为负值，应按零取值。

（2）沉降量计算　《建筑桩基技术规范》规定，沉降计算点为底层柱、墙中心点，应力计算点取与沉降计算点最近的桩中心点。当沉降计算点与应力计算点不重合时，二者的沉降并不相等，但由于承台刚度的作用，在工程实践的意义上，近似取二者相同。应力计算点的沉降包含桩端以下土层的压缩和桩身压缩，桩端以下土层的压缩按桩端以下轴线处的附加应力计算。

1）对于承台底地基土不分担荷载的桩基，首先将以沉降计算点为圆心，0.6 倍桩长为半径的水平面影响范围内的基桩对应力计算点产生的附加应力叠加，然后采用单向压缩分层总和法计算土层的沉降，并计入桩身压缩 S_e，即桩基的最终沉降量可按下列公式计算

$$S = S_1 + S_e \tag{3-103}$$

$$S_1 = \psi \sum_{i=1}^{n} \frac{\sigma_{zi}}{E_{si}} \Delta z_i \tag{3-104}$$

$$\sigma_{zi} = \sum_{j=1}^{m} \frac{Q_j}{l_j^2} \left[\alpha_j I_{p,ij} + (1 - \alpha_j) I_{s,ij} \right] \tag{3-105}$$

$$S_e = \xi_e \frac{Q_j l_j}{E_c A_{ps}} \tag{3-106}$$

2）对于承台底地基土分担荷载的复合桩基，除计算基桩产生的附加应力外，还要按 Boussinesq 课题计算承台底土压力（假定为均布）对计算点的附加应力，并与前者叠加。其最终沉降量可按下列公式计算

$$S = S_1 + S_2 + S_e \tag{3-107}$$

$$S = \psi \sum_{i=1}^{n} \frac{\sigma_{zi} + \sigma_{zci}}{E_{si}} \Delta z_i + S_e \tag{3-108}$$

$$\sigma_{zci} = \sum_{k=1}^{u} \alpha_{ki} p_{c,k} \tag{3-109}$$

　　此时最终沉降计算深度 z_n，仍可按应力比法确定，即 z_n 处由桩引起的附加应力 σ_z 与由承台土压力引起的附加应力 σ_{zc} 之和不大于土的自重应力 σ_c 的 0.2 倍。

式中　S_1——桩端平面以下土层由各桩荷载引起的变形（mm）；

　　　　S_2——桩端平面以下土层由承台压力引起的变形（当承台不具备分担荷载条件时，$S_2=0$）；

　　　　S_e——桩身压缩量（mm）；

　　　　m——以沉降计算点为圆心，0.6 倍桩长为半径的水平面影响范围内的基桩数；

　　　　n——沉降计算深度范围内土层的计算分层数；分层数应结合土层性质，分层厚度不应超过计算深度的 0.3 倍；

　　　　σ_{zi}——水平面影响范围内各基桩对应力计算点桩端平面以下第 i 层土 1/2 厚度处产生的附加竖向应力之和（kPa），应力计算点应取与沉降计算点最近的桩中心点；

　　　　σ_{zci}——承台压力对应力计算点桩端平面以下第 i 计算土层 1/2 厚度处产生的应力（kPa），可将承台板划分为 u 个矩形块，按 Boussinesq 课题采用角点法计算；

　　　　Δz_i——第 i 计算土层厚度（m）；

　　　　E_{si}——第 i 计算土层的压缩模量（MPa），采用土的自重压力至土的自重压力加附加压力作用时的压缩模量；

　　　　Q_j——第 j 桩在荷载效应准永久组合作用下（对于复合桩基应扣除承台底土分担荷载）桩顶的附加荷载（kN），当地下室埋深超过 5m 时，取荷载效应准永久组合作用下的总荷载为考虑回弹再压缩的等代附加荷载；

　　　　l_j——第 j 桩桩长（m）；

　　　　A_{ps}——桩身截面面积（m²）；

　　　　α_j——第 j 桩总桩端阻力与桩顶荷载之比，近似取极限总端阻力与单桩极限承载力之比；

$I_{p,ij}$, $I_{s,ij}$——第 j 桩的桩端阻力和桩侧阻力对计算轴线第 i 计算土层 1/2 厚度处的应力影响系数，可按 JGJ 94—2008《建筑桩基技术规范》附录 F 确定；

　　　　E_c——桩身混凝土的弹性模量（MPa）；

　　　　$p_{c,k}$——第 k 块承台底均布压力（kPa），$p_{c,k}=\eta_{c,k}f_{ak}$，其中 $\eta_{c,k}$ 为第 k 块承台底板的承台效应系数，按 $s_a>6d$ 查表 2-10 确定；f_{ak} 为承台底地基承载力特征值；

　　　　α_{ki}——第 k 块承台底角点处，桩端平面以下第 i 计算土层 1/2 厚度处的附加应力系数，按 Boussinesq 课题计算，可按 JGJ 94—2008《建筑桩基技术规范》附录 D 确定；

　　　　ξ_e——桩身压缩系数，端承型桩，取 $\xi_e=1.0$；摩擦型桩，当 $l/d\leqslant30$ 时，取 $\xi_e=2/3$；$l/d\geqslant50$ 时，取 $\xi_e=1/2$；介于两者之间可线性插值；

　　　　ψ——沉降计算经验系数，无当地经验时，可取 1.0。

2. 减沉复合疏桩基础沉降计算方法

减沉复合桩基是指在软土地基上，多层建筑的地基承载力基本满足要求时，以减小沉降为目的，设置疏布摩擦型桩，由桩和桩间土共同分担荷载。

JGJ 94—2008《建筑桩基技术规范》建议减沉复合疏桩基础的中点沉降可按下列公式计算

$$S = \psi(S_0 + S_{sp}) \tag{3-110}$$

$$S_0 = 4p_0 \sum_{i=1}^{m} \frac{z_i \overline{\alpha_i} - z_{i-1} \overline{\alpha_{i-1}}}{E_{si}} \tag{3-111}$$

$$p_0 = \eta_p \frac{F - nR_a}{A} \tag{3-112}$$

$$s_{sp} = 280 \frac{\overline{q}_{su}}{E_s} \frac{d}{\left(\dfrac{s_a}{d}\right)^2} \tag{3-113}$$

式中　S——桩基中点沉降量（mm）；

ψ——沉降计算经验系数，无当地经验时，可取 1.0；

S_0——由承台底地基土附加压力作用下产生的中点沉降（mm）；

S_{sp}——由桩土相互作用产生的中点沉降（mm），即桩侧阻力引起的桩周土沉降，按桩侧剪切位移传递法计算；

m——沉降计算深度范围内土层数，计算深度取 $\sigma_z = 0.1\sigma_c$；

F——荷载效应准永久值组合下作用于基底的总附加荷载（kN）；

R_a——单桩承载力特征值（kPa）；

η_p——基桩刺入变形影响系数；按桩端持力层土质确定，砂土为 1.0，粉土为 1.15，黏性土为 1.3；

$\overline{q}_{su}$——桩身范围内按厚度加权的平均桩侧极限摩阻力（kPa）；

E_s——桩身范围内按厚度加权的平均压缩模量（MPa）；

s_a/d——等效距径比，其中 d 为桩径（m）。

需注意，对于减沉复合疏桩基础的沉降计算，上海市 DGJ 08—11—2018《地基基础设计标准》所做的规定与 JGJ 94—2008《建筑桩基技术规范》不尽相同，详见第 6 章内容。

【例 3-2】　某联合基础采用桩基础，承台尺寸为 2.2m×7.2m×0.45m，如图 3-22 所示，承台埋深 3m，混凝土强度等级为 C25。联合基础上有 2 个柱，相应于荷载效应准永久组合时每个柱的竖向荷载为 4200kN，荷载效应标准组合时每个柱的竖向荷载为 4350kN。承台下布置 3 根截面为 0.4m×0.4m 的钢筋混凝土预制方桩，桩长 12m，单桩承载力特征值 $R_a =$ 3000kN，桩端总阻力特征值为 900kN。场地地基土层情况见表 3-5，地下水位面在地表下 8m 处。承台底面地基承载力特征值 $f_{ak} = 160$kPa。请按照 JGJ 94—2008《建筑桩基技术规范》计算该基础中心点的沉降量（沉降计算经验系数取 $\psi = 0.7$）。

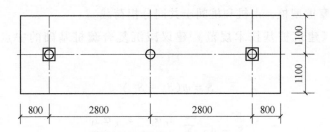

图 3-22 单排桩基础桩位图

表 3-5 地基土层分布及指标

层号	土名	深度/m	重度 γ /(kN/m³)	压缩模量 E_s /MPa
1	黏土	0~15	18.5	—
2	中砂	15~17	19.2	28
3	卵石	17~19.5	19.6	60
4	黏土	19.5~22.2	18.5	16
5	细砂	22.2~25	17	42
6	卵石	25~39	20	120

解:(1)计算承台底面压力及基桩桩顶荷载

承台底面积为 $A = (7.2 \times 2.2)\mathrm{m}^2 = 15.84\mathrm{m}^2$

桩截面面积为 $A_p = 0.16\mathrm{m}^2$

桩的等效圆截面直径为 $d = (1.128 \times 0.4)\mathrm{m} = 0.45\mathrm{m}$

基桩所对应的承台底净面积为

$$A_c = \frac{A - nA_{ps}}{n} = \left(\frac{15.84 - 3 \times 0.16}{3}\right)\mathrm{m}^2 = 5.12\mathrm{m}^2$$

桩距 $s_a = 2.8\mathrm{m}$,距径比 $s_a/d = 2.8/0.45 = 6.22$,单排桩,查表 2-10 取 $\eta_c = 0.6$,则考虑承台效应后基桩承载力特征值为

$$R = R_a + \eta_c f_{ak} A_c = (3000 + 0.6 \times 160 \times 5.12)\mathrm{kN} \approx 3491.5\mathrm{kN}$$

如承台上不覆土,则承台自重为

$$G_k = (25 \times 15.84 \times 0.45)\mathrm{kN} = 178.2\mathrm{kN}$$

基桩承担荷载标准值为

$$N_k = \frac{F_k + G_k}{n} = \left(\frac{2 \times 4350 + 178.2}{3}\right)\mathrm{kN} = 2959.4\mathrm{kN}$$

显然 $N_k < R$,承载力满足要求。

承台底均布压力为

$$p_{ck} = \eta_{ck} f_{ak} = (0.6 \times 160)\mathrm{kPa} = 96\mathrm{kPa}$$

在荷载效应准永久组合作用下,基桩桩顶的附加荷载为

$$Q_j = \frac{F + G_k - (A - nA_{ps})p_{ck}}{n} = \frac{F + G_k}{n} - p_{ck}A_c$$

$$= \left(\frac{2 \times 4200 + 178.2}{3} - 96 \times 5.12 \right) \text{kN} = 2367.9 \text{kN}$$

水平计算范围为 0.6 倍桩长，即 $0.6 \times 12 = 7.2\text{m}$，本例共 3 根桩，均包括在内。计算基础中心点的沉降量，沉降计算点为中心桩的中心点。

（2）计算桩端平面以下土层由承台压力引起的附加应力

承台底压力 $p_{ck} = (0.6 \times 160)\text{kPa} = 96\text{kPa}$，计算桩端平面以下中心点土柱的土层分界面处的附加应力。

根据角点法把承台等分为 4 个矩形，$b = (2.2/2)\text{m} = 1.1\text{m}$，$l = (7.2/2)\text{m} = 3.6\text{m}$，$l/b = 3.3$。土的分层采用不同土性的分界面，各分层面距承台底面的距离分别为 12m（桩端平面处）、14m、16.5m、19.2m。从相关规范查得平均附加应力系数，从而求得每个分层面处的附加应力见表 3-6。

表 3-6　承台底土压力引起的桩端平面以下土中附加应力计算

层面号	距承台底面的距离/m	z/b	α	$\sigma_z = 4\alpha p_{ck}/\text{kPa}$
0	12	10.9	0.0123	4.72
1	14	12.727	0.012	4.61
2	16.5	15.0	0.007	2.69
3	19.2	17.455	0.005	1.92

（3）计算桩端平面以下土层由基桩作用引起的附加应力

对于中间桩，$n = \rho/L = 0$，$L/d = 12/0.45 = 27$，按 $L/d = 30$ 考虑。$m_0 = z_0/l = 1$，$m_1 = z_1/l = 1.1667$，$m_2 = z_2/l = 1.375$，$m_3 = z_3/l = 1.6$，查 JGJ 94—2008《建筑桩基技术规范》，并线性插值得：

$$I_{p0} = 536.535, \quad I_{p1} = 7.069, \quad I_{p2} = 1.579, \quad I_{p3} = 0.623$$
$$I_{s0} = 8.359, \quad I_{s1} = 1.181, \quad I_{s2} = 0.531, \quad I_{s3} = 0.298$$

对于两侧的桩，距计算点距离相等，$\rho = 2.8\text{m}$，$n = \rho/L = 0.2323$，按 $L/d = 30$ 考虑。对不同的 m 查表得

$$I_{p0} = 0.107, \quad I_{p1} = 0.768, \quad I_{p2} = 0.746, \quad I_{p3} = 0.461$$
$$I_{s0} = 0.608, \quad I_{s1} = 0.548, \quad I_{s2} = 0.385, \quad I_{s3} = 0.261$$

假定桩侧摩阻力沿桩身线性增长分布，即 $\beta = 0$，而 α 为每根基桩总端阻力特征值与桩顶荷载之比，$\alpha_j = \dfrac{900}{3000} = 0.3$。

$$\frac{Q_j}{L^2} = \frac{2367.9}{12^2} = 16.44$$

基桩作用在各分层面沉降计算点的附加应力为

$$\sigma_{z0} = \sum_{j=1}^{m} \frac{Q_j}{L_j^2} [\alpha_j I_{p,ij} + (1 - \alpha_j) I_{s,ij}]$$

$$= [16.44 \times (0.3 \times 536.535 + 0.7 \times 8.359) + 2 \times 16.44 \times (0.3 \times 0.107 + 0.7 \times 0.608)] kPa$$

$$= 2757.44 kPa$$

$$\sigma_{z1} = [16.44 \times (0.3 \times 7.069 + 0.7 \times 1.181) + 2 \times 16.44 \times (0.3 \times 0.768 + 0.7 \times 0.548)] kPa$$

$$= 68.64 kPa$$

同理 $\sigma_{z2} = 29.92 kPa$, $\sigma_{z3} = 17.06 kPa$。将以上计算整理于表 3-7 中。

表 3-7 基桩引起的桩端平面以下土中附加应力计算

层面号	距承台底面的距离/m	$m = z/L$	$n = \rho/L$		I_p		I_{st}		$\sigma_z = \sum\limits_{j=1}^{k} \dfrac{Q_j}{L^2}[\alpha_j I_p + (1-\alpha_j) I_s]$ /kPa
			中桩	边桩	中桩	边桩	中桩	边桩	
0	12	1.0	0	0.2323	536.535	0.107	8.359	0.608	2757.44
1	14	1.667	0	0.2323	7.069	0.768	1.818	0.548	68.64
2	16.5	1.375	0	0.2323	1.579	0.746	0.531	0.358	29.92
3	19.2	1.6	0	0.2323	0.623	0.461	0.298	0.261	17.06

(4) 确定沉降计算深度

土中附加应力由承台底面压力及基桩荷载作用共同引起:

$$\sigma_{zc0} + \sigma_{z0} = (4.72 + 2757.44) kPa = 2762.16 kPa$$

$$\sigma_{zc1} + \sigma_{z1} = (4.61 + 68.64) kPa = 73.25 kPa$$

$$\sigma_{zc2} + \sigma_{z2} = (2.69 + 29.92) kPa = 32.61 kPa$$

$$\sigma_{zc3} + \sigma_{z3} = (1.92 + 17.06) kPa = 18.98 kPa$$

每个层面的自重应力为:

$$\sigma_{c0} = [18.5 \times 8 + (18.5 - 10) \times 7] kPa = 207.5 kPa$$

$$\sigma_{c1} = [207.5 + (19.2 - 10) \times 2] kPa = 225.9 kPa$$

$$\sigma_{c2} = [225.9 + (19.6 - 10) \times 2.5] kPa = 249.9 kPa$$

$$\sigma_{c3} = [249.9 + (18.5 - 10) \times 2.7] kPa = 272.9 kPa$$

表 3-8 沉降计算深度的确定

层面号	距地面的距离/m	距承台底面的距离/m	自重应力 σ_c/kPa	承台压力引起的附加应力/kPa	基桩荷载引起的附加应力/kPa	总附加应力/kPa
0	15	12	207.5	4.72	2757.44	2762.16
1	17	14	225.9	4.61	68.64	73.25
2	19.5	16.5	249.9	2.69	29.92	32.61
3	22.2	19.2	272.9	1.92	17.06	18.98

距离承台底面 16.5m 处的 $\sigma_{zo2} + \sigma_{z2} = 32.61 kPa < 0.2\sigma_{o2} = 49.98 kPa$, 沉降计算深度取为 $z_n = 16.5m$ (自承台底面起算) 是合适的, 计算深度范围内共两个分层。

(5) 计算桩基中心点沉降量

每个分层 1/2 厚度处的附加应力为

$$\overline{\sigma}_{z1} = \left(\frac{2762.16 + 73.25}{2}\right) kPa = 1417.68 kPa$$

$$\overline{\sigma}_{z2} = \left(\frac{73.25 + 32.61}{2}\right) kPa = 52.93 kPa$$

$$S' = \sum_{i=1}^{n} \frac{\overline{\sigma}_{zi}}{E_{si}} \Delta z_i = \left(\frac{1417.68}{28} \times 2 + \frac{52.93}{60} \times 2.5\right) mm = 103.55 mm$$

桩的混凝土弹性模量 $E_c = 3.15 \times 10^4 N/mm^2$，桩身压缩量为：

$$S_e = \xi_e \frac{Q_j L_j}{E_c A_p} = \left(\frac{2}{3} \times \frac{2367.9 \times 12}{3.15 \times 10^4 \times 0.16}\right) mm = 3.76 mm$$

则基础中点的最终沉降量为：

$$S = \psi S' + S_e = (0.7 \times 103.55 + 3.76) mm = 76.2 mm$$

💡 思考题

3-1　简述单桩沉降量的组成。

3-2　影响单桩沉降的因素主要有哪些？

3-3　刚性桩与柔性桩的划分主要取决于什么指标？

3-4　什么是沉降的群桩效应？为什么说群桩效应对沉降的影响比对承载力的影响更为显著和重要？

3-5　沉降计算方法有哪些？

3-6　简述荷载传递分析法的基本原理。此方法可以进行群桩分析吗？为什么？

3-7　简述弹性理论法的基本原理。

3-8　写出弹性理论法计算单桩沉降的 Poulos 参数解公式，并以此公式及其图表分析影响单桩沉降的因素。

3-9　弹性理论法的群桩沉降计算方法可分哪三类？

3-10　简述剪切变形传递法的基本原理以及该法的适用情况。

3-11　群桩沉降计算的简化方法主要有哪些？

3-12　JGJ 94—2008《建筑桩基技术规范》中，桩基沉降的等效作用分层总和法对于实体深基础的假定有哪些？

3-13　简述 Mindlin-Geddes 应力解法计算桩基沉降的基本原理及步骤。

3-14　试写出式（3-96）的具体推导过程。

3-15　在 JGJ 94—2008《建筑桩基技术规范》中，疏桩基础及减沉复合疏桩基础的沉降计算方法有何不同？为什么？

CHAPTER 4

第 4 章

水平受荷桩基的承载力与位移

▶▶ 4.1　水平受荷桩基的工作性状

4.1.1　水平荷载下单桩的破坏性状

1. 弹性桩和刚性桩的概念

桩在水平荷载作用下，将会使桩顶产生水平位移和转角（见图 4-1），桩身产生弯曲应力，桩侧土受侧向挤压，最终导致桩身或地基破坏。由水平荷载引起的桩身变形通常有两种类型：

1）当地基土松软、桩身粗短，即桩的刚度远大于土层刚度时，桩身挠曲变形不明显，桩身如同刚体一样绕桩轴上某一点而转动。当桩侧土在桩全长范围内超过地基的屈服强度时，桩将产生大变位而丧失承载力。此时基桩的水平向承载力由桩侧土的强度及稳定性决定。此类桩称为刚性桩。承受水平荷载的墩或沉井基础也可视作刚性桩（构件）。

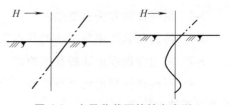

图 4-1　水平荷载下的桩身变形

2）当地基土较密实、桩入土较深、长径比较大，即桩的相对刚度较小时，桩身挠曲变形较明显（其侧向位移随着入土深度增大而减小），桩身可能在弯矩较大处发生断裂或桩发生过大的侧向位移而破坏。此时基桩的水平向承载力由桩身材料的抗弯强度或侧向变形条件决定。此类桩称为弹性桩。桥梁桩基础的桩多属弹性桩。

刚性桩和弹性桩是按桩土相对刚度来定义的：

$$刚性桩 \qquad T \geqslant \frac{h}{2.5} \qquad 或 \qquad \alpha h \leqslant 2.5 \qquad (4\text{-}1)$$

$$弹性桩 \qquad T < \frac{h}{2.5} \qquad 或 \qquad \alpha h > 2.5 \qquad (4\text{-}2)$$

式中　T——桩的相对刚度系数（m），$T = \sqrt[5]{EI/mb_1}$；

α——桩的变形系数（m^{-1}），$\alpha = \dfrac{1}{T}$；

h——桩的入土长度（m）；

E、I——桩的抗弯弹性模量（kN/m^2）及截面惯性矩（m^4）；

m——地基比例系数（kN/m^4）；

b_1——桩的计算宽度（m）。

刚性桩一般短而粗（长径比小），常称为刚性短桩；而弹性桩的长径比则较大。实践中又常将非岩石地基中的弹性桩分为中长桩和长桩：若 $4.0 > \alpha h > 2.5$ 称为弹性中长桩；若 $\alpha h \geqslant 4.0$ 则称为弹性长桩。两者计算时的桩底边界条件不同：弹性中长桩的计算与桩底的支承情况有关；而弹性长桩有足够的入土深度，桩底均按固定端考虑（同嵌岩桩），其计算与桩底的支承情况无关。

2. 弹性桩和刚性桩的破坏形式

一般情况，刚性桩的破坏实质是桩侧土的破坏；弹性桩则主要是桩身材料的破坏。另外，基桩破坏形式还与桩顶约束条件有关。

（1）刚性桩的破坏　如图 4-2a 所示，对于桩顶自由的刚性桩，将产生全桩长的刚性转动。绕桩身下部一点 O 转动时，O 点上方的土层和 O 点下方至桩端间土层分别产生了被动抗力，这两部分作用方向相反的土抗力构成力矩以共同抵抗桩顶横向荷载的作用，并构成力的平衡。当横向荷载达到一定值时，桩侧土开始屈服，随着荷载增加，逐渐向下发展，直至土抗力构成的力矩不足以抵抗桩顶横向荷载，此时刚性桩因转动而破坏。当桩身抗剪强度满足要求时，桩体本身不发生破坏，故其水平承载力主要由桩侧土的强度控制。另外，当桩径较大时，尚需考虑桩底土偏心受压时的承载能力。

如图 4-2b 所示对于桩顶受到承台或桩帽约束而不能产生转动的刚性桩，桩与承台将一起产生刚体平移，当平移达一定限度时，桩侧土体屈服而破坏。

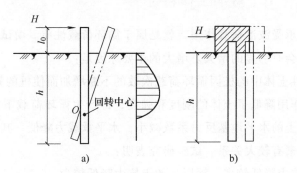

图 4-2　水平荷载下刚性桩的破坏

a）桩头自由　b）桩头嵌固

（2）弹性桩的破坏　弹性桩的破坏机理与刚性桩不同，由于桩的埋入深度较大，桩下段几乎不能转动（见图 4-3）。在横向荷载作用下桩将发生挠曲变形，地基土沿桩轴从地表向下逐渐地出现屈服。桩体上产生的内力随着地基的逐渐屈服而增加，当桩身某点弯矩超过其截面抵抗矩或桩侧土体屈服失去稳定时，弹性桩便趋于破坏，其水平承载力由桩身材料的抗弯强度和侧向土抗力所控制。

当桩顶受约束时，其破坏状态也类似于上述弯曲破坏，但在桩顶与承台嵌固处也会产生较大的弯矩，因此，基桩也可能在该点破坏，如图4-3b所示。

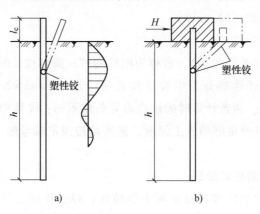

图4-3 水平荷载下弹性桩的破坏

a）桩头自由 b）桩头嵌固

此外，桩体发生转动或破坏之前，桩顶将产生水平位移，并且该水平位移往往使所支承结构物的位移量超出容许范围或使结构不能正常使用，因此设计时还必须考虑桩顶位移是否满足上部结构的容许变形值。

综上可见，桩的刚度影响着挠度，决定了桩的破坏机理，是影响单桩横向承载能力的主要因素之一。大量研究表明，影响单桩横向承载能力的因素很多，其中荷载的类型（如持续的、交替的或是振动的）对桩土体系的变形性能也具有一定的影响。

4.1.2 循环荷载作用下桩的工作特性

例如外海建筑物承受波浪荷载作用，就是属于循环荷载性质。由试验可知，在循环荷载作用下桩的水平位移会有明显的增大。增大的主要原因是：

1）埋置在弹塑性土体中的桩因循环荷载次数的不断增加而使桩的累积残余变形加大。

2）循环荷载的作用降低了土体的刚度和强度，即产生循环荷载下的土退化。在桩的水平位移增大的同时，土的水平地基反力系数减小，水平承载力降低。其减小和降低的程度与土质、循环次数等因素有较大关系。试验研究表明：

1）浅层土的土抗力降低较多，深层土的土抗力降低较少。

2）黏性土的土抗力降低较多，砂性土的土抗力降低较少。

3）土抗力随循环次数的增加而降低，但循环次数达一定数值（如40~50次）后趋于稳定。

4）桩在双向循环荷载作用下的承载力比单向循环荷载作用下的承载力低，但在加载方向的桩列上，双向循环荷载作用下前后桩 p-y 曲线之间的差别比静载（或单向循环荷载）作用时小；循环次数对前、后桩 $p\text{-}y$ 曲线之间的差别影响不大。实际工程中，循环荷载作用下的前、后桩可按循环荷载作用下的单桩考虑。

水平循环荷载对桩的影响日益受到人们的重视，但现有的分析方法中，只有 $p\text{-}y$ 曲线法能考虑循环荷载的影响，其解答也只能给出循环荷载下桩性状的包络线。关于循环荷载作用下桩的性状还有待于进一步研究。

4.1.3　桩的计算宽度

由试验研究分析得出，桩在水平外力作用下，除了桩身宽度范围内桩侧土受挤压外，在桩身宽度以外的一定范围内的土体都受到的一定程度的影响（空间受力），且对不同截面形状的桩，土受到的影响范围大小也不同。为了将空间受力简化为平面受力，并综合考虑桩的截面形状及多排桩桩间的相互遮蔽作用，将桩的设计宽度（直径）换算成实际工作条件下相当的矩形截面桩的宽度 b_1，称为桩的计算宽度。

根据已有的试验资料分析，现行规范认为计算宽度的换算方法可用下式表示

$$b_1 = K_f K_0 Kb \text{（或 } d\text{）} \tag{4-3}$$

式中　b、d——与外力 H 作用方向相垂直平面上桩的宽度、直径；

　　　K_f——形状换算系数，即在受力方向将各种不同截面形状的桩宽度换算为相当于矩形截面宽度，其值见表 4-1；

　　　K_0——受力换算系数，即考虑到实际上桩侧土在承受水平荷载时为空间受力问题，简化为平面受力时所给的修正系数见表 4-1；

　　　K——桩间的相互影响系数。

表 4-1　计算宽度换算系数表

名称	符号	基础平面形状			
形状换算系数	K_f	1.0	0.9	$1-0.1\dfrac{d}{B}$	0.9
受力换算系数	K_0	$b \geqslant 1\text{m}$ 时，$1+\dfrac{1}{b}$ $b < 1\text{m}$ 时，$1.5+\dfrac{0.5}{b}$	$d \geqslant 1\text{m}$ 时，$1+\dfrac{1}{d}$ $d < 1\text{m}$ 时，$1.5+\dfrac{0.5}{d}$	$1+\dfrac{1}{B}$	$1+\dfrac{1}{d}$

注：基础，除了适用于桩外，还适用于承受水平荷载的沉井、承台。

当桩基有承台连接，在外力作用平面内有数根桩时，各桩间的受力将相互产生影响，其影响与桩间的净距 L_1 的大小有关。对于 b（或 d）$< 1.0\text{m}$、单排桩、当 $L_1 \geqslant 0.6h_1$ 时的多排桩，$K = 1.0$，其中 h_1 为桩的计算深度，可按 $h_1 = 3(d+1)$，但不得大于桩在地面或最大冲刷线下的

埋深 h；关于 d 值，对于钻孔桩为设计直径，对于矩形桩可采用受力面桩的边宽；对于 $L_1 <$ $0.6h_1$ 时的多排桩情况，K 值的确定方法见相关规范（如 JTG 3363—2019《公路桥涵地基与基础设计规范》附录 L）。

4.1.4　水平受荷桩基的群桩效应

1. 桩的相互影响效应

群桩中各桩之间存在相互影响，这种相互影响导致地基土的水平抗力性能的弱化，使水平抗力系数降低，并使各个桩的荷载分配不均匀。群桩的模型试验和现场观测均证明，离推力最远的前排桩受到的土抗力最大，分配到最大的水平力；靠近推力的后排桩受到的土抗力最小，分配到的水平力最小，即在荷载作用方向上的前排桩分配到的水平力最大，末排桩受到的水平力最小。

这是因为前排桩前方的土体处于半无限状态，土抗力充分发挥，前排桩所受到的土抗力一般均等于或大于单桩，也即前排桩的水平承载力约等于或大于单桩。中间桩与末排桩则存在群桩效应。因此，在设计时前排桩取单桩承载力是偏于安全的，其他桩则应予以折减。为了提高桩基水平承载力也可对前排桩（水平力多变时则是外围桩）采取加大桩径或加强配筋的做法。

桩的相互影响的机理是在水平荷载作用下土中应力的重叠。应力重叠随桩距的减小与桩数的增加而增强。由于应力重叠的方向性，使桩（排）沿水平荷载作用方向上的相互影响远大于垂直于水平荷载方向的相互影响，当这两个方向的桩距分别小于 $8d$ 和 $2.5d$ 时，土抗力系数应考虑折减。

2. 桩顶约束效应

桩顶和承台的连接状况极大地影响群桩中各桩的荷载分配以及桩顶位移。对荷载分配的影响见后文的计算分析，对位移的影响如下：桩顶自由时，桩顶无约束，桩顶位移较大（最大位移在桩顶处）；桩顶与承台铰接时，虽无桩顶约束弯矩但有剪力，使桩顶位移相对桩顶自由时要减小；桩顶与承台刚性连接（嵌固）时，抗弯刚度将大大提高，桩顶嵌固产生的负弯矩将抵消一部分水平力引起的正弯矩，使桩身最大位移和位移零点的位置下移，从而使土的塑性区向深部发展，使深层土的抗力得以发挥，这就意味着群桩承载力提高，水平位移减小。

由于各个行业的技术要求不同，桩嵌入承台的长度不同，因而承台的约束影响也不相同。建筑桩基行业规定桩的嵌入承台的长度比较短（50~100mm），承台混凝土为二次浇筑，桩的主筋锚入承台为 $30d$（d 为钢筋直径），这种连接比较弱。因此，在比较小的水平荷载作用下，桩顶周边混凝土可能出现塑性变形，形成传递剪力和部分弯矩的非完全嵌固状态。此时桩顶的约束是一种既非完全自由状态也非完全嵌固状态的中间状态，在一定程度上能够减小桩顶位移（相对于完全自由状态而言），又能降低桩顶约束弯矩（相对于完全嵌固状态）。有试验结果表明，与完全嵌固状态相比，由于桩顶的非完全刚性连接，导致桩顶弯矩降低为完全嵌固时理论值的 40% 左右，桩顶位移增大约 25%。

3. 承台侧向抗力效应

当桩基受水平力作用而产生位移时，面向位移方向的承台侧面将受到土的抗力作用，由于桩基承台的位移较小，其数量级不足以使土体达到被动极限状态，尚处于弹性阶段。因此，承台侧面的土抗力可以用线弹性土反力系数方法计算，具体见式（4-61）。总的弹性抗力为

$$\Delta R_{h1} = y_0 B_c' \int_0^h K_n(z) \, \mathrm{d}z \tag{4-4}$$

式中　y_0——承台水平位移，当以位移控制时，取 0.01m（超静定结构取 0.006m），当以桩身强度控制时，可以近似取桩顶嵌固位移计算值；

B_c'——承台计算宽度（m）；

h——承台埋入地面或最大冲刷线以下的深度（m）；

$K_n(z)$——地基水平抗力系数（kN/m³），若假定其沿深度线性增长，$K_n(z) = mz$，m 为承台侧向土体的水平抗力系数的比例系数。

4. 承台底面的摩阻力效应

对于低承台桩基，若承台底面以下的地基土不致因各种原因而与承台脱离时，可以考虑承台底面的摩阻力为

$$\Delta R_{hb} = \mu P_c \tag{4-5}$$

式中　μ——承台底面摩阻力系数；

P_c——承台底地基土分担的竖向荷载（kN）。

由以上四种效应的综合作用可得到一个综合群桩效应系数 η_h。根据上述四种效应的物理机制，其综合作用的组合是不同的——桩的相互作用效应与桩顶约束效应是相互影响的，是相乘关系；与承台侧向抗力效应和承台摩阻力效应是相互独立的，是叠加关系。

4.2　单桩水平承载力的确定

影响单桩水平承载力的因素包括桩径、桩的入土长度、桩身刚度、材料强度以及地基土的刚度、荷载类型等。横向荷载作用下桩土受力的特点是，弹性桩的变形及土中应力和塑性区主要发生在桩身上部，桩周土体对桩的水平工作性状影响最大的是地表土和浅层土（一般在地面下 5~10m 深度以内），因此改善浅部土层的工程性质对提高桩基水平承载力可起到事半功倍的效果。

确定单桩水平承载力的方法主要有现场静载荷试验以及规范推荐的估算公式。

4.2.1　单桩水平静载荷试验

水平静载荷试验是分析桩在水平荷载作用下工作性状的重要手段，也是确定单桩水平承载力最可靠的方法。

1. 试验装置

试验装置包括加荷系统和位移观测系统。加荷系统采用可水平施加荷载的液压千斤顶；位移观测系统采用基准支架上安装百分表或电感位移计，如图4-4所示。

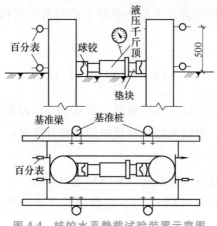

图 4-4 桩的水平静载试验装置示意图

2. 试验方法

（1）单向多循环加卸载法 模拟风浪、地震力、制动力、波浪冲击力和机器扰力等循环性动力水平荷载。

试验加载分级，一般取预估横向极限荷载的 1/15~1/10 作为每级荷载的加载增量。根据桩径大小并适当考虑土层软硬，对于直径 300~1000mm 的桩，每级荷载增量可取 2.5~20kN。每级荷载施加后，恒载每 4min 测读横向位移，然后卸载至零，停 2min 测读残余横向位移，至此完成一个加卸载循环。5 次循环后，开始加下一级荷载。当桩身折断或水平位移超过 30~40mm（软土取 40mm）时，终止试验。

（2）慢速连续加载法（类似于垂直静载试验慢速法） 模拟桥台、挡墙等长期静止水平荷载的连续荷载试验。

试验荷载分级同上种方法。每级荷载施加后维持其恒定值，并按 5min、10min、15min、30min、…测读位移值，直至每小时位移小于 0.1mm，开始加下一级荷载。当加载至桩身折断或位移超过 30~40mm 或达到设计要求的水平位移容许值，便终止加载。卸载时按加载量 2 倍逐级进行，每 30min 卸载一级，并于每次卸载前测读一次位移。

（3）单向单循环恒速水平加载法（类似于垂直静载试验快速法） 此加载方法是加载每级荷载维持 20min，第 5min、10min、15min、20min 测读位移。终止加载后卸载至零荷载维持 30min，第 10min、20min、30min 测读位移。

3. 成果资料

常规循环荷载试验一般绘制水平力-时间-位移（H_0-t-x_0）曲线（见图4-5）；连续荷载试验常绘制水平力-位移（H_0-x_0）曲线（见图4-6）、水平力-位移梯度（H_0-$\Delta x_0/\Delta H_0$）曲线（见图4-7）。利用循环荷载试验资料，取每级循环荷载下的最大位移值作为该荷载下的位移值，也可绘制 H_0-x_0 曲线及 H_0-$\Delta x_0/\Delta H_0$ 曲线。

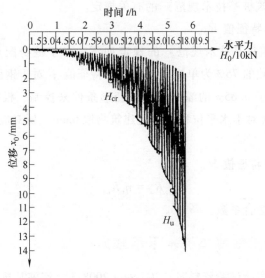

图 4-5　水平力-时间-位移（H_0-t-x_0）曲线

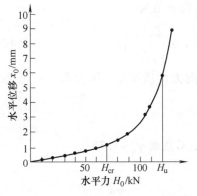

图 4-6　水平力-位移（H_0-x_0）曲线

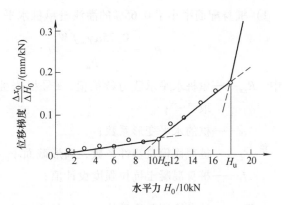

图 4-7　水平力-位移梯度（H_0-$\Delta x_0/\Delta H_0$）曲线

4. 单桩水平临界荷载及极限荷载的确定

单桩水平临界荷载 H_{cr} 指桩断面受拉区混凝土退出工作前所受最大荷载，按下列方法综合确定：取循环荷载试验 H_0-t-x_0 曲线突变点前一级荷载；取 H_0-$\Delta x_0/\Delta H_0$ 曲线第一直线段终点所对应的荷载。

单桩水平极限荷载 H_u 指桩身材料破坏或产生结构所能承受最大变形前的最大荷载，单桩水平荷载可按下列方法综合确定：取 H_0-t-x_0 曲线明显陡降，即位移包络线向下弯曲的前一级荷载；取 H_0-$\Delta x_0/\Delta H_0$ 曲线第二直线段的终点所对应的荷载。

采用水平静载试验确定单桩水平设计承载力时，还应注意按上述强度条件确定的极限荷载时的位移是否超过结构使用要求的水平位移，否则应按变形条件来控制。水平位移容许值可根据桩身材料强度、土发生横向抗力的要求以及墩台结构顶部使用要求来确定。一般将试桩在地面处的水平位移 6~10mm 定为确定单桩水平承载力的判断标准，以满足结构物和桩、土变形条件安全度要求。关于单桩水平设计承载力的取值，各规范有具体的规定，下面列出的是 JGJ 94—2008《建筑桩基技术规范》的有关规定。

5. 单桩水平承载力特征值 R_{ha}

JGJ 94—2008《建筑桩基技术规范》的规定如下：对于桩身配筋率小于 0.65% 的灌注桩，取单桩水平临界荷载的 75% 为单桩水平承载力特征值；对于钢筋混凝土预制桩、钢桩、桩身正截面配筋率不小于 0.65% 的灌注桩，按变形条件来控制，根据静载荷试验取试桩在地面处水平位移 10mm（对于水平位移敏感的建筑物取 6mm）所对应的荷载的 75% 为单桩水平承载力特征值。

6. 基桩水平承载力特征值 R_h

$$R_h = \eta_h R_{ha} \tag{4-6}$$

式中　　η_h——群桩效应综合系数。

4.2.2　规范推荐公式估算单桩水平承载力

当缺少单桩水平静载荷试验资料时，JGJ 94—2008《建筑桩基技术规范》规定可按下述公式估算单桩水平承载力。

1）桩身配筋率小于 0.65% 的灌注桩单桩水平承载力特征值为

$$R_{ha} = \frac{0.75\alpha\gamma_m f_t W_0}{\nu_M}(1.25 + 22\rho_g)\left(1 \pm \frac{\zeta_N N_k}{\gamma_m f_t A_n}\right) \tag{4-7a}$$

式中　　R_{ha}——单桩水平承载力特征值，±号根据桩顶竖向力性质确定，压力取"+"，拉力取"−"；

α——桩的水平变形系数；

γ_m——桩截面模量塑性系数，圆形截面 $\gamma_m = 2$，矩形截面 $\gamma_m = 1.75$；

f_t——桩身混凝土抗拉强度设计值；

W_0——桩身换算截面受拉边缘的截面模量，圆形截面为 $W_0 = \frac{\pi d}{32}[d^2 + 2(\alpha_E - 1)\rho_g d_0^2]$，

方形截面为 $W_0 = \frac{b}{6}[b^2 + 2(\alpha_E - 1)\rho_g b_0^2]$，其中 d 为桩直径，d_0 为扣除保护层厚度的桩直径；b 为方形截面边长，b_0 为扣除保护层厚度的桩截面宽度；α_E 为钢筋弹性模量与混凝土弹性模量的比值；

ν_M——桩身最大弯矩系数，按表 4-2 取值，当单桩基础和单排桩基纵向轴线与水平力方向相垂直时，按桩顶铰接考虑；

ρ_g——桩身配筋率；

ζ_N——桩顶竖向力影响系数，竖向压力取 0.5，竖向拉力取 1.0；

N_k——在荷载效应标准组合下桩顶的竖向力（kN）；

A_n——桩身换算截面面积，圆形截面为 $A_n = \frac{\pi d^2}{4}[1 + (\alpha_E - 1)\rho_g]$，方形截面为 $A_n = b^2[1 + (\alpha_E - 1)\rho_g]$。

表 4-2　桩顶（身）最大弯矩系数 ν_M 和桩顶水平位移系数 ν_x

桩顶约束情况	桩的换算埋深（αh）	ν_M	ν_x
铰接、自由	4.0	0.768	2.441
	3.5	0.750	2.502
	3.0	0.703	2.727
	2.8	0.675	2.905
	2.6	0.639	3.163
	2.4	0.601	3.526
固接	4.0	0.926	0.940
	3.5	0.934	0.970
	3.0	0.967	1.028
	2.8	0.990	1.055
	2.6	1.018	1.079
	2.4	1.045	1.095

注：1. 铰接（自由）的 ν_M 系桩身的最大弯矩系数，固接的 ν_M 系桩顶的最大弯矩系数。

2. 当 $\alpha h > 4$ 时取 $\alpha h = 4.0$。

2）预制桩、钢桩、桩身配筋率不小于 0.65% 的灌注桩单桩水平承载力特征值为

$$R_{ha} = 0.75 \frac{\alpha^3 EI}{\nu_x} x_{0a} \tag{4-7b}$$

式中　EI——桩身抗弯刚度，对于钢筋混凝土桩，$EI = 0.85 E_c I_0$，其中 E_c 为混凝土弹性模量，I_0 为桩身换算截面惯性矩：圆形截面为 $I_0 = W_0 d_0 / 2$；矩形截面为 $I_0 = W_0 b_0 / 2$；

ν_x——桩身水平位移系数，按表 4-2 取值，取值方法同上述 ν_M；

x_{0a}——桩顶允许水平位移。

注意 JGJ 94—2008《建筑桩基技术规范》还规定，验算永久荷载控制的桩基水平承载力时，应将本节所述方法（载荷试验及估算公式）确定的单桩水平承载力特征值乘以调整系数 0.80；验算地震作用桩基的水平承载力时，单桩水平承载力特征值乘以调整系数 1.25。

▶▶ 4.3　水平受荷桩基计算方法概述

水平受荷桩基的内力与位移计算方法主要有静力平衡法、弹性地基梁法、弹塑性分析法、弹性理论法等，详见表 4-3。

静力平衡法又分为极限地基反力法和地基反力系数法，常用于刚性桩的计算。该类方法不考虑桩本身的挠曲变形，是按照作用在桩上的外力及其抗力的平衡条件来进行求解的。

表 4-3　水平受荷桩基计算方法概况

计算方法	基本原理
静力平衡法： 极限地基反力法 地基反力系数法 $\Big\} p = f(z)$	该类方法按作用在桩上的外力及其抗力的平衡条件来求解。不考虑桩本身挠曲变形

（续）

计算方法	基本原理
弹性地基梁法: 弹性地基反力法 $\left\{\begin{array}{l}\text{线弹性地基反力法}\left\{\begin{array}{l}\text{单参数法（如 }k=mz\text{）}\\ \text{双参数法}\end{array}\right.\\ (p=ky)\\ \text{非线弹性地基反力法}\end{array}\right.$ $(p=ky^n)$	该类方法是建立梁的弯曲微分方程。其微分方程解法有解析法、迭代法、差分法、有限单元法。其中线弹性地基反力法可有解析解，而复合地基反力法的 p-y 函数复杂，一般不可用解析法
弹塑性分析法: 复合地基反力法（p-y 曲线法） （实测及试验得到 p-y 关系）	
弹性理论法	该方法类似竖向受荷桩的弹性理论法，即根据土位移和桩位移相等来求解

弹性地基梁法又称为弹性地基反力法，包括线弹性地基反力法和非线弹性地基反力法，常用于弹性桩的计算。该方法是假定土为弹性体，用梁的弯曲理论来求桩身内力及位移的。弹性地基反力法的具体解法大致又分为三种。一种是直接求解桩的挠曲微分方程，本节介绍的 m 法就是采用这种方法，m 法也是当前较普遍采用的方法。另两种是有限差分法和有限单元法。有限差分法是将桩分成若干个单元，用差分式近似地代替桩身挠曲微分方程中的导数式，它属于数学上的近似。有限单元法也是将桩划分为若干单元的离散体，然后根据力的平衡和位移协调条件，解得桩的各部分内力和位移，它属于物理上的近似，划分的单元越多，所得的结果也就越精确。

弹塑性分析法又称为复合地基反力法，此时不再假定土为弹性体，桩身位移 y 与土抗力 p 之间的关系可采用实测等方法来确定，称为 p-y 曲线法。该方法的求解实质上与弹性地基梁法相同，也是建立梁的挠曲微分方程，但由于 p-y 曲线的复杂性，因而不能直接求解梁的挠曲微分方程，只能采用迭代法、有限差分或有限单元法求解。

弹性理论法类似竖向受荷桩的弹性理论法，即将桩分为若干微段，根据土位移和桩位移相等来求解。

▶▶ 4.4　静力平衡法

4.4.1　极限地基反力法（极限平衡法）

假定桩侧土体处于极限平衡状态，作用于桩的外力与土的极限反力平衡。假定地基土反力 q 仅是深度 z 的函数，而与桩身位移 x 无关，即

$$q = q(z) \tag{4-8}$$

根据各种不同的土反力分布规律假定，如土反力的直线分布和抛物线分布等，极限地基反力法有多种不同的计算方法。

4.4.2　地基反力系数法

地基反力系数法假定土横向抗力与桩身水平位移成正比。沉井基础的计算采用的就是该

方法。以下以沉井基础为例，介绍在水平力 H 作用下沉井在地面下任意 z 深度处的土横向抗力 σ_{zx} 及沉井内力 M_z 的计算。

当沉井底面位于非岩石地基上时，在水平力作用下，沉井将绕位于地面下 z_0 深度处轴上一点转动 ω 角（见图 4-8）。地面下深度任意深度 z 处沉井基础产生的水平位移 Δx 和土的横向抗力 σ_{zx} 分别为

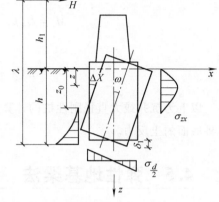

$$\Delta x = (z_0 - z)\tan\omega \qquad (4\text{-}9)$$

$$\sigma_{zx} = \Delta x C_z = mz(z_0 - z)\tan\omega \qquad (4\text{-}10)$$

式中　C_z——水平地基系数 $C_z = mz$；

　　　m——水平地基比例系数。

对于基础底面处的压应力，考虑到该水平面上的竖向地基系数 C_0 不变，故压应力图形与基础竖向位移图相似，基底边缘压应力最大为

图 4-8　沉井计算分析示意图

$$\sigma_{\frac{d}{2}} = C_0 \delta_1 = C_0 \frac{d}{2}\tan\omega \qquad (4\text{-}11)$$

式中　C_0——竖向地基系数，可由下式计算

$$\left.\begin{array}{ll} C_0 = 10m_0 & (h \leqslant 10\text{m}) \\ C_0 = m_0 h & (h > 10\text{m}) \end{array}\right\} \qquad (4\text{-}12)$$

式中　m_0——竖向地基比例系数。

在上述三个公式中，有两个未知数 z_0 和 ω，要求解其值，可建立两个平衡方程式，即水平力的平衡及力矩的平衡（对地面与轴线交点处的矩）：

$$\sum Q = 0 \qquad H - \int_0^h \sigma_{zx} b_1 \mathrm{d}z = H - b_1 m\tan\omega \int_0^h z(z_0 - z)\mathrm{d}z = 0 \qquad (4\text{-}13)$$

$$\sum M = 0 \qquad Hh_1 + \int_0^h \sigma_{zx} b_1 z\mathrm{d}z - \sigma_{\frac{d}{2}} W = 0 \qquad (4\text{-}14)$$

式中　W——基底的截面模量。

联立式（4-13）和式（4-14）求得 z_0、ω，进而求得在水平力 H 作用下的沉井侧面应力 σ_{zx}、沉井底面应力 $\sigma_{d/2}$。

$$\sigma_{zx} = \frac{6H}{Ah}z(z_0 - z) \qquad (4\text{-}15)$$

$$\sigma_{\frac{d}{2}} = \frac{3dH}{A\beta} \qquad (4\text{-}16)$$

其中

$$A = \frac{\beta b_1 h^3 + 18Wd}{2\beta(3\lambda - h)}; \quad \lambda = h + h_1 \qquad (4\text{-}17)$$

$$\beta = \frac{C_h}{C_0} = \frac{mh}{C_0} \tag{4-18}$$

继而可得离地面或最大冲刷线以下 z 深度处沉井基础截面上的弯矩

$$M_z = H(h_1 + z) - \int_0^z \sigma_{z_1 x} b_1 (z - z_1) \, dz_1 \tag{4-19}$$

$$= H(\lambda - h + z) - \frac{H b_1 z^3}{2hA}(2z_0 - z)$$

以上为沉井或大直径刚性桩的计算，对于一般刚性桩的计算见第 7 章，不同之处在于忽略桩底面的土反力。

▶▶ 4.5　弹性地基梁法

弹性地基梁法（又称为弹性地基反力法）将土体假定为弹性体，将桩视为弹性地基上的梁，建立梁的微分方程，用梁的弯曲理论求解梁的内力和位移，适用于弹性桩的计算。

4.5.1　水平荷载作用下弹性桩的微分方程

假定竖直桩全部埋入土中，地表面桩顶处作用垂直于桩轴线的水平力 H_0 和外力矩 M_0。在桩上取微分段 dz（见图 4-9）。当 $q = 0$ 时桩的弯曲微分方程为

$$EI\frac{d^4 y}{dz^4} + bp(z,y) = 0 \tag{4-20}$$

式中　p——桩侧土抗力，可由下式表示

$$p(z,y) = (a + mz^i)y^n = k(z)y^n \tag{4-21}$$

式中　E——桩材料的弹性模量（kN/m^2）；

　　　　I——桩截面的惯性矩（m^4）；

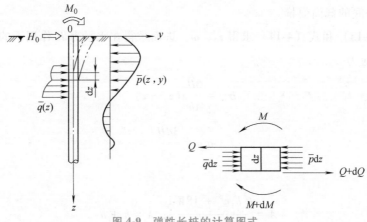

图 4-9　弹性长桩的计算图式

$p(z,y)$——单位面积上的桩侧土抗力（kPa）；

$k(z)$——地基系数（kN/m^3）；

y——水平变位（桩身挠度）（m）；

z——地面以下深度（m）；

b——桩的计算宽度（m）；

a、m、i、n——待定常数或指数。

n 的取值与桩身侧向位移的大小有关。根据 n 的取值可将弹性地基反力法分为两大类：线弹性地基反力法（$n=1$）；非线弹性地基反力法（$n\neq1$）。

当桩身侧向位移较大时，桩身任一点的土抗力与桩身侧向位移之间应按非线性关系考虑，即 $n\neq1$，此时为非线弹性地基反力法。其中最有代表性的是日本港湾研究所提出的港研法，取 $n=0.5$。由于非线性微分方程很难用解析法或近似法求解，因此港研法采用由标准桩得到的标准曲线和相似法则来计算实际桩的受力状态。在我国，JTS 147—7—2022《水运工程桩基设计规范》提出了 NL 法。这里主要介绍线弹性地基反力法。

目前国内外一般规定桩在地面处的容许水平位移为 $0.6\sim1.0$cm。这样的水平位移值时，桩身任一点的土抗力 p 与桩身侧向位移 y 之间可近似为线性关系，即可取 $n=1$，则有

$$p(z,y) = k(z)y \tag{4-22a}$$

其中

$$k(z) = (\alpha+mz^i) \tag{4-22b}$$

在线弹性地基反力法中，地基系数 $k(z)$ 表示单位面积土在弹性限度内产生单位变形所需施加的力。其值可通过对试桩在不同类别土质及不同深度进行实测 y 和 p 后反算得到。大量试验表明，地基系数 $k(z)$ 值不仅与土的类别及其性质有关，而且也随着深度而变化。

为简便计算，一般指定 $k(z)$ 表达式中三个参数中的两个，只用单一参数来表示 k 值，称为单参数法。若为了使 $k(z)$ 值能更准确地反映实际情况，由两个参数来表示 k 值，则为双参数法。

单参数法按指定的参数不同，有 m 法、k 法、c 值法和常数法（张氏法），如图 4-10 所示。目前应用较广的是 m 法。

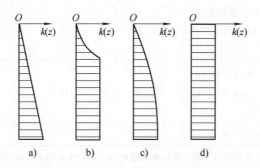

图 4-10 地基系数的几种分布形式

m 法如图 4-10a 所示，假定地基系数随深度成正比例地增长，m 称为地基比例系数（kN/m^4），地基系数 $k(z)$ 为

$$k(z) = mz \qquad\qquad (4\text{-}23)$$

k 法如图 4-10b 所示,假定在桩身挠曲曲线第一挠曲零点以上地基系数随深度增加呈凹形抛物线变化;在第一挠曲零点以下,地基系数为常数 k (kN/m^3),不再随深度变化而为常数。

c 值法如图 4-10c 所示,假定地基系数随着深度成抛物线规律增加,c 为地基土比例系数 (kN/m$^{3.5}$),地基系数 $k(z)$ 为

$$k(z) = cz^{0.5} \qquad\qquad (4\text{-}24)$$

常数法又称"张有龄法",如图 4-10d 所示,假定地基系数沿深度为均匀分布 (k_0 为常数),地基系数 $k(z)$ 为

$$k(z) = k_0 \qquad\qquad (4\text{-}25)$$

弹性地基反力法的具体解法大致分为三种,即解析法、有限差分法和有限单元法。解析法是直接求解弹性桩受荷后的弹性挠曲微分方程,下面所介绍的线弹性地基反力法中的 m 法就是解析法。

4.5.2　m 法

4.5.2.1　m 值的确定

m 为地基比例系数 (kN/m^4),m 值可根据试验实测或参考规范表格中的数值,见表 4-4 和表 4-5。

表 4-4　JGJ 94—2008《建筑桩基技术规范》非岩石类土的比例系数 m 值表

序号	地基土类别	预制桩、钢桩		灌注桩	
		m /(MN/m^4)	相应单桩在地面处水平位移/mm	m /(MN/m^4)	相应单桩在地面处水平位移/mm
1	淤泥;淤泥质土;饱和湿陷性黄土	2~4.5	10	2.5~6	6~12
2	流塑 ($I_L>1$)、软塑 ($0.75<I_L\leqslant1$) 状黏性土;$e>0.9$ 粉土;松散粉细砂;松散、稍密填土	4.5~6.0	10	6~14	4~8
3	可塑 ($0.25<I_L\leqslant0.75$) 状黏性土、湿陷性黄土;$e=0.75~0.9$ 粉土;中密填土;稍密细砂	6.0~10	10	14~35	3~6
4	硬塑 ($0<I_L\leqslant0.25$)、坚硬 ($I_L\leqslant0$) 状黏性土、湿陷性黄土;$e<0.75$ 粉土;中密的中粗砂;密实老填土	10~22	10	35~100	2~5
5	中密、密实的砾砂、碎石类土	—	—	100~300	1.5~3

注:1. 当桩顶水平位移大于表列值或当灌注桩配筋率较高 ($\geqslant0.65\%$) 时,m 值应适当降低,当预制桩的水平位移小于 10mm 时,m 值可适当提高。

　　2. 当水平荷载为长期或经常出现的荷载时,应将表列 m 值乘以 0.4 降低采用。

　　3. 当地基为可液化土时,应将表列 m 值乘以液化折减系数。

表 4-5 JTG 3363—2019《公路桥涵地基与基础设计规范》非岩石类土的比例系数 m 值表

土的名称	m 和 m_0/(kN/m⁴)	土的名称	m 和 m_0/(kN/m⁴)
流塑性黏土 $I_L > 1.0$，软塑黏性土 $1.0 \geq I_L > 0.75$，淤泥	3000~5000	坚硬，半坚硬黏性土 $I_L \leq 0$，粗砂，密实粉土	20000~30000
可塑黏性土 $0.75 \geq I_L > 0.25$，粉砂，稍密粉土	5000~10000	砾砂，角砾，圆砾，碎石，卵石	30000~80000
硬塑黏性土 $0.25 \geq I_L \geq 0$，细砂，中砂，中密粉土	10000~20000	密实卵石夹粗砂，密实漂、卵石	80000~120000

注：1. 本表用于基础在地面处位移最大值不应超过 6mm 的情况，当位移较大时，应适当降低。

　　2. 当基础侧面设有斜坡或台阶，且其坡度（横：竖）或台阶总宽与深度之比大于 1 : 20 时，表中 m 值应减小 50% 取用。

　　3. m_0 为竖向地基比例系数，深度 h 处基础底面土的竖向地基系数 $C_0 = m_0 h$。

在具体应用时 m 的取值方法如下：

（1）对于土质地基

桩底处 $\qquad\qquad\qquad \sigma_{hz} = C_0 \delta \qquad C_0 = m_0 h \qquad\qquad$ (4-26)

桩侧 $\qquad\qquad p(z,y) = k(z)y \qquad k(z) = mz \qquad\qquad$ (4-27)

式中　h——桩底埋深（m）；

　　　σ_{hz}——h 深度处土的竖向抗力（kPa）；

　　　C_0——h 深度处的竖向地基系数（单位面积上的桩底土抗力系数）（kN/m³）；

　　　δ——h 深度处的桩底竖向位移（m）；

　　　m_0——h 深度处的竖向地基比例系数（kN/m⁴），当 $h \leq 10m$ 时，$C_0 = 10m_0$，当 $h > 10m$ 时，$C_0 = m_0 h$；

　$p(z,y)$——z 深度处桩侧土的水平抗力（kPa），是深度 z 及桩身位移 y 的函数；

　　$k(z)$——z 深度处的水平向地基系数（单位面积上的桩侧土抗力系数）（kN/m³），是深度 z 的函数；

　　　y——桩身 z 深度处的侧向位移（m）。

当桩侧有多层土时，m 应取平均值。即将某深度 h_m 范围内各土层 m 的平均值，作为整个深度 h 范围的 m 值（见图 4-11）具体方法如下

1）h_m 的确定。对于弹性桩，在横向外力作用下，挠曲变形主要发生于靠近地面一定深度。因此取地面（或局部冲刷线）以下某 h_m 深度为计算深度，一般取 $h_m = 2(d+1)$（单位：m），d 为桩的直径；也有取 $h_m = 1.8/\alpha$（见 JTS 147—7—2022《水运工程桩基设计规范》）。对于刚性桩，$h_m = h$（h 为桩基在土中的整个深度）。

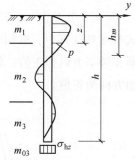

图 4-11　地基土抗力及地基比例系数 m

2）m 的平均值换算方法。h_m 深度范围内 m 的换算方法一般是按抗力系数面积加权平

均，即换算前后的地基系数面积相等（见图 4-12）。

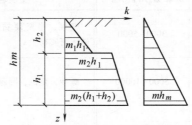

图 4-12　地基比例系数 m 的换算

例如 h_m 范围有两层土时

$$\frac{mh_m^2}{2} = \frac{1}{2}m_1h_1^2 + \frac{m_2h_1 + m_2(h_1 + h_2)}{2}h_2$$

$$m = \frac{m_1h_1^2 + m_2(2h_1 + h_2)h_2}{h_m^2} \tag{4-28}$$

若 h_m 范围内有三层土，同理可得

$$m = \frac{m_1h_1^2 + m_2(2h_1 + h_2)h_2 + m_3(2h_1 + 2h_2 + h_3)h_3}{h_m^2} \tag{4-29}$$

（2）对于岩质地基　对于岩石地基系数 C_0，认为不随岩层面的埋藏深度而变，见表 4-6。

表 4-6　JTG 3363—2019《公路桥涵地基与基础设计规范》岩石地基系数 C_0 值

编　号	f_{rk}/kPa	$C_0/(kN/m^4)$
1	1000	300000
2	≥25000	15000000

注：f_{rk} 为岩石的单轴饱和抗压强度标准值。对于无法进行饱和的试样，可采用天然含水量单轴抗压强度标准值；当 $1000<f_{rk}<25000$ 时，可用直线内插法确定 C_0。

4.5.2.2　弹性单桩的内力和位移计算

公式推导和计算中，取如图 4-13 所示的坐标系统，对力和位移的符号作如下规定：横向位移顺 x 轴正方向为正值；转角逆时针方向为正值；弯矩当左侧纤维受拉时为正值；横向力顺 x 轴方向为正值。

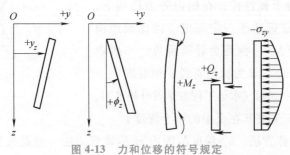

图 4-13　力和位移的符号规定

1. 桩的弯曲微分方程解答

见图 4-9 及式（4-20），当桩顶与地面齐平、桩顶作用着横向外力 M_0 和 H_0 时，有

$$EI\frac{\mathrm{d}^4 y}{\mathrm{d}z^4} + bp(z,y) = 0$$

$$p(z,y) = k(z)y$$

$$EI\frac{\mathrm{d}^4 y}{\mathrm{d}z^4} + bmzy = 0 \qquad (4\text{-}30)$$

式（4-30）为四阶线性变系数齐次微分方程，可用幂级数解法。求解时，须利用如下桩顶边界条件

$$[y]_{z=0} = y_0 \quad \left[EI\frac{\mathrm{d}^3 y}{\mathrm{d}z^3}\right]_{z=0} = H_0 \quad \left[\frac{\mathrm{d}y}{\mathrm{d}z}\right]_{z=0} = \varphi_0 \quad \left[EI\frac{\mathrm{d}^2 y}{\mathrm{d}z^2}\right]_{z=0} = M_0$$

按幂级数解法可得地面下任意深度 z 处的桩身位移、转角、弯矩、剪力的计算公式，即

$$\left.\begin{aligned}
y &= y_0 A_1(\alpha z) + \frac{\varphi_0}{\alpha}B_1(\alpha z) + \frac{M_0}{\alpha^2 EI}C_1(\alpha z) + \frac{H_0}{\alpha^3 EI}D_1(\alpha z) \\[2mm]
\frac{\varphi}{\alpha} &= y_0 A_2(\alpha z) + \frac{\varphi_0}{\alpha}B_2(\alpha z) + \frac{M_0}{\alpha^2 EI}C_2(\alpha z) + \frac{H_0}{\alpha^3 EI}D_2(\alpha z) \\[2mm]
\frac{M}{\alpha^2 EI} &= y_0 A_3(\alpha z) + \frac{\varphi_0}{\alpha}B_3(\alpha z) + \frac{M_0}{\alpha^2 EI}C_3(\alpha z) + \frac{H_0}{\alpha^3 EI}D_3(\alpha z) \\[2mm]
\frac{Q}{\alpha^3 EI}(\alpha z) &= y_0 A_4(\alpha z) + \frac{\varphi_0}{\alpha}B_4(\alpha z) + \frac{M_0}{\alpha^2 EI}C_4(\alpha z) + \frac{H_0}{\alpha^3 EI}D_4(\alpha z)
\end{aligned}\right\} \qquad (4\text{-}31)$$

式中　　　　　α——桩的变形系数（m^{-1}），$\alpha = \sqrt[5]{\dfrac{mb_1}{EI}}$；　　　　　　　　　（4-32）

　　　　　　　b_1——桩的计算宽度（m）；

A_1、B_1、$\cdots$、C_4、D_4——16 个无量纲系数，可根据换算深度 αz 查相关表格；

y_0、φ_0、M_0、H_0——地面处桩的水平位移、转角、弯矩和剪力，其中 y_0、φ_0 是未知的。可由下式计算

$$\left.\begin{aligned}
y_0 &= H_0 \delta_{QQ} + M_0 \delta_{QM} \\
\varphi_0 &= -(H_0 \delta_{MQ} + M_0 \delta_{MM})
\end{aligned}\right\} \qquad (4\text{-}33)$$

式中　δ_{QQ}、δ_{MQ}——桩顶仅作用单位水平力 $H_0 = 1$ 时地面处桩的水平位移和转角（见图 4-14a、c）；

　　　δ_{QM}、δ_{MM}——桩顶仅作用单位力矩 $M_0 = 1$ 时地面处桩的水平位移和转角（见图 4-14b、d）。

根据桩底边界条件由式（4-31）及式（4-33）可推得 δ_{QQ}、δ_{MQ}、δ_{QM}、δ_{MM} 如下：

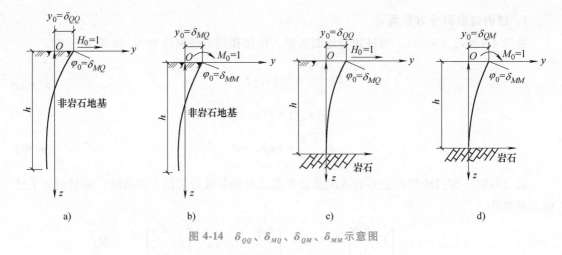

图 4-14　δ_{QQ}、δ_{MQ}、δ_{QM}、δ_{MM} 示意图

（1）对于桩顶自由、桩埋置于非岩石地基中的情况

$$
\left.
\begin{aligned}
\delta_{QQ} &= \frac{1}{\alpha^3 EI} \frac{(B_3 D_4 - B_4 D_3) + K_H (B_2 D_4 - B_4 D_2)}{(A_3 B_4 - A_4 B_3) + K_H (A_2 B_4 - A_4 B_2)} \\
\delta_{MQ} &= \frac{1}{\alpha^2 EI} \frac{(A_3 D_4 - A_4 D_3) + K_H (A_2 D_4 - A_4 D_2)}{(A_3 B_4 - A_4 B_3) + K_H (A_2 B_4 - A_4 B_2)} \\
\delta_{QM} &= \frac{1}{\alpha^2 EI} \frac{(B_3 C_4 - B_4 C_3) + K_H (B_2 C_4 - B_4 C_2)}{(A_3 B_4 - A_4 B_3) + K_H (A_2 B_4 - A_4 B_2)} \\
\delta_{MM} &= \frac{1}{\alpha EI} \frac{(A_3 C_4 - A_4 C_3) + K_H (A_2 C_4 - A_4 C_2)}{(A_3 B_4 - A_4 B_3) + K_H (A_2 B_4 - A_4 B_2)}
\end{aligned}
\right\}
\tag{4-34}
$$

其中
$$
K_H = \frac{C_0 I_0}{\alpha EI}
\tag{4-35}
$$

式中　C_0——桩底土的竖向地基系数；

　　　I_0——桩底全面积对截面重心的惯性矩；

　　　I——桩的平均截面惯性矩。

（2）对于桩顶自由、桩底嵌固于岩石的桩

$$
\left.
\begin{aligned}
\delta_{QQ} &= \frac{1}{\alpha^3 EI} \frac{B_2 D_1 - B_1 D_2}{A_2 B_1 - A_1 B_2} \\
\delta_{MQ} &= \frac{1}{\alpha^2 EI} \frac{A_2 D_1 - A_1 D_2}{A_2 B_1 - A_1 B_2} \\
\delta_{QM} &= \frac{1}{\alpha^2 EI} \frac{B_2 C_1 - B_1 C_2}{A_2 B_1 - A_1 B_2} \\
\delta_{MM} &= \frac{1}{\alpha EI} \frac{A_2 C_1 - A_1 C_2}{A_2 B_1 - A_1 B_2}
\end{aligned}
\right\}
\tag{4-36}
$$

对于 $\alpha h \geqslant 4.0$ 时，桩端位移和转角极小，其边界已相当于嵌固，此时非嵌岩桩与嵌岩桩

公式（4-36）相同，式（4-36）可简化为如下形式

$$
\left.
\begin{aligned}
\delta_{QQ} &= \frac{1}{\alpha^3 EI} A_y \\
\delta_{QM} &= \frac{1}{\alpha^2 EI} B_y \\
\delta_{MQ} &= \frac{1}{\alpha^2 EI} A_\varphi \\
\delta_{MM} &= \frac{1}{\alpha EI} B_\varphi
\end{aligned}
\right\}
$$

（4-37）

式中　A_y、B_y、A_φ、B_φ——无量纲系数，见表 4-7。

将 δ_{QQ}、δ_{MQ}、δ_{MQ}、δ_{MM} 代入式（4-33）计算 y_0、φ_0，再代入前述计算桩身位移、转角、弯矩、剪力的计算公式（4-31），并通过无量纲系数的整理，可得到地面以下任意深度 z 处桩身位移及内力的简便计算公式，称为无量纲计算法。

2. 无量纲计算法

地面处有水平力 H_0 和力矩 M_0 作用，对于弹性长桩（$ah \geqslant 4.0$），桩顶自由时，有如下计算公式：

（1）地面下桩身任一深度 z 处的内力及位移：

挠度

$$
y_z = \frac{H_0}{\alpha^3 EI} A_y + \frac{M_0}{\alpha^2 EI} B_y
$$

（4-38）

转角

$$
\varphi_z = \frac{H_0}{\alpha^2 EI} A_\varphi + \frac{M_0}{\alpha EI} B_\varphi
$$

（4-39）

弯矩

$$
M_z = \frac{H_0}{\alpha} A_m + M_0 B_m
$$

（4-40）

剪力

$$
Q_z = H_0 A_H + \alpha M_0 B_H
$$

（4-41）

式中　A_y、B_y、A_φ、B_φ、A_m、B_m、A_H、B_H——无量纲系数，均为 αh 和 αz 的函数，可查相关表格得到，当 $\alpha h \geqslant 4.0$ 时可查表 4-7。

表 4-7　m 法无量纲系数表（$\alpha \geqslant 4.0$）

换算深度 $\bar{h} = \alpha z$	A_y	B_y	A_m	B_m	A_φ	B_φ	C_1	D_1	C_2	D_2
0.0	2.441	1.621	0	1	−1.621	−1.751	∞	0	1	∞
0.1	2.279	1.451	0.100	1	−1.616	−1.651	131.252	0.008	1.001	131.318
0.2	2.118	1.291	0.197	0.998	−1.601	−1.551	34.168	0.029	1.004	34.317
0.3	1.959	1.141	0.290	0.994	−1.577	−1.451	15.544	0.064	1.012	15.738
0.4	1.803	1.001	0.377	0.986	−1.543	−1.352	8.781	0.114	1.029	9.037
0.5	1.650	0.870	0.458	0.975	−1.502	−1.254	5.539	0.181	1.057	5.856
0.6	1.503	0.750	0.529	0.959	−1.452	−1.157	3.710	0.270	1.101	4.138

（续）

换算深度 $\bar{h}=\alpha z$	A_y	B_y	A_m	B_m	A_φ	B_φ	C_1	D_1	C_2	D_2
0.7	1.360	0.639	0.592	0.938	−1.396	−1.062	2.566	0.390	1.169	2.999
0.8	1.224	0.537	0.646	0.913	−1.334	−0.970	1.791	0.558	1.274	2.282
0.9	1.094	0.445	0.689	0.884	−1.267	−0.880	1.238	0.808	1.441	1.784
1.0	0.970	0.361	0.723	0.851	−1.196	−0.793	0.824	1.213	1.728	1.424
1.1	0.850	0.286	0.747	0.814	−1.123	−0.710	0.503	1.988	2.299	1.157
1.2	0.746	0.219	0.762	0.774	−1.047	−0.630	0.246	4.071	3.876	0.952
1.3	0.645	0.160	0.768	0.732	−0.971	−0.555	0.034	29.58	23.438	0.792
1.4	0.552	0.108	0.765	0.687	−0.894	−0.484	−0.145	−6.906	−4.596	0.666
1.6	0.388	0.024	0.737	0.594	−0.743	−0.356	−0.434	−2.305	−1.128	0.480
1.8	0.254	−0.036	0.685	0.499	−0.601	−0.247	−0.665	−1.503	−0.530	0.353
2.0	0.147	−0.076	0.614	0.407	−0.471	−0.156	−0.865	−1.156	−0.304	0.263
3.0	−0.087	−0.095	0.193	0.076	−0.070	+0.063	−1.893	−0.528	−0.026	0.049
4.0	−0.108	−0.015	0	0	−0.0003	+0.085	−0.045	−22.500	0.011	0

（2）桩身最大弯矩位置 $z_{M\max}$ 和最大弯矩 $M_{\max}$。

方法一，将各深度 z 处的 M_z 值求出后绘制 z-M_z 图，即可从图中求得最大弯矩及所在位置。方法二，求 $Q_z=0$ 处的截面即为最大弯矩所在的位置 $z_{M\max}$。具体如下：

由式（4-41）可得

桩身最大弯矩
位置和最大弯矩

$$\frac{\alpha M_0}{H_0} = -\frac{A_H}{B_H} = C_H \qquad (4\text{-}42)$$

或

$$\frac{H_0}{\alpha M_0} = -\frac{B_H}{A_H} = D_H \qquad (4\text{-}43)$$

式中 C_H、D_H——αz 的函数，可查表 4-8。

表 4-8 确定桩身最大弯矩及其位置的计算系数（$\alpha h \geqslant 4.0$）

αz	C_H	D_H	K_H	K_m
0.0	∞	0.00000	∞	1.00000
0.1	131.25232	0.00760	131.31779	1.00050
0.2	34.18640	0.02925	34.31704	1.00382
0.3	15.54433	0.06433	15.73837	1.01248
0.4	8.78145	0.11388	9.03739	1.02914
0.5	5.53903	0.18054	5.85575	1.05718
0.6	3.70896	0.26955	4.13832	1.10130
0.7	2.56562	0.38977	2.99927	1.16902

（续）

αz	C_H	D_H	K_H	K_m
0.8	1.79134	0.55824	2.28153	1.27365
0.9	1.23825	0.80759	1.78396	1.44071
1.0	0.82435	1.21307	1.42448	1.72800
1.1	0.50303	1.98795	1.15666	2.29939
1.2	0.24563	4.07121	0.95198	3.87572
1.3	0.03381	29.58023	0.79235	23.43769
1.4	−0.14479	−6.90647	0.66552	−4.59637
1.5	−0.29866	−3.34827	0.56328	−1.87585
1.6	−0.43385	−2.30494	0.47975	−1.12838
1.7	−0.55497	−1.80189	0.41066	−0.73996
1.8	−0.66546	−1.50273	0.35289	−0.53030
1.9	−0.76797	−1.30213	0.30412	−0.39600
2.0	−0.86474	−1.15641	0.26254	−0.30361
2.2	−1.04845	−0.95379	0.19583	−0.18678
2.4	−1.22954	−0.81331	0.14503	−0.11795
2.6	−1.42038	−0.70404	0.10536	−0.07418
2.8	−1.63525	−0.61153	0.07407	−0.04530
3.0	−1.89298	−0.52827	0.04928	−0.02603
3.5	−2.99386	−0.33401	0.01027	−0.00343
4.0	−0.04450	−22.50000	−0.00008	+0.01134

确定 $z_{M\max}$ 的步骤为：由 $C_H = \dfrac{\alpha M_0}{H_0}$ 或 $D_H = \dfrac{H_0}{\alpha M_0}$ 计算出 C_H 或 D_H，然后查表 4-8 得 αz，再根据 α 值求得 z 值即为 $z_{M\max}$，最后由 $z_{M\max}$ 计算弯矩 $M_{\max}$：方法一是根据桩身内力公式（4-40），由 $\alpha z_{\max}$ 查表 4-7 得 A_m、B_m 直接用 M_z 公式计算；方法二是将 $\dfrac{H_0}{\alpha} = M_0 D_H$ 代入式（4-40）可得

$$M_{\max} = M_0 D_H A_m + M_0 B_m = M_0 K_m \tag{4-44}$$

或将 $M_0 = \dfrac{H_0}{\alpha} C_H$ 代入式（4-40）得

$$M_{\max} = \frac{H_0}{\alpha} A_m + \frac{H_0}{\alpha} B_m C_H = \frac{H_0}{\alpha} K_H \tag{4-45}$$

其中，K_m、K_H 可由 $\alpha z_{\max}$ 查表 4-8 得到。

（3）桩身最大位移　桩身最大位移出现在桩顶。若桩露出地面长 l_0、桩顶点为自由端，其上作用了 H 及 M，顶端的位移可应用叠加原理计算（见图 4-15）。

$$y_1 = y_0 - \varphi_0 l_0 + y_H + y_M \tag{4-46}$$

式中　y_1——桩顶的水平位移（m）；

　　　y_0——桩在地面处的水平位移（m）；

　　　$\varphi_0 l_0$——地面处转角 φ_0 所引起的在桩顶的位移（m）；

　　　y_H——桩露出地面段作为悬臂梁，桩顶在水平力 H 作用下产生的水平位移（m）；

　　　y_M——桩露出地面段作为悬臂梁，桩顶在弯矩 M 作用下产生的水平位移（m）。

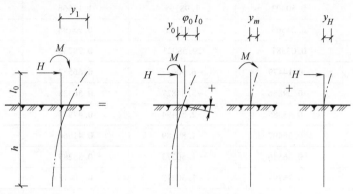

图 4-15　桩顶位移计算示意图

式（4-46）中 y_0、φ_0 可由地面处荷载 $M_0 = Hl_0 + M$ 及 $H_0 = H$ 分别代入前述桩身内力及位移计算公式中（取 $z = 0$），可得

$$\left.\begin{aligned}
y_0 &= \frac{H}{\alpha^3 EI}A_y + \frac{M + Hl_0}{\alpha^2 EI}B_y \\
\varphi_0 &= -\left(\frac{H}{\alpha^2 EI}A_\varphi + \frac{M + Hl_0}{\alpha EI}B_\varphi\right)
\end{aligned}\right\} \tag{4-47}$$

y_H、y_m、φ_H、φ_m 是把露出段作为下端嵌固、跨度为 l_0 的悬臂梁计算，则有

$$\left.\begin{aligned}
y_H &= \frac{Hl_0^3}{3EI} \qquad y_m = \frac{Ml_0^2}{2EI} \\
\varphi_H &= -\frac{Hl_0^2}{2EI} \qquad \varphi_m = -\frac{Ml_0}{EI}
\end{aligned}\right\} \tag{4-48}$$

将 y_0、φ_0、y_H、φ_H、y_m、y_φ 代入式（4-46），再经过整理归纳，便可得到如下表达式

$$\left.\begin{aligned}
y_1 &= \frac{H}{\alpha^3 EI}A_{y_1} + \frac{M}{\alpha^2 EI}B_{y_1} \\
\varphi_1 &= -\left(\frac{H}{\alpha^2 EI}A_{\varphi_1} + \frac{M}{\alpha EI}B_{\varphi_1}\right)
\end{aligned}\right\} \tag{4-49}$$

式中　A_{y1}、B_{y1}、$A_{\varphi1}$、$B_{\varphi1}$——α_{l0} 的函数，可查表 4-9。

对于计算参数 m 值，可根据水平荷载试验结果的 H-y 曲线，通过公式 $y = \frac{H_0}{\alpha^3 EI}A_y + \frac{M_0}{\alpha^2 EI}B_y$ 确定 α，进而可得到 m 值。m 值随着桩在地面处的水平变位增大而减小。无试验资料时，

m 值可按有关规范表选用，具体见表 4-4 和表 4-5。

表 4-9　桩顶位移计算系数（$\alpha h \geqslant 4.0$）

αl_0	A_{y1}	$A_{\varphi1}=B_{y1}$	$B_{\varphi1}$	αl_0	A_{y1}	$A_{\varphi1}=B_{y1}$	$B_{\varphi1}$
0.0	2.44066	1.62100	1.75058	4.0	64.75127	16.62332	5.75058
0.2	3.16175	1.99112	1.95058	4.2	71.63329	17.79344	5.95058
0.4	4.03889	2.40123	2.15058	4.4	78.99135	19.00355	6.15058
0.6	5.08807	2.85135	2.35058	4.6	86.84147	20.25367	6.35058
0.8	6.32530	3.34146	2.55058	4.8	95.19962	21.54378	6.55058
1.0	7.76657	3.87158	2.75058	5.0	104.08183	22.87390	6.75058
1.2	9.42790	4.44170	2.95058	5.2	113.50408	24.24402	6.95058
1.4	11.31526	5.05181	3.15058	5.4	123.48237	25.65413	7.15058
1.6	13.47468	5.70193	3.35058	5.6	134.03271	27.10436	7.35058
1.8	15.89214	6.39204	3.55058	5.8	145.17110	28.59436	7.55058
2.0	18.59365	7.12216	3.75058	6.0	156.91354	30.12448	7.75058
2.2	21.59520	7.89228	3.95058	6.4	182.27455	33.30471	8.15058
2.4	24.91280	8.70239	4.15058	6.8	210.24375	36.64494	8.55058
2.6	28.56245	9.55251	4.35058	7.2	240.94913	40.14518	8.95058
2.8	32.56014	10.44262	4.55058	7.6	274.51869	43.80541	9.35058
3.0	36.92188	11.37274	4.75058	8.0	311.08045	47.62564	9.75058
3.2	41.66367	12.34286	4.95058	8.5	361.18540	52.62593	10.25058
3.4	46.80150	13.35297	5.15058	9.0	416.41564	57.87622	10.75058
3.6	52.35138	14.40309	5.35058	9.5	477.02117	63.37651	11.25058
3.8	58.32930	15.49320	5.55058	10.0	543.25199	69.12680	11.75058

4.5.2.3　竖直对称弹性多排桩的内力和位移计算

计算基桩内力应先根据作用在承台底面的合外力 N、H、M，计算出作用在每根桩桩顶的荷载 P_i、H_i、M_i 值。然后再计算各单桩在桩顶荷载作用下的桩身各截面的内力和位移（见图 4-16）。

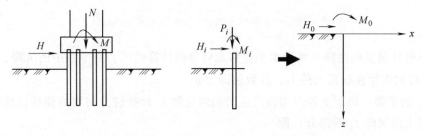

图 4-16　多排桩的内力和位移计算思路

计算各桩顶的受力，与基桩的布置方式有关。如图 4-17 所示，单桩、单排桩是指与水平外力平行的平面内只有一根桩。多排桩是指与水平外力平行的平面内有一根以上的桩。单排桩受荷后各桩顶的变位相同，故各桩顶荷载相同；而多排桩各桩顶的变位不同，故各桩顶荷载不同，需采用结构力学位移法计算各桩顶内力 H_i、M_i、P_i。桩顶内力等于桩顶位移乘以桩顶刚度系数，下面分别对单桩桩顶刚度系数和桩顶位移进行计算。

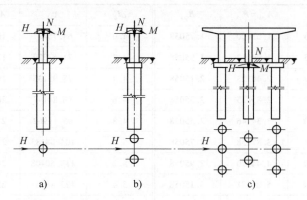

图 4-17 单桩、单排桩、多排桩

1. 单桩桩顶刚度系数 ρ_1、ρ_2、ρ_3、ρ_4

ρ_1 为桩顶处仅产生单位轴向位移（即 $b_i = 1$）时，在桩顶引起的轴向力；ρ_2 为桩顶处仅产生单位横轴向位移（即 $a_i = 1$）时，在桩顶引起的横轴向力；ρ_3 为桩顶处仅产生单位横轴向位移（即 $a_i = 1$）时，在桩顶引起的弯矩，或当桩顶产生单位转角（即 $\beta_i = 1$）时，在桩顶引起的横轴向力；ρ_4 为桩顶处仅产生单位转角（即 $\beta_i = 1$）时，在桩顶引起的弯矩（见图 4-18）。

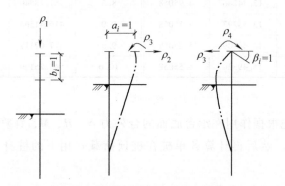

图 4-18 桩顶刚度系数 ρ_1、ρ_2、ρ_3、ρ_4 示意图

利用单桩桩顶竖向沉降、桩顶水平位移及转角的计算公式，并令其中的沉降、位移及转角等于 1，得到作用在桩顶的外力，其数值即为 ρ。

（1）ρ_1 的求解   桩顶受轴向力而产生的轴向位移 b_i 包括桩身材料的弹性压缩变形 δ_c 及桩底处地基土的沉降 δ_k 两部分，即

$$b_i = \delta_c + \delta_k \tag{4-50}$$

如图 4-19 所示，计算桩身弹性压缩 δ_c 时应考虑桩侧土的摩阻力影响，则有

$$\delta_c = \frac{Pl_0}{EA} + \frac{1}{EA}\int_0^h P_z \mathrm{d}z = \frac{Pl_0}{EA} + \frac{\xi Ph}{EA} \tag{4-51}$$

式中　P_z——深度 z 处的桩身轴力（kN）；

　　　ξ——侧摩阻力的影响系数，对于打入桩取 $\xi = 2/3$，钻孔桩 $\xi = 1/2$，端承则取 $\xi = 1$；

　　　E——桩身的受压弹性模量（kPa）；

　　　A——桩身的横截面面积（m^2）。

桩底平面处地基沉降 δ_k 采用以下近似计算

$$\delta_k = \frac{\sigma}{C_0} \tag{4-52}$$

对于 σ 的计算，如图 4-20 所示，假定外力借桩侧土的摩阻力和桩身作用自地面以 $\varphi/4$ 角扩散至桩底平面处的面积 A_0 上（φ 为土的内摩擦角），若此面积大于以相邻底面中心距为直径所得的面积，则 A_0 采用相邻桩底面中心距为直径所得的面积，具体可参见第五章的第六节中设计算例二，σ 可由下式计算

$$\sigma = \frac{P}{A_0} \tag{4-53}$$

则桩顶的轴向变形 b_i 为

$$b_i = \frac{P(l_0 + \xi h)}{AE} + \frac{P}{C_0 A_0} \tag{4-54}$$

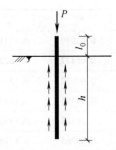

图 4-19　桩身弹性压缩量的计算

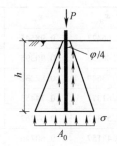

图 4-20　桩底平面处地基
沉降的计算

式（4-54）中当 $b_i = 1$ 时，求得的 P 值即为 ρ_1，即

$$\rho_1 = \frac{1}{\dfrac{l_0 + \xi h}{AE} + \dfrac{1}{C_0 A_0}} \tag{4-55}$$

（2）ρ_2、ρ_3、ρ_4 的求解　单桩受外荷 H、M 作用时桩顶位移计算公式，见式（4-49），令 $y_1 = a_i$，$\varphi_1 = \beta_i$，则式（4-49）写为如下形式

$$\left.\begin{aligned} H &= \frac{\alpha^3 EIB_{\varphi_1} a_i - \alpha^2 EIB_{y_1} \beta_i}{A_{y_1} B_{\varphi_1} - A_{\varphi_1} B_{y_1}} \\[2mm] M &= \frac{\alpha EIA_{y_1} \beta_i - \alpha^2 EIA_{\varphi_1} a_i}{A_{y_1} B_{\varphi_1} - A_{\varphi_1} B_{y_1}} \end{aligned}\right\} \tag{4-56}$$

当 $a_i=1$，$\beta_i=0$ 时，$H=\rho_2$，$M=-\rho_3$；当 $a_i=0$，$\beta_i=1$ 时，$M=\rho_4$，即可得到

$$\left.\begin{array}{l}\rho_2 = H = \dfrac{\alpha^3 EIB_{\varphi_1}}{A_{y_1}B_{\varphi_1}-A_{\varphi_1}B_{y_1}} \\[4mm] -\rho_3 = M = \dfrac{-\alpha^2 EIA_{\varphi_1}}{A_{y_1}B_{\varphi_1}-A_{\varphi_1}B_{y_1}} \\[4mm] \rho_4 = M = \dfrac{\alpha EIA_{y_1}}{A_{y_1}B_{\varphi_1}-A_{\varphi_1}B_{y_1}}\end{array}\right\} \tag{4-57}$$

若令 $x_H = \dfrac{B_{\varphi_1}}{A_{y_1}B_{\varphi_1}-A_{\varphi_1}B_{y_1}}$，$x_m = \dfrac{A_{\varphi_1}}{A_{y_1}B_{\varphi_1}-A_{\varphi_1}B_{y_1}}$，$\varphi_m = \dfrac{A_{y_1}}{A_{y_1}B_{\varphi_1}-A_{\varphi_1}B_{y_1}}$，则有

$$\left.\begin{array}{l}\rho_2 = \alpha^3 EIx_H \\ \rho_3 = \alpha^2 EIx_m \\ \rho_4 = \alpha EI\varphi_m\end{array}\right\} \tag{4-58}$$

式（4-58）中 x_H、x_m、φ_m 是无量纲系数，当 $\alpha h \geq 4$ 时可查表 4-10。对于 $2.5 \leq \alpha h < 4$ 的桩另有表格，可在相关设计手册中查用。

表 4-10　多排桩计算系数（$\alpha h \geq 4.0$）

al_0	x_H	x_m	φ_m	al_0	x_H	x_m	φ_m
0.0	1.06423	0.98545	1.48375	4.0	0.05989	0.17312	0.67433
0.2	0.88555	0.90395	1.43541	4.2	0.05427	0.16227	0.65327
0.4	0.73649	0.82232	1.38316	4.4	0.04932	0.15238	0.63341
0.6	0.61377	0.74453	1.32858	4.6	0.04495	0.14336	0.61467
0.8	0.51342	0.67262	1.27325	4.8	0.04108	0.13509	0.59694
1.0	0.43157	0.60746	1.21858	5.0	0.03763	0.12750	0.58017
1.2	0.36476	0.54910	1.16551	5.2	0.03455	0.12053	0.56429
1.4	0.31105	0.49875	1.11713	5.4	0.03180	0.11410	0.54921
1.6	0.26516	0.45125	1.06637	5.6	0.02933	0.10817	0.53489
1.8	0.22807	0.41058	1.02081	5.8	0.02711	0.10268	0.52128
2.0	0.19728	0.37462	0.97801	6.0	0.02511	0.09759	0.50833
2.2	0.17157	0.34276	0.93788	6.4	0.02165	0.08847	0.48421
2.4	0.15000	0.31450	0.90032	6.8	0.01880	0.08256	0.46222
2.6	0.13178	0.28936	0.86519	7.2	0.01642	0.07366	0.44211
2.8	0.11633	0.26694	0.83233	7.6	0.01443	0.06760	0.42364
3.0	0.10314	0.24691	0.80158	8.0	0.01275	0.06225	0.40663
3.2	0.09183	0.22894	0.77279	8.5	0.01099	0.05641	0.38718
3.4	0.08208	0.21279	0.74580	9.0	0.00954	0.05135	0.36947
3.6	0.07364	0.19822	0.72049	9.5	0.00832	0.04694	0.35330
3.8	0.06630	0.18505	0.69670	10.0	0.00732	0.04307	0.33847

2．桩顶位移及桩顶作用力

（1）桩顶位移计算　假定承台绝对刚性，其受力后的变位可由两个线位移和一个角位移确定。现设承台中心点 O 在外荷载 N、H、M 作用下，产生横轴向位移 a_0，竖轴向位移 b_0 及转角 β_0（a_0、b_0 以坐标轴正方向为正，β_0 以顺时针为正）；假定承台与桩刚性连接，承台变位后各桩顶之间的相对位置不变，各桩桩顶的转角与承台的转角相等。

以 b_i、a_i、β_i 分别代表第 i 排桩桩顶处沿桩轴向的位移、横轴向位移及转角，x_i 为第 i 排桩的桩顶相对承台中心的水平坐标，则有

$$\left.\begin{aligned} a_i &= a_0 \\ \beta_i &= \beta_0 \\ b_i &= b_0 \pm x_i \beta_0 \end{aligned}\right\} \tag{4-59}$$

式（4-59）中 b_0 由承台整体竖向位移引起；$x_i\beta_0$ 由承台转角引起。

（2）桩顶作用力计算

$$\left.\begin{aligned} P_i &= \rho_1 b_i = \rho_1(b_0 + x_i\beta_0) \\ H_i &= \rho_2 a_i - \rho_3\beta_i = \rho_2 a_0 - \rho_3\beta_0 \\ M_i &= \rho_4\beta_i - \rho_3 a_i = \rho_4\beta_0 - \rho_3 a_0 \end{aligned}\right\} \tag{4-60}$$

3．承台位移计算

（1）低承台桩基的承台作用　如图 4-21 所示承台埋入地面或最大冲刷线以下时，可考虑承台侧面土的水平抗力抵抗和平衡一部分水平外荷载的作用。

若承台埋入地面或最大冲刷线以下的深度为 h_n，z 为承台侧面任一点距底面距离（取绝对值），则 z 点的位移为 $a_0+\beta_0 z$。承台侧面（计算宽度 B_1）土作用在单位宽度上的水平抗力 E_x 及其在 x 轴的弯矩 M_{Ex} 为

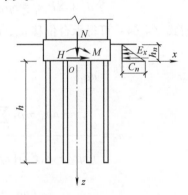

图 4-21　低承台桩基的承台作用

$$\begin{aligned} E_x &= \int_0^{h_n}(a_0 + \beta_0 z)C\mathrm{d}z \\ &= \int_0^{h_n}(a_0 + \beta_0 z)\frac{C_n}{h_n}(h_n - z)\mathrm{d}z \\ &= a_0\frac{C_n h_n}{2} + \beta_0\frac{C_n h_n^2}{6} = a_0 F_C + \beta_0 S_C \end{aligned} \tag{4-61}$$

$$M_{Ex} = \int_0^{h_n}(a_0 + \beta_0 z)C_n z\mathrm{d}z = a_0\frac{C_n h_n^2}{6} + \beta_0\frac{C_n h_n^3}{12} = a_0 S_C + \beta_0 I_C \tag{4-62}$$

式中　F_C——承台侧面 B_1、地基系数 C 图形的面积 $F_C = \dfrac{C_n h_n}{2}$；

S_C——承台侧面 B_1、地基系数 C 图形的面积对于底面的面积矩 $S_C = \dfrac{C_n h_n^2}{6}$；

C_n——承台底面处侧向土的地基系数；

I_C——承台侧面 B_1、地基系数 C 图形的面积对于底面的惯性矩 $I_C = \dfrac{C_n h_n^3}{12}$。

（2）承台位移计算　承台位移 a_0、b_0、β_0 可按结构力学的位移法求得。根据承台作用力的平衡条件，作用在承台底板隔离体上所用外力（N、H、M、E_x、M_{Ex}）和内力（所有桩顶反力）静力平衡，$\Sigma N = 0$，$\Sigma H = 0$，$\Sigma M = 0$（对 O 点取矩），即

$$\left. \begin{aligned} \Sigma P_i &= N \\ \Sigma H_i &= H - B_1 E_x \\ \Sigma M_i + \Sigma P_i x_i &= M - B_1 M_{Ex} \end{aligned} \right\} \tag{4-63}$$

基桩对称布置时则有

$$\left. \begin{aligned} \Sigma P_i &= n\rho_1 b_0 = N \\ \Sigma H_i &= n\rho_2 a_0 - n\rho_3 \beta_0 = H - B_1 E_x \\ \Sigma M_i + \Sigma P_i x_i &= n\rho_4 \beta_0 - n\rho_3 a_0 + \rho_1 \Sigma x_i^2 \beta_0 = M - B_1 M_{Ex} \end{aligned} \right\} \tag{4-64}$$

解式（4-64）可得承台位移 a_0、b_0、β_0 各值，即

$$\left. \begin{aligned} b_0 &= \frac{N}{n\rho_1} \\ a_0 &= \frac{\left(n\rho_4 + \rho_1 \sum_{i=1}^{n} x_i^2 + B_1 I_C\right) H + \left(n\rho_3 + B_1 S_C\right) M}{\left(n\rho_2 + B_1 F_C\right)\left(n\rho_4 + \rho_1 \sum_{i=1}^{n} x_i^2 + B_1 I_C\right) - \left(n\rho_3 - B_1 S_C\right)^2} \\ \beta_0 &= \frac{\left(n\rho_2 + B_1 F_C\right) M + \left(n\rho_3 - B_1 S_C\right) H}{\left(n\rho_2 + B_1 F_C\right)\left(n\rho_4 + \rho_1 \sum_{i=1}^{n} x_i^2 + B_1 I_C\right) - \left(n\rho_3 - B_1 S_C\right)^2} \end{aligned} \right\} \tag{4-65}$$

算出承台位移 a_0、b_0、β_0 后，就可以由式（4-60）计算得到桩顶作用力。

4.5.2.4　桩顶与承台刚接时不同承台约束条件下的桩顶内力计算

单桩计算公式是在桩顶自由的条件下推导的；多排桩计算公式推导时考虑的情况为承台是绝对刚性且自由无约束的（低承台侧面土的作用视为外荷载），桩顶与刚性承台是刚性连接。实际应用时当承台在下列几种不同约束情况下，桩顶内力的计算方法如下。

（1）刚性高承台且不考虑与上部结构共同作用（承台是自由的）　直接按上述公式计算，即先按承台自由计算桩顶作用力，再按桩顶自由计算桩身内力及位移，见式（4-38）~式（4-41）。此时桩身最大弯矩截面在地面以下的某深度处，具体见式（4-44）、式（4-45）。

（2）地面下的刚性低承台（承台不能转动）　因为承台不能转动且桩与承台刚接，所以桩顶也不能转动。故可先按承台自由计算初始桩顶作用力（计算时计入承台侧面土的作

用），再按桩顶弹性嵌固（能平移但不能转动）条件计算最终桩顶作用力及桩身内力。

由式（4-39）有

$$\varphi_0 = \frac{H_0}{\alpha^2 EI}A_\varphi + \frac{M_0}{\alpha EI}B_\varphi = 0 \tag{4-66}$$

推导得

$$M_0 = -\frac{H_0}{\alpha}\frac{A_\varphi}{B_\varphi} = -0.926\frac{H_0}{\alpha} \tag{4-67}$$

然后按考虑了约束条件后的桩顶内力，即初始 H_0 及 $M_0 = -0.926\dfrac{H_0}{\alpha}$，按桩顶自由的式（4-38）~式（4-41）计算桩身内力和位移，即

$$M_z = (A_m - 0.926B_m)\frac{H_0}{\alpha} \tag{4-68}$$

$$y_z = (A_y - 0.926B_y)\frac{H_0}{\alpha^3 EI} \tag{4-69}$$

可见，桩顶弹性嵌固时，桩身最大弯矩在桩顶截面处，见表 5-15。

（3）刚性高承台且考虑与上部结构共同作用　此时承台转动受上部结构约束，即承台或桩顶的转角同上部结构。可先按承台自由计算初始桩顶作用力，再按桩顶约束条件 $\varphi_1 = \varphi_2$（其中 φ_1 为桩顶转角；φ_2 为上部结构在承台底面处的转角），通过反复迭代求得最终桩顶力，进而再按桩顶自由时的式（4-38）~式（4-41）计算桩身内力和位移。

4.5.2.5　桩顶与承台铰接情况时的桩顶内力计算

此时可令 ρ_3、ρ_4 为零，若不考虑低承台侧面土的作用，则由式（4-65）可得

$$a_0 = \frac{H}{n\rho_2}, \quad b_0 = \frac{N}{n\rho_1}, \quad \beta_0 = \frac{M}{\rho_1 \sum\limits_{i=1}^{n} x_i^2}$$

将上式代入式（4-60）即可得到桩顶作用力为

$$P_i = \frac{N}{n} + \frac{Mx_i}{\sum\limits_{i=1}^{n} x_i^2}, \quad H_i = \frac{H}{n}, \quad M_i = 0$$

再由桩顶作用力按桩顶自由时的式（4-38）~式（4-41）计算桩身内力和位移。

4.5.2.6　水平荷载较小时低承台桩基的简化计算

这种简化计算方法假定水平荷载由承台侧面土来承担，因此承台底面必须埋置在地面或局部冲刷线以下足够深度，使承台侧面有足够的被动土压力及摩阻力来抵抗水平荷载 H。

此时作用在承台底面形心处的外荷载为 N、M（计入 H 在承台底面引起的力矩作用），则每根桩的桩顶只受竖向力。桩顶力的计算同竖向受荷桩基，即通过承台底面作一水平横截面，将所有桩顶水平截面视为一组合截面（见图 5-3），由工程力学偏心受压公式推导可得承台下每根桩桩顶的竖向力 P_i 公式为

$$P_i = \frac{N}{n} \pm \frac{M_y x_i}{\sum\limits_{i=1}^{n} x_i^2} \tag{4-70}$$

另外，设计时还应再进行水平力验算，每根桩的桩顶所受水平荷载为 $H_i = H/n$（n 为桩数）。

若水平荷载较大，则不宜采用上述简化计算，此时桩顶弯矩对基桩内力的影响较大，不可忽略，应按前述水平受荷桩计算方法进行计算。

4.5.2.7 含斜桩的弹性多排桩计算

含斜桩的弹性多排桩如图 4-22 所示。

1. 桩顶作用力计算

如图 4-22 所示，桩顶位移与承台位移的关系

$$\left. \begin{aligned} a_i &= a_0 \cos\alpha_i - (b_0 + x_i\beta_0)\sin\alpha_i \\ b_i &= a_0 \sin\alpha_i + (b_0 + x_i\beta_0)\cos\alpha_i \\ \beta_i &= \beta_0 \end{aligned} \right\} \tag{4-71}$$

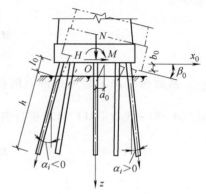

图 4-22　含斜桩的弹性多排桩

将式（4-71）代入式（4-60），则得桩顶作用力为

$$\left. \begin{aligned} P_i &= \rho_1 \left[a_0 \sin\alpha_i + (b_0 + x_i\beta_0)\cos\alpha_i \right] \\ H_i &= \rho_2 \left[a_0 \cos\alpha_i - (b_0 + x_i\beta_0)\sin\alpha_i \right] - \rho_3\beta_0 \\ M_i &= \rho_4\beta_0 - \rho_3 \left[a_0 \cos\alpha_i - (b_0 + x_i\beta_0)\sin\alpha_i \right] \end{aligned} \right\} \tag{4-72}$$

式中　a_0、b_0、β_0——承台底面中心的竖向位移、水平位移及转角；

　　　　a_i、b_i、β_i——第 i 排桩中每根桩的桩顶沿其轴向的位移，横轴向位移及转角；

　　　　P_i——桩顶轴向力；

　　　　H_i——桩顶横轴向力；

　　　　M_i——桩顶弯矩；

　　　　α_i——第 i 排桩的倾斜角，即桩轴线与竖直线的夹角。

ρ_1、ρ_2、ρ_3、ρ_4 的计算同竖直桩，只要求出 a_0、b_0、β_0 后，即可由式（4-72）求解出任意桩桩顶的 P_i、H_i、M_i 值，然后就可以利用单桩的计算方法求出桩的内力与位移。

2. 承台位移计算

当承台中包含有斜桩时，a_0、b_0、β_0 同样按结构力学的位移法求得，沿承台底面取隔离体（如图 4-22 所示）。根据承台作用力的平衡条件，即 $\Sigma N = 0$，$\Sigma H = 0$，$\Sigma M = 0$（对 O 点取矩），可列出位移法的典型方程如下

$$\left. \begin{aligned} a_0\gamma_{ba} + b_0\gamma_{bb} + \beta_0\gamma_{b\beta} - N &= 0 \\ a_0\gamma_{aa} + b_0\gamma_{ab} + \beta_0\gamma_{a\beta} - H &= 0 \\ a_0\gamma_{\beta a} + b_0\gamma_{\beta b} + \beta_0\gamma_{\beta\beta} - M &= 0 \end{aligned} \right\} \tag{4-73}$$

式（4-73）中 γ_{ba}、γ_{bb}、$\gamma_{b\beta}$、γ_{aa}、γ_{ab}、$\gamma_{a\beta}$、$\gamma_{\beta a}$、$\gamma_{\beta b}$、$\gamma_{\beta\beta}$ 为群桩刚度系数。

承台产生单位水平位移（$a_0 = 1$）时，所有桩顶对承台作用的竖向反力之和、水平反力之和及反弯矩之和分别为 γ_{ba}、γ_{aa}、$\gamma_{\beta a}$（n 表示桩的根数），即

$$\left.\begin{aligned} \gamma_{ba} &= \sum_1^n (\rho_1 - \rho_2)\sin\alpha_i\cos\alpha_i \\ \gamma_{aa} &= \sum_1^n (\rho_1\sin^2\alpha_i + \rho_2\cos^2\alpha_i) \\ \gamma_{\beta a} &= \sum_1^n \left[(\rho_1 - \rho_2)x_i\sin\alpha_i\cos\alpha_i - \rho_3\cos\alpha_i \right] \end{aligned}\right\} \tag{4-74}$$

承台产生单位竖向位移（$b_0 = 1$）时，所有桩顶对承台作用的竖向反力之和、水平向反力之和及反弯矩之和分别为 γ_{bb}、γ_{ab}、$\gamma_{\beta b}$，即

$$\left.\begin{aligned} \gamma_{bb} &= \sum_1^n (\rho_1\cos^2\alpha_i + \rho_2\sin^2\alpha_i) \\ \gamma_{ab} &= \gamma_{ba} \\ \gamma_{\beta b} &= \sum_1^n \left[(\rho_1\cos^2\alpha_i + \rho_2\sin^2\alpha_i)x_i + \rho_3\sin\alpha_i \right] \end{aligned}\right\} \tag{4-75}$$

承台绕坐标原点产生单位转角（$\beta_0 = 1$）时，所有桩顶对承台作用的竖向反力之和、水平向反力之和及反弯矩之和分别为 $\gamma_{b\beta}$、$\gamma_{a\beta}$、$\gamma_{\beta\beta}$，即

$$\left.\begin{aligned} \gamma_{b\beta} &= \gamma_{\beta b} \\ \gamma_{a\beta} &= \gamma_{\beta a} \\ \gamma_{\beta\beta} &= \sum_1^n \left[(\rho_1\cos^2\alpha_i + \rho_2\sin^2\alpha_i)x_i^2 + 2x_i\rho_3\sin\alpha_i + \rho_4 \right] \end{aligned}\right\} \tag{4-76}$$

4.5.3　双参数法

目前国内外关于水平力作用下桩的设计计算规范，多采用单一参数法，即 m 法、常数法、C 法、k 法等。单一参数法有一共同的缺点，即所计算的桩在地面处的挠度、转角、桩身最大弯矩及其所在位置等，不能同时很好地符合实测值。其原因：一是待定参数不够；二是参数选择不恰当。为了克服此缺点我国学者吴恒立提出了双参数法。

假定水平地基反力系数 $k(z) = mz^{\frac{1}{n}}$，通过调整 m、$1/n$ 两个参数来改变 $k(z)$ 的分布图式。由于指定参数和指定值不同，可以有各种不同形式。当分布图式确定后，具有唯一解。由于这种双参数法在数学上求解的困难，加之在物理意义方面研究不够，过去很少采用。近年来，重庆交通学院吴恒立对双参数法进行了理论研究，完成了解析解，并进行了数值计算。通过对一些实测试桩值的验算表明，对弹性长桩采用双参数法，可使地面处挠度、转角、桩身最大弯矩及其所在位置等主要工程指标的计算值与实测值能同时很好地符合，从而提高弹性长桩的设计水平。

1. 双参数的概念

根据梁在横向荷载作用下的线弹性地基法，桩的挠曲微分方程，由式（4-20）、式（4-21）、

式（4-22）可写为：

$$EI \frac{\mathrm{d}^4 y}{\mathrm{d}z^4} = -kby \tag{4-77}$$

式中 k——桩侧地基土抗力系数的分布模式。

令式（4-22）中 $a = 0$，$i = 1/n$，则 k 可由下式确定

$$k = mz^{\frac{1}{n}} \tag{4-78}$$

可通过调整 m、$1/n$ 两个参数来改变 $k(z)$ 的分布图式。

式（4-78）中 m 和 $1/n$ 都是待定参数，m 是除零以外的一切正数，$1/n$ 是任意实数，通常采用 $1/n \geqslant 0$。若 m 值已知，当 $1/n = 1.0$ 时，即为 m 法；$1/n = 0.5$ 时，为 C 法；$1/n = 0$ 时，为常数法；可见，m 法、C 法及常数法都是双参数法的特例。

2. 双参数法的求解

将式（4-78）代入式（4-77），得变系数线性齐次常微分方程为

$$EI \frac{\mathrm{d}^4 y}{\mathrm{d}z^4} = -mbz^{\frac{1}{n}} y \tag{4-79}$$

式（4-79）可写成

$$\frac{\mathrm{d}^4 y}{\mathrm{d}z^4} = -\alpha^{4+\frac{1}{n}} z^{\frac{1}{n}} y \tag{4-80}$$

式中 α——桩对土的相对柔度系数，即为桩的相对刚度系数 T 的倒数，即 $\alpha = 1/T$，α 可由下式表达

$$\alpha = \left(\frac{mb}{EI} \right)^{\frac{1}{4+1/n}} \tag{4-81}$$

（1）微分方程的解析解 式（4-80）的解析解为

$$y = y_0 A(\alpha z) + \frac{\varphi_0}{\alpha} B(\alpha z) + \frac{M_0}{\alpha^2 EI} C(\alpha z) + \frac{H_0}{\alpha^3 EI} D(\alpha z) \tag{4-82}$$

$$\frac{M}{\alpha^2 EI} = y_0 A''(\alpha z) + \frac{\varphi_0}{\alpha} B''(\alpha z) + \frac{M_0}{\alpha^2 EI} C''(\alpha z) + \frac{H_0}{\alpha^3 EI} D''(\alpha z) \tag{4-83}$$

式中 A、B、C、D 及其二阶导数——αz 的函数，可查相关表格确定；

EI——综合刚度，反映桩土受力变形的综合刚度，不同于桩的结构刚度。

可见，本方法需要已知桩在地面处的挠度 y_0、转角 φ_0 及 EI、α 值。

（2）α 及 EI 的取值 若桩的入土深度 h、桩在地面处的荷载 H_0 和 M_0，以及位移 y_0 和 φ_0 已知，则有关系式

$$\left. \begin{aligned} y_0 &= H_0 \frac{C_1}{\alpha^3 EI} + M_0 \frac{C_2}{\alpha^2 EI} \\ \varphi_0 &= -\left(H_0 \frac{C_2}{\alpha^2 EI} + M_0 \frac{C_3}{\alpha EI} \right) \end{aligned} \right\} \tag{4-84}$$

当地基反力系数 k 中的指数 $1/n \geqslant 0$ 且可确定，则可由式（4-84）计算出 α 及 EI。式中 C_1、C_2、C_3 是已知的无量纲系数，与指数 $1/n$ 及桩底条件有关，长桩（$\alpha h \geqslant 4.5$）只与 $1/n$ 有关，只与 $1/n$ 有关，其关系见表 4-11。

表 4-11　无量纲系数与 $1/n$ 的关系

$1/n$	C_1	C_2	C_3	$1/n$	C_1	C_2	C_3
0	$\sqrt{2}$	1	$\sqrt{2}$	1.1	2.49	1.65	1.76
0.1	1.54	1.07	1.45	1.2	2.54	1.69	1.78
0.2	1.67	1.16	1.50	1.3	2.59	1.72	1.80
0.3	1.79	1.23	1.54	1.4	2.64	1.75	1.82
0.4	1.90	1.30	1.58	1.5	2.68	1.78	1.83
0.5	2.10	1.36	1.61	1.6	2.71	1.80	1.84
0.6	2.11	1.42	1.64	1.7	2.74	1.82	1.85
0.7	2.20	1.48	1.67	1.8	2.77	1.84	1.86
0.8	2.28	1.53	1.70	1.9	2.79	1.86	1.87
0.9	2.36	1.57	1.72	2.0	2.81	1.88	1.89
1.0	2.42	1.61	1.74				

（3）参数的调整　为使桩身最大弯矩 M_{max} 及其所在位置与实测值符合，对 $k = mz^{\frac{1}{n}}$ 的情况，只需调整参数 $1/n$ 的值。如果最大弯矩的计算值小于实测值，应该采用较大的 $1/n$ 值计算，反之采用较小的 $1/n$ 值计算，直到计算值与实测值相近为止。此时的 $1/n$、α 和 EI 就是所要求的设计参数，将此参数代入式（4-82）和式（4-83），即可求得桩身弯矩和挠度。

该方法需要已知桩在地面处的挠度、转角、桩身最大弯矩及其位置的实测值，反算综合刚度 EI 和双参数，作为该地区同类桩的设计依据。这对于重大工程是适合的，因为它往往要求先试桩。故该方法可推荐为有试桩资料的重大工程的设计计算方法。对于无试桩资料的中小工程，需要事先建议出综合刚度和双参数的选用范围。

对各种土质中的横向受荷桩的计算表明：在同类土质情况下各个量对 m 值的取值影响都不敏感；而土抗力指数 $1/n$ 的选择，对桩身最大弯矩很敏感。一般地面处容许位移越大，桩身实测最大弯矩也越大，$1/n$ 值相应地要取大些。对于钢管桩 $1/n$ 值较大，可取 1.5～5.0；对于预应力钢筋混凝土打入桩 $1/n$ 值可取 1.5～3.5；但对混凝土钻孔灌注桩 $1/n$ 值不宜取大，视土质而定，可取 0～2.0。

【例 4-1】　有一根悬臂钢筋混凝土预制方桩（见图 4-23），桩的边长 $b = 40\text{cm}$，入土深度 $h = 10\text{m}$，桩的弹性模量（受弯时）$E = 2 \times 10^7 \text{kPa}$，桩的变形系数 $\alpha =$

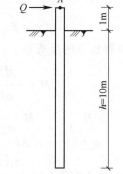

图 4-23　水平受荷桩示意图

0.5m^{-1}，桩顶 A 点承受水平荷载 $Q = 30\text{kN}$。试求：桩顶水平位移 x_A，桩身最大弯矩 M_{max} 与所在位置。如果承受水平力时，桩顶弹性嵌固（转角 $\varphi = 0$，但水平位移不受约束），桩顶水平位移 x_A 又为多少？

解：（1）计算 x_A、z_{max}、M_{max}

$\alpha h = 0.5 \times 10 = 5.0 > 4.0$，为弹性桩

$$I = \frac{1}{12}bh^3 = \left(\frac{1}{12} \times 0.4^4\right) \text{m}^4 = 0.2133 \times 10^{-2}\text{m}^4$$

$$EI = (2 \times 10^7 \times 0.2133 \times 10^{-2})\text{kN} \cdot \text{m}^2 = 0.4266 \times 10^5\text{kN} \cdot \text{m}^2$$

$$\alpha l_0 = 0.5 \times 1.0 = 0.5, \qquad A_{y1} = 4.5635\text{m}^2$$

$$x_A = \left(\frac{30}{0.5^3 \times 0.4266 \times 10^5} \times 4.5635\right)\text{m} = 0.02567\text{m} = 2.567\text{cm}$$

地面处荷载为

$$H_0 = H = 30\text{kN}$$

$$M_0 = Hl_0 = (30 \times 1)\text{kN} \cdot \text{m} = 30\text{kN} \cdot \text{m}$$

$$C_H = \frac{\alpha M_0}{H_0} = 0.5$$

查表 4-8 得 $\alpha z_{\max} = 1.1$，则得

$$z_{\max} = \left(\frac{1.1}{0.5}\right)\text{m} = 2.2\text{m}$$

表 4-8 中对应的 $K_H = 1.1566$，则得

$$M_{\max} = \frac{H_0}{\alpha}k_H = 69.4\text{kN} \cdot \text{m}$$

（2）桩顶弹性嵌固时

$$\begin{cases} \varphi_A = -\left(\dfrac{H}{\alpha^2 EI}A_{\varphi 1} + \dfrac{M}{\alpha EI}B_{\varphi 1}\right) = 0 \\ x_A = \dfrac{H}{\alpha^3 EI}A_{x1} + \dfrac{M}{\alpha^2 EI}B_{x1} \end{cases}$$

$$A_{\varphi 1} = B_{x1} = 2.6263, \quad B_{\varphi 1} = 2.2506, \quad A_{x1} = 4.5635$$

由 $\varphi_A = 0$ 得桩顶的反弯矩

$$M = -\frac{HA_{\varphi 1}}{\alpha B_{\varphi 1}} = \left(\frac{30 \times 2.6263}{0.5 \times 2.2506}\right)\text{kN} \cdot \text{m} = -70.0\text{kN} \cdot \text{m}$$

可得

$$x_A = \frac{H}{\alpha^3 EI}A_{x1} + \frac{M}{\alpha^2 EI}B_{x1}$$

$$= \left(2.567 - \frac{70 \times 2.6263}{0.5^2 \times 0.4267 \times 10^5} \times 10^2\right)\text{cm} = (2.567 - 1.723)\text{cm} = 0.844\text{cm}$$

▶▶ 4.6 *p-y* 曲线法

对于桥台、桥墩等桩基结构物，桩的水平位移较小，一般可以认为作用在桩上的荷载与

位移呈线性关系，采用线性弹性地基反力法求解。但在港口工程和海洋工程中，栈桥、码头中采用钢桩的靠船墩等容许桩顶有较大的水平位移，有的甚至希望桩顶产生较大的水平位移来吸收水平撞击能量。此时除采用非线性弹性地基反力法外，还常用复合地基反力法（或称弹塑性分析法）。

弹性长桩桩顶受到水平荷载后，桩附近的土从地表面开始屈服，塑性区逐渐向下扩展。复合地基反力法是在塑性区采用极限地基反力，在弹性区采用弹性地基反力，根据塑性区与弹性区边界上的连续条件求桩的水平抗力。由于塑性区与弹性区水平地基反力分布的不同假设，复合地基反力法又有长尚法、竹下法、斯奈特科法及 $p\text{-}y$ 曲线法，见表 4-12。广义上，表 4-12 中的方法都称为 $p\text{-}y$ 曲线法。由于美国的马特洛克、里斯-考克斯根据实测及试验提出较符合实际的 $p\text{-}y$ 曲线，被美国海洋结构规范所选用，并称为 $p\text{-}y$ 曲线法。所以，现在 $p\text{-}y$ 曲线法特指采用该类建立在实测及试验基础上的 $p\text{-}y$ 曲线来进行计算的方法。

"深海一号"
能源站

本节主要介绍目前应用较广泛的 $p\text{-}y$ 曲线法。该方法主要包括两大部分：一是建立 $p\text{-}y$ 曲线；二是运用迭代法求解梁的挠曲微分方程。

表 4-12　复合地基反力法

地基反力分布	方　法	摘　要
塑性区：库仑土压力 弹性区：$p=k_h y$	长尚法	 a)
塑性区：库仑土压力 弹性区：$p=kxy$	竹下法	 b)
塑性区：郎肯土压力的三倍（砂） 或 $9C_n$（黏土） 弹性区：$p=k_x xy$（砂） 　　　　$p=k_x y$（黏）	布罗姆斯法 （长桩）	 c)
塑性区：2 次曲线 弹性区：$p=k_h y$	斯奈特科法	 d)

（续）

地基反力分布	方　　法	摘　　要
塑性区：$p = p_u$ 弹性区：$p = k^{\frac{1}{3}}$	马特洛克法（黏土）， 也称 API 规范法 p-y 曲线法[①]	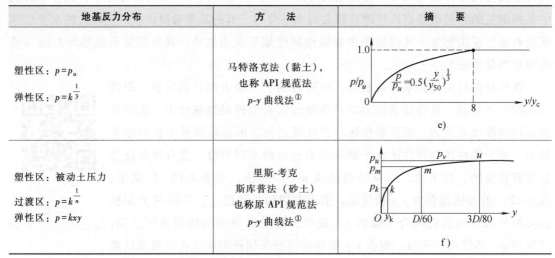
塑性区：被动土压力 过渡区：$p = k^{\frac{1}{n}}$ 弹性区：$p = kxy$	里斯-考克 斯库普法（砂土） 也称原 API 规范法 p-y 曲线法[①]	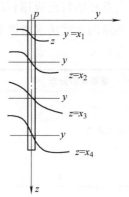

[①] 本应根据土工试验结果，若无试验资料时可采用此方法。

4.6.1　土反力与桩的挠曲变形

　　线弹性地基反力法一般适用桩基在泥面处的水平位移不太大（<10mm）的情况，这是因为桩身任一点的桩侧土反力与该点处桩身挠度之间的关系可以近似看成是线性的。但根据试桩表明，桩在水平力作用下，桩身任一点处的桩侧土压力与该点处桩身挠度之间的关系，实际上是非线性的。特别是桩身侧移大于 10mm 时，更为显著。它综合反映了桩周土的非线性、桩的刚度和外荷作用性质等特点。沿桩泥面下若干深度处的 p-y 曲线如图 4-24 所示。

图 4-24　沿桩泥面下若干深度处的 p-y 曲线

4.6.2　p-y 曲线的确定方法

　　最好的方法是现场实测，即沿桩的入土深度实测出土反力和桩的挠度，但很困难，特别是土压力的测定。JTS 147—7—2022《水运工程桩基设计规范》是将试桩资料与标准桩数值对比，通过相似比原则推算得到测试桩的 p-y 曲线。

　　一般常用的方法是由室内三轴试验推测：斯肯普顿（Skempton）在分析基础沉降问题时，发现基础的荷载-沉降曲线与黏性土室内三轴不排水压缩试验所得的应力-应变曲线之间存在着相关关系。Mclelland 和 Focht 在分析现场水平力试桩资料时，也发现了类似的关系。因此他们建议可以在横向水平受荷桩的分析中，也利用这一关系，即在建造桩基的地基上采取试样，进行室内试验，根据土的应力-应变关系，求出桩上每隔一定深度的 p-y 曲线，再与现场试桩相配合。室内三轴试验和现场试桩存在着如下关系

$$y_{50} = \rho \varepsilon_{50} d \qquad (4\text{-}85)$$

式中　y_{50}——桩周土达极限水平土抗力一半时，相应桩的侧向水平变形（mm）；

ρ——相关系数，一般取 2.5；

ε_{50}——三轴试验中最大主应力差一半时的应变值。对饱和度较大的软黏土，也可取无侧限抗压强度一半时的应变值。当无试验资料时，ε_{50} 可按表 4-13 取用：

d——桩径或桩宽（mm）。

表 4-13　ε_{50} 值

c_u/kPa	ε_{50}
12~24	0.02
24~48	0.01
48~96	0.007

　　马特洛克、里斯-考克斯等人把麦克莱伦特-福奇特（Mclelland&Focht）提出的将桩侧横向地基反力与土的不排水三轴试验所得的应力-应变曲线的相互关系加以引申，经验地提出接近实际的 p-y 关系，这种方法被美国石油协会关于海洋结构物的技术报告 API-RP-2A 所选用，称为 p-y 曲线法。以下介绍 API 规范规定的 p-y 曲线。

1. 黏性土的 p-y 曲线

　　API 规范法，也是我国 JTS 147—7—2022《水运工程桩基设计规范》采用的方法规定，对不排水抗剪强度标准值 c_u 大于 96kPa 的硬黏土，宜按试桩资料绘制 p-y 线。对 C_u 小于等于 96kPa 的黏性土，其 p-y 曲线可按下列规定确定：

　　（1）桩侧单位面积的极限水平土抗力标准值 p_u

当 $z < z_r$　　　　　　　　$$p_u = 3c_u + \gamma z + \frac{\zeta c_u z}{d} \tag{4-86}$$

当 $z > z_r$　　　　　　　　$$p_u = 9c_u \tag{4-87}$$

令式（4-86）与式（4-87）相等可得　$$z_r = \frac{6c_u d}{\gamma d + \zeta c_u} \tag{4-88}$$

式中　p_u——泥面以下 z 深度处桩侧单位面积水平土抗力标准值（kPa）；

c_u——原状黏性土不排水抗剪强度的标准值（kPa）；

γ——土的重度（kN/m³）；

z——泥面以下桩的任一深度（m）；

ζ——系数，一般取 0.25~0.5；

d——桩径或桩宽（m）；

z_r——极限水平土抗力转折点的深度（m）。

　　（2）静荷载作用下软黏土中桩的 p-y 曲线可按下列公式确定（见图 4-25a）。

当 $y/y_{50} < 8$ 时　　　　　$$\frac{p}{p_u} = 0.5\left(\frac{y}{y_{50}}\right)^{\frac{1}{3}} \tag{4-89}$$

当 $y/y_{50} \geqslant 8$ 时 $\qquad\qquad\qquad \dfrac{p}{p_u} = 1$ （4-90）

式中　p——泥面以下 z 深度处作用桩上的水平土抗力标准值（kPa）；

　　　　y——泥面以下 z 深度处桩的侧向水平变位（mm）。

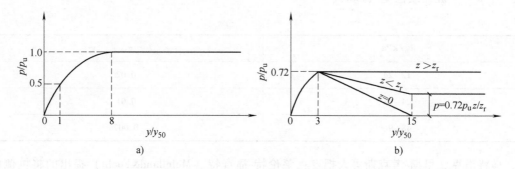

图 4-25　软黏土 $p\text{-}y$ 曲线坐标值

a）短期静荷载　b）循环反复荷载

（3）循环荷载作用下 $p\text{-}y$ 曲线按表 4-14 确定（见图 4-25b）。

表 4-14　循环荷载下的 $p\text{-}y$ 值

	$\dfrac{p}{p_u}$	$\dfrac{y}{y_{50}}$		$\dfrac{p}{p_u}$	$\dfrac{y}{y_{50}}$
$z > z_r$	0	0	$z < z_r$	0	0
	0.5	1.0		0.5	1.0
	0.72	3.0		0.72	3.0
	>0.72	∞		$0.72z/z_r$	15.0
				$>0.72z/z_r$	∞

2. 砂性土的 $p\text{-}y$ 曲线

（1）原 API 规范法

1）砂土的极限水平抗力 p_u：

当 $z \leqslant z_r$ 时（浅层土层）

$$p_u = \phi_A \gamma z \left[K_0 \frac{z}{b_0} \frac{\tan\varphi\sin\beta}{\tan(\beta - \varphi)\cos\alpha} + \frac{\tan\beta}{\tan(\beta - \varphi)} \left(1 + \frac{z}{b_0}\tan\beta\tan\alpha \right) + \frac{K_0 z}{b_0}\tan\beta(\tan\varphi\sin\beta - \tan\alpha) - K_a \right] \tag{4-91}$$

当 $z > z_r$ 时（深层土层）

$$p_u = \phi_A \gamma z \left[K_a(\tan^8\beta - 1) + K_0\tan\varphi\tan^4\beta \right] \tag{4-92}$$

式中　β——$\beta = 45° + \dfrac{\varphi}{2}$；

　　　　K_0——静止土压力系数，一般取 0.4；

α——地面破裂角，$\alpha = \dfrac{\varphi}{3} \sim \dfrac{\varphi}{2}$；

K_a——主动土压力系数 $K_a = \tan^2(45° - \varphi/2)$；

b_0——桩径或桩宽（m）；

ϕ_A——修正系数，可按表 4-15 取得。

令式（4-91）和式（4-92）相等即可得到浅层土与深层土的分界线深度 z_r。

表 4-15　ϕ_A、ϕ_B 的值

$\dfrac{z}{b_0}$	0	0.5	1.0	1.5	2.0	2.5	3.0	3.5	4.0	4.5	≥5.0
ϕ_A	2.90	2.25	2.15	1.76	1.48	1.20	1.05	0.95	0.89	0.89	0.88
ϕ_B	2.15	1.79	1.55	1.29	1.05	0.86	0.70	0.54	0.54	0.50	0.50

2）砂土的标准 p-y 曲线（长期荷载作用）。如图 4-26 所示，曲线分为三段：

$\overline{ok}$ 段为直线，表达式为　　　　　　　$p = k_h y$　　　　　　　　　　（4-93）

式中　k_h——初始地基系数，见表 4-16。

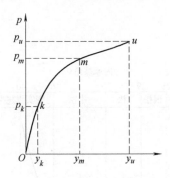

图 4-26　砂土的标准 p-y 曲线

表 4-16　k_h 值

砂土的密实度	k_h/(kPa/m)
松散	5000
中密	15000
密实	35000

$\overline{km}$ 段为抛物线，表达式为　　　$p = p_m \left(\dfrac{y}{y_m} \right)^{\frac{1}{n}}$　　　　　　　（4-94）

$\overline{mu}$ 段为直线，表达式为　　$p = \dfrac{(p_u - p_m)y + (p_m y_u - p_u y_m)}{y_u - y_m}$　　　　（4-95）

其中 k、m、u 各点的 p、y 值见表 4-17。

表 4-17　p 和 y 的值

	u 点	m 点	k 点
p	按公式	$p_m = \dfrac{\phi_B}{\phi_A} p_u$	$p_k = \dfrac{z}{p_0} k_h y_k$
y	$y_u = \dfrac{3}{80} b_0$	$y_m = \dfrac{1}{60} b_0$	$y_k = \left(\dfrac{b_0 p_m}{k_h z y_m^{\frac{1}{n}}} \right)^{\frac{n}{n-1}}$

注：$n = \dfrac{p_m(y_u - y_m)}{y_m(p_u - p_m)}$。

（2）API 规范新法（2014 年版） API 规范新法也是我国《水运工程桩基设计规范》采用的方法规定，砂土单位桩长的极限水平土抗力标准值 p'_u，可按下列公式计算：

$z < z_r$ 时
$$p'_u = (C_1 z + C_2 d) \gamma z \qquad (4-96)$$

$z \geq z_r$ 时
$$p'_u = C_3 d \gamma z \qquad (4-97)$$

式中 p'_u——泥面以下 z 深度处单位桩长的极限水平土抗力标准值（kN/m）；

C_1、C_2、C_3——系数。可按图 4-27 确定。

联立求解式（4-96）与式（4-97），可得浅层土与深层土分界线深度 z_r。

砂土中桩的 p-y 曲线，在缺乏现场试验资料时，可按下列公式确定

$$p = \psi p'_u \tan\left(\frac{Kzy}{\psi p'_u}\right) \qquad (4-98)$$

$$\psi = \left(3.0 - 0.8 \frac{z}{d}\right) \geq 0.9 \qquad (4-99)$$

式中 p——泥面以下 z 深度处作用于桩上的水平土抗力标准值（kN/m）；

ψ——计算系数；

K——土抗力的初始模量，可按图 4-28 确定。

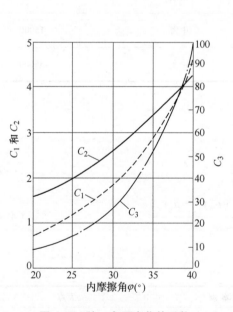

图 4-27 随 φ 角而变化的系数

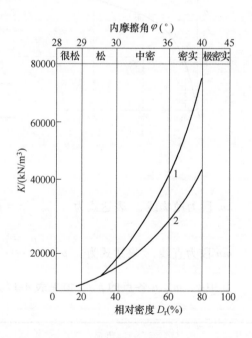

图 4-28 K 值曲线

1—水上 2—水下

3. 水平力作用下群桩的 p-y 曲线

一些试验研究表明，群桩一般在受荷方向桩排中的中后桩在同等桩身变位条件下，所受到的土反力较前桩为小。一方面，其差值随桩距的加大而减少，当 $s/d \geq 8$ 时（s/d 为距径

比），前、后桩的 p-y 曲线基本相近；另一方面，其差值又随泥面下深度的加大而减少，桩在泥面下的深度 $z \geqslant 10d$（d 为桩径）时，前后桩的 p-y 曲线也基本相近。

前桩所受到的土抗力，一般略等于或大于单桩，这也由现场试验所证实，这是由于受荷方向桩排中的前桩水平位移与单桩相近，土抗力能充分发挥所致。设计时，群桩中的前桩若按单桩设计，工程上是偏于安全的。

我国《水运工程桩基设计规范》中提出了下述方法：在水平力作用下，群桩中桩的中心距小于 8 倍桩径，桩的入土深度小于 10 倍桩径以内的桩段，应考虑群桩效应；在非循环荷载作用下，距荷载作用点最远的桩按单桩计算，其余各桩应考虑群桩效应。它们的 p-y 曲线中土抗力 p 在无试验资料时，对于黏性土可按下式计算土抗力的折减系数

$$\lambda_h = \left[\dfrac{\dfrac{s}{d} - 1}{7} \right]^{0.043\left(10 - \frac{z}{d}\right)} \qquad (4\text{-}100)$$

式中　λ_h——土抗力的折减系数；

　　　s——桩距（m）；

　　　d——桩径（m）；

　　　z——泥面下桩的任一深度（m）。

4.6.3　桩身内力和变形的计算

p-y 曲线法实质上是属于弹性地基梁法，也是通过求解梁的微分方程得到桩身内力及位移等，只是地基土反力与梁位移的关系为 p-y 曲线（一般为非线性关系），用解析法来求解桩的弯曲微分方程是困难的，一般采用迭代法和有限差分求解。

不论是迭代法还是有限差分法，由于 p-y 曲线较复杂，都无法将 p-y 曲线的函数式直接代入计算，而是采用试算迭代来逼近 p-y 关系。具体如下：若将 p-y 关系表示为 $p = ky = m^* zy$ 则有 $m^* = \dfrac{p}{zy}$，则可按前述 m 法进行计算，首先假定一个 m^* 值，按 m 法计算 z 深度处的 y 值，由 p-y 曲线查得 p 值，计算 m^* 值（$m^* = \dfrac{p}{zy}$），比较假定值是否与计算值相等，若不等，再将计算的 m^* 值作为假定值，计算出新的 m^* 值，如此反复迭代，直至假定值与计算值相等或接近，此时用最终的 m^* 值按 m 法计算桩身内力和位移，该结果就是采用了 p-y 曲线数据的计算结果。

1. 迭代法

迭代法具体步骤如下：

1）先按上述方法绘制各土层的 p-y 曲线，深度小于 $0.5T$ 的靠近地表部分，p-y 曲线的间隔距离宜小一些。

2）初步假定一个 T 值，T 值即为桩的相对刚度，由 $T = \sqrt[5]{\dfrac{EI}{mb_1}}$ 求得，其中宽度 $b_1 = d$

（d 为桩径）。

3）根据前述介绍的 m 法，计算出桩身泥面下各深度处的挠度 y。

4）根据求出的 y 值，从 p-y 曲线上求得相应的土反力 p，找出沿桩身各截面的 p_i/y_i。

5）绘出土反力模量 $E_s = p_i/y_i$ 与深度 z 之间的相关图（见图 4-29），用最小二乘法找出 E_s 与 z 相关性较好的直线的斜率 $m = \dfrac{E_s}{z} = \dfrac{p}{zy}$。

6）由 m 计算相对刚度系数 T，重复步骤 2）~5），反复进行迭代，直至假定的 T 值等于（或接近于）计算所得的值为止，即 $T_i \approx T_{i-1}$。

也可如图 4-30 所示，在第一次和第二次试算所绘出的两点之间引直线，使其与斜率为 1∶1 的均等线相交，此交点对应的 T，即为最后选择的实际的 T。

7）由最后所选择的 T 按 m 法沿桩身求得水平位移 y、截面弯矩 M 等。

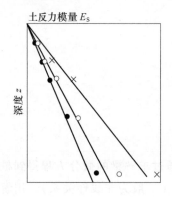

图 4-29 土反力模量与深度之间的相关图

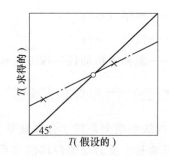

图 4-30 相对刚度系数试算图

2. 有限差分法

将桩身划分为若干个单元或分段，对各个单元的划分点以差分式近似代替桩身的弹性挠曲微分方程中的导数式，将微分方程转变成一组代数差分方程组。然后解方程组，得到桩身各点的转角 φ、弯矩 M、剪力 Q 及土反力 p。

将桩身划分为若干个单元或分段（见图 4-31），令 h 为选定的桩身长度步长，即 $h = L/n$；L 为桩长；n 为桩的分段数。导数式与差分式的对应关系如下

$$
\left.\begin{aligned}
\left(\frac{dy}{dz}\right)_m &= \frac{y_{m-1} - y_{m+1}}{2h} \\
\left(\frac{d^2y}{dz^2}\right)_m &= \frac{1}{h^2}(y_{m-1} - 2y_m + y_{m+1}) \\
\left(\frac{d^3y}{dz^3}\right)_m &= \frac{1}{2h^3}(y_{m-2} - 2y_{m-1} + 2y_{m+1} - y_{m+2}) \\
\left(\frac{d^4y}{dz^4}\right)_m &= \frac{1}{h^4}(y_{m-2} - 4y_{m-1} + 6y_m - 4y_{m+1} + y_{m+2})
\end{aligned}\right\}
\quad (4\text{-}101a)
$$

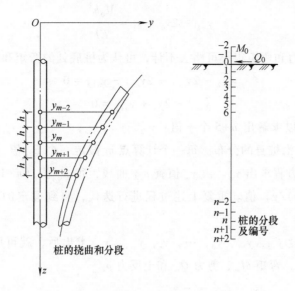

图 4-31　有限差分法单元划分

用以下差分的形式表示桩身任意 m 点的弯矩 M_m、剪力 Q_m，即

$$\left.\begin{array}{l} M_m = EI\left(\dfrac{\mathrm{d}^2 y}{\mathrm{d}z^2}\right)_m = \dfrac{EI}{h^2}(y_{m-1} - 2y_m + y_{m+1}) \\[3mm] Q_m = EI\left(\dfrac{\mathrm{d}^3 y}{\mathrm{d}z^3}\right)_m = \dfrac{EI}{2h^3}(y_{m-2} - 2y_{m-1} + 2y_{m+1} - y_{m+2}) \end{array}\right\} \qquad (4\text{-}101\mathrm{b})$$

梁的挠曲微分方程式（4-20）可写为

$$EI \frac{\mathrm{d}^4 y}{\mathrm{d}z^4} + E_s y = 0 \qquad (4\text{-}102\mathrm{a})$$

式中　E_s——土反力模量，$E_s = (b_1 p)/y$。

式（4-102a）可用差分的形式表示如下

$$EI \frac{y_{m-2} - 4y_{m-1} + 6y_m - 4y_{m+1} + y_{m+2}}{h^4} + E_{sm} y_m = 0 \qquad (4\text{-}102\mathrm{b})$$

整理得　　　　$$y_{m-2} - 4y_{m-1} + \left(6 + \frac{E_{sm} h^4}{EI}\right) y_m - 4y_{m+1} + y_{m+2} = 0$$

上式中可取 $m = 0$，1，$\cdots$，n 得到 $n+1$ 个方程，其中有 y_{-2}，y_{-1}，y_0，y_1，$\cdots$，y_n，y_{n+1}，y_{n+2}，共 $n+5$ 个未知量（其中 y_{-2}，y_{-1}，y_{n+1}，y_{n+2} 为桩顶以上和桩底以下各两个虚拟点）。可根据桩顶和桩底的边界条件得出另外四个附加方程，共计 $n+5$ 个方程，用矩阵法联立求解，就可以得出沿桩长各点的挠度。对于 $ah \geqslant 4$ 的长桩，桩顶和桩底的边界条件为桩顶处桩顶剪力 H_0 及弯矩 M_0 是已知的，即

$$y_{-2} - 2y_{-1} + 2y_1 - y_2 = \frac{2H_0 h^3}{EI} \qquad (4\text{-}103)$$

$$y_{-1} - 2y_0 + y_1 = \frac{M_0 h^2}{EI} \tag{4-104}$$

桩底处由于桩底的剪力和弯矩很小可略去不计，可认为桩底处的弯矩和剪力为零，即

$$y_{n-2} - 2y_{n-1} + 2y_{n+1} - y_{n+2} = 0 \tag{4-105}$$

$$y_{n-1} - 2y_n + y_{n+1} = 0 \tag{4-106}$$

上述共 $n+5$ 个方程可以求解出 $n+5$ 个 y 值：y_{-2}，y_{-1}，y_0，…，y_n，y_{n+1}，y_{n+2}。求解时需预先假定土反力模量 E_s 沿桩身的分布。每一个计算点 m 假定一个 E_{sm} 值（$m=0$，1，…，n 共 $n+1$ 个 E_{sm}），然后解方程求出 y_m。由 y_m 值查 p-y 曲线，得 p_m 值（$n+1$ 个 p_m 值），从而得出新的 E_{sm} [$E_s = (b_1 p)/y$] 值。重复上述过程进行迭代，直到假定的与计算的 E_{sm} 接近时为止。

当桩身各点的挠度 y_{-2}，y_{-1}，y_0，…，y_n，y_{n+1}，y_{n+2} 求出后，就可用以下差分的形式求出桩身各点的转角 φ_m、弯矩 M_m、剪力 Q_m 和土反力 p_m

$$\left.\begin{aligned}
\varphi_m &= \left(\frac{dy}{dz}\right)_m = \frac{y_{m-1} - y_{m+1}}{2h} \\
M_m &= EI\left(\frac{d^2 y}{dz^2}\right)_m = \frac{EI}{h^2}(y_{m-1} - 2y_m + y_{m+1}) \\
Q_m &= EI\left(\frac{d^3 y}{dz^3}\right)_m = \frac{EI}{2h^3}(y_{m-2} - 2y_{m-1} + 2y_{m+1} - y_{m+2}) \\
p_m &= E_{sm} y_m / b_1
\end{aligned}\right\} \tag{4-107}$$

3. 有限单元法

把桩分成 n 个桩单元，各结点分别编号为 1，2，…，$n+1$（见图 4-32）。桩与地基的接触面也被分割成 $n+1$ 个子域，其长度为各结点相邻单元长度之和的一半：$a_i = (h_{i-1} + h_i)/2$，设桩的宽度为 b_i，并假定地基反力在各子域上为均匀分布，其大小为 p_i，并分别以合力 $R_i = a_i b_i p_i$ 的形式作用在结点 i 上。

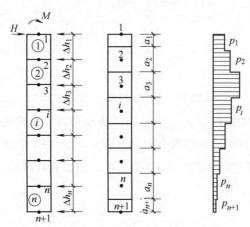

图 4-32 有限元法单元划分

取第 i 个桩单元为分析对象，其结点自由度为 2，该单元的刚度矩阵 $[k]_e$ 可由下式表示

$$[k]_e = \frac{EI}{\Delta h^3} \begin{bmatrix} 12 & 6\Delta h & -12 & 6\Delta h \\ 6\Delta h & 4\Delta h^2 & -6\Delta h & 2\Delta h^2 \\ -12 & -6\Delta h & 12 & -6\Delta h \\ 6\Delta h & 2\Delta h^2 & -6\Delta h & 4\Delta h^2 \end{bmatrix} \tag{4-108}$$

单元的结点力与结点位移之间的关系可写成如下

$$\{F\}_e = \begin{Bmatrix} Q_i \\ M_i \\ Q_j \\ M_j \end{Bmatrix} = [k]_e \begin{Bmatrix} y_i \\ \varphi_i \\ y_j \\ \varphi_j \end{Bmatrix} \begin{bmatrix} k_{ii} & k_{ij} \\ k_{ji} & k_{jj} \end{bmatrix} \begin{Bmatrix} y_i \\ \varphi_i \\ y_j \\ \varphi_j \end{Bmatrix} \tag{4-109}$$

将各梁单元的刚度矩阵集成总体刚度矩阵 $[K_p]$，则

$$[K_p] = \begin{bmatrix} k_{11} & k_{12} \\ k_{21} & k_{22}+k_{22} & k_{23} \\ & k_{32} & k_{33}+k_{33} & \ddots \\ & & \ddots & \ddots & k_{(n-1)n} \\ & & & k_{n(n-1)} & k_{nn}+k_{nn} & k_{n(n+1)} \\ & & & & k_{(n+1)n} & k_{(n+1)(n+1)} \end{bmatrix} \tag{4-110}$$

$$= \begin{bmatrix} k_{11} & k_{12} \\ k_{21} & 2k_{22} & k_{23} \\ & k_{32} & 2k_{33} & \ddots \\ & & \ddots & \ddots & k_{(n-1)n} \\ & & k_{n(n-1)} & 2k_{nn} & k_{n(n+1)} \\ & & & k_{(n+1)n} & k_{(n+1)(n+1)} \end{bmatrix}$$

分别将梁在各结点的位移和外荷载写成矩阵形式，则梁的整体平衡方程式写成如下形式

$$\{F\} = [K_p]\{U\} = \{p\} - \{R\} \tag{4-111}$$

式中　$\{p\}$——外荷载列向量，$\{p\} = [H \quad M \quad 0 \quad 0 \quad \cdots \quad 0 \quad 0]^T$；

$\{R\}$——阶数扩大一倍后的地基反力列向量，$\{R\} = [R_1 \quad 0 \quad R_2 \quad 0 \quad \cdots \quad R_{n+1} \quad 0]^T$。

式（4-111）中只有 $\{U\}$ 和 $\{R\}$ 两个未知量，对于特定的地基模型有

$$\{R\} = [K_s]\{U\} \tag{4-112}$$

式中　$[K_s]$——根据 $p\text{-}y$ 曲线公式等地基模型求得的阶数经扩大一倍而得到的地基刚度矩阵。

将式（4-112）代入（4-111）即得到梁与地基的共同作用方程

$$\{[K_p] + [K_s]\}\{U\} = \{p\} \tag{4-113}$$

式（4-113）即为用有限元法写出的方程式，由该式可求得 $\{U\}$，将求得的 $\{U\}$ 代入式（4-112）即可出 $\{R\}$，由式（4-109）可求得各结点力。利用非结点处截面位移和内力与结点位移的关系式，可求出任意截面处的位移和内力。

4.6.4　p-y 曲线法的计算参数及对桩的弯矩和变形的影响

本着不试桩或少试桩，而选用合理的方法和参数来解决水平力作用下桩承载力计算问题的目的，提出了 p-y 曲线法。但 p-y 曲线法是否能真实反映桩的实际工作状态，依赖于 p-y 曲线本身线型的选取是否合理，更重要的是取决于有关计算参数的合理、正确选用，因此有必要对黏性土和砂性土的 p-y 曲线法计算参数以及对桩身弯矩和变形的影响进行研究。计算结果表明，各种计算参数对泥面处的位移 y_0 和桩身最大弯矩 M_{max} 的影响是不相同的，如：

1. 黏性土

1）c_u 的变化对 y_0 和 M_{max} 的影响最为显著。

2）ε_{50} 的变化对桩身 M_{max} 的影响比对 y_0 的影响要小一些。

3）土的重度的变化对 y_0 和 M_{max} 的影响，除荷载较大时有少许变化外，基本上可以忽略不计。

4）EI 和 d 的变化对 M_{max} 的影响不大，但对 y_0 的影响较大，当 EI 和 d 减小时，泥面位移 y_0 增加较大。

5）ρ 的变化对 M_{max} 的影响很小，但对曲线的影响却较大，不可忽视。

2. 砂性土

1）φ 的变化对 y_0 和 M_{max} 的影响十分显著。

2）γ 的变化对 M_{max} 和 y_0 的影响比 φ 小。

3）p-y 曲线的初始斜率的变化对 y_0 和 M_{max} 的影响均较小，可略去不计。

4）EI 的变化对 M_{max} 的影响可以忽略，但对 y_0 的影响却比较显著。

综上所述，用 p-y 曲线法计算桩的弯矩和挠度时，在众多的计算参数中，对 y_0 和 M_{max} 影响最大的是土的力学指标。p-y 曲线法的计算结果能否与试桩实测值较好吻合，关键在于对黏性土的不排水抗剪强度 c_u、极限主应力一半时对应的应变值 ε_{50}、砂性土的内摩擦角 φ 和相对密度 D_r 等取值是否符合实际情况。因此，在桩基工程中必须重视上述土工指标的勘探和试验工作，并将 c_u、ε_{50}、φ 等作为可靠度分析中的随机变量（其资料比较容易取得，并有足够的样本），以便选取合理的指标，从而提高 p-y 曲线法的设计精度。

复合地基反力法能如实地把地基的非弹性性质，及由地表面开始的进行性破坏现象反映到桩的计算中去。但为了能实现计算，必须用某些形式对地基的性质进行数学模拟（p-y 曲线），这里的数学模拟是否合适以及必须利用计算机进行反复收敛计算，这两点是此法所存在的问题。但对承受反复（循环）荷载，在地基中产生较大应变时（如海洋结构物桩基），应采用 p-y 曲线法。

▶▶ 4.7　弹性理论法简介

假定桩埋置于各向同性半无限弹性体中并假定土的弹性系数（弹性模量 E_s 和泊松比 ν_s）或为常数或随深度按某种规律变化。计算时将直径为 d，长度为 l 的桩分为若干微段，根据半无限体中承受水平力并发生位移的明德林方程，计算微段中心处的桩周土位移，另据细长杆（桩）的挠曲方程求得桩的位移，并用有限差分式表达。令土位移和桩位移相等，通过每一微段未知位移的足够多的方程来求解。具体可参见第 3 章的相关内容。Poulos 和 Davis（1980 年）按此原理获得了桩头位移 y_0 和转角 φ_0 的计算公式，以参数解表示为：

桩头自由时

$$y_0 = I_{yH} \frac{H_0}{E_s l} + I_{yM} \frac{M_0}{E_s l^2} \tag{4-114}$$

$$\varphi_0 = I_{\varphi H} \frac{H_0}{E_s l^2} + I_{\varphi M} \frac{M_0}{E_s l^3} \tag{4-115}$$

桩头弹性嵌固时

$$y_0 = I_{yF} \frac{H_0}{E_s l} \tag{4-116}$$

式中　H_0、M_0——作用于桩头的横向荷载和力矩；

I_{yH}、I_{yM}——桩头自由时桩仅受横向荷载 H 和仅受力矩 M 作用时地面处位移的影响系数；

$I_{\varphi H}$、$I_{\varphi M}$——桩头自由时桩仅受横向荷载 H 和仅受力矩 M 作用时地面处转角的影响系数；

I_{yF}——桩头弹性嵌固时桩受横向荷载 H 作用时地面处位移的影响系数。

I_{yH}、I_{yM}、$I_{\varphi H}$、$I_{\varphi M}$、I_{yF} 等因数与桩的刚度因数 $K_R = \dfrac{E_p I_p}{E_s l^4}$ 及长径比 l/d 的关系有专门图表以供单桩、群桩计算选用。

据计算分析，$K_R = 0.1$ 相当于刚性桩，$K_R = 10^{-4}$ 相当于弹性桩，且得知弹性理论法求得的位移或转角的影响系数值一般比地基反力系数法求得的相应值小，后者的结果约为前者的 2.5 倍。

弹性理论法的缺点是 E_s 值的确定比较困难，但是有助于对桩土性状的进一步探索，由参数解可较方便地查得桩尺寸、桩刚度和土的压缩性等因素对横向承载桩性状的影响。

▶▶ 4.8　提高桩基水平承载力的措施

一般情况下，影响桩基水平承载力的因素较多，如桩的截面尺寸、桩的材料及桩侧土的力学性能、桩顶及桩端的约束条件，以及作用于桩顶荷载的大小和特性（如动荷载、倾斜荷载等）等都将较大地影响桩的水平承载能力，但桩基的横向变形往往较大程度地制约着桩的横向抗力，控制着桩的水平承载力。通常，只有当桩或桩基的变形为桩基或上部结构所容许时，桩土体系的抗力才可能作为设计采用的承载能力。也就是说，桩的设计承载力应保证桩基结构的变形处于容许范围之内，要约束桩基结构的横向变形则必须保证桩土体系具有一定的刚度和强度，通常可采取如下措施：

1. 提高桩的刚度和强度

横向荷载桩的抗弯刚度与其材料的弹性模量以及截面惯性矩有关。具体措施如下：

1）采用较高强度等级的混凝土制桩，可以获得较高的抗拉、抗压强度以及较高的弹性模量。特别是当桩有较严格的开裂限制时，提高桩身混凝土的强度等级是提高桩基横向承载力直接而有效的措施。

2）钢筋混凝土桩的开裂将严重影响桩基的刚度和强度，要控制桩身混凝土开裂，通常可采用较高的配筋率和较小直径的主钢筋，可有效地限制桩身混凝土裂缝的发展以提高桩基的刚度。

3）对于钢管桩，随着钢材标号的不同，桩身弹性模量和抗拉强度虽有不同，但其差别不如不同标号的混凝土桩差异那么大。为了有效地提高钢管桩的刚度，控制其变形，通常可在钢管桩内充填素混凝土，尤其是桩的上段部分。

4）桩径越大，桩身截面惯性矩越大；桩基纵向钢筋的重心离桩轴心越远，桩基抵抗水平荷载的能力越大。因此，选择合适的桩径，合理地布置桩基纵向钢筋，也是提高桩基刚度和强度的有效措施。

2. 桩身的构造措施

为提高桩或桩基的横向承载力，从构造上可采取如下措施：

1）采用刚度较大的承台座板或帽梁，改善桩顶约束条件，可有效地提高桩基的横向承载能力。桩顶与承台刚性连接（嵌固）时，抗弯刚度将大大提高，桩顶嵌固产生的负弯矩将抵消一部分水平力引起的正弯矩，使桩身最大弯矩和位移零点的位置下移，从而使土的塑性区向深部发展，使深层土的抗力得以发挥，这就意味着群桩承载力提高，水平位移减小。

2）保证桩接头刚度。打入桩接头应采用可靠的刚性构造。

3）由于地面下几个桩径范围内桩身弯矩值最大，故可将桩身上部（8~12）d 范围内的桩径适当加大，以承受较大的横向荷载。

4）在桩身上部侧向加设翼板以提高土体对桩的抗力。

3. 提高桩周土抗力

桩侧土体的横向抗力是抵抗桩基水平荷载的主要因素。因此，通过改良桩侧土体性质，提高桩侧土体的横向抗力，将有效地控制桩基的挠曲变形，提高其水平承载能力。

大量研究表明，影响桩基变形及水平承载能力的主要土层是地面以下深度为（3~4）d 范围内的土体。桩侧土体越密实，其水平抗力越大，桩土体系的承载能力越高，桩基的变形也就越小。可采取如下措施提高桩周浅部土层性质：

1）在地面围绕桩身开挖深（$3 \sim 4$）d 的圆形坑，填以级配砂石或灰土等低压缩性材料并夯实，或将桩侧土挖除浇注素混凝土，以提高桩侧地基土水平抗力系数。

2）对于低桩承台，承台外侧的回填土可采用灰土或炉渣、砂石等材料，分层夯实，以提高承台侧面土的水平抗力系数，从而提高横向荷载下桩基的侧向抗力。

3）增加承台底摩阻力。对于不存在土与承台底脱空可能性的低承台桩基，可采取在基底表层夯填 10cm 左右碎石垫层的办法，以提高承台底水平摩阻力，从而提高桩基的横向承载力。

💡 思考题

4-1　什么是弹性桩和刚性桩？其破坏形式和计算方法有何不同？

4-2　水平荷载作用下桩与土的变形主要发生在什么位置？

4-3　循环荷载作用下桩的水平位移增大的主要原因是什么？

4-4　什么是桩的计算宽度？

4-5　横向受荷桩基的群桩效应受哪些因素影响？

4-6　影响单桩水平承载力的主要因素有哪些？

4-7　横向受荷桩基的承载力确定方法主要有哪两种？

4-8　横向受荷桩基内力及位移的计算方法主要有哪些？并写出其量纲简述其基本原理。

4-9　弹性地基反力法又分哪几类？其中什么是 m 法？

4-10　已知弹性单桩桩顶处荷载为 H 及 M、地面处荷载为 H_0 及 M_0，写出地面下任意 z 深度处桩身弯矩和位移的计算公式、桩身最大弯矩及最大位移的计算公式。

4-11　什么是单桩桩顶刚度系数 ρ_1、ρ_2、ρ_3、ρ_4？

4-12　简述横向荷载作用下竖直对称弹性多排桩的计算步骤。

4-13　简述横向荷载作用下低承台桩基的简化计算方法。

4-14　对于 $\alpha h \geqslant 4$ 的桩，证明表 4-2 中当桩顶铰接时 $\nu_M = 0.768$，$\nu_x = 2.441$；当桩顶固接时 $\nu_M = 0.926$，$\nu_x = 0.940$。

4-15　简述双参数法的工程应用条件。

4-16　什么是 p-y 曲线法？

4-17　简述 p-y 曲线法计算桩身内力和变形的迭代计算步骤。

4-18　提高桩基水平承载力的措施有哪些？

4-19　试推导式（4-7b），并以此说明桩顶与承台刚性连接时水平承载力将提高。

第 5 章

桩基础的常规设计方法

▶▶ 5.1 概述

5.1.1 关于桩基础的常规设计

为叙述方便，一般将传统的普遍应用的桩基设计方法称为常规设计，相应的桩基称为常规桩基。需注意，"常规设计"并不是一个固定的概念，当新的更合理的设计方法和桩基型式被普遍应用时，"非常规"即可变为"常规"。

目前桩基的常规设计具有以下特点：桩基础的荷载主要由基桩承担；桩基础中的桩数根据基桩容许承载力来确定；桩中心距小于 $6d$（d 为桩的直径或边长），一般情况为（$3 \sim 4$）d 且较均匀布桩；桩基础中各基桩的截面和长度基本相同。

随着桩基设计计算理论的不断发展完善，一些新的设计理念和设计方法被提出并逐渐应用于工程实践，如桩基础的变形控制设计理论与变刚度设计方法、桩基与上部结构共同作用理论及其设计方法、复合疏桩基础设计方法、为适应新桩型发展而提出的相应计算方法等。非常规设计方法与传统方法不同，譬如：桩基础的荷载由基桩和承台下土共同承担且土承担相当大的比例；桩基础中的桩数根据沉降量要求确定，基桩可达其极限承载力；桩中心距较大（大于 $6d$）或进行不均匀布桩；桩基础中的基桩截面或长度可以不相同等。

本章将主要介绍目前桩基础常规设计计算方法，学习内容主要包括：桩基础设计的一般步骤和方法；高层建筑桩基设计要点；桥梁桩基设计要点；桩基础的抗震设计与计算。

本章内容是以桩基规范为背景的，其中桥梁桩基设计主要依据 JTG 3363—2019《公路桥涵地基与基础设计规范》和 TB 10093—2017《铁路桥涵地基和基础设计规范》；其余内容主要依据 JGJ 94—2008《建筑桩基技术规范》。

5.1.2 桩基础设计的基本要求

JGJ 94—2008《建筑桩基技术规范》规定，桩基础应按下列两种极限状态进行设计：承载能力极限状态，即桩基达到最大承载能力、整体失稳或发生不适于继续承载的变形；正常使用极限状态，即桩基达到建筑物正

不曾发行的
设计手册

常使用所规定的变形限值或达到耐久性要求的某项限值。

根据建筑规模、功能特征、对差异变形的适应性、场地地基和建筑物体型的复杂性以及由于桩基问题可能造成建筑物破坏或影响正常使用的程度，建筑桩基规范将桩基设计分为三个设计等级（见表 5-1），并要求进行如下计算和验算。

（1）桩基应根据具体条件分别进行下列承载能力计算和稳定性验算：

1）应根据桩基的使用功能和受力特征分别进行桩基的竖向承载力计算和水平承载力计算。

2）应对桩身和承台结构承载力进行计算；对于桩侧土不排水抗剪强度小于 10kPa 且长径比大于 50 的桩应进行桩身压屈验算；对于混凝土预制桩应按吊装、运输和锤击作用进行桩身承载力验算；对于钢管桩应进行局部压屈验算。

3）当桩端平面以下存在软弱下卧层时，应进行软弱下卧层承载力验算。

4）对位于坡地、岸边的桩基应进行整体稳定性验算。

5）对于抗浮、抗拔桩基，应进行基桩和群桩的抗拔承载力计算。

6）对于抗震设防区的桩基应进行抗震承载力验算。

（2）下列建筑桩基应进行沉降计算：

1）设计等级为甲级的非嵌岩桩和非深厚坚硬持力层的建筑桩基。

2）设计等级为乙级的体形复杂、荷载分布显著不均匀或桩端平面以下存在软弱土层的建筑桩基。

3）软土地基多层建筑减沉复合疏桩基础。

（3）对受水平荷载较大，或对水平位移有严格限制的建筑桩基，应计算其水平位移。

（4）应根据桩基所处的环境类别和相应的裂缝控制等级，验算桩和承台正截面的抗裂和裂缝宽度。

表 5-1　建筑桩基设计等级

设计等级	建筑类型
甲级	（1）重要的建筑 （2）30 层以上或高度超过 100m 的高层建筑 （3）体型复杂且层数相差超过 10 层的高低层（含纯地下室）连体建筑 （4）20 层以上框架-核心筒结构及其他对差异沉降有特殊要求的建筑 （5）场地和地基条件复杂的 7 层以上的一般建筑及坡地、岸边建筑 （6）对相邻既有工程影响较大的建筑
乙级	除甲级、丙级以外的建筑
丙级	场地和地基条件简单、荷载分布均匀的 7 层及 7 层以下的一般建筑

桩基设计时，所采用的作用效应组合与相应的抗力应符合下列规定：

1）确定桩数和布桩时，应采用传至承台底面的荷载效应标准组合；相应的抗力应采用基桩或复合基桩承载力特征值。

2）计算荷载作用下桩基沉降和水平位移时，应采用荷载效应准永久组合；计算水平地震作用、风载作用下的桩基水平位移时，应采用水平地震作用、风载效应标准组合。

3）验算坡地、岸边建筑桩基的整体稳定性时，应采用荷载效应标准组合；抗震设防区，应采用地震作用效应和荷载效应的标准组合。

4）在计算桩基结构承载力、确定尺寸和配筋时，应采用传至承台顶面的荷载效应基本组合。当进行承台和桩身裂缝控制验算时，应分别采用荷载效应标准组合和荷载效应准永久组合。

5）桩基结构设计安全等级、结构设计使用年限和结构重要性系数 γ_0 应按现行有关建筑结构规范的规定采用，除临时性建筑外，重要性系数 γ_0 不应小于 1.0。

6）当对桩基结构进行抗震验算时，其承载力调整系数 γ_{RE} 应按 GB 50011—2010《建筑抗震设计规范》（2016 年版）的规定采用。

对软土、湿陷性黄土、季节性冻土和膨胀土、岩溶地区以及坡地岸边上的桩基和可能出现负摩阻力的桩基，均应根据各自不同的特殊条件，遵循相应的设计原则。

5.2 桩基设计计算的一般步骤和方法

桩基设计一般应满足如下技术要求：

1）桩基荷载不超过地基的承载能力。

2）桩基变形量小于容许变形值。

3）桩基结构应有足够的强度、刚度及耐久性。

桩基设计计算可分为桩基设计和桩基计算两大部分。这里桩基设计特指桩基方案的确定，主要包括桩基类型的确定、桩身截面和桩长的确定、桩数拟定及平面布置、桩身结构及承台结构设计。桩基计算内容可分为地基计算和结构验算两部分，其中地基计算包括桩基承载力验算和桩基变形计算；结构验算主要指基桩及承台的结构强度验算。对于桩基承载力验算，大多数规范采用的是基于容许承载力的定值设计法；对于结构强度验算，采用的是基于概率极限状态设计的分项系数法。

常规桩基础设计计算的一般步骤如下：

1）确定桩的类型和几何尺寸

2）确定单桩承载力

3）确定桩数及桩的平面布置、承台底面尺寸

4）地基验算，包括基桩承载力计算、承载力验算（基桩承载力验算、桩基软弱下卧层验算）、变形验算（沉降及水平位移）。

5）桩身结构设计及强度验算

6）承台结构设计及强度验算

以下将按照上述步骤介绍桩基础的常规设计计算方法。其中，对于桩基承载力的确定以及地基验算方法，在前述几章中已作详细叙述，本节将按《建筑桩基技术规范》的相关规定选用；对上述步骤中其余的内容将作较详细的介绍。

5.2.1　桩型的选择和基桩几何尺寸的确定

1. 桩型的选择

设计时应根据结构荷载性质、地层情况、施工工艺设备、施工队伍水平等条件，综合比较各类桩的特点，并结合当地相关工程经验，从而选择经济合理、安全适用的桩型。

不同类型的桩，由于采用不同的施工工艺、材料和构造，其工作性能、对环境影响和适用条件等也均有所差异。下面就以下主要特性进行比较：

（1）沉桩难易及承载能力　预制钢筋混凝土桩和沉管灌注桩不易穿透较厚的坚硬地层；受设备能力的限制，单节预制桩的长度不能过长，一般在 30m 以内，若更长时则需要接桩；由于节长规格无法临时变更，沉桩无法达到设计标高时，就不得不接桩。因此除钢桩、嵌岩桩外，预制混凝土桩、沉管灌注桩因受其沉桩能力的限制，其桩径、桩长不可太大，单桩极限承载力一般不超过 6000kN。

钻孔灌注桩直径可达 2m 以上，桩长可超过 100m，可适用于各种地层，桩端不仅可进入微风化基岩而且可扩底，挖孔灌注桩直径更可扩大至 2~3m，因此单桩的承载能力大，单桩极限承载力可达 15000kN 以上。

（2）振动和噪声　预制桩、沉管灌注桩在用锤击或振动法下沉时，施工噪声大，不宜在居住区周围使用。预制桩用静压法施工可消除噪声污染，而且可降低桩身混凝土强度等级、配筋率，是城区预制桩的主要施工方法。钻孔桩的施工过程振动、噪声小，也是城区建筑的常用桩型。

（3）挤土效应　预制钢筋混凝土桩、沉管灌注桩（无论打入、压入或振入）均属于挤土桩，在饱和软土中进行密集桩群施工将使土中超静孔隙水压力剧增（可达上覆土重的 1.4 倍，甚至更高）、地表隆起（如桩区内 50m，隆起总体积约为桩入土体积的 40%）、浅层土体水平位移（影响范围可达 1 倍桩长以上）、深层土体位移、先打设的桩被抬起和挤偏甚至弯曲和断裂。这将造成各种危害，包括原有建筑物下沉或局部抬起以致结构损坏，邻近路面开裂以及地下管线位移或破坏。钻孔灌注桩、挖孔灌注桩为非挤土桩，对邻近建筑物及地下管线危害很小。

有效控制和减轻沉桩的挤土影响已成为市区选用预制桩的前提条件。实践中已形成一些行之有效的方法，如设置防振沟、挤土井、预钻孔、排水砂井，控制沉桩速度以及调整打桩流水等。也可采用端部开口或半闭口的管桩，沉桩时部分土进入桩管内，减小了挤土效应，这类桩为部分挤土桩，内径越大挤土效应就越不明显，但端部有"土塞"桩的承载力较封闭式桩的小。

（4）施工应力及造价　预制桩的配筋往往是由搬运起吊和锤击时的施工工况所控制，远超过正常工作荷载对强度的要求，因此桩身混凝土强度等级高，配筋率也高，主筋要求通长配置，用钢量大。

灌注桩的优点是省去了预制桩的制作、运输、吊装和打入等工序，桩不承受这些过程中的弯折和锤击应力，从而节省了钢材和造价。仅承受轴向压力时，可不用配置钢筋，或仅用少量的构造筋；需配置钢筋时，按工作荷载要求布置，通常只在上部配筋，不用接头，节约了钢的用量，也不需使用强度等级高的混凝土，一般情况下，比预制桩经济。但钻孔灌注桩需泥浆处理，有一定的场地要求，而且其施工工序复杂，桩基施工周期比预制桩要长。

高强度预应力管桩（Prestressed High Strength Concrete Tube-shaped Piles，简称 PHC 桩）由于使用了预应力节省了用钢量，造价将会低于灌注桩。但需注意，考虑到预应力管桩的水平承载性状，上海市 DGJ 08—11—2018《地基基础设计标准》规定：需要满足 8 度抗震设防烈度要求的建筑物桩基，或抗震设防烈度为 7 度但桩身范围内有中等、严重液化土层时，不宜采用预应力桩。

（5）质量稳定性　预制桩的接头常形成桩身的薄弱环节。另外，沉桩的挤土效应可使先打设的桩被抬起，如果接桩不牢固，可使上下两节桩脱开。沉管灌注桩的挤土效应也可能使混凝土尚未结硬的邻桩被剪断，对策是科学合理地安排打桩顺序，如采取"跳打"顺序施工，待混凝土强度足够时再在它的近旁施打相邻桩。

与预制桩相比，灌注桩的主要缺点是桩身的混凝土质量不易控制和保证，在地下、水下灌注混凝土过程中容易出现离析、断桩、缩颈、露筋和夹泥的现象。

钻（冲）孔灌注桩在钻进过程中，是用泥浆防止孔壁坍塌，并借助泥浆的循环将孔内碎渣带出孔外，成孔过程中会使孔壁松弛并吸附泥皮、孔底沉淀钻渣，影响桩的承载能力。但在严格的管理、成熟的工艺前提下，可使这类影响得到有效控制。克服这一缺点的措施主要有：保证清孔质量，一般要求在沉放钢筋笼前后各进行一次清孔，孔底沉渣厚度控制在10cm 以内；采用后压浆施工工艺，通过预埋注浆管在成桩后进行桩底注浆，使桩底沉渣、桩侧泥皮得以置换并加固，形成后压浆钻孔灌注桩；利用机械削土方法或挤压方法做成葫芦串式的多级扩径桩；或创造一个在无水环境下浇筑混凝土的条件，例如套管护壁干取土施工工艺；或旋挖成孔，用可闭合开启的钻斗，旋转切挖土层，切挖下来的土层直接进入钻斗内，钻斗装满后提出孔外卸土，形成旋挖成孔灌注桩。

挖孔桩的施工质量比钻孔桩更有保证的主要原因：一是可在开挖面直接鉴别和检验孔壁和孔底的土质情况，弥补和纠正勘察工作的不足；二是能直接测定与控制桩身与桩底的直径及形状等，克服了地下工程的隐蔽性；三是挖土和浇筑混凝土都是在无水环境下进行，避免了泥水对桩身质量和承载力的影响。

2. 基桩几何尺寸确定

基桩几何尺寸包括桩长、截面尺寸。对于低承台桩基，有关桩长的概念如图 5-1 所示。其中入土长度（有效桩长）用以地基计算（承载力和沉降计算）；设计桩长用以桩身结构设计计算。

（1）一般根据持力层的埋深及承台底面的埋深确定桩的长度　通常选择坚实土层作为持力层。桩端全断面进入持力层的深度，对于黏性土、粉土不宜小于 2d，砂土不宜小于 1.5d，碎石类土不宜小于 1d。当存在软弱下卧层时，桩基以

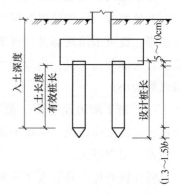

图 5-1　几个桩长的概念

下硬持力层厚度不宜小于 $3d$。当硬持力层较厚且施工条件许可时，桩端全断面进入持力层的深度宜达到桩端阻力的临界深度；嵌岩桩的最佳嵌岩深度为 $(3\sim6)d$，可以使桩端阻力和嵌岩段的侧阻力均能得到充分发挥。通常从结构构造要求及方便施工来拟定承台埋深。承台底标高决定于承台顶标高及承台厚度（厚度验算见承台设计内容）。

（2）一般根据当地经验和桩型选取截面尺寸　确定桩长与桩径是一个较为复杂的问题，受荷载情况、地层情况、桩型及施工等多因素影响，要兼顾到持力层、长径比、桩数（承台尺寸）等。拟定了截面尺寸后，还需进行桩身截面的强度验算，具体见之后的桩身设计内容。实践中，通常是根据地质资料、荷载特点、桩型特点，按当地类似工程的经验，先拟选桩长和桩径进行计算和布桩，并听取甲方及施工方等各方意见，然后再反复验算修改。

上海地区的建筑桩基常见桩型及截面尺寸如下：$\phi500\sim800\mathrm{mm}$ 的钻孔灌注桩；边长 $350\sim500\mathrm{mm}$ 的钢筋混凝土预制桩；$\phi400\sim500\mathrm{mm}$ 的高强度预应力管桩（抗震设防烈度为 8 度时禁用）；对于超高层（建筑高度超过 100m）建筑桩基，可采用更大直径的后注浆钻孔灌注桩和钢管桩，如上海环球金融中心采用 $\phi700\mathrm{mm}$ 钢管桩、金茂大厦采用 $\phi914\mathrm{mm}$ 钢管桩、上海中心大厦采用直径 1m 的后注浆钻孔灌注桩。

5.2.2　确定单桩承载力特征值 R_a（单桩容许承载力）

单桩承载力特征值 R_a 计算见式（2-16）。单桩极限承载力的确定方法主要有竖向静载荷试验及经验参数法。

1. 竖向静载荷试验

1）单桩极限承载力 Q_u 可由载荷试验曲线得到。陡降型 Q-S 曲线发生明显陡降的起始点对应的荷载或 S-$\lg t$ 曲线尾部明显向下弯曲的前一级荷载值即为单桩极限承载力 Q_u。对缓变型 Q-S 曲线，破坏荷载较难确定，一般取 $S=40\mathrm{mm}$ 对应的荷载作为单桩极限承载力；桩长大于 40m 时，宜考虑桩身弹性压缩量；对于大直径（不小于 800mm）桩，可取 $S=0.05D$（D 为桩端直径）对应的荷载。

2）单桩极限承载力标准值 Q_{uk} 由若干试桩的 Q_u 值进行统计确定。

2. 经验参数法

单桩极限承载力标准值计算见式（2-18），具体参见第 2 章相关内容。

5.2.3　确定桩数及其平面布置、承台底面尺寸

1. 桩数确定

竖向轴心及偏心荷载作用下的桩数都可按下式估算

$$n = \mu \frac{F+G}{R_a} \tag{5-1}$$

式中　μ——考虑偏心荷载等因素而增加桩数的经验系数，可取 $\mu=1.0\sim1.2$；

　　　　F——荷载效应标准组合下，作用于桩基承台顶面的竖向力（kN）；

　　　　G——桩基承台和承台上土的自重标准值（kN）（地下水位以下部分应扣除水的浮力）；

R_a——单桩承载力特征值（kN）。

当未确定承台尺寸时，式（5-1）中可暂不计自重，在之后的桩基验算时再计算自重。

2. 桩的中心距

桩距一般为（3~4）d，d 为桩的直径或边长。JGJ 94—2008《建筑桩基技术规范》对桩的布置做了规定，见表 5-2。

表 5-2 桩的最小中心距

土类与成桩工艺		排数不少于 3 排且桩数不少于 9 根的摩擦型桩桩基	其他情况
非挤土灌注桩		3.0d	3.0d
部分挤土桩	非饱和土、饱和非黏性土	3.5d	3.0d
	饱和黏性土	4.0d	3.5d
挤土桩	非饱和土、饱和非黏性土	4.0d	3.5d
	饱和黏性土	4.5d	4.0d
钻、挖孔扩底桩		2D 或 D+2.0m（当 D>2m）	1.5D 或 D+1.5m（当 D>2m）
沉管夯扩、钻孔挤扩桩	非饱和土、饱和非黏性土	2.2D 且 4.0d	2.0D 且 3.5d
	饱和黏性土	2.5D 且 4.5d	2.2D 且 4.0d

注：1. d—圆桩直径或方桩边长，D—扩大端设计直径。

2. 当纵横向桩距不相等时，其最小中心距应满足"其他情况"一栏的规定。

3. 当为端承型桩时，非挤土灌注桩的"其他情况"一栏可减小至 2.5d。

3. 桩群的平面布置

桩群的平面布置形式一般有行列式（方形或矩形网格）及梅花式（三角形网格）。布置原则如下：

1）排列基桩时宜使桩群承载合力点与竖向永久荷载合力作用点重合，并使基桩受水平力和力矩较大方向有较大的抗弯截面模量，以使基桩中受力比较均匀。

2）桩群的布置还应考虑优化基础结构的受力条件和调平桩基变形。对于桩箱基础、剪力墙结构桩筏基础（含平板和梁板式承台），宜将桩布置于墙下；对于框架-核心筒结构桩筏基础，宜将桩布置于梁核心筒和柱下，外围框架桩宜采用复合桩基，桩长宜小于核心筒下基桩（有合适桩端持力层时）。

4. 承台底面尺寸

一般要求边桩中心距离承台边缘不小于一倍桩径（或边长）且桩的外边缘至承台边缘的距离应不小于 150mm。如图 5-2 所示，由初步确定的桩数、桩距及布置方式，即可确定承台底面尺寸。

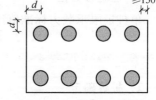

图 5-2 承台底面尺寸的确定

5.2.4 地基验算

1. 确定基桩承载力特征值 R

考虑承台效应时复合基桩承载力特征值 R 计算见式（2-47）、式（2-48），该方法是

《建筑桩基技术规范》《建筑地基基础规范》采用的方法。对于《公路桥涵地基与基础设计规范》《铁路桥涵地基和基础设计规范》，单桩承载力特征值则用单桩承载力容许值表示，并且不考虑承台效应，其群桩效应问题由群桩承载力验算来反映。

2. 桩基承载力的验算

（1）基桩承载力验算（桩顶作用效应验算）　对于一般建筑物和受水平荷载（包括力矩与水平剪力）较小的高层建筑桩基础，按以下方法验算（见图 5-3）：

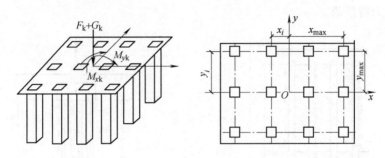

图 5-3　基桩桩顶作用效应计算简图

1）竖向承载力验算

轴心荷载作用下

$$N_k = \frac{F_k + G_k}{n} \tag{5-2}$$

偏心荷载作用下

$$N_{kmin}^{kmax} = \frac{F_k + G_k}{n} \pm \frac{M_{xk} y_{max}}{\sum_{j=1}^{n} y_j^2} \pm \frac{M_{yk} x_{max}}{\sum_{j=1}^{n} x_j^2} \tag{5-3}$$

验算要求　　　　$N_k \leqslant R$　　$N_{kmax} \leqslant 1.2R$ (5-4)

当 $N_{kmin} < 0$ 时，还需验算抗拔承载力。

2）水平承载力验算

$$H_{ik} = \frac{H_k}{n} \tag{5-5}$$

验算要求：　　　　　　$H_{ik} \leqslant R_h$ (5-6)

式中　　N_k——荷载效应标准组合时基桩所受的平均竖向力（kN）；

F_k——荷载效应标准组合时作用于承台顶的竖向荷载（kN）；

G_k——承台与台上土的自重标准值（kN），地下水位以下部分扣除水的浮力；

H_k——荷载效应标准组合时作用于承台底面的水平力（kN）；

n——桩基中的桩数；

M_{xk}、M_{yk}——荷载效应标准组合时作用于承台底面对桩群形心的 x、y 轴的力矩（kN·m）；

N_{kmax}、N_{kmin}——偏心荷载下基桩桩顶所受的最大及最小竖向力（kN）；

x_{max}、y_{max}——边缘基桩中心到 y、x 轴的最大距离（m）；

R——基桩（或复合基桩）竖向承载力特征值（kN）；

R_h——基桩（或复合基桩）水平承载力特征值（kN）。

对于受较大水平荷载的高层建筑，桩顶作用力的计算采用 m 法，具体见第四章水平受荷桩计算的相关内容。

（2）群桩软弱下卧层承载力验算　如图 5-4 所示，当桩端平面以下荷载影响范围内存在承载力小于持力层承载力 1/3 的软弱下卧层时，可能会发生桩基冲破硬持力层的冲剪破坏。验算原则：扩散到软弱下卧层顶面的附加应力与软弱下卧层顶面土自重应力之和应小于软弱下卧层的承载力特征值。

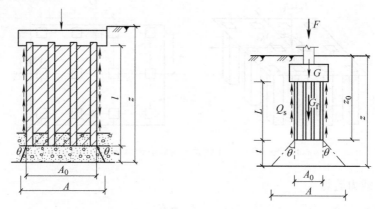

图 5-4　群桩软弱下卧层承载力验算

等效实体深基础基底附加压力 p_0 为

$$p_0 = P - \sigma_c = \frac{F + G + G_f - 2(A_0 + B_0)\Sigma q_{ski}l_i}{A_0 B_0} - \gamma z_0 \tag{5-7}$$

由

$$G_f = \gamma A_0 B_0 z_0 \tag{5-8}$$

则有

$$p_0 = \frac{F + G - 2(A_0 + B_0)\Sigma q_{ski}l_i}{A_0 B_0} \tag{5-9}$$

等效实体深基础基底附加压力 p_0 向下扩散作用在软弱层顶的附加应力 σ_z 为

$$p_0 A_0 B_0 = \sigma_z AB \tag{5-10}$$

$$\sigma_z = \frac{p_0 A_0 B_0}{A \times B} = \frac{F_k + G_k - 2(A_0 + B_0)\Sigma q_{ski}l_i}{(A_0 + 2t\tan\theta)(B_0 + 2t\tan\theta)} \tag{5-11}$$

软弱层顶的附加应力与自重应力之和应小于软土承载力特征值，见式（2-50）。

在《建筑桩基技术规范》中，考虑到荷载传递机理，认为在软弱下卧层进入临界状态前基桩侧阻平均值已接近于极限，此时传递至桩端平面的荷载，为扣除实体基础外表面总极限侧阻力的 3/4 而非 1/2 总极限侧阻力，则有

$$\frac{(F_k + G_k) - 3/2(A_0 + B_0)\Sigma q_{ski}l_i}{(A_0 + 2t\tan\theta)(B_0 + 2t\tan\theta)} + \gamma_i z \leqslant f_{az} \tag{5-12}$$

式中　F_k、G_k——荷载效应标准组合时承台顶的竖向荷载、承台与台上的土重标准值（kN）；

A_0、B_0——桩群外缘矩形面积的边长（m）；

q_{sik}——桩周第 i 层土的极限侧阻力标准值（kPa），无当地经验时，可根据按表 2-3 取值；

t——桩端至软弱层顶面的距离（m）；

z——地面距软弱层顶面的深度（m）；

θ——桩端硬持力层压力扩散角，可查表 2-11，表中 b 取群桩实体基础宽度 B_0；

γ_i——软弱层顶面以上土层重度，对于分层地基，取按各土层厚度的加权平均值，在地下水位以下取浮重度（kN/m³）；

f_{az}——软弱下卧层经深度修正的地基承载力特征值（kPa）。

3. 桩基沉降计算

桩基沉降的简化计算方法主要有实体深基础法（等代墩基法）及 Mindlin-Geddes 应力解法（明德林-盖得斯法）两大类，详见第 3 章相关内容。

另外，关于沉降计算时基桩荷载 Q 的取值，上海市 DGJ 08—11—2018《地基基础设计标准》规定如下

$$Q=\frac{F+a\times b\times D\times \gamma_G - a\times b\times D\times \gamma}{n}+A_p L(\gamma_{桩}-\gamma) \qquad (5\text{-}13)$$

式中　F——上部结构作用效应准永久组合值（kN）；

a、b——承台底面尺寸（m）；

D——承台埋深（m）；

γ_G——承台及其上土的平均重度，取 20kN/m³，水下扣除浮力；

A_p——桩截面面积（m²）；

L——桩长（m）；

$\gamma_{桩}$——桩的重度（kN/m³），水下扣除浮力；

γ——土的重度（kN/m³），水下取浮重度。

5.2.5　桩身强度验算及结构设计

1. 按材料强度验算单桩抗压承载力

按材料强度验算单桩抗压承载力计算详见第二章式（2-33）及式（2-34），另外，桩身还应进行裂缝控制计算。具体参见 GB 50010—2010《混凝土结构设计规范》（2015 年版）、GB 50017—2017《钢结构设计标准》和 GB 50011—2010《建筑抗震设计规范》（2016 年版）的有关规定。

三峡大坝
混凝土芯样

2. 桩身结构设计

桩身结构强度验算需考虑整个施工阶段和使用阶段期间的各种最不利受力状态。对于预制桩，在吊运和沉桩过程中所产生的内力往往在桩身结构计算中起到控制作用；而灌注桩在施工结束后才成桩，桩身结构设计由使用荷载确定。

（1）预制桩结构设计　预制桩的桩身结构设计由施工荷载确定。预制桩在施工过程中

的最不利受力状况，主要出现在吊运和锤击沉桩时。一般按吊运过程中引起的内力对桩身的配筋进行验算，通常情况下它对桩的配筋起决定作用。

1) 吊运引起的内力。桩在吊运过程中的受力状态与梁相同（见图 5-5）。一般按两支点（桩长 $L<18m$ 时）或三支点（桩长 $L>18m$ 时）起吊和运输，在打桩架下竖起时，按一点吊立。吊点的设置应使桩身在自重下产生的正负弯矩相等。由此可得：

$$两吊点 \qquad\qquad M = 0.0214kql^2 \qquad\qquad (5\text{-}14)$$

$$一吊点 \qquad\qquad M = 0.0429kql^2 \qquad\qquad (5\text{-}15)$$

式中　k——反映桩在吊运过程中可能受到的冲撞和振动影响而采取的动力系数，一般取 $k=1.5$；

　　　q——桩单位长度的自重设计值；

　　　l——设计桩长。

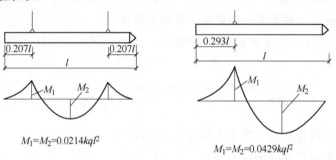

图 5-5　预制桩的吊点位置及弯矩图

2) 沉桩引起的内力。沉桩常用的有锤击法和静力压桩法两种。静力压桩法在正常的沉桩过程中，其桩身应力一般小于吊运运输过程和使用阶段的应力，故不必验算。

锤击法沉桩在桩身中产生了应力波的传递，桩身受到锤击压应力和拉应力的反复作用，需要进行桩身结构的动应力计算。对于一级建筑桩基、桩身有抗裂要求和处于腐蚀性土质中的打入式预制混凝土桩、钢桩，锤击压应力应小于桩材的轴心抗压强度设计值，锤击拉应力值应小于桩身材料的抗拉强度设计值（锤击压应力和拉应力的计算见《建筑桩基技术规范》）。

3) 主要构造要求。

① 混凝土预制桩的截面边长不应小于 200mm；预应力混凝土预制实心桩的截面边长不宜小于 350mm。

② 预制桩的混凝土强度等级不宜低于 C30；预应力混凝土实心桩的混凝土强度等级不应低于 C40；预制桩纵向钢筋的混凝土保护层厚度不宜小于 30mm。

③ 预制桩的桩身配筋应按吊运、打桩及桩在使用中的受力等条件计算确定。采用锤击法沉桩时，预制桩的最小配筋率不宜小于 0.8%。静压法沉桩时，最小配筋率不宜小于 0.6%。桩内主筋通常都是沿着桩长均匀分布，一般设 4 根（截面边长 $a<300mm$）或 8 根（$a=350\sim550mm$）主筋，主筋直径 14~25mm。箍筋直径 6~8mm，间距不大于 200mm。打入桩桩顶以下 4~5 倍桩身直径长度范围内箍筋应加密，并设置钢筋网片（见图 8-1）。

④ 预制桩的分节长度应根据施工条件及运输条件确定；每根桩的接头数量不宜超过 3 个。

JC/T 934—2004《预制钢筋混凝土方桩》、《国家建筑标准设计图集 10G409——预应力混凝土管桩》等规范规程中给出的配筋均已按桩在吊运、运输、就位过程产生的最大内力进行强度和抗裂度验算，且已满足构造要求。不过在套用该图集时要注意的是，只有当桩身混凝土强度达到设计强度 70% 时方可起吊，达到 100% 时才能运输。当不能满足标准图或产品所注明的规定与要求时，应根据实际情况验算配筋。

（2）灌注桩结构设计

1）灌注桩的桩身结构设计由使用荷载确定，桩身内力计算方法见第 4 章内容。

2）主要构造要求。

① 灌注桩的桩身混凝土强度等级不得小于 C25，主筋的混凝土保护层厚度不应小于 35mm，水下灌注桩的主筋混凝土保护层厚度不得小于 50mm。为保证桩头具有设计强度，施工时应超灌 50cm 以上，以除掉混凝土浇注面处浮浆层。

② 配筋率：当桩身直径为 300~2000mm 时，正截面配筋率可取 0.65%~0.2%（大桩径取低值，小桩径取高值）；对受荷载特别大的桩、抗拔桩和嵌岩端承桩应根据计算确定配筋率，并不应小于上述规定值。

③ 配筋长度。端承型桩和位于坡地岸边的基桩应沿桩身等截面或变截面通长配筋。桩径大于 600mm 的摩擦型桩配筋长度不应小于 2/3 桩长；当受水平荷载时，配筋长度尚不宜小于 $4.0/\alpha$（α 为桩的水平变形系数）。对于受地震作用的基桩，桩身配筋长度应穿过可液化土层和软弱土层，桩进入液化土层以下稳定土层的长度（不包括桩尖部分）应按计算确定；对于碎石土，砾、粗、中砂，密实粉土，坚硬黏性土尚不应小于 2~3 倍桩身直径，对其他非岩石土尚不宜小于 4~5 倍桩身直径。受负摩阻力的桩、因先成桩后开挖基坑而随地基土回弹的桩，其配筋长度应穿过软弱土层进入稳定土层，进入的深度不应小于 2~3 倍桩身直径。抗拔桩及因地震作用、冻胀或膨胀力作用而受拉拔力的桩，应等截面或变截面通长配筋。

④ 对于受水平荷载的桩，主筋不应小于 $8\phi12mm$；对于抗压桩和抗拔桩，主筋不应少于 $6\phi10mm$；纵向主筋应沿桩身周边均匀布置，其净距不应小于 60mm（见图 8-2）。

⑤ 箍筋应采用螺旋式，直径不应小于 6mm，间距宜为 200~300mm；受水平荷载较大桩基、承受水平地震作用的桩基以及考虑主筋作用计算桩身受压承载力时，桩顶以下 $5d$ 范围内的箍筋应加密，间距不应大于 100mm；当桩身位于液化土层范围内时箍筋应加密；当考虑箍筋受力作用时，箍筋配置应符合 GB 50010—2010《混凝土结构设计规范》（2015 年版）的有关规定；当钢筋笼长度超过 4m 时，应每隔 2m 设一道直径不小于 12mm 的焊接加劲箍筋。

5.2.6　承台设计和验算

承台设计需满足构造要求和结构验算。其中结构验算包括承台厚度验算、承台抗弯验算以及承台局部受压验算。

1. 承台构造要求

独立柱下桩基承台的最小宽度不应小于 500mm，边桩中心至承台边缘的距离不应小于桩的直径或边长，且桩的外边缘至承台边缘的距离不应小于 150mm。对于墙下条形承台梁，桩的外边缘至承台梁边缘的距离不应小于 75mm。

为满足承台基本刚度、桩与承台的连接等构造需要，承台的最小厚度不应小于 300mm。高层建筑平板式和梁板式筏形承台的最小厚度不应小于 400mm，墙下布桩的剪力墙结构筏形承台的最小厚度不应小于 200mm。高层建筑箱形承台的构造应符合 JGJ 6—2011《高层建筑筏形与箱形基础技术规范》的规定。

承台的钢筋配置应符合下列规定：

1）柱下独立桩基承台纵向受力钢筋应通长配置，对四桩以上（含四桩）承台宜按双向均匀布置，对三桩的三角形承台应按三向板带均匀布置，且最里面的三根钢筋围成的三角形应在柱截面范围内。纵向钢筋锚固长度自边桩内侧（当为圆桩时，应将其直径乘以 0.8 等效为方桩）算起，不应小于 $35d_g$（d_g 为钢筋直径）；当不满足时应将纵向钢筋向上弯折，此时水平段的长度不应小于 $25d_g$，弯折段长度不应小于 $10d_g$。承台纵向受力钢筋的直径不应小于 12mm，间距不应大于 200mm。柱下独立桩基承台的最小配筋率不应小于 0.15%。

2）柱下独立两桩承台，应按 GB 50010—2010《混凝土结构设计规范》（2015 年版）中的深受弯构件配置纵向受拉钢筋、水平及竖向分布钢筋。承台纵向受力钢筋端部的锚固长度及构造应与柱下多桩承台的规定相同。

3）条形承台梁的纵向主筋应符合《混凝土结构设计规范》（2015 年版）关于最小配筋率的规定，主筋直径不应小于 12mm，架立筋直径不应小于 10mm，箍筋直径不应小于 6mm。承台梁端部纵向受力钢筋的锚固长度及构造应与柱下多桩承台的规定相同。

4）筏形承台板或箱形承台板在计算中当仅考虑局部弯矩作用时，考虑到整体弯曲的影响，在纵横两个方向的下层钢筋配筋率不宜小于 0.15%；上层钢筋应按计算配筋率全部连通。当筏板的厚度大于 2000mm 时，宜在板厚中间部位设置直径不小于 12mm、间距不大于 300mm 的双向钢筋网。

5）承台底面钢筋的混凝土保护层厚度，当有混凝土垫层时，不应小于 50mm，无垫层时不应小于 70mm；此外尚不应小于桩头嵌入承台内的长度。

另外，承台和地下室外墙与基坑侧壁间隙应灌注素混凝土，或采用灰土、级配砂石、压实性较好的素土分层夯实，其压实系数不宜小于 0.94。

2. 承台厚度验算

先假定承台厚度，再进行冲切验算及抗剪切验算。板式承台的厚度往往由冲切验算决定；条形承台梁高度往往由承台斜截面剪切验算决定；柱下独立承台应同时验算剪切及冲切承载力。

（1）承台抗冲切验算　包括柱对承台的冲切及基桩对承台的冲切。

1）柱对承台的冲切（见图 5-6）。由于柱的冲切力要扣除破坏锥体底面下各桩的净反力，当扩散角等于 45°时，可能覆盖更多的桩，导致冲切力减小，因而不一定最危险。JGJ 94—2008

《建筑桩基技术规范》中，冲切破坏锥体采用自柱边或承台变阶处至相应桩顶边缘连线所构成的 ≥45°的锥体。

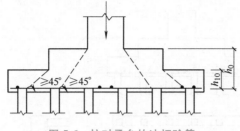

图 5-6　柱对承台的冲切验算

冲切验算公式为

$$F_l \leqslant \beta_{\mathrm{hp}}\beta_0 u_{\mathrm{m}} f_{\mathrm{t}} h_0 \tag{5-16}$$

$$F_l = F - \Sigma Q_i \tag{5-17}$$

$$\beta_0 = \frac{0.84}{\lambda + 0.2} \tag{5-18}$$

式中　F_l——不计承台及其上土重，在荷载效应基本组合下作用于冲切破坏锥体上的冲切力设计值；

β_{hp}——承台受冲切承载力截面高度影响系数，当 $h \leqslant 800\mathrm{mm}$ 时，β_{hp} 取 1.0，$h \geqslant 2000\mathrm{mm}$ 时，β_{hp} 取 0.9，其间按线性内插法取值；

β_0——柱（墙）冲切系数；

u_{m}——承台冲切破坏锥体一半有效高度处的周长；

f_{t}——承台混凝土抗拉强度设计值；

h_0——承台冲切破坏锥体的有效高度；

F——不计承台及其上土重，在荷载效应基本组合作用下柱（墙）底的竖向荷载设计值；

ΣQ_i——不计承台及其上土重，在荷载效应基本组合下冲切破坏锥体内各基桩或复合基桩的反力设计值之和；

λ——冲跨比，$\lambda = a_0/h_0$，a_0 为柱（墙）边或承台变阶处到桩边水平距离，当 $\lambda <$ 0.25 时，取 $\lambda = 0.25$，当 $\lambda > 1.0$ 时，取 $\lambda = 1.0$。

① 对于柱下矩形独立承台受柱冲切（见图 5-7）的承载力可按下式计算

$$F_l \leqslant 2[\beta_{0x}(b_c + a_{0y}) + \beta_{0y}(h_c + a_{0x})]\beta_{\mathrm{hp}} f_{\mathrm{t}} h_0 \tag{5-19}$$

式中　β_{0x}、β_{0y}——x、y 方向的柱冲切系数，由式（5-17）求得，$\lambda_{0x} = a_{0x}/h_0$，$\lambda_{0y} = a_{0y}/h_0$；$\lambda_{0x}$、$\lambda_{0y}$ 均应满足 0.25~1.0 的要求；

h_c、b_c——x、y 方向的柱截面的边长；

a_{0x}、a_{0y}——x、y 方向柱边离最近桩边的水平距离。

② 对于柱下矩形独立阶形承台受上阶冲切（见图 5-7）的承载力可按下式计算

$$F_l \leqslant 2[\beta_{1x}(b_1 + a_{1y}) + \beta_{1y}(h_1 + a_{1x})]\beta_{\mathrm{hp}} f_{\mathrm{t}} h_{10} \tag{5-20}$$

式中　β_{1x}、β_{1y}——计算见前 β_0，$\lambda_{1x} = a_{1x}/h_{10}$，$\lambda_{1y} = a_{1y}/h_{10}$，$\lambda_{1x}$、$\lambda_{1y}$ 均应满足 0.25~1.0 的要求；

h_1、b_1——x、y 方向承台上阶的边长；

a_{1x}、a_{1y}——x、y 方向承台上阶边离最近桩边的水平距离。

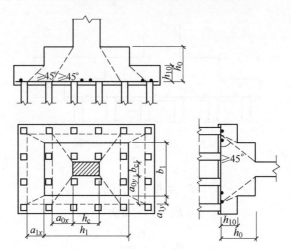

图 5-7　柱对矩形承台的冲切验算

对于圆柱及圆桩，计算时应将其截面换算成方柱及方桩，即取换算柱截面边长 $b_c = 0.8d_c$（d_c 为圆柱直径），换算桩截面边长 $b_p = 0.8d$（d 为圆桩直径）。

对于柱下双桩承台，不需进行受冲切承载力计算，通过受弯、受剪承载力计算确定承台的厚度和配筋。

2）基桩对承台的冲切。指柱冲切破坏锥体以外的基桩对承台的冲切。包括角桩的冲切和内部基桩的冲切。

① 对于四桩以上（含四桩）矩形承台受角桩冲切的承载力计算（见图 5-8）。在偏心荷载下某一角桩会承受最大的竖向荷载，另一方面角桩向上冲切时，抗冲切的锥面只有一半（如对于四棱台只有两个冲切面），可见角桩的冲切是最危险的。

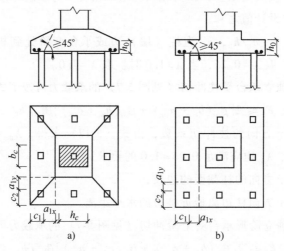

图 5-8　多桩矩形承台的角桩冲切验算

a）锥形承台　b）阶形承台

$$N_l \leqslant [\beta_{1x}(c_2 + a_{1y}/2) +$$
$$\beta_{1y}(c_1 + a_{1x}/2)]\beta_{hp} f_t h_0 \tag{5-21}$$

$$\beta_{1x} = \frac{0.56}{\lambda_{1x} + 0.2} \qquad \beta_{1y} = \frac{0.56}{\lambda_{1y} + 0.2} \tag{5-22}$$

式中　N_l——不计承台及其上土重，在荷载效应基本组合作用下角桩（含复合基桩）反力设计值；

β_{1x}、β_{1y}——角桩冲切系数；

a_{1x}、a_{1y}——从承台底角桩顶内边缘引 45°冲切线与承台顶面相交点至角桩内边缘的水平距离，当柱（墙）边或承台变阶处位于该 45°线以内时，则取由柱（墙）边或承台变阶处与桩内边缘连线为冲切锥体的锥线；

h_0——承台外边缘的有效高度；

λ_{1x}、λ_{1y}——角桩冲跨比，$\lambda_{1x} = a_{1x}/h_0$，$\lambda_{1y} = a_{1y}/h_0$，其值均应满足 0.25～1.0 的要求。

② 对于三桩三角形承台的角桩冲切计算（45°冲切），如图 5-9 所示。

底部角桩

$$N_l \leqslant \beta_{11}(2c_1 + a_{11})\beta_{hp}\tan\frac{\theta_1}{2}f_t h_0 \tag{5-23}$$

$$\beta_{11} = \frac{0.56}{\lambda_{11} + 0.2} \tag{5-24}$$

顶部角桩

$$N_l \leqslant \beta_{12}(2c_2 + a_{12})\beta_{hp}\tan\frac{\theta_2}{2}f_t h_0 \tag{5-25}$$

$$\beta_{12} = \frac{0.56}{\lambda_{12} + 0.2} \tag{5-26}$$

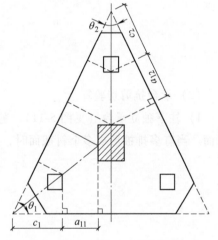

图 5-9　三桩三角形承台的角桩冲切验算

式中　λ_{11}、λ_{12}——角桩冲跨比，$\lambda_{11} = a_{11}/h_0$，$\lambda_{12} = a_{12}/h_0$，其值均应满足 0.25～1.0 的要求；

a_{11}、a_{12}——从承台底角桩顶内边缘引 45°冲切线与承台顶面相交点至角桩内边缘的水平距离，当柱（墙）边或承台变阶处位于该 45°线以内时，则取由柱（墙）边或承台变阶处与桩内边缘连线为冲切锥体的锥线。

③ 对于箱形、筏形承台受内部基桩的冲切计算（45°冲切），如图 5-10 所示。

受基桩冲切时

$$N_1 \leqslant 2.8(b_p + h_0)\beta_{hp} f_t h_0 \tag{5-27}$$

受桩群冲切时

$$\Sigma N_{1i} \leqslant 2[\beta_{0x}(b_y + a_{0y}) + \beta_{0y}(b_x + a_{0x})]\beta_{hp} f_t h_0 \tag{5-28}$$

式中　N_1、ΣN_{1i}——不计承台和其上土重，在荷载效应基本组合下，基桩或复合基桩的净反力设计值、冲切锥体内各基桩或复合基桩反力设计值之和。

β_{0x}、β_{0y}——x、y方向的冲切系数，由式（5-17）求得，$\lambda_{0x} = a_{0y}/h_0$，$\lambda_{0y} = a_{0y}/h_0$，$\lambda_{0x}$、$\lambda_{0y}$均应满足 0.25～1.0 的要求。

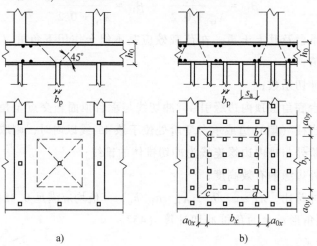

图 5-10　筏（箱）承台受内部基桩的冲切验算

a）受基桩冲切　b）受桩群冲切

（2）承台抗剪切验算

1）柱下独立承台（见图 5-11）。剪切面为柱边（墙边）及变阶处和桩边连线形成的斜截面。当有多排桩形成多个斜截面时，应对每个斜截面进行验算。

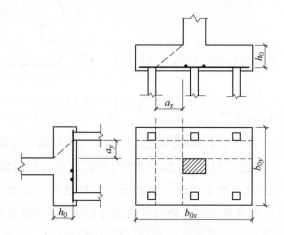

图 5-11　柱下独立承台抗剪验算

$$V \leqslant \beta_{hs}\alpha f_t b_0 h_0 \qquad (5\text{-}29)$$

$$\alpha = \frac{1.75}{\lambda + 1} \qquad \beta_{hs} = \left(\frac{800}{h_0}\right)^{1/4} \qquad (5\text{-}30)$$

式中　V——不计承台及其上土自重的相应于荷载效应基本组合时斜截面的最大剪力设计值；

β_{hs}——受剪切承载力截面高度影响系数，当 $h_0 < 800\text{mm}$ 时，取 $h_0 = 800\text{mm}$，当 $h_0 > 2000\text{mm}$ 时，取 $h_0 = 2000\text{mm}$，其间按线性内插法取值；

α——承台剪切系数；

f_t——混凝土轴心抗拉强度设计值；

b_0——承台计算截面处的计算宽度；

h_0——承台计算截面处的有效高度；

λ——计算截面的剪跨比，$\lambda_x = a_x/h_0$，$\lambda_y = a_y/h_0$，此处，a_x，a_y 为柱边（墙边）或承台变阶处至 y、x 方向计算一排桩的桩边的水平距离，当 $\lambda < 0.25$ 时，取 $\lambda = 0.25$；当 $\lambda > 3$ 时，取 $\lambda = 3$。

对于阶梯形承台及锥形承台在变阶处及柱边处的斜截面受剪承载力计算，具体见相关规范。

2）墙（柱）下条形承台梁（包括两桩承台）和梁板式筏形承台的梁。受剪承载力可按 GB 50010—2010《混凝土结构设计规范》（2015 年版）进行计算。

3. 承台抗弯验算

（1）柱下独立承台

1）多桩矩形承台和两桩条形承台（见图 5-12）。弯矩计算截面取在柱边和承台变阶处，计算公式为

$$M_x = \Sigma N_i y_i \tag{5-31}$$

$$M_y = \Sigma N_i x_i \tag{5-32}$$

式中　N_i——不计承台和承台上土自重在荷载效应基本组合下的第 i 基桩或复合基桩竖向反力设计值。

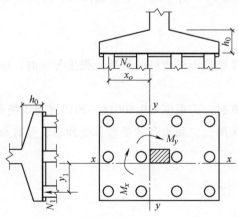

图 5-12　多桩矩形承台抗弯验算

2）等边三桩承台（见图 5-13）。

$$M = \frac{N_{\max}}{3}\left(s_a - \frac{\sqrt{3}}{4}c\right) \tag{5-33}$$

对于等腰三桩承台的计算，具体见相关规范。

关于钢筋的布置，对四桩以上（含四桩）承台，按双向均匀布置；对三桩的三角形承台，按三向板带均匀布置，且最里面的三根钢筋围成的三角形应在柱截面范围之内（见图 5-14）。

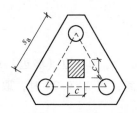

图 5-13　等边三桩承台抗弯验算

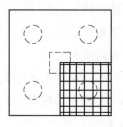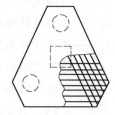

图 5-14　承台底面钢筋的布置

（2）箱形、筏形承台　箱形承台和筏形承台的弯矩宜考虑地基土层性质、基桩分布、承台和上部结构类型和刚度，按地基-桩-承台-上部结构共同作用原理分析计算，见本章第三节。对于箱形承台，当桩端持力层为基岩、密实的碎石类土、砂土且深厚均匀时；当上部结构为剪力墙；当上部结构为框架-核心筒结构且按变刚度调平原则布桩时，箱形承台底板可仅按局部弯矩作用进行计算。对于筏形承台，当桩端持力层深厚坚硬、上部结构刚度较好，且柱荷载及柱间距的变化不超过 20% 时；或当上部结构为框架-核心筒结构且按变刚度调平原则布桩时，可仅按局部弯矩作用进行计算。

（3）柱下条形承台　一般宜考虑地基基础的共同作用按弹性地基梁分析计算。当桩端持力层坚硬均匀，且桩柱轴线不重合时，可视桩为不动铰支座，按连续梁计算。

（4）墙下条形承台　砌体墙下的条形承台梁，可按倒置的弹性地基梁计算弯矩和剪力（具体见《建筑桩基技术规范》）。对于承台上的砌体墙，还应验算桩顶范围砌体的局部承压强度。

4. 承台局部受压验算

当承台的混凝土强度等级低于柱或桩的混凝土强度等级时，应验算柱下或桩上承台的局部受压承载力。

当进行承台的抗震验算时，应根据 GB 50011—2010《建筑抗震设计规范》（2016 年版）的规定对承台顶面的地震作用效应和承台的受弯、受冲切、受剪承载力进行抗震调整，详见本章第五节。

5.2.7　桩与承台的连接

桩与承台有两种连接方式，即主筋伸入和桩顶埋入。

1. 主筋伸入方式

JGJ 94—2008《建筑桩基技术规范》规定，主筋伸入连接应满足以下两个构造要求：

1）桩身嵌入承台内长度对中等直径桩不宜小于 50mm；对大直径桩不宜小于 100mm；

2）桩顶纵向主筋应锚入承台内，其锚入长度不宜小于 35 倍纵向主筋直径。对于抗拔桩，桩顶纵向主筋的锚固长度应按 GB 50010—2010《混凝土结构设计规范》（2015 年版）

确定。

另外，对于大直径灌注桩，当采用一柱一桩时可设置承台或将桩与柱直接连接。

2. 桩顶埋入方式

JTG 3363—2019《公路桥涵地基与基础设计规范》规定，采取桩顶直接埋入承台方式时，在桩顶应设置钢筋网以扩散应力。桩身埋入承台的长度应满足以下构造要求：

1）$d<0.6$m 时，L 不小于 $2d$（d 为桩径或边长；L 为埋入长度）。

2）$d=0.6\sim1.2$m 时，L 不小于 $1.2d$。

3）$d>1.2$m 时，L 不小于 d。

5.2.8 承台与承台的连接

JGJ 94—2008《建筑桩基技术规范》规定，承台之间的连接应符合下列要求：

1）一柱一桩时，应在桩顶两个主轴方向上设置联系梁。当桩与柱的截面直径之比大于2时，可不设联系梁。

2）两桩桩基的承台，应在其短向设置联系梁。

3）单排桩条形承台，宜在垂直于承台梁方向的适当部位设置联系梁。

4）有抗震设防要求的柱下桩基承台，宜沿两个主轴方向设置联系梁。

联系梁可取柱轴力的 1/10 为两端拉压力，粗略确定截面尺寸和配筋。其构造要求如下：

1）联系梁顶面宜与承台顶面位于同一标高。联系梁宽度不宜小于 250mm，其高度可取承台中心距的 1/15~1/10，且不宜小于 400mm。

2）联系梁配筋应按计算确定，梁上下部配筋不宜小于 2 根直径 12mm 钢筋；位于同一轴线上的联系梁纵向钢筋宜通长配置。

5.3 高层建筑桩基础设计要点

高层建筑由于竖向荷载与水平荷载都比较大，同时对倾斜比较敏感，设计时如采用天然地基上的浅基础（即使是箱、筏基础）常不能满足地基承载力和地基稳定性的设计要求，也较难控制差异沉降。桩基础则以其较大的承载潜力和抵御复杂荷载的特殊性能以及对各种地质条件的良好适应性，已成为高层建筑理想的基础型式。

高层建筑桩基础的结构型式主要取决于上部结构的型式与布置，以及地质条件与桩型。归纳起来主要有两大类。第一类包括独立承台和梁式承台，第二类包括桩筏基础和桩箱基础。第一类桩基结构型式的设计方法见本章第二节，本节主要介绍桩筏（箱）基础的设计要点。

当建筑物荷载较大时，或受地质条件或施工条件限制，单桩的承载力不高时，通常满堂布桩或局部满堂布桩才足以支承建筑荷载，通过整块钢筋混凝土板把柱、墙（筒）的集中荷载传递给桩。根据浅基础的分类习惯，将这种板称为筏，将这一类桩基础称为桩-筏基础。筏板可做成梁板式或平板式。桩-筏基础主要适用于软土地基上的筒体结构、框剪结构，以便借助高层结构的巨大刚度来弥补基础刚度的不足。不过若为端承桩基，则也可用于框架结构。

桩-箱基础是通过具有底板、顶板、外墙和若干纵横内隔墙构成的箱形结构将上部结构荷载分配给桩。由于其刚度很大，具有调整各桩受力和沉降的良好性能，因此在软弱地基上建造高层建筑时曾经较多采用过这种基础形式。虽然桩-箱基础是一种可以在任何适合于桩基的地质条件下建造任何结构形式的高层建筑的"万能式桩基"，但它是各种桩基中造价最高的，因此应在全面的技术经济分析基础上做出选择。同时，应注意到由于对大跨度地下空间的使用要求与箱形基础设置众多纵横内隔墙的设计要求相矛盾，近年来桩-箱基础形式已经较少采用了。

以下只介绍桩筏（箱）基础的桩和底板的设计计算方法，筏（箱）基地下室和箱基侧墙、内隔墙及顶板的设计计算请参阅相关规范和设计手册。

桩筏（箱）基础设计计算的一个要点是共同作用问题，这也是本节学习的主要内容。

5.3.1 地基-桩筏（箱）基础-上部结构的共同作用问题

由于结构荷载的作用，地基将产生变形，但地基变形将受到基础的制约。基础的刚度不同，其制约的程度也不同。同时，基础也将随之产生变形，但基础的变形还同样受到上部结构的制约。上部结构的刚度不同，其制约的程度也不同，即地基、基础、上部结构三者的关系是相互影响、相互制约的。

对于高层建筑桩筏（箱）基础，其基础底面积大、基础埋深大、上部结构刚度变化大等，共同作用问题表现得特别突出。下面介绍共同工作的性状及共同作用的机理。

5.3.1.1 桩筏（箱）基础的工作性状

地基-桩筏（箱）基础-上部结构三者共同作用性状研究的主要手段是原型观测、模型试验和数值模拟计算。大量研究揭示了以下现象和规律。

1. 桩与筏板的荷载分担及其影响因素

桩与筏（箱）下土体共同承担荷载的问题是地基-桩筏（箱）-上部结构的共同作用工作性状的主要表现。根据软土地区桩筏（箱）基础的工程实践经验，可将桩土共同作用的性状分为几个阶段来描述：基底与地基保持接触——桩筏（箱）共同承担荷载的阶段，基底与地基土脱离——桩承担荷载的阶段，基底与地基再度接触——桩筏（箱）再度共同承担荷载的阶段，基底与地基土再度脱离——桩承担荷载的阶段。此过程可以循环继续，直到建筑物沉降稳定为止。对于软土地基的短摩擦桩，最终可能出现基底与地基土保持接触，桩土共同承担建筑物荷载。国内、外一些高层建筑桩筏（箱）基础的底板分担荷载实测资料见表5-3。

影响基底土分担荷载的主要因素有：

1）桩端持力层性质。若桩端持力层较硬，桩的刺入变形小，基底土分担荷载的比例则较小。

2）基底以下土层的性质。桩间土越软，筏板对荷载的分担比越小，若筏底存在适当厚度的硬土层，即使下面的桩间土很软，筏板也可具有一定的分担作用。实践证明在筏板下铺一定厚度的碎石层并压实，可大大提高筏板的分担作用。

表 5-3　国内桩箱和桩筏基础实测数据

序号	上部结构	基础形式	基础尺寸/m	桩长/m	桩数	实测沉降/cm	荷载分相比例（%）	
	层数	总压力/kPa	基础埋桩/m	桩径(实)/cm	桩距/m	计算沉降/cm	筏或箱	桩
1	剪力墙 18~20	桩箱 250	29.7×16.7 2.0	7.5 40×40	183 1.20~1.35	300 300	15	85
2	剪力墙 12	桩箱 228	25.2×15.9 4.5	25.5 45×45	82 1.80~2.20	71 79	28	72
3	框剪 16	桩箱 240	44.1×12.3 4.5	27.0 45×45	203 1.65~3.30	20 56	17	83
4	剪力墙 32	桩箱 500	27.5×24.5 4.5	54.0 50×50	108 1.60~2.25	24 35	10	90
5	框筒 26	桩筏 320	38.7×36.4 7.6	53.0 φ609×12	200 1.90~1.95	36 53	25	75
6	筒仓 288	桩筏 1.0	68.4×35.2	30.7 45×45	604 19	52 145	10~0	90~100
7	框剪 22	桩箱 310	42.7×24.7 5.0	28.0 φ550	344 1.70~2.00	25 70	20	80
8	剪力墙 22	桩筏 270	47.0×25.0 2.0	17.0 45×45	222 16	32	15~0	85~90
9	剪力墙 16	桩筏 190	43.3×19.2 2.5	13.0 φ45.0	351 16	16	45~25	55~75
10	框筒 31	桩筏 368	25×25 9.0	25.0 φ90.0	51 19	22	40	60
11	框筒 30	桩筏 625	2(22×15) 2.5	20.0 φ90.0	2×42 2.70~3.15	>4.5	25	75
12	框架 11	桩筏 235	56×31 13.65	16.75 φ180.0	29 6.90~10.0	20	70	30

注：国外桩筏基础一般指复合疏桩基础，故筏分担荷载比例较高。

3）桩距大小。众多的试验和理论分析表明，桩距是影响桩间土发挥作用的重要因素，筏板分担比随着桩距增大而上升。一般到桩距大于 5 倍桩径时，筏板对荷载便有明显的分担，且有实例桩距为 6 倍桩径时筏板分担为 65%。因此，过密的布桩不利于充分发挥桩间土的承载作用。

4）沉桩挤土效应。对饱和黏性土中的打入式群桩，若桩距小、桩数多，超孔隙水压力和土体上涌量随之增大，筏板浇筑后，处于欠固结状态的重塑土体逐渐再固结，致使基底土与筏板脱离，并将原来分担的荷载转移到桩上，甚至可能出现负摩阻力。

5）荷载水平。筏板对荷载的分担比随着荷载水平的提高而上升，但存在极限值。在上部土层较好、桩距较大、建筑物整体性好的情况下，可考虑大幅度提高单桩荷载使其接近单桩极限承载力，以充分发挥筏板分担荷载的作用。同样也有试验和理论分析表明，筏板分担比随荷载水平的提高而上升这一规律并不因桩距的变化而变化，这说明荷载水平对筏板分担比的影响超过了桩距的影响。

6）桩土应力比。桩土应力比是影响筏板下土分担荷载比例的重要因素之一。当桩间距和桩径一定时，桩长增大，单桩承载力提高，相应的桩土应力比也随之提高，则桩的分担比增加，承台土分担的荷载比例就随之减小。桩的相对刚度 $K_p = E_p/E_0$（E_p 和 E_0 分别为桩的弹性模量和土的变形模量）增加，则桩的分担比也增加，即当桩的长径比 L/d 较小和地基条件较好时，桩筏基础中的桩承担荷载比例较小；反之，当 L/d 较大和地基条件较差时，桩承担荷载的比例较大。

2. 基底土反力分布及其影响因素

筏（箱）基底的土反力即为板分担的荷载，实测数据表明，基底土反力分布呈现下述特征：

1）在竖向荷载作用下，在软土地基中，不同断面的基底土反力均呈外部大、内部小的马鞍形分布。

2）基底中部与边缘的土反力的差异随桩距增大而明显减小；具有群桩效应的基底土反力分布的内外不均性比距径比较大的筏板更为明显。主要是因桩间距较小而桩与桩之间相互作用较强，桩间土受到桩体的夹带作用，使得内部桩间土对基底的反力较难发挥到浅基础或单桩基底反力那样的水平。

3. 桩顶反力的分布及其影响因素

在传统设计方法中假定在竖向中心荷载作用下，桩筏（箱）基础中桩顶反力均匀分布，即群桩中各桩桩顶荷载大小相等。但越来越多的研究和工程实测结果表明各桩桩顶荷载大小相等的假定是不符合实际情况的，桩筏（箱）基础的变形主要表现为沉降比较均匀，而其群桩中各桩的桩顶反力是不相等的。

国内、外一些高层建筑桩筏（箱）基础桩顶荷载分担的实测资料见表 5-4：

表 5-4 桩筏（箱）基础桩顶荷载分布情况实测资料

序号	基础形式 基础布置	桩距与桩径比	$P_c : P_e : P_i$	$P_c : P_{av}$	$P_e : P_{av}$	$P_i : P_{av}$
1	桩　箱 满堂布置	3.0	—	1.50 : 1		—
2	桩　箱 满堂布置	3.3~6.5	3.59 : 2.70 : 1	1.34 : 1	1.04 : 1	0.4 : 1
3	桩　筏 满堂布置	3.7	1.70 : — : 1	1.46 : 1		0.86 : 1
4	桩　箱 满堂布置	3.4	1.78 : — : 1	1.32 : 1	—	

（续）

序号	基础形式 基础布置	桩距与桩径比	$P_c : P_e : P_i$	$P_c : P_{av}$	$P_e : P_{av}$	$P_i : P_{av}$
5	桩　筏 沿墙布置	3.2	1.97 : — : 1	1.32 : 1	—	—
6	桩　筏 满堂布置	3.6	2.20 : 1.70 : 1	1.83 : 1	1.42 : 1	0.83 : 1
7	桩　筏 满堂布置	3.0	—	1.32 : 1	—	—
8	桩　筏 满堂布置	3.0~3.5	3.08 : 2.25 : 1	1.43 : 1	1.05 : 1	0.46 : 1

注：角桩荷载 P_c、边桩荷载 P_e、内部桩荷载 P_i、P_{av} 平均荷载。

　　桩顶荷载的分布与施工过程中上部结构刚度的形成有着密切的关系。在建筑物施工初期，结构刚度不大，测得的角桩荷载 P_c、边桩荷载 P_e、内部桩荷载 P_i 相差不多；随着施工的进展，结构刚度不断增大，它们之间的差异随之增加，呈现 $P_c > P_e > P_i$；至建筑物施工完毕，三者不仅保持上述关系，且 P_c 越来越大，P_i 越来越小，其分布形式类似于弹性地基上刚性基础的反力分布形式，即基础板下满堂群桩的桩顶反力分布曲线呈倒盆底形分布。

　　造成桩顶反力分布不均的主要内因是筏板及上部结构的刚度大小，主要外因是群桩效应及基础的变形使底层墙、柱荷载发生重新分配。

　　1）群桩效应。由于群桩中各桩所引起的土中应力的重叠，使内部桩桩端平面处土中附加应力大于角桩和边桩桩端平面处土中的附加应力。桩端平面处土中附加应力的这种分布，使得在均布荷载作用下的柔性基础板下，内部桩的沉降量将大于边桩或角桩的沉降量；在均布荷载作用下的刚性基础板下，由于内部桩桩周和桩端处土中较高的附加应力，使内部桩下的地基土比边桩和角桩下的地基土有更大的沉降趋势，而刚性基础板的约束使各桩的沉降必须相等，因而造成内部桩荷载的松弛。这导致基础板的荷载向边桩和角桩集中，使边桩和角桩的反力大于内部桩的桩顶反力。当把桩土体系作为理想的弹塑性体来分析时，随着刚性基础板上的荷载增加，边桩和角桩荷载超过桩抗力的弹性界限，桩周土逐渐屈服，边桩和角桩的刺入沉降增加，荷载逐渐向内部转移，此时刚性基础板下的桩顶反力分布可逐渐趋于均匀。

　　2）柱荷载重新分配。由于基础产生了盆形沉降，上部结构必将参与抵抗这种沉降的发生，边柱因挤压而加载，中柱因拉伸而卸载，从而使边桩受荷增加，中间桩受荷减小，即造成桩顶反力分布的不均。一些实测资料和理论分析表明，对桩距为 3~4 倍桩径的满堂均匀布桩的桩筏（箱）基础，角桩的桩顶反力可达桩顶反力平均值的 1.5 倍甚至更大；而中间桩的桩顶反力常常只有桩顶反力平均值的 80%~50%。资料表明，桩筏（箱）基础中桩荷载的分布还与地基条件、桩的长径比、桩的刚度和桩距等因素有关。一般认为，当桩的距径比大于 5 时，各桩的反力比较均等。

4. 筏（箱）的挠曲和底板钢筋应力

　　高层建筑桩筏（箱）基础的工作性状，对于常规设计 $[s = (3~4)d]$ 的情况，基本接近于弹性地基上刚性基础的工作性状,群桩的刚度及上部结构的刚度对筏(箱)基础的刚度是有贡献的。实测结果表明,桩筏(箱)基础的挠曲一般较小,底板钢筋应力不大。对于底板钢筋应力,在建造最初几层时,底板顶部的钢筋应力随上部结构层数的增加而增加,说明因荷载增加底板变形加大;但到一定层数以后就趋于比较稳定的数值,而且底板顶部的钢筋由受压变为受拉,说明因上部结构刚度增大,对基础变形的约束加大。

以上现象说明上部结构刚度对底板的变形和受力状态有明显的影响,增加上部结构刚度会减少基础的相对挠曲和内力,即上部结构的刚度对筏(箱)基础的刚度是有贡献的,但此贡献是有限的。

表5-5是三栋高层建筑底板钢筋应力的实测资料,底板顶部钢筋应力转折的上部结构层数,或上部结构刚度的贡献层数为建筑物总层数的1/6~1/5。

表 5-5　底板钢筋应力实测资料

工程编号	层数	高度/m	埋深/m	基础	桩长/m	底板顶部钢筋应力转折层数	底板顶部钢筋最大拉应力/MPa
1	26	94.5	20.75	桩筏	60.0	5	21.7
2	36	143.3	13.60	桩筏	60.0	8	42.7
3	60	238.0	7.60	桩筏	76.5	10	36.2

5.3.1.2　共同作用的机理

通过对大量的共同作用理论分析结果与工程实测的综合研究,人们对于共同作用的机理有了一定的认识,但要定量地描述还是相当困难的。高层建筑与地基基础共同作用的机理可以通过上部结构、基础和地基三者各自的刚度对其他二者的变形及内力所造成的影响来描述。

1. 上部结构刚度的影响

1)上部结构刚度增加,则由基础变形而引起的上部结构本身的次应力增加。

2)增加上部结构刚度会减少基础的相对挠曲,基础内力随之减小。但上部结构刚度对基础性状的贡献有一定限度,并非随层数增加而不断增加。

3)随着上部结构刚度的增加,桩顶反力分布不均(角桩与内部桩反力之比增加较快,边桩反力与内部桩反力之比增加较慢)。

由1)和2)可见,在地基基础和荷载不变的情况下,增加上部结构的刚度会减小基础的相对挠曲和内力,但同时会导致上部结构自身内力增加,即上部结构对减小基础内力的贡献是以在自身中产生次应力为代价的。

2. 基础刚度的影响

1)基础内力随其刚度增大而增大,相对挠曲则随之减少。

2)上部结构中的次应力随基础刚度减小而明显增大。此时上部结构柱系内力出现明显的重分布:在竖向荷载作用下,由于基础发生了盆形沉降,中柱因沉降大而卸载,边柱因沉降小而加载。

3)刚性基础板的约束使各桩的沉降必须相等,因而造成内部桩荷载的松弛,使边桩和角桩的反力大于内部桩的桩顶反力。

由 1）和 2）可见，从减小基础内力考虑，宜减小基础刚度；从减小上部结构次应力考虑，宜增加基础刚度。因此，基础方案应视上部结构类型而综合考虑。

3. 地基刚度的影响

随着地基土变软，基础内力和纵向弯曲相应增大，上部结构中内力发生变化；反之，地基土变硬，由于此时基础的相对挠曲比较小，上部结构刚度对基础内力的影响不甚明显。可见，当地基土较软弱时，考虑地基基础和上部结构的共同作用更具有意义。

总之，建筑物是由地基、基础和上部结构形成一个整体来传递和承担荷载的，三者在接触部位的受力及变形都是连续的，即三者是共同作用的。由于结构荷载的作用，地基将产生变形，但地基变形将受到基础的制约。基础的刚度不同，其制约的程度也不同。基础随地基的变形而变形，但基础的变形还同样受到上部结构的制约。上部结构的刚度不同，其制约的程度也不同，即地基、基础、上部结构三者是相互影响、相互制约的关系。

由于计算上的困难，往往采用不考虑共同作用的简化计算方法。但应注意适用条件，否则计算结果有较大误差。

5.3.1.3　可以不考虑共同作用的典型情况

如果整个体系在受力全过程中不产生整体弯曲和不均匀沉降，则上部结构、基础与地基三者的相互作用将是简单的，不需按刚度来重新调整三者间的接触应力，故可以不考虑共同作用。具体如下：

1）当地基为不会产生压缩变形的坚硬岩石时，箱、筏基础和上部结构在施工和受力全过程中将不产生整体弯曲变形，不发生整体弯曲应力，无须考虑共同作用的问题。

2）当基础或者上部结构二者之一为理想绝对刚体时，建筑物只能产生均匀沉降或整体倾斜，而不产生整体弯曲变形。整体弯曲应力由绝对刚性体承担，因而也不需要考虑。

3）不论地基状况如何，也不论上部结构及基础的刚度如何，如能将荷载调整得当（包括基础板上的外荷及桩顶反力），使基础与结构不会产生整体弯曲变形，不会产生整体弯曲应力，此时也可不考虑相互作用的问题，这即为"变刚度调平设计"思想。

5.3.2　桩筏（箱）基础计算方法概述

5.3.2.1　桩筏（箱）基础的三类计算方法

桩筏（箱）基础计算方法分为三大类，即不考虑共同作用；仅考虑基础与地基两者的共同作用；考虑地基和基础与上部结构三者的共同作用。

1. 不考虑共同作用的计算方法（刚性板法）

该类方法的特点是：把三者分离开后分别计算；只满足总荷载与总反力的静力平衡条件；不考虑上部结构与基础之间连接点以及基础底面与地基土之间接触点上的位移连续性条件。具体做法是（见图 5-15）：

1）先把上部结构隔离出来，并用固定支座来代替基础，求得上部结构的内力和变形以及支座反力。此时支座是没有任何变形的（即假定基础是绝对刚性的）。

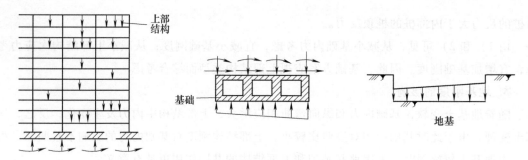

图 5-15　不考虑三者共同作用的计算方法

2）然后将求出的支座反力作用于基础上（假定上部结构是绝对柔性的），并假定外荷载全部由桩承担。再假定基础是刚性的而按简化方法计算桩顶反力。

3）最后将支座反力及桩顶反力作用于基础板上，计算基础板的内力和变形。目前常用的方法是假定基础刚度较大（称刚性板法），仅考虑其局部弯曲作用，忽略其整体弯曲的影响。当上部结构刚度较小时采用刚性板条法计算板的内力；当上部结构刚度较大时采用倒楼盖法计算板的内力。

倒楼盖法是将上部结构的柱脚作为支座、桩顶反力作为外荷载，按倒置的楼盖结构计算整片承台结构的弯矩内力。当支座竖向反力与实际柱荷载相差较大时，应调整桩位重新计算桩顶反力。

刚性板条法计算筏板内力，是从纵横两个方向分别截取跨中到跨中或跨中到板边的板带（见图 5-16）。将板带简化为以板下的桩作为支座的多跨连续梁，以板带上的墙、柱脚荷载作为连续梁的荷载，按结构力学方法近似计算各板带的内力。

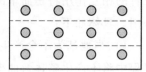

图 5-16　刚性板条法

对于不考虑共同作用的计算方法，由于未考虑三者共同作用，导致各支座反力的分配和桩顶反力的分布状态与实际不符，进而导致上部结构内力与变形以及基础内力与变形与实际情况也不相符。具体体现是：

1）计算上部结构内力时，由于假定基础为不动支座（绝对刚性基础），使得上部结构内力计算值偏小；导致上部结构设计偏于危险，特别是底层梁、柱和边跨梁、柱尤为明显，甚至出现严重开裂。

2）计算桩顶反力时，由于假定基础是刚性的而按简化方法计算，使得计算的桩顶反力分布较均匀，即在竖向中心荷载作用下，群桩中各桩桩顶荷载大小相等，这与实测值不符。

3）计算基础内力时，刚性板法忽略了基础的整体弯矩作用，若采用刚性板条法，由于其未考虑上部结构的刚度，又使得基础内力计算值偏大；另一方面由于简化计算时轴心荷载下各桩顶力均匀的假定使得承台内力计算值偏小。为减小此误差增加承台抗弯刚度以接近刚性板的假定（如增加厚度和配筋），虽然材料耗费大但减小差异沉降的效果并不突出。

尽管简化计算方法存在上述的一些缺点，但许多设计人员仍然乐于使用它。原因就在于它简单、方便，而且力学概念相对清楚。在实际应用中，常采用如下措施或方法来减小该类方法引起的误差。

1）设计人员根据工程实践经验采取一些措施，如在上部结构的边跨梁、柱处增加钢筋，以弥补内力计算的误差。

2）增加底板厚度与配筋，加大基础刚度，使之接近该类方法的计算假定；或用以承受整体弯曲。

3）调整桩位布置以减小基础板的挠曲，弱化共同作用效应，使得简化计算结果接近实际值。因为若整个体系在受力全过程中不产生整体弯曲和不均匀沉降时，则上部结构、基础与地基三者的相互作用将是简单的，可以不考虑共同作用，简化计算结果误差较小。

上述前两种为传统设计方法所采用；第三种为变刚度调平设计方法所采用。

如果上部结构为理想柔性体系，对基础变形无约束作用，整体弯曲应力全部由基础承担，此时仅需考虑基础与地基的共同作用。

2. 考虑桩筏（箱）基础-地基两者共同作用的计算方法（弹性板法）

该方法将地基和基础作为一个整体来研究，而把它与上部结构隔断开来。上部结构仅仅作为一种荷载作用在基础上，而基础底面和地基表面在受荷而变形的过程中始终是贴合的。考虑地基与基础共同作用的典型问题就是弹性地基板理论，即假定地基是弹性体，基础是置于这一弹性体上的板。具体如下：

（1）不考虑上部结构共同作用，按结构力学方法求出柱底固端支座反力，以此作为作用于基础上的外荷载。

（2）在基础与地基土之间满足静力平衡条件与变形协调的原则下，进行两者的共同作用分析。常采用弹性地基上板的计算理论，再按线性或非线性弹簧反力来考虑桩的作用。弹性板法的数值计算一般采用差分法和有限元法。

1）差分法。选择一个地基模型，建立筏板的挠曲微分方程；将矩形基础板划分成等间距的网格，并考虑边界条件，在每个网格节点处建立差分方程，形成差分方程；在上述弹性地基上板的差分分析方法基础上，将桩的刚度系数补充到相应桩位处，即可得到加桩筏基的差分方程，计算桩筏基础的筏板内力和桩顶反力。用差分法计算桩筏基础的内力和变形概念明确、分析较为简单，但由于差分网格的不等间距划分会导致差分格式的复杂化，且差分法难以处理复杂的边界条件，因而目前开发的差分法计算程序，一般还只能对平面形状较为规则的等厚度矩形筏板进行分析计算。而桩筏基础有限元计算方法，则在边界条件和计算对象的广适性上更具灵活性，因而是一种更有发展前景的桩筏基础分析计算方法。

2）有限元法。划分单元，建立桩土体系刚度矩阵 $[K_G]$ 及筏板刚度矩阵 $[K_r]$，得到桩-筏-土整体分析方程

$$[K_r + K_G]\{\delta\} = \{F\} \tag{5-34}$$

式中　$\{\delta\}$——基础单元节点的变形向量；

$\{F\}$——基础板上的荷载向量。

解方程计算出筏板的变形和群桩沉降。计算得到筏板节点变形后，根据本构关系、物理方程和相容条件可计算筏板内力。

考虑地基与基础共同作用，按照弹性地基上的梁、板的理论来进行设计固然是前进了一步，但未考虑上部结构的共同作用，忽略上部结构的刚度贡献，对具有非常大的刚度的高层建筑来说，尤其不合理，使得计算结果与实际值偏差，使得上部结构内力计算值偏小、基础内力计算值偏大。一方面夸大了基础的变形与内力，为减少基础的变形与内力而不必要地去增加基础高度或底板厚度与配筋，造成了浪费；另一方面，由于夸大了基础刚度的作用，减小了上部结构的变形与内力计算值，导致上部结构设计可能偏于危险。

3. 考虑三者共同作用的计算方法

考虑上部结构与地基基础相互影响并满足变形协调条件的设计方法称为共同作用设计方法。该方法是统一考虑建筑物上部结构、基础和地基三者的共同作用，从而比较真实地反映建筑物的实际工作状态，才可能是最经济合理的设计。这一阶段的计算方法主要是从 20 世纪 80 年代开始，伴随着结构分析的有限元法（特别是子结构分析技术）的发展逐步开展起来的。对于高层建筑与地基基础共同作用的整体分析，以子结构方法较为有效。它不仅解决大型结构与计算机存储量小的矛盾，而且可以反映施工期间结构逐层增加，荷载与结构刚度的实际变化及其对共同作用结果的影响。

最合理的方法是考虑"上部结构-桩筏基础-地基土"三者的共同作用，但由于三部分各自存在多种计算模型，尤其是筏-土和桩-土共同作用尚无比较符合实际的计算模型。因此，共同作用分析方法应用于实际工程还比较困难，但它是未来地基基础设计的发展方向。

5.3.2.2　实际应用中的桩筏（箱）基础设计方法

目前的桩筏（箱）基础设计主要还是处于不考虑三者共同作用的阶段，设计人员需根据自己的设计经验和计算能力，按照规范所提供的基本设计原则进行设计。实际应用中主要有以下三类设计方法：一是，常规设计方法，不考虑地基-基础-上部结构的共同作用；二是，变刚度调平概念设计方法，以共同作用概念来调整布桩控制变形，减弱共同作用效应；三是，复合疏桩基础设计方法，在满足设计条件及有地区经验的情况下，该类设计方法也可用于桩筏基础的设计。

1. 常规设计方法

该类方法主要特点如下：

1）不考虑地基-基础-上部结构三者的共同作用。

2）桩基设计。按容许承载力要求计算桩数，采用相同的桩长、桩径和比较均匀地布桩，或布置在梁柱下。

3）桩基结构内力计算。①对于基桩的计算。当水平荷载较小时，采用简单而实用的基桩桩顶作用效应计算公式计算桩顶竖向力和水平力；当水平荷载较大时，考虑地下室侧墙、承台、桩群协同工作和土的弹性抗力作用，根据承台底面处的荷载，按 m 法计算基桩桩顶力、桩身最大弯矩及桩基水平位移。②对于承台的计算。若承台刚度较大整体弯曲较小时，采用不考虑共同作用的刚性板法（倒楼盖法和刚性板条法）。其中，当上部结构刚度较大时采用倒楼盖法计算板的内力；当上部结构刚度很小时采用刚性板条法。不满足以上条件可考虑地基基础两者的共同作用，采用弹性地基板法计算板的内力。

2. 变刚度调平概念设计方法

由于桩-土-承台-上部结构共同作用计算方法及计算参数的复杂性，还只能达到概念设计阶段，即按共同作用的概念和思想来指导和改善设计。目前采用变刚度调平设计，其基本思想是以共同作用概念来调整布桩控制变形，减少差异沉降，从而减少共同作用效应及其造成的设计偏差。

（1）变刚度调平概念设计的内涵　由于简化计算未考虑共同作用，计算值与实际值偏差较大。而通过加大基础抗弯刚度来减小差异沉降的效果并不突出，但材料消耗却相当可观。变刚度调平概念设计，就是为避免上述负面效应，采用共同作用的设计理念，突破传统设计方法，通过调整地基或基桩的刚度分布，促使差异沉降减到最小——在计算方面，均匀沉降使得共同作用问题减弱，则简化方法的计算值接近实际值；在设计方面，差异沉降减小使得基础或承台内力显著降低，节约基础板的造价。

（2）变刚度调平设计方法　变刚度调平设计是基于控制差异沉降的设计方法：通过调节桩长、桩位布置和桩径以及板厚，达到桩筏基础变刚度调平设计的目的（见图 5-17）。

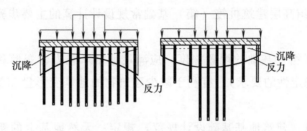

图 5-17　均匀布桩与变刚度布桩的变形

JGJ 94—2008《建筑桩基技术规范》规定：应在规范框架内，考虑桩-土-承台-上部结构共同作用对于承载力和变形的影响，既满足荷载与抗力的整体平衡，又兼顾荷载与抗力的局部平衡，以优化桩型选择和布桩为重点，力求减小差异变形，降低承台内力和上部结构次内力，实现节约资源、增强可靠性和耐久性。具体如下（见图 5-18）：

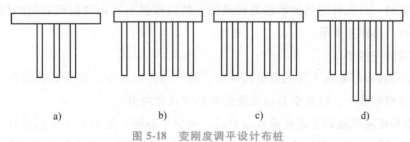

图 5-18　变刚度调平设计布桩

a）局部增强　b）变桩距　c）变桩径　d）变桩长

1）局部增强。在采用天然地基时，突破纯天然地基的传统观念，对荷载集度高的区域（如核心筒等）实施局部增强处理，包括采用局部桩基或局部刚性桩复合地基。

2）桩基变刚度。当整体采用桩基时，对于框筒、框剪结构，采用变桩距、变桩径、变桩长（多层持力层）布桩。对于荷载集度高的内部桩群，除考虑荷载因素外，尚应考虑相互作用影响予以增强；对于外围区应适当弱化，按复合桩基设计。

3）主裙连体变刚度。对于主裙连体建筑，基础应按增强主体（采用桩基）、弱化裙房（采用天然地基、疏短桩基、复合地基）的原则设计。

4）上部结构-基础-地基（桩土）协同工作分析。在概念设计的基础上，进行上部结构-基础-地基协同工作分析计算，进一步优化布桩，并确定承台内力与配筋。

3. 复合疏桩基础设计方法

在我国该类方法一般用于软土地基上的多层建筑，设置疏布摩擦型桩基，由桩和桩间土共同承担荷载。按设计目的和原理可分为控沉疏桩基础和协力疏桩基础。

在满足设计条件及有地区经验的情况下，该类设计方法也可用于高层建筑桩筏（箱）基础的设计。具体见第6章。

5.3.3 桩筏（箱）基础的常规设计计算方法

限于我国桩筏（箱）基础的设计计算水平，目前大多数工程是采用传统设计方法（即常规方法），以下介绍高层建筑桩筏（箱）基础常规设计计算的主要步骤。

1. 埋深的确定

高层建筑桩筏（箱）基础的埋置深度，应满足地基承载力、变形和稳定性要求（建筑物抗倾覆和抗滑移稳定性的要求），有利于减少建筑物的地基变形量和整体倾斜值，发挥地基土的承载力。

GB 50007—2011《建筑地基基础设计规范》规定：天然地基上的箱基或筏基埋深不宜小于建筑物高度的1/15，桩箱或桩筏基础的埋深（不计桩长）不宜小于建筑物高度的1/18。位于岩石地基上的高层建筑，其基础埋深应满足抗滑要求。

对于桩筏基础，为防止建筑物的滑移，设置一层地下室是必要的，这在建筑使用上也是经常需要的。

2. 桩数确定及桩基布置

拟定桩数时，首先确定基桩承载力特征值，然后根据上部结构荷载效应的标准组合值，计算拟定桩数。具体见上节。

桩基布置的一般要求：

1）当箱形或筏形基础下桩的数量较少时，桩宜布置在墙下、梁板式筏形基础的梁下或平板式筏形基础的柱下，以减少基础底板的局部弯曲和内力。

2）当箱形或筏形基础下需要满堂布桩时，桩的中心距一般不小于3倍桩径；布置基桩时，宜使桩群承载力合力点与长期荷载重心重合，并使桩基受水平力和力矩较大方向有较大的截面模量。

要注意的是，由于角桩和边桩的桩顶反力较大，布桩时适当提高边、角区域中的布桩密度对于均化桩顶反力有其合理的一面，但由此将进一步导致桩顶反力向边、角区域集中，对底板受力不利。实测和分析表明，在建筑荷载作用下，满堂均匀布桩的桩筏（箱）基础底板往往产生下凹盆形的整体弯曲，特别在上部结构为框架结构或大跨度筒中筒结构时，基础底板的整体弯曲将更加严重。因而，我们在设计中应整体考虑桩筏（箱）基础的工作状态，采用底板下边缘弱、中间强和墙柱下及筏板梁（肋）下强、跨中板下弱的布桩原则，以改善基础板的受力状态，获得整体最优的设计效果。这其中也反映了变刚度调平设计的思想。

传统设计方法与变刚度调平设计方法的布桩区别是：传统设计方法——主要考虑的是减少承台局部弯曲；变刚度调平设计——主要考虑的是减少承台整体弯曲。我们在布桩设计中应兼顾承台局部弯曲和整体弯曲。

3. 桩筏（箱）基础设计验算

在根据工程地质资料、基础承受的荷载和地区经验及经济指标等因素经计算比较确定了桩基方案和尺寸，还需对初步设计的桩筏（箱）基础进行设计验算。设计验算主要包括桩基竖向承载力验算、桩基水平承载力验算、桩身强度验算、承台底板的抗弯、抗剪切、抗冲切及局部受压验算、桩基沉降计算等。

（1）桩基承载力验算　包括桩基竖向承载力验算、桩基水平承载力验算。

1）基桩桩顶作用效应。对受水平力较小的高层建筑桩筏（箱）基础，按以下简化方法计算

$$N_k = \frac{F_k + G_k}{n} \tag{5-35}$$

$$N_{\substack{kmax \\ kmin}} = \frac{F_k + G_k}{n} \pm \frac{M_{xk} y_{max}}{\sum\limits_{j=1}^{n} y_j^2} \pm \frac{M_{yk} x_{max}}{\sum\limits_{j=1}^{n} x_j^2} \tag{5-36}$$

$$H_{ik} = \frac{H_k}{n} \tag{5-37}$$

式中　　N_k——荷载效应标准组合时基桩所受的平均竖向力（kN）；

　　　　F_k——荷载效应标准组合时作用于承台顶的竖向荷载（kN）；

　　　　G_k——承台与台上土的自重标准值（kN），地下水位以下部分扣除水的浮力；

　　　　n——桩基中的桩数；

N_{kmax}、N_{kmin}——偏心荷载下基桩桩顶所受的最大及最小竖向力（kN）；

　M_{xk}、M_{yk}——荷载效应标准组合时作用于承台底面对桩群形心的 x、y 轴的力矩（kN·m）；

x_{max}、y_{max}——边缘基桩中心到 y、x 轴的最大距离（m）；

　　　　H_k——荷载效应标准组合时作用于承台底面的水平力（kN）。

对受水平力较大的高层建筑，应根据承台底面处的荷载，按 m 法计算基桩桩顶力。具体见第 4 章内容。

2）基桩竖向承载力验算

$$N_k \leqslant R \tag{5-38}$$

$$N_{kmax} \leqslant 1.2R \tag{5-39}$$

式中　R——基桩（或复合基桩）竖向承载力特征值（kN）。

3）基桩水平承载力验算

$$H_{ik} \leqslant R_h \tag{5-40}$$

式中 R_h——基桩（或复合基桩）水平承载力特征值（kN）。

（2）桩基沉降验算 高层建筑常用的沉降计算方法有以下几种：实体深基础法；Mindlin-Geddes 应力解法；简易理论法；半理论半经验公式方法等。

沉降计算时，荷载取准永久组合值。具体计算方法见第 3 章。

（3）桩身结构强度验算

1）基桩内力计算。当水平荷载较小时，采用简单而实用的基桩桩顶作用效应计算式（5-36）及式（5-37）计算桩顶力；当水平荷载较大时，根据承台底面处的荷载，按 m 法计算基桩桩顶力、桩身最大弯矩及桩基水平位移，具体见第四章内容。

2）桩身抗压及抗弯强度验算。具体见本章第二节及第四节内容。

（4）承台结构强度验算

1）承台的内力计算

《建筑桩基技术规范》指出，宜按地基-桩-承台-上部结构共同作用原理分析计算；或考虑地基基础的共同作用，按弹性地基板进行计算；若满足一定条件，承台整体弯曲较小可不考虑共同作用时，可仅考虑局部弯曲采用刚性板法计算，但需在配筋构造上采取措施承受实际上存在的一定数量的整体弯矩。采用刚性板法计算的条件如下：

① 对于筏形承台，当桩端持力层坚硬均匀、承台刚度较大（梁板式筏形承台梁的高跨比或平板式筏基的厚跨比不小于 6，且柱荷载及柱间距的变化不超过 20%）可仅考虑局部弯曲作用。当上部结构刚度大时，可采用倒楼盖法；上部结构刚度小时，可采用刚性板条法。实际工程中，高层建筑上部结构都具有一定的刚度，因此刚性板条法很少被采用。

② 对于箱形承台，当桩端持力层为基岩、密实的碎石类土、砂土，且较均匀时，或当上部结构为剪力墙，或 12 层以上框架，或框架-剪力墙体系且箱形承台的整体刚度较大，或当上部结构为框架-核心筒结构且按变刚度调平原则布桩时，箱形承台顶、底板可仅考虑局部弯曲作用，按倒楼盖法计算。

当采用刚性板法计算时，可与共同作用分析的有限元计算软件计算结果进行对比。

2）承台的抗弯、抗剪切、抗冲切及局部受压验算。具体计算见本章第二节。

4. 桩筏（箱）基础主要构造要求

箱基底板一般为等厚度平板；筏板分为平板式和梁板式两种类型，应根据土质及布桩情况、上部结构体系、柱距、荷载大小以及施工等条件选定。JGJ 6—2011《高层建筑筏形与箱形基础技术规范》中对桩上筏形与箱形基础的构造要求有如下规定：

1）桩上筏形与箱形基础的混凝土强度等级不应低于 C30；垫层混凝土强度等级不应低于 C10，垫层厚度不应小于 70mm。

2）当箱形基础的底板和筏板仅按局部弯矩计算时，其配筋除应满足局部弯曲的计算要求外，箱基底板和筏板顶部跨中钢筋应全部连通。箱基底板和筏基的底部支座钢筋应分别有 1/4 和 1/3 贯通全跨，上下贯通钢筋的配筋率均不应小于 0.15%。

3）底板下部纵向受力钢筋的保护层厚度在有垫层时不应小于 50mm，无垫层时不应小于 70mm，此外尚不应小于桩头嵌入底板内的长度。

4）均匀布桩的梁板式筏基的底板和箱基底板的厚度除应满足承载力计算要求外，其厚度与最大双向板格的短边净跨之比不应小于 1/14，且不应小于 400mm；平板式筏基的板厚不应小于 500mm。

5）当筏板的厚度大于 2000mm 时，宜在板厚中间部位设置直径不小于 12mm、间距不大于 300mm 的双向钢筋网。

另外，基桩的构造及桩与筏形或箱形基础的连接见本章第二节的五、六内容。

5.3.4　高层建筑桩筏基础设计及实测资料

共同作用的理论计算主要用以指导设计，目前我国解决桩筏（箱）基础问题还需依靠大量现场测试，以测试结果检验和修正现行的设计计算方法，使得设计结果更加安全经济。

1. 筏板厚度

桩筏（箱）基础的设计要点之一是基础板厚度的确定，对应的计算要点就是考虑共同作用的板的内力计算。

关于筏厚设计问题，由 10cm/层降至 5cm/层，有一段认识发展过程。20 世纪 80 年代，上海处在高层建筑发展的阶段，按照国外的习惯，筏厚取每层楼 10cm，这种习惯影响着上海的桩筏基础的筏厚的设计。例如，由外方设计的上海某 28 层大楼，筏厚 2.5m，不久，上海自己设计类似一幢楼，筏厚为 2.2m；上海某 32 层大楼外方设计筏厚为 3.0m，后经中方的顾问建议，修改为 2.3m；又如 43 层的某大楼，外方设计筏厚为 4m，而 20 世纪 90 年代由美国 SOM 设计的 88 层的金茂大厦筏厚只有 4m，实践证明这个设计是正确和先进的。现在的 101 层、高 492m 的上海环球金融中心，由美国 Leslie E. Robertson Associate（LERA）设计筏厚为 4.5m，按照我国规范检验，该厚度能够满足要求。高 600 多 m 的上海中心，地上 121 层、地下 5 层，主楼底板厚 6m。上海环球金融中心与金茂大厦桩基情况见表 5-6。

表 5-6　上海环球金融中心与金茂大厦桩基情况

高层建筑	高度/m	层数	筏厚	埋置深度	桩数	桩径	桩长/m
上海环球金融中心	492.0	101	4.5	18.45	1177	φ700mm 钢管桩	79
金茂大厦	420.5	88	4.0	19.65	429	φ914mm 钢管桩	83

2. 桩筏（箱）荷载分担

桩筏（箱）荷载分担的实测资料可参见表 5-3 和表 5-4。

3. 桩筏（箱）基础沉降

上海一些超高层建筑桩筏（箱）基础沉降情况见表 5-7。

表 5-7　上海一些超高层建筑桩筏（箱）基础的平均沉降与基础等效宽度的关系

建筑名称	高度/m	层数	桩长/m	基础面积 A/m^2	等效宽度 B_e/m	基底压力/kPa	s_c/B_e（0.1%）
长峰商场	238.0	60	72.5	2875	53.62	700	1.033
金茂大厦	420.5	88	83.0	3519	59.32	852	0.996
恒隆广场	288.0	66	81.5	3196	56.53	1172	0.961

▶▶ 5.4 桥梁桩基础设计要点

5.4.1 桥梁墩台桩基础上的荷载

1. 荷载概述

相对于建筑桩基而言，作用在桥梁桩基上的荷载比较复杂，可分为恒载、活载以及偶然荷载三大类。

中国创造：
大跨径拱桥技术

（1）恒载 指长期作用着的荷载，主要包括结构自重、承台上覆土重、桥台侧向土压力、浮力等。

（2）活载 指经常作用而作用位置可移动或大小可变化的荷载。按其对结构物的影响程度可分为基本活载和其他活载。

1）基本活载（基本可变荷载）包括汽车或列车活载、车辆冲击力、离心力、汽车或列车荷载引起的侧向土压力、人群等。

2）其他活载（其他可变荷载）包括车辆制动力或牵引力、风力、列车横向摇摆力、流水压力、冰压力、温度影响力等。

（3）偶然荷载 偶然荷载是指船只或漂流物的撞击力、汽车撞击力、地震力等。

综上可见，桥梁基础所受的荷载多种多样，设计计算时应根据实际情况按照各种荷载的特性及其出现的概率，考虑各种可能出现的不利荷载组合。每一验算项目的不利荷载组合一般都不同。最不利荷载组合可依据验算项目的验算公式作分析，选取对该项验算能否通过的最不利情况。例如对于验算地基强度，应以使 ΣN_i、ΣM_i 大者的荷载组合为不利；而验算滑移稳定时，则是以 ΣN_i 小、ΣH_i 大者的荷载组合为不利。

2. JTG D60—2015《公路桥涵设计通用规范》 中关于荷载的规定

在《公路桥涵设计通用规范》中，作用在墩台基础上的荷载见表5-8。

表 5-8 JTG D60—2015《公路桥涵设计通用规范》关于作用的分类

编 号	作 用 分 类	作 用 名 称
1		结构重力（包括结构附加重力）
2		预加力
3		土的重力
4	永久作用	土侧压力
5		混凝土收缩及徐变作用
6		水的浮力
7		基础变位作用
8		汽车荷载
9	可变作用	汽车冲击力
10		汽车离心力

(续)

编号	作 用 分 类	作 用 名 称
11		汽车引起的土侧压力
12		人群荷载
13		汽车制动力
14	可变作用	风荷载
15		流水压力
16		冰压力
17		温度（均匀温度和梯度温度）作用
18		支座摩阻力
19		地震作用
20	偶然作用	船舶或漂流物的撞击作用
21		汽车撞击作用

（1）关于荷载与作用的概念　　长期以来，一般习惯地称所有引起结构反应的原因为"荷载"，这种叫法实际并不科学和确切。引起结构反应的原因可以按其作用的性质分为截然不同的两类，一类是施加于结构上的外力，如车辆、人群、结构自重等，它们是直接施加于结构上的，可用"荷载"这一术语来概括。另一类不是以外力形式施加于结构，它们产生的效应与结构本身的特性、结构所处环境等有关，如地震、基础变位、混凝土收缩和徐变、温度变化等，它们是间接作用于结构的，如果也称"荷载"，容易引起人们的误解。因此，目前国际上普遍地将所有引起结构反应的原因统称为"作用"，而"荷载"仅限于表达施加于结构上的直接作用。

（2）作用效应组合的定义及组合原则　　作用效应组合是指在确定出各种桥梁作用后，需要根据作用特性、桥梁结构特性、施工方法以及桥位所处的环境等因素来决定各种作用的取舍以及它们同时作用的可能性。

作用效应组合的原则是：

1）只有在结构上可能同时出现的作用，才进行其效应的组合。当结构或结构构件需进行不同受力方向的验算时，则应以不同方向的最不利的作用效应进行组合。

2）当可变作用的出现对结构或构件产生有利影响时，该作用不应参与组合。

3）施工阶段作用效应的组合，应按计算需要及结构所处条件而定，结构上的施工人员和施工机具均应作为临时荷载加以考虑。

4）多个偶然作用不同时参与组合。

5）钢筋混凝土和预应力混凝土结构在进行结构构件的承载能力极限状态设计时，可不考虑混凝土收缩和徐变、温度作用效应参与组合；基础变位作用是否参与组合视具体情况确定；拱桥仍应考虑混凝土收缩和徐变、温度作用效应和基础变位作用的组合。

桥涵结构设计时应考虑结构上可能同时出现的作用，按承载能力极限状态和正常使用极限状态进行作用效应组合，并取其最不利效应组合进行设计计算。

（3）公路桥涵结构按承载能力极限状态设计时的作用效应组合

1）基本组合。永久作用的设计值效应与可变作用设计值效应相组合。

2）偶然组合。永久作用标准值效应与可变作用某种代表值效应、一种偶然作用标准值效应相组合。其中偶然作用的效应分项系数取1.0；与偶然作用同时出现的可变作用，可根据观测资料和工程经验取用适当的代表值。地震作用标准值及其表达式按 JTG B02—2013《公路工程抗震规范》规定采用。

（4）公路桥涵结构按正常使用极限状态设计时作用效应组合

1）作用短期效应组合。永久作用标准值效应与可变作用频遇值效应相组合。

2）作用长期效应组合。永久作用标准值效应与可变作用准永久值效应相组合。

（5）桩基设计中的作用效应组合　桩结构自身承载力计算时，按承载能力极限状态设计，取作用效应的基本组合和偶然组合进行计算，效应组合表达式中各种系数的取值按规范规定取值；桩基承载力验算时，按正常使用极限状态设计，取作用短期效应组合，同时考虑作用效应的偶然组合，各分项系数、频遇值系数、准永久值系数均取为1.0；桩基沉降计算时，取作用长期效应组合。

3. 铁路桥涵设计规范中关于荷载的规定

TB 10002—2017《铁路桥涵设计规范》将恒载和基本活载合称为主力，其他可变荷载称为附加力，偶然荷载称为特殊荷载。具体见表5-9。

表5-9　《铁路桥涵设计规范》关于荷载的分类

荷载分类		荷载名称	荷载分类	荷载名称
主力	恒载	结构构件及附属设备自重 预加力 混凝土收缩和徐变的影响 土压力 静水压力及水浮力 基础变位的影响	附加力	制动力或牵引力 风力 流水压力 冰压力 温度变化的作用 冻胀力
	活载	列车竖向静活载 公路活载（需要时考虑） 列车竖向动力作用 长钢轨纵向水平力（伸缩力和挠曲力） 离心力 横向摇摆力 活载土压力 人行道人行荷载	特殊荷载	列车脱轨荷载 船只或排筏的撞击力 汽车撞击力 施工临时荷载 地震力 长钢轨断轨力

注：1. 如杆件的主要用途为承受某种附加力，则在计算此杆件时，该附加力应按主力考虑。

2. 流水压力不与冰压力组合，两者也不与制动力或牵引力组合。

3. 船只或排筏的撞击力、汽车撞击力以及长钢轨断轨力，只计算其中的一种荷载与主力相组合，不与其他附加力组合。

4. 列车脱轨荷载只与主力中恒载相组合，不与主力中活载和其他附加力组合。

5. 地震力与其他荷载的组合见 GB 50111—2006《铁路工程抗震设计规范》（2009年版）的规定。

6. 长钢轨纵向力及其与制动力或牵引力等的组合，按《新建铁路桥上无缝线路设计暂行规定》（铁建设函〔2003〕205号）有关规定处理。

TB 10002—2017《铁路桥涵设计规范》还规定：

1）桥梁设计时仅考虑主力与一个方向（顺桥或横桥方法）的附加力相组合。

2）根据各种结构的不同荷载组合，应将材料基本容许应力和地基容许承载力乘以不同的提高系数。

3）铁路公路两用的桥梁，考虑同时承受铁路和公路活载时，铁路活载按本规范的规定计算，公路活载按公路相关规范规定的全部活载的 75% 计算，但对仅承受公路活载的构件，应按公路全部活载计算。

5.4.2 基桩的屈曲及强度验算

屈曲破坏指细长的轴心或偏心受压构件，在轴向荷载达一定数值时，可能在强度未发生破坏之前，由于纵向弯曲而使构件丧失稳定而导致破坏。

大量试验研究表明，当基桩自由长度较长，或桩侧为软弱土层时，基桩有可能发生屈曲破坏。因此对桥梁桩基，屈曲问题也是设计时应该考虑的问题。

基桩在轴向荷载下产生屈曲变形时，桩周将受到土体的约束，而土的力学特性非常复杂，导致基桩屈曲分析比一般压杆屈曲问题要复杂得多。对于基桩的屈曲验算实用中采用轴向压力作用下桩身抗压曲强度验算以及偏心压力作用下桩身抗弯拉强度验算。

1. 轴心压力下桩身抗压曲强度验算

桩在轴向压力作用下，桩身抗压曲强度验算可归结为考虑纵向挠曲影响的桩身截面强度验算，即验算时将截面强度乘以一个不大于 1.0 的纵向弯曲系数。公路桥涵相关规范规定，当轴向受压构件的长细比超过一定数值时（大于 7），应将承载力乘以纵向弯曲系数 φ。对钢筋混凝土桩压曲稳定性验算公式如下

$$\gamma_0 N_d \leqslant 0.9\varphi(f_{cd}A + f'_{sd}A'_s) \tag{5-41}$$

式中　γ_0——桥梁结构重要性系数。根据桥涵设计安全等级的一级、二级和三级，分别取
　　　　　　1.1、1.2 和 1.3；

　　　N_d——桩顶纵向力设计值（kN）；

　　　φ——轴压构件稳定系数（桩的纵向弯曲系数），φ 的取值参见表 2-9；

　　　f_{cd}——混凝土抗压强度设计值（kPa）；

　　　A——桩身截面面积（m^2），当配筋率大于 3% 时，取 $A_n = A - A'_s$；

　　　f'_{sd}——纵向钢筋抗压强度设计值（kPa）；

　　　A'_s——全部纵向钢筋的截面面积（m^2）。

2. 偏心受压下桩身截面强度验算（或截面配筋计算）

JTG 3362—2018《公路钢筋混凝土及预应力混凝土桥涵设计规范》中，对于沿周边均匀配置纵向钢筋的圆形截面钢筋混凝土偏心受压构件的计算方法如下。

1）初始偏心距 e_0

$$e_0 = \frac{M}{N} \tag{5-42}$$

式中　e_0——轴向力对截面重心轴的偏心距；

　　　M、N——验算截面的弯矩和纵向力。

2）偏心距增大系数 η。对长细比 $l_0/i>17.5$，应考虑由于桩顶水平力和弯矩作用引起桩的挠度对纵向力偏心距的影响

$$\eta = 1 + \frac{1}{1300e_0/h_0}\left(\frac{l_0}{h}\right)^2 \xi_1 \xi_2 \tag{5-43}$$

$$\xi_1 = 0.2 + 2.7\frac{e_0}{h_0} \leqslant 1.0 \tag{5-44}$$

$$\xi_2 = 1.15 - 0.02\frac{l_0}{h} \leqslant 1.0 \tag{5-45}$$

式中　e_0——轴向力对截面重心的偏心距，不小于 20mm 和偏压方向截面最大尺寸的 1/30 两者之间的较大值；

　　　h_0——截面有效高度，对圆形截面取 $h_0 = r + r_s$；

　　　l_0——构件的计算长度；

　　　h——截面高度，对圆形截面取 $h = 2r$；

　　　ξ_1——荷载偏心率对截面曲率的影响系数；

　　　ξ_2——构件长细比对截面曲率的影响系数。

则计算偏心距 e 为

$$e = \eta e_0 \tag{5-46}$$

3）沿周边均匀配置纵向钢筋的圆形截面钢筋混凝土偏心受压构件（见图 5-19）的正截面抗压承载力计算如下：

当截面内纵向普通钢筋数量不少于 8 根时

$$\gamma_0 N_d \leqslant N_{ud} = \alpha f_{cd} A\left(1 - \frac{\sin^2 \pi\alpha}{2\pi\alpha}\right) + (\alpha - \alpha_t)f_{sd}A_s \tag{5-47}$$

$$\gamma_0 N_d \eta e_0 \leqslant M_{ud} = \frac{2}{3}f_{cd}Ar\frac{\sin^3 \pi\alpha}{\pi} + f_{sd}A_s r_s\frac{\sin\pi\alpha + \sin\pi\alpha_t}{\pi} \tag{5-48}$$

$$\alpha_t = 1.25 - 2\alpha \tag{5-49}$$

式中　γ_0——结构重要性系数；

　　　N_d——构件轴向压力的设计值；

N_{ud}、M_{ud}——正截面抗压、抗弯承载力设计值；

　　　f_{cd}——混凝土轴心抗压强度设计值；

　　　f_{sd}——纵向普通钢筋抗拉强度设计值，按表选用；

　　　A——圆形截面面积；

　　　A_s——全部纵向普通钢筋截面面积；

　　　e_0——轴向力对截面重心的偏心距；

　　　r——圆形截面的半径；

　　　r_s——纵向普通钢筋重心所在圆周的半径；

　　　α——对应于受压区混凝土截面面积的圆心角（rad）与 2π 的比值；

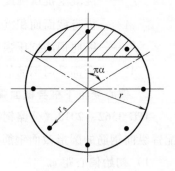

图 5-19　沿周边均匀
配筋的圆形截面

α_t——纵向受拉普通钢筋截面面积与全部纵向普通钢筋截面面积的比值，当 $\alpha>0.625$ 时，取 α_t 为 0。

当混凝土强度等级在 C30~C50、纵向钢筋配筋率为 0.5%~4% 时

$$\gamma_0 N_d \leq n_u A f_{cd} \tag{5-50}$$

式中　γ_0——结构重要性系数；

N_d——构件轴向压力的设计值；

n_u——构件相对抗压承载力；

A——构件截面面积；

f_{cd}——混凝土抗压强度设计值。

5.4.3　桥梁桩基设计计算步骤及内容

设计步骤同本章第二节所述，包括：收集有关设计资料（包括荷载、地质、水文、施工技术等）；拟定设计方案（包括桩基类型、桩径、桩长、桩数及布置）；进行验算再作必要的修改，经多次反复试算，最后得出一个较佳的设计方案。

5.4.3.1　桩基类型的选择

应根据具体情况选择高承台还是低承台；单排桩还是多排桩；打入桩还是钻孔灌注桩；端承桩（柱桩）还是摩擦桩等。

1. 承台底面标高的确定

承台底面的标高应根据桩的受力情况、桩的刚度和地形、地质、水流、施工等条件确定。

1）低承台稳定性较好，但在水中施工难度较大，因此可用于季节性河流、冲刷小的河流或岸滩上墩台及旱地上其他结构物基础。当承台埋于冻胀土层中时，为了避免由于土的冻胀引起桩基础的损坏，承台底面应位于冻结线以下不少于 0.25m。

2）对于常年有流水，冲刷较深，或水位较高，施工排水困难，在受力条件容许时，应尽可能采用高桩承台。承台在有流冰的河道，承台底面应在最低冰层底面以下不少于 0.25m；在有其他漂流物或通航的河道，承台底面也应适当放低，以保证基桩不会直接受到撞击，否则应设置防撞击装置。

3）当作用在桩基础的水平力和弯矩较大，或桩侧土质较差时，为减少桩身所受的弯矩、剪力，可适当降低承台底面。为节省墩台身圬工数量，则可适当提高承台底面。

2. 端承桩和摩擦桩的考虑

端承桩与摩擦桩的选择主要根据地质和受力情况确定。端承桩桩基础承载力大，沉降量小，较为安全可靠，因此当基岩埋深较浅时应考虑采用端承桩桩基。若适宜的岩层埋置较深或受到施工条件的限制不宜采用端承桩时，则可采用摩擦桩。

当采用端承桩时，除桩底支承在基岩上（柱承桩）外，如覆盖层较薄，或水平荷载较

大时，还需将桩底嵌入基岩中一定深度成为嵌岩桩，以增加桩基的稳定性和承载能力。为保证嵌岩桩在横向荷载作用下的稳定性，嵌入基岩的深度与桩嵌固处的内力及桩周岩石强度有关。

在同一桩基础中不宜同时采用端承桩和摩擦桩，同时也不宜采用不同材料、不同直径和长度相差过大的桩，以避免桩基产生不均匀沉降或丧失稳定性，使桩基中各基桩充分发挥作用。同时也可避免在施工中由此而产生的不便和困难。

3. 单排桩和多排桩的考虑

单排桩桩基和多排桩桩基的确定主要根据受力情况，并与桩长、桩数的确定密切相关。多排桩稳定性好，抗弯刚度大，能承受较大的水平荷载，水平位移较小，但多排桩的设置将会增大承台尺寸，增加施工困难，有时还影响航道；单排桩与此相反，能较好地与柱式墩台结构形式配合，可节省圬工，减小作用在桩基上的竖向荷载。因此，当桥跨不大、桥高较低时，或单桩承载力较大，需用桩数不多时可采用单排排架式基础；对较高的桥台、拱桥桥台、制动墩等基础则常用多排桩。

5.4.3.2 桩径、桩长的拟定

1. 桩径拟定

当桩的类型选定以后，桩的横截面尺寸可根据各类桩的特点及常用尺寸，并考虑工程地质情况和施工条件选择确定。

2. 桩长拟定

可先根据地质条件选择适宜的桩底持力层来初步确定桩长，因为桩底持力层对于桩的承载力和沉降有着重要影响，此外还应考虑施工的可能性（如钻进的最大深度等）。

1）如果在施工条件容许的深度内没有坚实土层存在，应尽可能选择压缩性较低、强度较高的土层作为持力层，要避免把桩底座落在软土层上或离软弱下卧层的距离太近，以免桩基础发生过大的沉降。

2）对于摩擦桩，有时桩底持力层可能有多种选择，此时确定桩长与桩数两者相互关联，遇此情况，可通过试算比较，选用较合理的桩长。但摩擦桩的桩长不应拟定太短，因为桩长过短则达不到设置桩基把荷载传递到深层或减小基础下沉量的目的，且必然增加桩数很多、扩大了承台尺寸，这往往是不经济和不合理的。摩擦桩的入土深度一般应大于承台宽度的 2~3 倍以上，且不宜小于 4m。此外，为保证发挥摩擦桩桩底土层支承力，桩底端部应插入桩底持力层一定深度（插入深度与持力层土质、厚度及桩径等因素有关），一般不宜小于 1m。

5.4.3.3 单桩容许承载力的确定

单桩竖向承载力有实测数据时，以实测值为准；当无实测资料或进行初步设计时，可按下述方法进行计算，计算所得值称为承载力容许值，与行业标准和习惯相符。计算所需的表格具体见 JTG 3363—2019《公路桥涵地基与基础设计规范》，注意，TB 10093—2017《铁路桥涵地基和基础设计规范》与其略有不同。

1. 摩擦桩单桩轴向受压承载力容许值计算

（1）钻（挖）孔灌注桩的承载力容许值

$$R_a = \frac{1}{2} u \sum_{i=1}^{n} q_{ik} l_i + A_p q_r \tag{5-51}$$

$$q_r = m_0 \lambda [f_{a0} + k_2 \gamma_2 (h - 3)] \tag{5-52}$$

式中　R_a——单桩轴向受压承载力特征值(kN)，桩身自重标准值与置换土重标准值（当桩重计入浮力时，置换土重也计入浮力）的差值计入作用效应；

　　　u——桩身周长（m）；

　　　n——土的层数；

　　　q_{ik}——与 l_i 对应的各土层桩侧摩阻力标准值（kPa），宜采用单桩摩阻力试验确定，当无试验条件时按表选用；

　　　l_i——承台底面或局部冲刷线以下各土层的厚度（m），扩孔部分及变截面以上 $2d$ 长度范围内不计；

　　　A_p——桩端截面面积（m²），对扩底桩，取扩底截面面积；

　　　q_r——修正后的桩端土的承载力特征值（kPa），当持力层为砂土、碎石土时，若计算值超过下列值，宜按下列值采用：粉砂取 1000kPa，细砂取 1150kPa，中砂、粗砂、砾砂取 1450kPa，碎石土取 2750kPa；

　　　m_0——清底系数；

　　　λ——修正系数；

　　　f_{a0}——桩端土的承载力特征值(kPa)；

　　　k_2——承载力特征值的深度修正系数，根据桩端处持力层土类选用；

　　　γ_2——桩端以上各土层的加权平均重度（kN/m³），若持力层在水位以下且不透水时，均应取饱和重度，当持力层透水时，水中部分土层应取浮重度；

　　　h——桩端的埋置深度（m），对于有冲刷的桩基，埋深由局部冲刷线起算，对无冲刷的桩基，埋深由天然地面线或实际开挖后的地面线起算，h 的计算值不应大于 40m，大于 40m 时，取 40m。

（2）沉桩的承载力容许值

1）经验系数法

$$R_a = \frac{1}{2} \left(u \sum_{i=1}^{n} a_i l_i q_{ik} + a_r \lambda_p A_p q_{rk} \right) \tag{5-53}$$

式中　R_a——单桩轴向受压承载力特征值(kN)，桩身自重标准值与置换土重（当桩重计入浮力时，置换土重也计入浮力）的差值计入作用效应；

　　　u——桩身周长（m）；

　　　n——土的层数；

　　　l_i——承台底面或局部冲刷线以下各土层的厚度（m）；

q_{ik}——与 l_i 对应的各土层桩侧摩阻力标准值（kPa），宜采用单桩摩阻力试验或静力触探试验测定，当无试验条件时，按相关规范选用；

q_{rk}——桩端处土的承载力标准值（kPa），宜采用单桩摩阻力试验或静力触探试验测定，当无试验条件时，按相关规范选用；

a_i、a_r——振动沉桩对各土层桩侧摩阻力和桩端承载力的影响系数，按表采用；对于锤击、静压沉桩其值均取为 1.0；

λ_p——桩端土塞效应系数。对闭口桩取 1.0；对开口桩，1.2m$<d\leqslant$1.5m 时取 0.3～0.4，$d>$1.5m 时取 0.2～0.3。

2）静力触探法。当采用静力触探试验测定时，沉桩承载力特征值计算中的 q_{ik} 和 q_{rk} 取为

$$q_{ik} = \beta_i \bar{q}_i \tag{5-54}$$

$$q_{rk} = \beta_r \bar{q}_r \tag{5-55}$$

式中　$\bar{q}_i$——静力触探测得的桩侧第 i 层土的局部侧摩阻力的平均值（kPa），当 $\bar{q}_i$ 小于 5kPa 时，取 5kPa；

$\bar{q}_r$——桩端（不包括桩靴）高程±4d（d 为桩身直径或边长）范围内静力触探端阻的平均值（kPa），桩端标高以上 4d 范围内端阻的平均值大于桩端标高以下 4d 的端阻平均值时，可取桩端以下 4d 范围内端阻的平均值；

β_i、β_r——侧摩阻和端阻的综合修正系数，其值按以下的判别标准选用相应的计算公式：

当土层的 $\bar{q}_r$ 大于 2000kPa，且 $\bar{q}_i/\bar{q}_r$ 小于或等于 0.014 时：

$$\beta_i = 5.067(\bar{q}_i)^{-0.45}, \qquad \beta_r = 3.975(\bar{q}_r)^{-0.25}$$

如不满足上述 $\bar{q}_r$ 和 $\bar{q}_i/\bar{q}_r$ 条件时

$$\beta_i = 10.045(\bar{q}_i)^{-0.55}, \qquad \beta_r = 12.064(\bar{q}_r)^{-0.35}$$

2. 支承在基岩上或嵌入基岩的桩的单桩轴向受压承载力容许值计算

$$R_a = c_1 A_p f_{rk} + u\sum_{i=1}^{m} c_{2i} h_i f_{rki} + \frac{1}{2}\zeta_s u\sum_{i=1}^{n} l_i q_{ik} \tag{5-56}$$

式中　R_a——单桩轴向受压承载力特征值(kN)，桩身自重标准值与置换土重（当桩重计入浮力时，置换土重也计入浮力）的差值计入作用效应；

c_1——根据岩石强度、岩石破碎程度等因素而确定的端阻发挥系数，按表采用；

A_p——桩端截面面积（m^2），对于扩底桩，取扩底截面面积；

f_{rk}——桩端岩石饱和单轴抗压强度标准值（kPa），黏土岩取天然湿度单轴抗压强度标准值，f_{rk} 小于 2MPa 时按支承在土层中的桩计算；

u——各土层或各岩层部分的桩身周长（m）；

m——岩层的层数，不包括强风化层和全风化层；

c_{2i}——根据岩石强度、岩石破碎程度等因素而定的第 i 层岩层的侧阻发挥系数；

h_i——桩嵌入各岩层部分的厚度（m），不包括强风化层、全风化层及局部冲刷线以上基岩；

ζ_s——覆盖层土的侧阻发挥系数，其值应根据桩端 f_{rk} 确定，按相关规范采用；

n——土层的层数，强风化和全风化岩层按土层考虑；

l_i——承台底面或局部冲刷线以下各土层的厚度（m）；

q_{ik}——桩侧第 i 层土的侧阻力标准值（kPa），宜采用单桩摩阻力试验值，当无试验条件时，按表选用。

3．摩擦桩单桩轴向受拉承载力容许值计算

$$R_t = 0.3u\sum_{i=1}^{n} a_i l_i q_{ik} \tag{5-57}$$

式中　R_t——单桩轴向受拉承载力特征值（kN）；

u——桩身周长（m），对于等直径桩，$u=\pi D$；对于扩底桩，自桩端起算的长度 $\sum l_i \leqslant 5d$ 时取 $u=\pi D$，其余长度均取 $u=\pi D$（其中 D 为桩的扩底直径，d 为桩身直径）；

a_i——振动沉桩对各土层桩侧摩阻力的影响系数，按表采用；对于锤击、静压沉桩和钻孔桩，$a_i=1$。

5.4.3.4　确定桩数及其在平面的布置

假定承台底面以上的荷载全部由桩承受，一般不考虑承台底面的作用。

1．桩数的估算

根据承台底面上的竖向荷载 N 和单桩承载力特征值 R_a 估算

$$n = \mu \frac{N}{R_a} \tag{5-58}$$

式中　μ——考虑荷载偏心时各桩受力不均而适当增加桩数的经验系数，可取 1.2~1.6。

2．桩的平面布置

桩基础中基桩的平面布置，除应满足最小桩距等构造要求外，还应考虑基桩布置对桩基受力有利。为使各桩受力均匀，充分发挥每根桩的承载能力，设计布置时应尽可能使桩群横截面的重心与荷载合力作用点重合或接近，通常桥墩桩基础中的基桩采取对称布置，而桥台多排桩桩基础视受力情况在纵桥向可采用非对称布置。当作用于桩基的弯矩较大时，宜尽量将桩布置在离承台形心较远处，采用外密内疏的布置方式，以增大对承台形心或合力作用点的惯性矩，提高桩基的抗弯能力。

5.4.3.5　桥梁桩基主要构造要求

桥梁桩基中基桩和承台构造除了满足一般桩基规定外还需满足以下一些构造要求。

（1）桩径　钻孔灌注桩设计直径不宜小于 0.8m，挖孔灌注桩直径或最小边宽度不宜小于 1.2m，钢筋混凝土管桩直径可采用 0.4~1.2m，且管壁最小厚度不宜小于 80mm。

（2）桩的布置和中距　群桩可采用对称形、梅花形或环形等布置形式。桩的中心距根据成桩工艺和桩的类型按表 5-10 确定，边桩外侧与承台边缘的最小距离应满足表 5-11 要求。

表 5-10 桩的最小中心距

桩的工艺或类型	最小中心距	最小桩底中心距
锤击桩	1.5D	3D，软土地基应增大
振动沉桩	1.5D	4D
钻孔桩	2.5D	2.5D
挖孔桩	2.5D	2.5D
端承桩	—	2D
扩底桩	—	$\max(1.5D, D+1.0\text{m})$

注：1. 扩底桩的 D 为扩底直径。
  2. 当端承桩和扩底桩桩端进入稳定岩层时，桩之间没有最小中心距的限制，中心距按施工要求确定即可；当端承桩和扩底桩桩端没有进入稳定岩层时，最小中心距分别取 2D 和 $\max(2.5D, 2D+1.0\text{m})$。

表 5-11 桩外侧与承台边缘的最小距离

桩径/m	最小距离/mm
≤1.0	$\max(0.5D, 250\text{mm})$
>1.0	$\max(0.3D, 500\text{mm})$

（3）承台的构造　由于承台受力比较复杂，为保证承台的刚度，按经验承台厚度宜为桩径的 1.0~2.0 倍，且不宜小于 1.5m，混凝土的强度等级不应小于 C25。当桩顶直接埋入承台连接时，应在每根桩的顶面上设 1~2 层钢筋网。当桩顶主筋伸入承台时，承台在桩身混凝土顶端平面内应设一层钢筋网，钢筋网应通过桩顶且不截断。每米内（按每一方向）设钢筋网 1200~1500mm²，钢筋直径 12~16mm。承台的顶面和侧面应设置表层钢筋网，每个面在两个方向的钢筋面积均不小于 400mm²/m，钢筋间距不大于 400mm。另外，当用横系梁加强整体性时，横系梁的构造及其与桩的连接参考相关规范。

5.4.3.6　桩基础的计算与验算

进行以下各项计算和验算时，应分别选用各自相应的最不利的荷载组合。

1. 桩基内力和位移计算

采用 m 法计算时，应验算桩在地面或局部冲刷线处的横向位移不大于 0.6cm。

2. 单桩承载力验算

（1）按土阻力验算单桩轴向容许承载力

$$N_{i\max}+G \leqslant \gamma_R R_a \tag{5-59}$$

式中　$N_{i\max}$——按最不利荷载组合算得的基桩最大轴力；

　　　G——基桩自重（在透水层中应考虑浮力）；

　　　γ_R——抗力系数。

（2）桩身材料强度验算　按偏心受压构件计算，包括考虑纵向弯曲影响的稳定性验算及截面应力验算、最大裂缝宽度验算。具体见式（5-41）~式（5-50）及 JTG 3362—2018《公路钢筋混凝土及预应力混凝土桥涵设计规范》。

3. 群桩承载力验算

对于端承桩，由于桩底的压力分布面积较小（相当于桩底截面面积），各桩的压力叠加作用也小，桩基础的承载力可认为等于所有单桩承载力之和。端承桩基础的沉降量也可认为等于单桩的沉降量。摩擦桩基础承载力不能认为是各单桩承载力的总和。桩上的外力主要是通过桩侧土的摩擦力传递到桩底下土层的，在桩底处（以及桩底附近）会发生应力叠加现象，因此摩擦桩桩基础的承载力要小于各单桩承载力之和，沉降要大于单桩，如图 2-15 所示。桩基础的这种特性称为群桩效应。一般认为桩间距大于 6 倍桩径时，才可不考虑群桩效应。

对于摩擦桩基桩间中心距小于 $6d$ 的 9 根及 9 根桩以上的多排摩擦桩群桩应考虑群桩效应。桥梁桩基考虑承台效应，群桩承载力验算采用的方法是，桩群作为整体基础验算桩端平面处的地基承载力，即假想实体基础基底总压力应小于桩基持力层的承载力。此时摩擦桩基可视为如图 5-20 中的 $acde$ 范围内的实体基础，实体基础基底总压力 p 的计算方法如下：

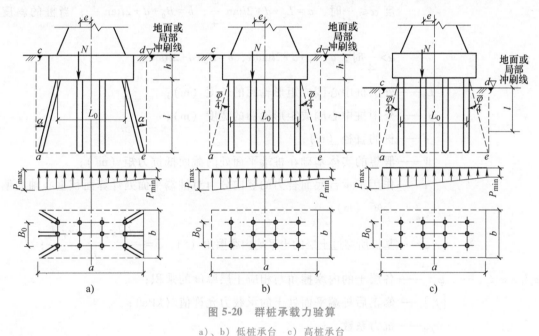

图 5-20　群桩承载力验算

a)、b) 低桩承台　c) 高桩承台

（1）当轴心受压时

$$p = \overline{\gamma} l + \gamma h - \frac{BL\gamma h}{A} + \frac{N}{A} \leqslant [f_a] \tag{5-60}$$

$$A = a \times b \tag{5-61}$$

（2）当偏心受压时，尚应满足下列条件

$$p_{max} = \overline{\gamma} l + \gamma h - \frac{BL\gamma h}{A} + \frac{N}{A}\left(1 + \frac{eA}{W}\right) \leqslant \gamma_R [f_a] \tag{5-62}$$

$$\overline{\varphi} = \frac{\varphi_1 l_1 + \varphi_2 l_2 + \cdots + \varphi_n l_n}{l}$$

式中　　　　p、p_{max}——桩端平面处的平均压应力、最大压应力（kPa）；

$\overline{\gamma}$——承台底面包括桩的重力在内至桩端平面土的平均重度（kN/m³），桩土平均重度可取 20kN/m³，有浮力时取 10kN/m³；

l——桩的深度（m）；

γ——承台底面以上土的重度（kN/m³）；

L——承台长度（m）；

B——承台宽度（m）；

N——作用于承台底面合力的竖向分力（kN）；

A——假想的实体基础在桩端平面处的计算面积（m²）；

a、b——假想的实体基础在桩端平面处的计算宽度和长度（m）；当桩的斜度 $\alpha \leqslant \dfrac{\overline{\varphi}}{4}$ 时，$a = L_0 + d + 2l\tan\dfrac{\overline{\varphi}}{4}$，$b = B_0 + d + 2l\tan\dfrac{\overline{\varphi}}{4}$；当桩的斜度 $\alpha > \dfrac{\overline{\varphi}}{4}$ 时，$a = L_0 + d + 2l\tan\alpha$，$b = B_0 + d + 2l\tan\alpha$；

L_0——外围桩中心围成矩形轮廓的长度（m）；

B_0——外围桩中心围成矩形轮廓的宽度（m）；

d——桩的直径（m）；

W——假想的实体基础在桩端平面处的截面抵抗力矩（m³）；

e——作用于承台底面合力的竖向分力对桩端平面处计算面积重心轴的偏心矩（m）；

$\overline{\varphi}$——基桩所穿过土层的土平均内摩擦角（°），$\overline{\varphi} = \dfrac{\varphi_1 l_1 + \varphi_2 l_2 + \cdots + \overline{\varphi}_n l_n}{l}$；

$\varphi_1 l_1$、$\varphi_2 l_2$、…、$\varphi_n l_n$——各层土的内摩擦角与相应土层厚度的乘积；

$[f_a]$——修正后桩端平面处土的承载力允许值（kPa）；

γ_R——抗力系数。

当桩端平面以下有软土层或软弱地基时，还应验算该土层的承载力，具体见相关规范。

4. 墩台顶水平位移

先计算承台底面的转角和水平位移，再据以求得墩台顶的水平位移，该位移值不得超过相关规范规定的容许值。

高承台情况的墩顶位移为

$$\delta = x_0 + \phi_0 l_0 + x_H + x_M \tag{5-63}$$

TB 10002—2017《铁路桥涵设计规范》规定墩台顶帽面顺桥方向的弹性水平位移应符合如下要求

$$\delta \leqslant 5\sqrt{L}\,(\mathrm{mm}) \tag{5-64}$$

式中　L——相邻跨中最小跨的跨度（m），当 $L < 24\mathrm{m}$ 时按 24m 计算；

δ——墩台顶的水平位移（mm）；

x_0——桩顶（承台底面）的水平位移（mm）；

l_0——桩顶（承台底面）至墩顶的距离（mm）；

$\phi_0 l_0$——桩顶（承台底面）处转角 ϕ_0 所引起的在墩顶的位移（mm）；

x_H——墩台身在水平力 H 作用下产生的水平位移（mm）；

x_M——墩台身在 M 作用下产生的水平位移（mm）。

5. 桩基沉降验算

通常由于在确定地基土的承载力 $[f_a]$ 时，已考虑了地基变形这一因素，只要满足了地基强度的要求，就间接地满足了基础的沉降要求。

（1）需验算桩基沉降量的情况　地基为非岩石地基且上部结构为静不定时；当相邻墩台下的地基土有显著不同或相邻跨度差别很大时；跨线桥下的净高需预先考虑沉降量时；地基土为湿陷性黄土或软土时。

（2）桩基沉降量的计算方法　当桩基为端承桩或桩端平面内桩的中距大于桩径（或边长）的 6 倍时，桩基的总沉降量可取单桩的沉降量（如单桩静载试验的沉降量）；在其他情况，摩擦桩基的总沉降量可将桩基视为实体基础，按分层总和法计算。具体参考相关规范。

需要注意，计算墩台基础的沉降只按恒载考虑。因为活载作用时间短，对沉降影响不大；另外，JTG 3363—2019《公路桥涵地基与基础设计规范》中，对于群桩沉降计算还要求计入桩身压缩量。

$$\text{桩身压缩量}(\text{mm}) = \frac{Pl}{2EA_p} \tag{5-65}$$

式中　P——桩顶荷载（kN）；

l——桩长（mm）；

E——桩身混凝土抗压弹性模量（kN/mm^2）；

A_p——桩身截面面积（mm^2）。

6. 承台强度的验算

（1）桩对承台的冲切验算　如图 5-21 所示，验算桩对承台的冲切以确定桩顶到承台顶面的厚度 h_c。若基桩在承台的位置处于墩台边缘以刚性角向外扩散的范围以内时，不需验算桩对承台的冲切。

（2）承台的抗剪验算　承台应有足够的厚度，防止沿墩身底面边缘（Ⅰ、Ⅱ）截面处产生的剪切破坏。x、y 两方向截面的计算剪力分别为截面外侧的桩顶力之和（见图 5-22）。

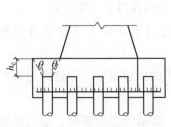

图 5-21　桩对承台的冲切

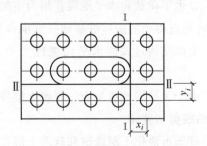

图 5-22　承台的抗剪和抗弯验算截面

（3）承台的抗弯验算　承台最大弯矩在墩底边缘截面（Ⅰ、Ⅱ）处，按单向受弯计算

$$M_{\text{I-I}} = \sum x_i N_i \tag{5-66}$$

$$M_{\text{II-II}} = \sum y_i N_i \tag{5-67}$$

式中　x_i、y_i——第 i 桩桩轴线到 y、x 轴的距离；

N_i——第 i 桩的竖向净反力设计值（kN）。

5.5　桩基础的抗震设计与计算

5.5.1　概述

1. 地基基础的地震作用

1）地振动将通过地基和基础传至上部结构而产生地震作用，使结构物产生惯性力，它附加于静荷载之上，导致总应力超过结构的材料强度而破坏。

2）地震作用下地基的失效，如强度降低或过大的残余变形等，又必然成为结构破坏或损坏的原因。

2. 抗震设计中对地基基础的要求

1）选择合适的建筑场地，降低震害危险。

2）必要时进行地基加固，保证地基的抗震稳定性，特别注意避免液化、震陷等地基失效现象的危害。

3）合理设计地基基础，恰当地验算地基抗震承载力和基础的抗震构造要求。

4）正确评价场地土动力特性，恰当考虑结构地震反应中地基基础与上部结构的共同作用，使上部结构的抗震计算更符合实际情况。

3. 桩基的抗震性能及地震作用

地基基础的抗震分析和设计主要偏重于对地基土抗震能力的评估和改善，基础结构本身的地震作用较小。震害调查表明，一般桩基抗震性能是比较好的，有如下特点：

1）以竖向荷载为主的低承台桩基础较少在地震中发生破坏。桩基础在地震时不仅桩自身的震害很小，对上部结构也有较好的抗震效果。但是，在地震中，上部结构和桩周土层的动力作用有时会造成桩身结构损伤，从而导致建筑物的沉降、倾斜、开裂或水平位移。

2）以水平荷载和水平地震作用为主的高承台桩基，震害程度相对比较严重。

震害调查得到的房屋桩基础（低承台）的震害主要表现在以下一些方面：

1）上部结构过大的水平向惯性力引起桩-承台的连接破坏或者浅部桩身的剪压、剪弯破坏。

2）由于土层的地震反应，软硬土层界面处出现较大的剪切变形，导致穿过界面的桩身发生弯曲或剪切破坏。

3）桩周可液化土层或饱和软弱土层在地震作用下，摩阻力急剧下降，造成单桩竖向承载力不足，整个桩基出现不容许的沉陷或不均匀沉降。

4）桩基附近土体由于地震中常出现的土坡滑动、挡土墙位移或堆载失稳等原因而发生流动，桩身受到侧向挤压而造成弯折、错位或损伤，液化土层的侧向扩展与流滑也会造成类似破坏。

由于桩基的整体作用，桩身结构的这种震害一般不直接造成建筑物的倒塌，但常常影响建筑物的正常使用及寿命。

4．不需要进行桩基抗震承载力验算的情况

因桩基础失效导致的破坏比上部结构惯性力的破坏要少，所以对于承受竖向荷载为主的低承台桩基，当建筑物高度较小，而地基土又不是特别差的时候，一般不需要进行桩基抗震承载力验算。对于水平荷载较大，承受水平荷载为主的高承台桩基需进行抗震验算。具体见相关规范。

GB 50011—2010《建筑抗震设计规范》（2016 年版）的规定是：承受竖向荷载为主的低承台桩基，当地面下无液化土层，且桩承台周围无淤泥、淤泥质土和地基承载力特征值不大于 100kPa 的填土时，下列建筑可不进行桩基抗震承载力验算：

（1）7 度和 8 度时的下列建筑：

1）一般的单层厂房和单层空旷房屋。

2）不超过 8 层且高度在 24m 以下的一般民用框架房屋。

3）基础荷载与②项相当的多层框架厂房和多层混凝土抗震墙房屋。

（2）砌体房屋。

（3）《建筑抗震设计规范》规定可不进行上部结构抗震验算的建筑。

5．桩基抗震设计的基本方法

常规的桩基抗震计算方法是假定上部结构运动时桩基不运动，桩基运动时则桩周土不运动，即假定上部结构、桩和土体的运动是可以割裂开来考虑的。震害调查实例发现这类"割裂"分析方法是不合理的，合理的方法应是考虑三者共同作用的方法。

一方面由于桩基抗震性能较好，另一方面由于桩基与土的共同作用以及动力问题相当复杂，因此，桩基的地震作用分析和抗震设计计算，目前尚无成熟完善的理论和方法，一般以概念设计为主。

现行的常规做法是：以经验指导为主，以静代动的验算为辅，外加构造措施保证。另外对共同作用问题近似地加以考虑。其中以静代动的验算是指采用静力作用时的计算和验算方法，同时乘以考虑地震作用的影响系数。

桩基抗震设计计算的主要内容包括：计算地震作用时上部结构传至承台底面的竖向偏心荷载和水平荷载；计算基桩的抗震承载力；进行基桩的竖向及水平向承载力验算；进行桩身截面抗震验算。

5.5.2　作用于承台底面的总荷载

分析建筑物的结构地震反应时，采用近似考虑地基基础与上部结构共同作用的方法，假定上部结构是一个嵌固于基础块体的多质点系统，基础和地基视为作水平向或竖向运动的刚性底盘。具体可采用底部剪力法、振型分解法和时程分析法等来计算上部结构的地震反应。高度不超过 40m、以剪切变形为主且质量和刚度沿高度分布较均匀的结构，可采用底部剪力法。

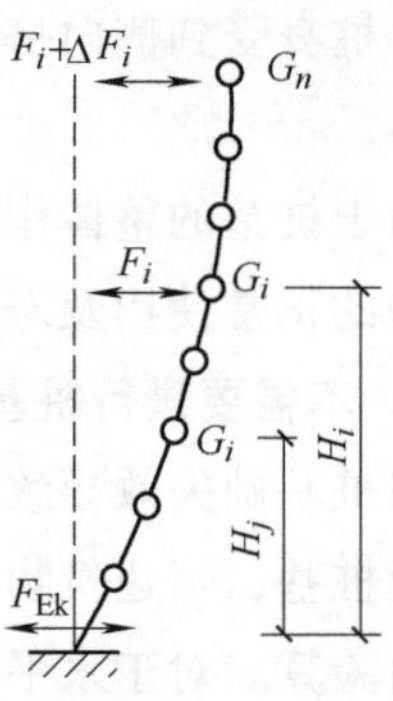

1. 水平地震作用计算

采用底部剪力法时，各楼层可仅取一个自由度，结构的水平地震作用标准值，应按下式确定（见图 5-23）

$$F_{Ek} = \alpha_1 G_{eq} \tag{5-68}$$

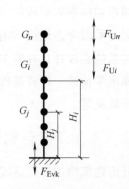

图 5-23 水平地震作用计算

式中　F_{Ek}——结构总水平地震作用标准值；

　　α_1——相应于结构基本自振周期的水平地震影响系数，对多层砌体房屋及底部框架砌体房屋，取水平地震影响系数最大值，见表 5-12；

　　G_{eq}——结构等效总重力荷载，单质点取总重力荷载代表值，多质点取总重力荷载代表值的 85%。

$$F_i = \frac{G_i H_i}{\sum_{j=1}^{n} G_j H_j} (F_{Ek} - \Delta F_n)(i = 1, 2, \cdots, n) \tag{5-69}$$

$$\Delta F_n = \delta F_{Ek} \tag{5-70}$$

式中　F_i——质点 i 的水平地震作用标准值；

　G_i、G_j——集中于质点 i、j 的重力荷载代表值；

　H_i、H_j——质点 i、j 的计算高度；

　　ΔF_n——顶部附加水平地震作用；

　　δ_n——顶部附加地震作用系数，可查 GB 50011—2010《建筑抗震设计规范》（2016年版）中相关表格。

$$M_{Ek} = \Delta F_n (H_n + h) + \sum_{i=1}^{n} F_i (H_i + h) \tag{5-71}$$

式中　M_{Ek}——承台底面的力矩；

　　h——承台埋深。

2. 竖向地震作用计算

8 度和 9 度时的大跨度结构、长悬臂结构、烟囱和类似高耸结构，9 度时的高层建筑，按以下考虑竖向地震作用。

（1）高耸结构及高层建筑（见图 5-24）竖向地震作用标准值应按下式确定

$$F_{Evk} = \alpha_{vmax} G_{eq} \tag{5-72}$$

$$F_{vi} = \frac{G_i H_i}{\sum_{j=1}^{n} G_j H_j} F_{Evk} \tag{5-73}$$

图 5-24 竖向地震作用计算

式中　F_{Evk}——结构总竖向地震作用标准值；

　　　α_{vmax}——竖向地震影响系数的最大值，可取水平地震影响系数最大值的 65%；

　　　G_{eq}——结构等效总重力荷载，可取其重力荷载代表值的 75%；

　　　F_{vi}——质点 i 的竖向地震作用标准值。

（2）平板型网架屋盖和跨度大于 24m 的屋架　F_{Evk} 取其重力荷载代表值与竖向地震作用系数（见表 5-13）的乘积。

（3）长悬臂及其他大跨度结构　8 度和 9 度 F_{Evk} 可分别取其重力荷载代表值的 10% 和 20%。

表 5-12　水平地震影响系数最大值

地震影响	6 度	7 度	8 度	9 度
多遇地震	0.04	0.08（0.12）	0.16（0.24）	0.32
罕遇地震	0.28	0.50（0.72）	0.90（1.20）	1.40

注：括号中数值分别用于设计基本地震加速度为 0.15g 和 0.30g 的地区，g 为重力加速度。

表 5-13　竖向地震作用系数

结构类型	烈度	场地类别		
		Ⅰ	Ⅱ	Ⅲ、Ⅳ
平板型网架、钢屋架	8	可不计算（0.10）	0.08（0.12）	0.10（0.15）
	9	0.15	0.15	0.20
钢筋混凝土屋架	8	0.10（0.15）	0.13（0.19）	0.13（0.19）
	9	0.20	0.25	0.25

注：括号中数值用于设计基本地震加速度为 0.30g 的地区，g 为重力加速度。

3. 地震作用效应组合

结构构件的地震作用效应和其他荷载效应的基本组合，应按下式计算

$$S = \gamma_G S_{GE} + \gamma_{Eh} S_{Ehk} + \gamma_{Ev} S_{Evk} + \psi_w \gamma_w S_{wk} \tag{5-74}$$

式中　S——结构构件内力组合的设计值，包括组合的弯矩、轴向力和剪力设计值等；

　　　γ_G——重力荷载分项系数，一般情况应采用 1.2，当重力荷载效应对构件承载能力有利时，不应大于 1.0；

　　　S_{GE}——重力荷载代表值的效应；

γ_{Eh}、γ_{Ev}——水平、竖向地震作用分项系数，应按表 5-14 采用；

　　　S_{Ehk}——水平地震作用标准值的效应，尚应乘以相应的增大系数或调整系数；

　　　S_{Evk}——竖向地震作用标准值的效应，尚应乘以相应的增大系数或调整系数；

　　　ψ_w——风荷载组合值系数，一般结构取 0.0，风荷载起控制作用的高层建筑应取 0.2；

　　　γ_w——风荷载分项系数，应采用 1.4；

　　　S_{wk}——风荷载标准值的效应。

表 5-14　地震作用分项系数

地震作用	γ_{Eh}	γ_{Ev}
仅计算水平地震作用	1.3	0.0
仅计算竖向地震作用	0.0	1.3
同时计算水平与竖向地震作用（水平地震为主）	1.3	0.5
同时计算水平与竖向地震作用（竖向地震为主）	0.5	1.3

桩基荷载计算时应注意：地震作用效应一般考虑水平向；按不同规范，有地震荷载作用效应的标准组合及基本组合；应视具体情况考虑承台（地下室）侧面土抗力及底面土摩擦力的作用。

（1）作用于桩基的地震作用效应基本组合　采用地震水平作用效应与其他荷载效应的基本组合设计值，各种作用及其分项系数取值如下：水平地震作用分项系数 1.3；上部结构重力荷载分项系数 1.2；承台（基础）自重及其上土重的分项系数 1.0；当需要考虑风荷载时，风荷载分项系数 1.4；（风荷载组合值系数 $\psi_w = 0.2$）。

（2）作用于桩基的地震作用效应标准组合　采用地震水平作用效应与其他荷载效应的标准组合：水平地震作用；上部结构重力荷载；承台（基础）自重及其上土重；需要考虑风荷载时，风荷载组合值系数 $\psi_w = 0.2$。

需注意，实际应用时不同规范有不同的规定。例如：《建筑抗震设计规范》（2016 年版）规定在验算桩基承载力时，取基桩抗震承载力特征值（基桩承载力特征值乘以 1.25），荷载的计算采用地震作用效应标准组合（即各作用分项系数均取 1.0 的组合）；在验算构件结构截面强度时，荷载应取地震作用效应基本组合，相应抗力取构件的抗震承载力设计值（构件的承载力设计值除以承载力抗震调整系数 γ_{RE}）。

在上海市《地基基础设计标准》中，无论是基桩承载力验算还是桩基结构验算，都是取地震作用效应基本组合，相应抗力取设计值。但验算基桩承载力时，荷载基本组合的分项系数为 1.0。

4. 近似考虑承台-桩-土的共同作用

结构（包括承台或地下室）地震作用的计算结果，假设全部传至桩顶，这是最保守的做法。为近似考虑承台-桩-土的共同作用，各类规范有不同的规定，主要有：

1）水平地震荷载可扣除承台（地下室）正侧面被动土压力的 1/3（按朗肯理论计算）。这项反力的发挥有赖于承台（地下室）侧面与土的紧密接触，即要求填土分层夯实、混凝土原地浇筑和地下室外墙与基坑围护结构有可靠连接等。

2）有一些规范，在水平荷载中扣除承台底面摩阻力。对于承台底面下土体由于静力固结或震动沉陷等原因而有可能与承台底面脱开，则不能考虑此项分担作用。

3）有的地区性规范凭经验规定承台底面土可分担 10%~20% 的竖向荷载。

5.5.3　水平荷载作用下的桩基计算

水平荷载作用下的桩基计算可参见第四章内容，这里仅列出抗震计算时的有关公式。

1. *m* 法基本公式

弹性桩桩顶与土面齐平，桩顶自由时，在桩顶（土面）荷载 H_0、M_0 作用下，桩身不同深度处的位移和内力见式（4-38）~式（4-41）。

2. *m* 法的应用

（1）桩身内力计算（桩顶弹性嵌固情况）　在实际应用中，建筑桩基桩顶一般都与刚性较大的低承台或地下室底板相连接，桩顶不能转动，可视为弹性嵌固（转角 $\varphi_0 = 0$，但水平位移不受约束）。因而在单桩桩顶可增加一个转角为 0 的约束条件，由式（4-66）则有

$$\varphi_{z=0} = \frac{H_0}{\alpha^2 EI} A_{\varphi_z=0} + \frac{M_0}{\alpha EI} B_{\varphi_z=0} = 0 \tag{5-75}$$

$$\frac{\alpha M_0}{H_0} = -\frac{A_{\varphi_z=0}}{B_{\varphi_z=0}} = 0.926 \tag{5-76}$$

则桩顶弹性嵌固时不同深度处桩身截面的位移和内力计算公式为

$$y_z = (A_y - 0.926 B_y)\frac{H_0}{\alpha^3 EI} = \beta_y \frac{H_0}{\alpha^3 EI} \tag{5-77}$$

$$M_z = (A_m - 0.926 B_m)\frac{H_0}{\alpha} = \beta_m \frac{H_0}{\alpha} \tag{5-78}$$

$$Q_z = (A_H - 0.926 B_H) H_0 = \beta_H H_0 \tag{5-79}$$

式中　β_y、β_m、β_H——水平位移系数、弯矩系数和剪力系数可根据 A_y、B_y、A_m、B_m、A_H、B_H 等系数的有关值进行计算，也可直接查表 5-15。由 β 系数表 5-15 可知，弹性嵌固时，桩身最大内力及挠度位于桩顶。

表 5-15　桩顶弹性嵌固情况时弹性长桩的位移和内力计算系数

αz	0.0	0.1	0.2	0.3	0.4	0.5	0.6
β_y	0.9403	0.9357	0.9228	0.9027	0.8763	0.8446	0.8087
β_m	-0.9258	-0.8258	-0.7269	-0.6302	-0.5358	-0.4447	-0.3588
β_H	1.0000	0.9953	0.9815	0.9589	0.9280	0.8896	0.8445
αz	0.7	0.8	0.9	1.0	1.2	1.4	1.6
β_y	0.7684	0.7268	0.6820	0.6358	0.5432	0.4520	0.3658
β_m	-0.2764	-0.1993	-0.1294	-0.0648	-0.0454	-0.1290	-0.1870
β_H	0.7938	0.7383	0.6791	0.6173	0.4895	0.3628	0.2432
αz	1.8	2.0	2.4	3.0	4.0		
β_y	0.2873	0.2174	0.1056	0.0010	-0.0941		
β_m	0.2229	0.2371	0.2187	0.1226	0		
β_H	0.1538	0.0440	-0.0863	-0.1528	0.0386		

（2）桩顶内力的计算（桩顶弹性嵌固情况）　若已知承台底面总荷载（地震作用效应组合值）为 N、M、H，各桩桩顶荷载（P_0、H_0、M_0）的计算见式（4-60）。当各桩材料尺寸相同时可简化计算如下

$$P_{0i} = \frac{N}{n} \pm \frac{M_x y_i}{\Sigma y_j^2} \pm \frac{M_y x_i}{\Sigma x_j^2} \qquad (5\text{-}80)$$

$$H_0 = \frac{H}{n} \qquad (5\text{-}81)$$

$$M_0 = \beta_m \frac{H_0}{\alpha} = 0.926 \frac{H_0}{\alpha} \qquad (5\text{-}82)$$

5.5.4　基桩抗震承载力的确定

1. 非液化土中的低承台桩基

（1）单桩的竖向和水平向抗震承载力特征值，均比非抗震设计时提高 25%，即

$$R_E = 1.25 R_a \qquad (5\text{-}83)$$

式中　R_E——单桩抗震承载力特征值（kN）；

　　　R_a——单桩承载力特征值（kN）。

抗震验算中，对地基土承载力特征值调整系数的规定，主要参考国内外资料和相关规范的规定，考虑了地基土在有限次循环动力作用下强度一般比静强度有所提高和在地震作用下结构可靠度容许有一定程度降低这两个因素。

（2）基桩竖向抗震承载力特征值

JGJ 94—2008《建筑桩基技术规范》中，考虑承台效应的复合基桩竖向抗震承载力特征值可按下式计算

$$R_{vE} = 1.25 R_v \qquad (5\text{-}84)$$

式中　R_{vE}——基桩竖向抗震承载力特征值（kN）；

　　　R_v——基桩竖向承载力特征值（kN）可按下式计算

$$R_v = R_a + \frac{\zeta_a}{1.25} \eta_c f_{ak} A_c \qquad (5\text{-}85)$$

$$A_c = (A - n A_{ps})/n \qquad (5\text{-}86)$$

式中　R_a——单桩承载力特征值（kN）；

　　　ζ_a——地基抗震承载力调整系数，应按 GB 50011—2010《建筑抗震设计规范》（2016 年版）采用；

　　　η_c——承台效应系数，可按表 2-10 取值；

　　　f_{ak}——承台下 1/2 承台宽度且不超过 5m 深度范围内各层土的地基承载力特征值按厚度加权的平均值；

　　　A_c——计算基桩所对应的承台底净面积；

　　　A_{ps}——桩身截面面积；

　　A——承台计算域面积。对于柱下独立桩基，A 为承台总面积；对于桩筏基础，

　　　　　A 为柱、墙筏板的 1/2 跨距和悬臂边 2.5 倍筏板厚度所围成的面积；桩集中布

　　　　　置于单片墙下的桩筏基础，取墙两边各 1/2 跨距围成的面积，按条基计算 η_c。

　　当承台底为可液化土、湿陷性土、高灵敏度软土、欠固结土、新填土时，沉桩引起超孔隙水压力和土体隆起时，不考虑承台效应，取 $\eta_c = 0$。

　　（3）基桩水平抗震承载力特征值

　　JGJ 94—2008《建筑桩基技术规范》中，考虑群桩效应的复合基桩水平抗震承载力特征值按下式确定

$$R_{hE} = 1.25R_h \tag{5-87}$$

式中　R_{hE}——基桩水平抗震承载力特征值（kN）；

　　　　R_h——基桩水平承载力特征值（kN）。

　　群桩基础（不含水平力垂直于单排桩基纵向轴线和力矩较大的情况）的基桩水平承载力特征值应考虑由承台、桩群、土相互作用产生的群桩效应，可按下式确定

$$R_h = \eta_h R_{ha} \tag{5-88}$$

式中　η_h——群桩效应综合系数，具体计算参见 JGJ 94—2008《建筑桩基技术规范》；

　　　　R_{ha}——单桩水平承载力特征值（kN）。

　　（4）GB 50011—2010《建筑抗震设计规范》（2016 年版）中指出，当承台周围的回填土夯实至干密度不小于 GB 50007—2011《建筑地基基础设计规范》对填土的要求时，可由承台正面填土与桩共同承担水平地震作用；但不应计入承台底面与地基土间的摩擦力。

2. 存在液化土层的低承台桩基

　　（1）承台埋深较浅时，不宜计入承台周围土的抗力或刚性地坪对水平地震作用的分担作用。

　　（2）当桩承台底面上、下分别有厚度不小于 1.5m、1.0m 的非液化土层或非软弱土层时，可按下列两种情况进行桩的抗震验算，并按不利情况设计：

　　1）桩承受全部地震作用时，桩的抗震承载力比非液化情况提高 25%，但液化土的桩周摩阻力及桩水平抗力均应乘以土层液化影响折减系数（见表 5-16）。

　　2）地震作用按水平地震影响系数最大值的 10% 采用，桩的抗震承载力计算方法也比非液化情况提高 25%，但此时应扣除液化土层的全部摩阻力及桩承台下 2m 深度范围内非液化土的桩周摩阻力。

表 5-16　土层液化影响折减系数

实际标贯锤击数/临界标贯锤击数	深度 d_s/m	折减系数
≤0.6	$d_s \leq 10$	0
	$10 < d_s \leq 20$	1/3
>0.6~0.8	$d_s \leq 10$	1/3
	$10 < d_s \leq 20$	2/3
>0.8~1.0	$d_s \leq 10$	2/3
	$10 < d_s \leq 20$	1

（3）打入式预制桩及其他挤土桩，当平均桩距为 2.5~4 倍桩径且桩数不少于 5×5 时，可计入打桩对土的加密作用及桩身对液化土变形限制的有利影响。当打桩后桩间土的标准贯入锤击数值达到不液化的要求时，单桩承载力可不折减，但对桩尖持力层作强度校核时，桩群外侧的应力扩散角应取为零。

打桩后桩间土的标准贯入锤击数宜由试验确定，也可按下式计算

$$N_1 = N_p + 100\rho(1 - e^{-0.3N_p}) \tag{5-89}$$

式中　N_1——打桩后的标准贯入锤击数；

　　　N_p——打桩前的标准贯入锤击数；

　　　ρ——打入式预制桩的面积置换率。

5.5.5　桩基抗震设计验算的一般方法

1. 基桩抗震承载力验算（基桩桩顶荷载效应验算）

1）基桩桩顶荷载计算如下

$$P = \frac{F + G}{n} \tag{5-90}$$

$$P_{min}^{max} = \frac{F + G}{n} \pm \frac{M_x y_{max}}{\Sigma y_j^2} \pm \frac{M_y y_{max}}{\Sigma x_j^2} \tag{5-91}$$

$$H_0 = \frac{H}{n} \tag{5-92}$$

式中　P、P_{max}、P_{min}——平均、最大、最小的基桩桩顶竖向荷载（kN）；

　　　　　　F——作用于承台顶面的总竖向荷载（kN）；

　　　　　　G——承台及其上土自重（kN）；

　　　　　　n——桩数；

　　M_x、M_y、H——作用于承台底面的 x 及 y 向总力矩（kN·m）、总水平荷载（kN），考虑承台作用时，应减去承台侧面抗力及力矩。

2）基桩抗震承载力的确定见式（5-84）及式（5-87）。

3）基桩抗震承载力验算。考虑地震作用组合的基桩承载力验算应符合下列要求

$$P \leqslant R_{vE}, \quad P_{max} \leqslant 1.2R_{vE}, \quad P_{min} \geqslant 0 \tag{5-92}$$

$$H_0 \leqslant R_{hE} \tag{5-93}$$

2. 桩身截面承载力验算

（1）桩身最大内力计算　当桩顶为弹性嵌固情况时，桩顶力的关系见式（5-76）。在桩顶力作用下，桩身剪力和弯矩可按 m 法计算得出，见式（5-78）及式（5-79）。对于桩顶嵌固、$\alpha h > 4.0$ 的情况，桩身最大剪力和弯矩均发生在桩顶截面，由式（5-78）和式（5-79）有

$$M_0 = \beta_M \frac{H_0}{\alpha} = 0.926 \frac{H_0}{\alpha} \quad （桩顶 \beta_M = 0.926）$$

$$Q_0 = \beta_H H_0 = H_0 \quad （桩顶 \beta_H = 1）$$

（2）桩身截面应力验算　桩身最大内力在桩顶。在桩顶截面应力验算时，在轴力 P、剪力 Q_0 和弯矩 M_0 作用下，桩身正截面和斜截面承载力分别按偏心受压构件和受弯构件进行验算。具体是：取 P_{max}、M_0 进行正截面抗弯压验算；取 P_{min}、Q_0 进行斜截面抗剪验算。

注意：桩身的危险截面除桩顶外，还有软硬土层交界处，但因计算困难，因而只能采用构造钢筋加强界面附近的桩身（见抗震构造要求）。上述验算中，对荷载计算应根据相关规范的规定，相应选取标准组合值或基本组合值。

5.5.6　桩周存在液化土层的桩基抗震设计

桩周土层发生液化以后，桩基础的工作状态严重恶化是肯定的，但至于具体变化细节则还远不是很清楚。例如，土体初始液化究竟发生在最大地震加速度出现的当时还是以后？土体液化过程中和液化以后，土对桩的摩阻力和水平抗力究竟出现多大的损失？如何考虑液化土和非液化土分界面的存在对桩的影响？桩周存在液化土层的桩基的附加沉降是瞬时发生的还是逐渐发生的？……现行的设计方法只是结合目前对有关问题的认识，依据对震害调查结果的分析、反算，以及参考国内外通行做法做出人为规定，对前述一般设计计算方法进行修正。

GB 50011—2010《建筑抗震设计规范》（2016 年版）有如下规定：

1）考虑到液化土层超孔隙水压力可能向上通过承台周边冒出，作为安全储备，不宜计入承台周围土对地震水平荷载的分担作用。

2）为保证桩群能按低承台桩受力工作，要求承台底面上下分别有厚度不小于 1.5m 和 1.0m 的非液化或非软弱土存在。

3）满足上述条件的桩基，分两阶段进行抗震验算，并按最不利情况设计。第一阶段为主震时，考虑全部地震作用，液化土层的桩周摩阻力和水平抗力系数作一定折减，单桩承载力仍按抗震验算规定提高（即乘以 1.25）；第二阶段为主震以后一段时间内，可能仍存在余震，地震作用数值取主震时的 10%，液化土层及承台以下 2m 深度范围内土层的桩周摩阻力全部扣除，单桩承载力仍按抗震验算规定提高。

4）在可能液化砂土或粉土中打入预制桩或其他挤土桩，通常会使桩区内的土体加密（尤其是在桩周 3 倍桩径范围内）。另外，桩的存在也约束了桩区土体地震时的剪切变形。所以，一般认为，当平均桩距小于 4 倍桩径，且总桩数不小于 5×5 时，可以考虑上述有利影响。建议根据打桩后的标贯击数（或者静探试验贯入阻力）重新判别桩区土层的液化可能性，判别标准不变。若打桩后达到不液化标准时，单桩承载力可不折减。不过，在进行桩尖持力层整体强度校核时，经过挤密的液化土在桩群外侧面的应力扩散角仍应取为零。

5）理论分析和震害调查都表明，在液化土层与非液化土层界面附近，因桩身的弯剪应力集中而容易引起破坏，前面所述 m 法分析远不能反映这方面问题。于是，必须采取有效的构造措施来提高土层界面附近桩身的抗弯剪能力。

6）液化土和震陷软土中桩的配筋范围，应自桩顶至液化深度以下符合全部消除液化沉陷所要求的深度，其纵向钢筋应与桩顶部相同，箍筋应加粗和加密。

5.5.7　桩基抗震构造措施

桩基在地震作用下工作状态的许多影响因素还难以在设计计算中完善地加以考虑，构造要求往往是重要的安全措施。国内有关规范对桩基的抗震构造要求都有一些规定，主要包括以下几方面：

（1）桩身强度方面　主要是通过控制最小配筋率和限制最小箍筋直径，加强桩顶一定范围的桩身强度。

1）灌注桩。桩顶 10 倍桩径长度范围内必须配置纵向钢筋，当桩的设计直径为 300～600mm 时，纵向配筋率不小于 0.40%。桩顶 0.6～1.2m 长度范围内，箍筋不小于 $\phi 6 \sim \phi 8mm$（桩径大于 500mm 时，宜采用 $\phi 10mm$），间距不大于 100mm，且宜采用螺旋箍筋或焊接箍筋。

2）钢筋混凝土预制桩。纵向配筋率不小于 1%，桩顶 1.6m 长度范围内箍筋不小于 $\phi 6 \sim \phi 8mm$，间距不大于 100mm。接头采用钢板焊接或法兰盘对接，接头位置在深度方向适当错开。

3）钢管桩。桩顶配置纵向钢筋，配筋率不小于 1%，并且锚固长度满足抗震受拉要求。

4）预应力管桩。需要满足 8 度抗震设防烈度要求的建筑物桩基，或抗震设防烈度为 7 度但桩身范围内有中等、严重液化土层时，不宜采用预应力桩。

（2）桩与承台锚固方面　钢筋混凝土桩和钢桩嵌入承台长度不小于 100mm。钢筋混凝土桩纵向钢筋锚入承台长度不小于 $30d_s$，并满足受拉钢筋抗震构造要求（d_s 为钢筋直径）。

（3）加强基础整体刚度方面　对于柱下独立承台，宜在两个主轴方向设置连系梁。连系梁可取柱轴力的 1/10 为梁端拉压力的粗略方法确定截面尺寸和配筋（连系梁宽度不宜小于 250mm，梁顶与承台顶面齐平）。

（4）适应桩周土层变化方面　在桩周土层软硬变化明显（剪切模量之比大于 1.6）的界面上下各 1.2m 长度范围内，箍筋宜按照桩顶要求设置，并避开桩接头。在桩周存在液化土层的桩中，自桩顶至液化深度以下符合全部消除液化沉陷所要求的深度，桩身纵向钢筋和箍筋的配置与桩顶相同。

（5）承台与土共同作用方面　承台（地下室）周围填土应分层夯实或承台混凝土原坑浇筑。地下室结构与基坑围护结构之间有可靠连接，包括地下室外墙与围护墙体浇筑在一起、地下室外墙与围护结构之间砌筑砖墙、地下室外墙与围护结构之间在各层楼板标高处均浇筑"传力联系带"。

具体的桩基抗震构造要求详见各类相关规范。

▶▶ 5.6　设计算例

5.6.1　柱下桩基础的设计计算

1. 设计资料

（1）上部结构资料　某教学楼上部结构为十二层框架，其框架主梁、次梁、楼板均为现浇整体式，混凝土强度等级 C30。柱截面尺寸为 600mm×600mm，已知柱荷载标准组合为：$F_k = 2000kN$，$M_k = 50kN \cdot m$，$Q_k = 25kN$（水平力作用在承台顶面）。

（2）建筑场地资料　拟建建筑物场地位于市区内，地势平坦。建筑物场地位于非地震区，不考虑地震影响。场地地下水类型为潜水，地下水位距地表 2.1m，根据已有分析资料，该场地地下水对混凝土无腐蚀性。建筑地基的土层分布情况及各土层物理力学指标见表 5-17。

表 5-17　地基各层土物理力学指标

土层名称	层底埋深/m	层厚/m	天然重度 γ/(kN/m³)	孔隙比 e	w(%)	I_L	c/kPa	φ(°)	E_s/MPa	f_s/kPa	p_s/MPa
杂填土	1.8	1.8	17.5	—	—	—	—	—	—	—	—
灰褐色粉质黏土	10.1	8.3	18.4	0.90	33	0.95	16.7	21.1	5.4	125	0.72
灰色淤泥质粉质黏土	22.1	12.0	17.8	1.06	34	1.10	14.2	18.6	3.8	95	0.86
黄褐色粉土夹粉质黏土	27.4	5.3	19.1	0.88	30	0.70	18.4	23.3	11.5	140	3.44
灰绿色粉质黏土	>27.4	—	19.7	0.72	26	0.46	36.5	26.8	8.6	210	2.82

2. 选择桩型、桩端持力层、承台埋深

（1）桩型及截面尺寸　因框架跨度较大且不均匀、柱底荷载大，所以不宜采用浅基础。根据施工场地、地基条件以及场地周围的环境条件，选择桩基础。因钻孔灌注桩泥水排出不便，一方面为了减少对周围环境的污染，另一方面教学楼处于市区且地基土大部分为粉质黏土，有淤泥质粉质黏土，综合考虑后决定采用预钻孔静压预制桩（部分挤土桩）。这样可以较好地保证桩身质量，并在较短施工工期内完成沉桩任务。同时，当地的施工技术力量、施工设备及材料供应也为采用静压桩提供了可能性。桩截面尺寸选用 400mm×400mm。

（2）桩端持力层　依据地基土的分布，第 4 层土的压缩模量 E_s 最大，选其为桩端持力层。桩端全断面进入持力层 1.0m（>2d，d 为桩径或桩身截面边长），工程桩入土深度为 23.1m。

（3）承台埋深　考虑地下水位的标高，拟设计承台底进入第 2 层土 0.3m，即承台埋深为 2.1m，桩的入土长度即有效桩长为 21.0m。

由施工设备要求，桩分为两节，上段长 11m，下段长 11m（不包括桩尖长度在内），实际桩长比有效桩长长 1.0m，这是考虑持力层可能有一定的起伏以及桩需嵌入承台一定长度而留有的余地。另外考虑施工的方便性，整个实验楼采用同一尺寸的桩。桩基以及土层分布示意图见图 5-25。

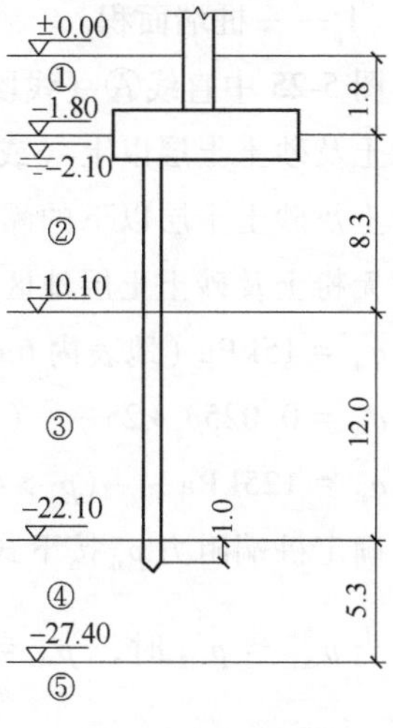

图 5-25　土层分布及桩基方案

3. 确定单桩竖向承载力特征值

本例为乙级建筑桩基，采用经验参数法和静力触探法估算单桩极限承载力标准值 R_u，继而确定单桩竖向承载力特征值 R_a。

（1）静力触探法　按照 JGJ 94—2008《建筑桩基技术规范》中规定，根据单桥探头静力触探资料确定混凝土预制桩单桩竖向极限承载力标准值（见图 5-26）。

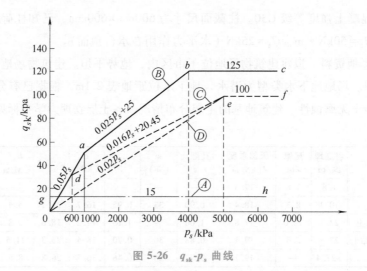

图 5-26　$q_{sk}\text{-}p_s$ 曲线

单桩竖向极限承载力标准值如无当地经验，可按下式计算

$$Q_{uk} = u\sum q_{si1}l_i + \alpha p_{sk}A_p$$

式中　u——桩身周长；

q_{si1}——用静力触探比贯入阻力值估算的桩周第 i 层土的极限侧阻力；

l_i——第 i 层土的厚度；

α——桩端阻力修正系数；

p_{sk}——桩端附近的静力触探比贯入阻力标准值；

A_p——桩端面积。

图 5-25 中直线Ⓐ（线段 gh）适用于地表下 6m 范围内的土层；折线Ⓑ（线段 $0abc$）适用粉土及砂土土层以上（或无粉土及砂土土层地区）的黏性土；折线Ⓒ（线段 $0def$）适用于粉土及砂土土层以下的黏性土；折线Ⓓ（线段 $0ef$）适用于粉土、粉砂、细砂及中砂。本例为无粉土及砂土土层地区的黏性土，其换算公式为

$q_{sk} = 15\text{kPa}$（地表内 6m 内），　$q_{sk} = 0.05p_s$　（$p_s < 1000\text{kPa}$）

$q_{sk} = 0.025p_s + 25$　（$1000\text{kPa} < p_s < 4000\text{kPa}$）

$q_{sk} = 125\text{kPa}$　（$p_s > 4000\text{kPa}$）

确定桩端阻力 p_{sk} 按下式计算

当 $p_{sk1} \leqslant p_{sk2}$ 时，　$p_{sk} = \dfrac{1}{2}(p_{sk1} + \beta p_{sk2})$

当 $p_{sk1} > p_{sk2}$ 时，　$p_{sk} = p_{sk2}$

式中　p_{sk1}——桩端全截面以上 $8d$（d 为桩径或桩身截面边长）范围内比贯入阻力平均值，计算时由于桩尖进入持力层深度较浅，并考虑持力层可能的起伏，所以这里不计持力层土的比贯入阻力（偏安全）；

p_{sk2}——桩端全截面以下 $4d$（d 为桩径或桩身截面边长）范围内比贯入阻力平均值；

β——折减系数。

$$p_{sk1} = 860kPa, \quad p_{sk2} = 3440kPa$$

由于 $p_{sk2}/p_{sk1} = 4 < 5$，所以 $\beta = 1.0$。所以 $p_{sk} = \dfrac{1}{2}(860 + 1 \times 3440)kPa = 2150kPa$。

α 与桩长 l 有关，取工程桩入土深度为 23.1m，属于 $15 \leqslant l \leqslant 30$，直线内插得 $\alpha = 0.836$。

（2）经验系数法　按照 JGJ 94—2008《建筑桩基技术规范》中规定，根据本例地基土名称、状态等选取桩的极限侧阻力标准值 q_{si1}、根据混凝土预制桩桩长和土的状态等选取桩的极限端阻力标准值 p_{sk}，并将其与静力触探法对比见表 5-18。

表 5-18　极限桩侧、桩端阻力标准值

层序		静力触探法		经验系数法	
		q_{si1}/kPa	$\alpha p_{sk}/kPa$	q_{si1}/kPa	p_{sk}/kPa
②	粉质黏土	15（$h \leqslant 6m$） 36	—	41	—
③	淤泥质粉质黏土	43	—	24	—
④	粉质黏土	111	1797.4	58	1900

（3）综合确定 R_a　用静力触探法确定单桩竖向极限承载力标准值为

$Q_{uk} = u\Sigma q_{si1}l_i + \alpha p_{sk}A_p$

$= [4 \times 0.4 \times (15 \times 3.9 + 36 \times 4.1 + 43 \times 12 + 111 \times 1.0) + 0.4^2 \times 1797.4]kN$

$= 1620.5kN$

单桩竖向承载力特征值为

$$R_{a1} = \frac{Q_{uk}}{K} = \left(\frac{1620.5}{2}\right)kN = 810kN$$

用经验系数法确定单桩竖向极限承载力标准值为

$Q_{uk} = u\Sigma q_{si1}l_i + p_{sk}A_p$

$= [4 \times 0.4 \times (41 \times 8 + 24 \times 12 + 58 \times 1.0) + 0.4^2 \times 1900]kN$

$= 1382.4kN$

单桩竖向承载力特征值为

$$R_{a2} = \frac{Q_{uk}}{K} = \frac{1382.4}{2}kN = 691kN$$

最终用经验系数法计算单桩竖向承载力特征值，即 $R_a = R_{a2} = 691kN$。

4. 确定桩数和承台底面尺寸

确定桩数时荷载采用标准组合 $F_k = 2000kN$，$M_k = 50kN \cdot m$，$Q_k = 25kN$

初步估算桩数为

$$n \geqslant 1.2\frac{F_k}{R_a} = 1.2 \times \frac{2000}{691} = 3.5 根$$

取 $n=4$，根据 JGJ 94—2008《建筑桩基技术规范》，对部分挤土桩、排数少于 3 排的桩基，桩距 $S_a \geqslant 3.0d = 1.2\mathrm{m}$（$d$ 为桩径或桩身截面边长），桩位平面布置（见图 5-27），承台底面尺寸为 2.0m×2.0m。

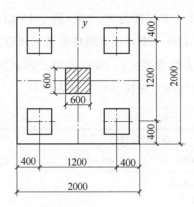

图 5-27 桩位布置及承台平面尺寸

5. 确定复合基桩竖向承载力特征值

本例中桩基属于非端承桩，且 $n>3$，承台底面下为非欠固结土、新填土等，故承台底不会与土脱离，所以宜考虑桩群、土、承台的相互作用效应，按考虑承台效应的复合基桩计算竖向承载力特征值。

基桩所对应的承台底净面积 $A_c = (A - nA_{ps})/n = \left(\dfrac{2 \times 2 - 4 \times 0.4 \times 0.4}{4} \right)\mathrm{m}^2 = 0.84\mathrm{m}^2$

桩等效直径 $d = \left(\sqrt{\dfrac{4 \times 400 \times 400}{\pi}} \right)\mathrm{mm} = 451\mathrm{mm}$

桩中心距 $s_a = 1200\mathrm{mm}$ （基桩正方形排列）

桩中心距与桩径之比 $s_a/d = \dfrac{1200}{451} = 2.7 < 3.0$

承台宽度与桩长之比 $B_c/l = \dfrac{2}{21.0} = 0.10 < 0.4$

所以取承台效应系数 $\eta_c = 0.06$

取第二层地基土的 f_s，即 $f_{ak} = 125\mathrm{kPa}$

综合上述计算，不考虑地震作用情况时，独立承台的复合基桩竖向承载力特征值为

$$R = R_a + \eta_c f_{ak} A_c = (691 + 0.06 \times 125 \times 0.84)\mathrm{kN} = 697\mathrm{kN}$$

6. 桩顶作用效应验算

荷载取标准值组合 $F_k = 2000\mathrm{kN}$，$M_k = 50\mathrm{kN \cdot m}$，$Q_k = 25\mathrm{kN}$。

水平荷载作用于承台顶面处，设承台高度 $H = 1.0\mathrm{m}$（等厚）。

作用于承台底面形心处竖向力为

$$F_k + G_k = (2000 + 20 \times 2.0^2 \times 2.1)\mathrm{kN} = 2168\mathrm{kN}$$

作用于承台底面形心处的弯矩

$$\Sigma M_{xk} = (50 + 25 \times 1.0) \text{kN} \cdot \text{m} = 75 \text{kN} \cdot \text{m}$$

基桩桩顶受力为

$$N_{kmax} = \frac{F_k + G_k}{n} + \frac{M_{xk} y_{max}}{\Sigma y_j^2} = \left(\frac{2168}{4} + \frac{75 \times 0.6}{4 \times 0.6^2} \right) \text{kN} = 573 \text{kN} < 1.2R = 836 \text{kN}$$

$$N_{kmin} = \frac{F_k + G_k}{n} - \frac{M_{xk} y_{max}}{\Sigma y_j^2} = \left(\frac{2168}{4} - \frac{75 \times 0.6}{4 \times 0.6^2} \right) \text{kN} = 511 \text{kN} > 0$$

$$\overline{N}_k = \frac{F_k + G_k}{n} = \left(\frac{2168}{4} \right) \text{kN} = 542 \text{kN} < R = 697 \text{kN}$$

故桩顶受力满足要求。

7. 桩基础沉降计算

根据《建筑桩基技术规范》规定，采用荷载的准永久组合进行桩基础沉降计算。本例假设准永久值 = 0.75×标准值。

根据《建筑桩基技术规范》规定，对于桩中心距不大于 6 倍桩径的桩基，其最终沉降量计算可采用等效作用分层总和法。等效作用面位于桩端平面，等效作用面积为桩承台投影面积，等效作用附加压力近似取承台底平均附加压力。

荷载取准永久值组合　$F_q = 1500 \text{kN}$，$M_q = 37.5 \text{kN} \cdot \text{m}$，$Q_q = 18.75 \text{kN}$。

基底附加压力

$$p_0 = \frac{F_q + G}{A} - \overline{\gamma}_0 d = \left[\frac{1500}{2.0 \times 2.0} + 20 \times 2.1 - (17.5 \times 1.8 + 18.4 \times 0.3) \right] \text{kPa} = 380 \text{kPa}$$

桩端平面下土的自重应力 σ_c 和附加应力 σ_z（$\sigma_z = 4\alpha_i p_0$）计算见表 5-19。

表 5-19　σ_c 及 σ_z 的计算结果

z/m	σ_c/kPa	a/b	$2z/B_c$	α_i	σ_z/kPa
0	211.5	1.0	0	0.250	380.0
3.8	246.1	1.0	2.5	0.059	89.7
4.8	255.8	1.0	3.2	0.040	60.8

在 $z = 4.8\text{m}$ 处，$\sigma_z/\sigma_c = 0.107 < 0.2$，所以压缩层厚度取 $z_n = 4.8\text{m}$。计算沉降量 s' 的结果见表 5-20。

表 5-20　沉降计算结果

z /mm	$\dfrac{a}{b}$	$\dfrac{2z}{B_c}$	$\overline{\alpha}_i$	$\overline{\alpha}_i z_i$ /mm	$\overline{\alpha}_i z_i - \overline{\alpha}_{i-1} z_{i-1}$ /mm	E_{si} /kPa	$\Delta s_i = 4 \dfrac{p_0}{E_{si}} (z_i \overline{\alpha}_i - z_{i-1} \overline{\alpha}_{i-1})$ /mm
0	1.0	0	0.2500	0	—	—	—
3800	1.0	2.5	0.1540	585.4	584.4	11500	77.2
4800	1.0	3.2	0.1310	628.8	43.4	8600	7.7

由于桩基础持力层土性能良好，取桩基沉降计算经验系数 $\psi = 1$。

短边方向桩数 $n_b = 2$，根据群桩距径比 $s_a/d = 2.7$、长径比 $l/d = 50$ 及基础长宽比 $L_c/B_c = 1$，查《建筑桩基技术规范》附录 E 得 $C_0 = 0.036$，$C_1 = 1.768$，$C_2 = 13.71$。所以桩基等效沉降系数 ψ_e 为

$$\psi_e = C_0 + \frac{n_b - 1}{C_1(n_b - 1) + C_2} = 0.036 + \frac{2 - 1}{1.768 \times (2 - 1) + 13.71} = 0.101$$

故独立承台基础中点最终沉降量为

$$s = \psi \psi_e s' = 1.0 \times 0.101 \times (77.2 + 7.7) = 8.6\text{mm}$$

根据《建筑桩基技术规范》规定，桩基沉降量满足要求。

8. 桩身结构设计计算

根据《建筑桩基技术规范》，采用荷载的设计值进行桩身结构设计计算。

两桩段长各 11m，采用单吊点的强度计算进行桩身配筋计算。吊点位置在距桩顶或桩端平面 $0.293L$（$L = 11\text{m}$）处，起吊时桩身最大正负弯矩 $M_{max} = 0.0429KqL^2$。

每延米桩自重 $q = (0.4^2 \times 25 \times 1.2)\text{kN/m} = 4.8\text{kN/m}$（1.2 为恒载分项系数）。根据《建筑桩基技术规范》规定，考虑预制桩吊运时可能受到冲击和振动的影响，计算吊运弯矩和吊运拉力时，可将桩身重力乘以 1.5 的动力系数。

$$M_{max} = (0.0429 \times 1.5 \times 4.8 \times 11^2)\text{kN} \cdot \text{m} = 37.4\text{kN} \cdot \text{m}$$

桩身采用混凝土强度等级 C30，HRB300 级钢筋，即

$$f_c = 14.3\text{N/mm}^2, \quad f_y = 300\text{N/mm}^2$$

桩身截面的有效高度为

$$h_0 = (400 - 40)\text{mm} = 360\text{mm}$$

根据 GB 50010—2010《混凝土结构设计规范》（2015 年版），采用对称配筋，设 $A_s = A_s'$，$f_y = f_y'$，则根据 $\alpha f_c bx = f_y A_s - A_s' f_y'$，则 $x = 0$。

取 $x = 2a_s'$

设 $a_s = a_s' = 40\text{mm}$，则

$$M \leqslant f_y A_s(h - a_s - a_s')$$

所以 $A_s = 506\text{mm}^2$，若按单筋截面计算，有

$$A_s = \frac{M}{0.9 f_y h_0} = \left(\frac{37.4 \times 10^6}{0.9 \times 300 \times 360}\right)\text{mm}^2 = 385\text{mm}^2$$

取主筋为 $2\phi16$，$A_s = 402\text{mm}^2$，所以整个桩身共 $4\phi16$。其配筋率为

$$\rho = \frac{A_s + A_s'}{bh} = \frac{2 \times 402}{400 \times 400} \times 100\% = 0.5\%, \quad 不满足要求。$$

根据《建筑桩基技术规范》规定，静压沉桩时 ρ_{min} 不宜小于 0.6%，主筋直径不宜小于 $\phi14\text{mm}$，打入桩桩顶以下 $(4\sim5)d$ 长度范围内箍筋应加密，并设置钢筋网片，故取 $4\phi18$，此时配筋率为

$$\rho = \frac{A_s + A'_s}{bh} = \frac{509 \times 2}{400 \times 400} \times 100\% = 0.64\% \geq \rho_{min} \quad （符合要求）$$

箍筋应采用螺旋式，取 $\phi 6@200mm$，距桩顶 3.0m 范围内加密为 $\phi 6@100mm$。

钢筋混凝土轴心受压桩正截面受压承载力应符合下列规定：当桩顶以下 $5d$ 范围的桩身螺旋式箍筋间距不大于 100mm，且符合《建筑桩基技术规范》规定。钢筋混凝土轴心受压桩正截面受压承载力应符合下式

$$\psi_c f_c A_p + 0.9 f'_y A'_s = (0.85 \times 14.3 \times 400^2 + 0.9 \times 300 \times 1018)kN = 2220kN > N$$
$$= (573 \times 1.3)kN = 745kN，\quad 符合要求。$$

9. 承台设计计算

承台布置如图 5-28 所示，承台混凝土强度采用 C30，对承台进行核算时荷载采用基本组合。按简化计算，基本组合值取标准组合值的 1.3 倍，即

$$F_j = 2600kN, \quad M_j = 65kN \cdot m, \quad Q_j = 32.5kN$$

桩顶净反力设计值为

$$N_{jmax} = \frac{F_j}{n} + \frac{M_{xj} y_{max}}{\Sigma y_j^2} = \left(\frac{2600}{4} + \frac{97.5 \times 0.6}{4 \times 0.6^2}\right)kN$$
$$= 691kN, \quad \overline{N}_j = \frac{F_j}{n} = 650kN$$

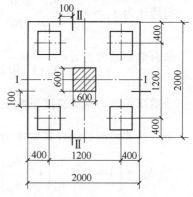

图 5-28　独立承台结构计算简图

（1）柱对承台的冲切验算　由图 5-26 可知，$a_{0x} = a_{0y} = 100mm$。

承台厚度 $H = 1.0m$，计算截面处的有效高度 $h_0 = (1.0 - 0.08)m = 0.92m$（承台底主筋的保护层厚度取 7cm）。

冲跨比为 $\lambda_{0x} = \lambda_{0y} = \frac{a_{0x}}{h_0} = \frac{100}{920} = 0.11 < 0.25$，取 $\lambda_{0x} = \lambda_{0y} = 0.25$。

冲切系数为 $\beta_{0x} = \beta_{0y} = \frac{0.84}{\lambda_{0x} + 0.2} = \frac{0.84}{0.25 + 0.2} = 1.87$。

A 柱截面尺寸为 $b_c \times a_c = 600mm \times 600mm$。

混凝土的抗拉强度设计值为 $f_t = 1430kPa$。

冲切力设计值为

$$F_1 = F - \Sigma Q_i = (2600 - 0)kN = 2600kN$$
$$u_m = 4 \times (600 + 100)mm = 2800mm = 2.8m$$
$$\beta_{hp}\beta_0 f_t u_m h_0 = (0.983 \times 1.87 \times 1430 \times 2.8 \times 0.92)kN = 6771kN > F_1$$
$$= 2600kN，\quad 满足要求。$$

（2）角桩对承台的冲切验算　由图 5-26，$a_{1x} = a_{1y} = 100mm$，$c_1 = c_2 = 600mm$

角桩冲跨比为 $\lambda_{1x} = \lambda_{1y} = \frac{a_{1x}}{h_0} = \frac{100}{920} = 0.11 < 0.25$，取 $\lambda_{1x} = \lambda_{1y} = 0.25$。

角桩冲切系数为 $\beta_{1x} = \beta_{1y} = \dfrac{0.56}{\lambda_{1x} + 0.2} = \dfrac{0.56}{0.25 + 0.2} = 1.24$。

$$[\beta_{1x}(c_2 + a_{1y}/2) + \beta_{1y}(c_1 + a_{1x}/2)]\beta_{hp}f_t h_0$$

$$= [2 \times 1.24 \times (0.6 + 0.1/2) \times 0.983 \times 1430 \times 0.92]kN = 2085kN > N_{jmax} = 691kN, \quad 满足$$

要求。

（3）斜截面抗剪验算　计算截面为 I-I，截面有效高度 $h_0 = 0.92m$，混凝土的轴心抗拉强度 $f_t = 1430kPa$，该计算截面上的最大剪力设计值为

$$V = 2N_{jmax} = (2 \times 691)kN = 1382kN$$

由图 5-28　$a_x = a_y = 100mm$

剪跨比为 $\lambda_x = \lambda_y = \dfrac{a_x}{h_0} = \dfrac{100}{920} = 0.11 < 0.25$，取 $\lambda_x = \lambda_y = 0.25$。

承台剪切系数为 $\alpha = \dfrac{1.75}{\lambda_x + 1} = \dfrac{1.75}{0.25 + 1} = 1.4$。

受剪切承载力截面高度影响系数为 $\beta_{hs} = \left(\dfrac{800}{h_0}\right)^{1/4} = \left(\dfrac{800}{920}\right)^{1/4} = 0.966$。

承台计算截面处的计算宽度为

$$b_{y0} = \left[1 - 0.5\dfrac{h_{20}}{h_0}\left(1 - \dfrac{b_{y2}}{b_{y1}}\right)\right]b_{y1} = \left[1 - 0.5 \times \dfrac{0.5}{0.92}\left(1 - \dfrac{0.6}{2}\right)\right] \times 2m = 1.6m$$

$$\beta_{hs}\alpha f_c b_0 h_0 = (0.966 \times 1.243 \times 1430 \times 1.6 \times 0.92)kN = 2528kN > V$$

$$= 1382kN, \quad 满足要求。$$

（4）受弯计算　由图 5-26，承台 I-I 截面处最大弯矩为

$$M = 2N_{jmax}y = (2 \times 691 \times 0.3)kN \cdot m = 415kN \cdot m$$

混凝土弯曲抗压强度设计值 $f_{cm} = 11 \times 10^3 kPa$，HRB335 级钢筋 $f_y = 300N/mm^2$，故

$$A_s = \dfrac{M}{0.9f_y h_0} = \left(\dfrac{415 \times 10^6}{0.9 \times 300 \times 920}\right)mm^2 = 1671mm^2$$

$$\rho = \dfrac{A_s}{bh_0} = \dfrac{1671}{2000 \times 920} \times 100\% = 0.09\% < \rho_{min} = 0.15\%$$

$$A_s = \rho_{min}bh_0 = (0.15\% \times 2000 \times 920)mm^2 = 2760mm^2$$

采用 $18\phi14@100mm$（双向布置）。

（5）承台局部受压验算　对于柱下桩基，当承台混凝土强度等级低于柱或桩的混凝土强度等级时，应验算柱下或桩上承台的局部受压承载力。本例无须验算。

5.6.2　铁路桥梁桩基础的设计计算

1. 设计资料

某铁路桥引桥位于非水域地区，桥墩高 3.0m、墩身下部截面积为 5.6m²。拟采用桩基

础，场地地下水位位于地表下 2.1m，土层资料见表 5-21，桥墩荷载见表 5-22。

表 5-21　地基各层土主要计算指标

编号	土层名称	层厚/m	天然重度 $\gamma/(kN/m^3)$	孔隙比 e	内摩擦角 φ (°)	基本承载力 /kPa	桩侧摩阻力 /kPa	桩端阻力 /kPa
①	填土	1.5	18.0	—	—	—	—	—
②	淤泥质黏土	10.5	18.0	1.110	8	70	20	—
③	黏土	2.5	19.9	0.739	14	250	40	2000~3000
④	黏质粉土	3.5	18.9	0.860	21	150	35	1000
⑤	砂质粉土	>15.0	20.0	0.696	17.7	250	50	2500

表 5-22　桥墩底面（承台顶）形心处的荷载

		竖向力/kN	水平力/kN	弯矩/(kN·m)
主力	恒载	2052.9	—	—
	活载	1625.7	—	28.5
纵向附加力		—	298.3	736.5
合计		3678.6	298.3	765

桩基材料参数：

桩身 C25 混凝土 $f_c = 11.9MPa$，$f_t = 1.27MPa$，$E_h = 2.8 \times 10^4 MPa$

承台 C30 混凝土 $f_c = 14.3MPa$，$f_t = 1.43MPa$，$E = 3.0 \times 10^4 MPa$

HPB300 级钢筋 $f_y = 270MPa$，$f'_y = 270MPa$，$E_s = 2.1 \times 10^5 MPa$

2. 选择桩型、承台埋深及桩端持力层

承台厚度初步选取 1.5m，承台埋深定为 2.1m（承台底面进入第二层土 0.6m，墩身进入地表下 0.6m）。选取桩径为 1.0m 的钻孔灌注桩。依据地基土的分布，土层⑤为砂质粉土，是较合适的桩端持力层。经试算分析拟定设计桩长 21m，入土长度（有效桩长为 20m）桩入土深度为 22.1m，桩端全断面进入持力层 4.1m。地基土层及桩基布置如图 5-29 所示。

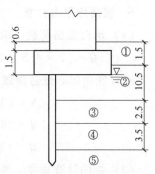

图 5-29　桩基及土层示意图

3. 确定单桩竖向容许承载力

根据 TB 10093—2017《铁路桥涵地基和基础设计规范》规定，钻孔灌注桩的容许承载力计算公式为

$$[P] = \frac{1}{2}Uf_il_i + m_0A[\sigma]$$

其中：$[\sigma] = \sigma_0 + k_2\gamma_2(4d-3) + 6k'_2\gamma_2d$

计算取 $\gamma_2 = 8.8kN/m^3$；查《铁路桥涵地基和基础设计规范》得：$k_2 = 1.5$，$k'_2 = 1.0$，$m_0 = 0.5$，则

$$[\sigma] = [250 + 1.5 \times 8.8 \times 1 + 6 \times 1.0 \times 8.8 \times 1]\text{kPa} = 316\text{kPa}$$

$$[P] = \left[\frac{1}{2} \times 3.14 \times (20 \times 9.9 + 40 \times 2.5 + 35 \times 3.5 + 50 \times 4.1) + \right.$$

$$\left. 0.5 \times 3.14 \times 0.5^2 \times 316\right]\text{kN} = 1106\text{kN}$$

当荷载为主力加附加力时，桩的容许承载力可提高20%。以下计算中未做提高，故设计偏于保守。

4. 确定桩数和承台底面尺寸

拟定桩数为

$$n = 1.6 \frac{N}{[P]} = 1.6 \times \frac{3678.6}{1106} = 5.3$$

拟定桩数为6根，选定灌注桩桩间距2.5m，边桩中心距承台边缘距离为1m，承台平面尺寸为7m×4.5m。桩位平面布置如图5-30所示。

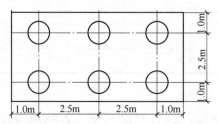

图 5-30 桩位布置及承台平面尺寸

5. 桩顶作用力计算

（1）承台底面荷载　承台及上覆土重为

$$G = [7 \times 4.5 \times 1.5 \times 25 + 0.6 \times (7 \times 4.5 - 5.6) \times 18]\text{kN} = 1461\text{kN}$$

承台底面形心处总荷载为

$$N = (3678.6 + 1461)\text{kN} = 5139.6\text{kN}$$

$$H = 298.3\text{kN}$$

$$M = (765 + 298.3 \times 1.5)\text{kN} \cdot \text{m} = 1212.45\text{kN} \cdot \text{m}$$

（2）桩的计算宽度　考虑相互影响时桩的入土深度 $h_0 = 3(d + 1) = 6\text{m}$，两桩间净距为

$L_0 = 1.5\text{m} < 0.6h_0$，故 $K_e = C + \dfrac{1 - C}{0.6} \dfrac{L_0}{h_0}$，每排桩设置2根，则 $C = 0.6$，有 $K_e = 0.767$

桩的计算宽度 $b_0 = 0.9(d + 1)K_e = 1.36\text{m}$

（3）桩的变形系数　桩身受压弹性模量 $E_h = 2.8 \times 10^7 \text{kPa}$

桩身抗弯刚度 $EI = 0.8E_h I = 1.06 \times 10^6 \text{kN} \cdot \text{m}^2$

则有

$$\alpha = \sqrt[5]{\frac{b_0 m}{EI}} = \sqrt[5]{\frac{1.36 \times 2 \times 10^3}{1.06 \times 10^6}}\text{m}^{-1} = 0.303\text{m}^{-1}$$

$$\alpha l = 0.303 \times 20 = 6 > 2.5, \quad \text{故为弹性桩}$$

（4）计算单桩桩顶刚度系数

$$\rho_1 = \cfrac{1}{\cfrac{l_0 + \xi l}{EA} + \cfrac{1}{C_0 A_0}}$$

其中　$l_0 = 0$，$l_1 = 20\text{m}$，$EA = [2.8 \times 10^7 \times 3.14/4]\text{kN} = 2.2 \times 10^7 \text{kN}$

$$\varphi = \left(\frac{8 \times 9.9 + 14 \times 2.5 + 21 \times 3.5 + 17.7 \times 4.1}{20} \right)^\circ = 13.1^\circ$$

$$D_0 = d + 2l\tan\frac{\varphi}{4} = 1 + 2 \times 20 \times \tan\frac{13.1}{4} = 3.3\text{m} > 2.5\text{m}, \quad 取\ D_0 = 2.5\text{m}$$

$$\xi = 0.5, \quad A_0 = \pi D_0^2/4 = \left(\frac{\pi}{4} \times 2.5^2 \right)\text{m}^2 = 4.9\text{m}^2$$

$$l = 20\text{m} > 10\text{m}, \quad 故\ C_0 = ml = (2000 \times 20)\text{kN/m}^3 = 4 \times 10^4 \text{kN/m}^3$$

$$\rho_1 = \cfrac{1}{\cfrac{l_0 + \xi l}{EA} + \cfrac{1}{C_0 A_0}} = \cfrac{1}{\cfrac{0.5 \times 20}{2.1 \times 10^7} + \cfrac{1}{4 \times 10^4 \times 4.9}} = 1.793 \times 10^5 \text{kN/m}$$

又有 $\alpha l = 6.06 > 4.0$，$\alpha l_0 = 0$，查表 4-7

$$x_H = 1.064, \quad x_m = 0.985, \quad \phi_m = 1.484$$

$$\rho_2 = \alpha^3 E I x_H = (0.303^3 \times 1.06 \times 10^6 \times 1.064)\text{kN/m} = 3.137 \times 10^4 \text{kN/m}$$

$$\rho_3 = \alpha^3 E I x_m = (0.303^2 \times 1.06 \times 10^6 \times 0.985)\text{kN} \cdot \text{m} = 9.586 \times 10^4 \text{kN} \cdot \text{m}$$

$$\rho_4 = \alpha E I \phi_m = (0.303 \times 1.06 \times 10^6 \times 1.484)\text{kN} \cdot \text{m} = 4.766 \times 10^5 \text{kN} \cdot \text{m}$$

（5）计算承台刚性系数

$$\gamma_{bb} = n\rho_1 = (6 \times 1.793 \times 10^5)\text{kN/m} = 1.0758 \times 10^6 \text{kN/m}$$

$$\gamma_{aa} = n\rho_2 = (6 \times 3.137 \times 10^4)\text{kN/m} = 1.8822 \times 10^5 \text{kN/m}$$

$$\gamma_{a\beta} = \gamma_{\beta a} = -n\rho_3 = (-6 \times 9.586 \times 10^4)\text{kN} = -5.7516 \times 10^5 \text{kN}$$

$$\gamma_{\beta\beta} = n\rho_4 + n\rho_1 x^2 = \left[6 \times 4.766 \times 10^5 + 6 \times 1.793 \times 10^5 \times \left(\frac{2.5}{2} \right)^2 \right]\text{kN} \cdot \text{m/rad}$$

$$= 4.4769 \times 10^6 \text{kN} \cdot \text{m/rad}$$

对于低承台，承台的计算宽度为

$$B_0 = b + 1\text{m} = 8\text{m}$$

$$C_h = mh = (2000 \times 1.5)\text{kN/m}^3 = 3000\text{kN/m}^3$$

则有

$$\gamma'_{aa} = \gamma_{aa} + B_0 \frac{C_h h}{2} = \left(1.8822 \times 10^5 + 8 \times \frac{3000 \times 1.5}{2} \right)\text{kN} \cdot \text{m} = 2.06 \times 10^5 \text{kN} \cdot \text{m}$$

$$\gamma'_{a\beta} = \gamma'_{\beta a} = \gamma_{a\beta} + B_0 \frac{C_h h^2}{6} = \left(-5.7516 \times 10^5 + 8 \times \frac{3000 \times 1.5^2}{6} \right)\text{kN} = -5.66 \times 10^5 \text{kN}$$

$$\gamma'_{\beta\beta} = \gamma_{\beta\beta} + B_0 \frac{C_h h^3}{12} = \left(4.4769 \times 10^6 + 8 \times \frac{3000 \times 1.5^3}{12}\right) kN \cdot m/rad = 4.48 \times 10^6 kN \cdot m/rad$$

（6）计算承台底面形心处的位移 a，b，β 桩基为竖直桩基，桩群对称布置如图 5-31 所示，$\gamma_{ba} = \gamma_{b\beta} = \gamma_{ab} = \gamma_{\beta a} = 0$，则有

$$\begin{cases} a\gamma'_{aa} + \beta\gamma'_{a\beta} = \Sigma H \\ b\gamma_{bb} = \Sigma N \\ a\gamma'_{\beta a} + \beta\gamma'_{\beta\beta} = \Sigma M \end{cases}$$

由上式得承台形心位移

$$\begin{cases} b = \dfrac{\Sigma N}{\gamma_{bb}} \\[3mm] a = \dfrac{\gamma'_{\beta\beta}\Sigma H - \gamma'_{a\beta}\Sigma M}{\gamma'_{aa}\gamma'_{\beta\beta} - \gamma'_{a\beta}{}^2} \\[3mm] \beta = \dfrac{\gamma'_{aa}\Sigma M - \gamma'_{a\beta}\Sigma H}{\gamma'_{aa}\gamma'_{\beta\beta} - \gamma'_{a\beta}{}^2} \end{cases}$$

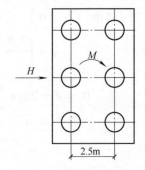

图 5-31   桩顶内力计算图式

$N = 5139 kN$，$H = 298.3 kN$，$M = (28.5 + 736.5 + 298.3 \times 1.5) kN \cdot m$
$\quad = 1212.45 kN \cdot m$

$$b = \left(\frac{5149}{1.0758 \times 10^6}\right) m = 4.79 \times 10^{-3} m$$

$$a = \left[\frac{4.48 \times 10^6 \times 298.3 - (-5.66 \times 10^5) \times 1212.45}{2.06 \times 10^5 \times 4.48 \times 10^6 - (-5.66 \times 10^5)^2}\right] m = 3.34 \times 10^{-3} m$$

$$\beta = \left[\frac{2.06 \times 10^5 \times 1212.45 - (-5.66 \times 10^5) \times 298.3}{2.06 \times 10^5 \times 4.48 \times 10^6 - (-5.66 \times 10^5)^2}\right] m = 6.95 \times 10^{-4} m$$

（7）计算桩顶内力（见图 5-30）

$H_0 = a\rho_2 - \beta\rho_3 = (3.34 \times 10^{-3} \times 3.137 \times 10^4 - 6.95 \times 10^{-4} \times 9.586 \times 10^4) kN$
$\quad = 38.15 kN$

$M_0 = \beta\rho_4 - a\rho_3 = (6.95 \times 10^{-4} \times 4.766 \times 10^5 - 3.34 \times 10^{-3} \times 9.586 \times 10^4) kN \cdot m$
$\quad = 11.06 kN \cdot m$

$$N = \frac{\Sigma N}{n} \pm \rho_1 x\beta = \left(\frac{5244.5}{6} \pm 1.793 \times 10^5 \times 1.25 \times 6.95 \times 10^{-4}\right) kN = \begin{matrix} 1012.27 kN \\ 700.74 kN \end{matrix}$$

注：求出 ρ_1、ρ_2、ρ_3、ρ_4 后，也可直接由式（4-65）求承台底面形心的位移。具体如下

$$B_1 = b + 1 m = 8 m$$

$$C_n = mh = (2000 \times 1.5) kN/m^3 = 3000 kN/m^3$$

$$F_c = \frac{C_n h_n}{2} = \left(\frac{3000 \times 1.5}{2}\right) kN/m^2 = 2250 kN/m^2$$

$$S_C = \frac{C_n h_n^2}{6} = \left(\frac{3000 \times 1.5^2}{6} \right) \text{kN/m} = 1125 \text{kN/m}$$

$$I_C = \frac{C_n h_n^3}{12} = \left(\frac{3000 \times 1.5^3}{12} \right) \text{kN} = 843.75 \text{kN}$$

$$b_0 = \frac{N}{n\rho_1} = \frac{5139.6}{6 \times 1.793 \times 10^5} = 4.78 \times 10^{-3} \text{m}$$

$$a_0 = \frac{\left(n\rho_4 + \rho_1 \sum_{i=1}^{n} x_i^2 + B_1 I_C \right) H + \left(n\rho_3 - B_1 S_C \right) M}{\left(n\rho_2 + B_1 F_C \right) \left(n\rho_4 + \rho_1 \sum_{i=1}^{n} x_i^2 + B_1 I_C \right) - \left(n\rho_3 - B_1 S_C \right)^2}$$

$= \{ [(6 \times 4.766 \times 10^5 + 1.793 \times 10^5 \times 6 \times 1.25^2 + 8 \times 843.75) \times 298.3 + (6 \times 9.586 \times 10^4 - 8 \times$

$1125) \times 1212.45] / [(6 \times 3.137 \times 10^4 + 8 \times 2250) \times (6 \times 4.766 \times 10^5 + 1.793 \times 10^5 \times 6 \times 1.25^2 +$

$8 \times 843.75) - (6 \times 9.586 \times 10^4 - 8 \times 1125)^2] \} \text{m}$

$= 3.31 \times 10^{-3} \text{m}$

$$\beta_0 = \frac{\left(n\rho_2 + B_1 F_C \right) M + \left(n\rho_3 - B_1 S_C \right) H}{\left(n\rho_2 + B_1 F_C \right) \left(n\rho_4 + \rho_1 \sum_{i=1}^{n} x_i^2 + B_1 I_C \right) - \left(n\rho_3 - B_1 S_C \right)^2}$$

$= [(6 \times 3.137 \times 10^4 + 8 \times 2250) \times 1212.45 + (6 \times 9.586 \times 10^4 - 8 \times 1125) \times 298.3] / [(6 \times 3.137 \times$

$10^4 + 8 \times 2250) \times (6 \times 4.766 \times 10^5 + 1.793 \times 10^5 \times 6 \times 1.25^2 + 8 \times 843.75) - (6 \times 9.586 \times 10^4 - 8 \times$

$1125)^2]$

$= 6.8 \times 10^{-4}$

6. 桩身最大弯矩计算

任意深度 z 处桩身截面弯矩按下式计算，计算结果见表 5-23。

$$M_z = \frac{H_0}{\alpha} A_M + M_0 B_M = \frac{38.15}{0.303} A_M + 11.06 B_M = 125.91 A_M + 11.06 B_M$$

表 5-23　桩身弯矩计算

αz	z/m	A_M	B_M	$125.91 A_M$	$11.06 B_M$	$M_z/(\text{kN} \cdot \text{m})$
0	0	0	1.000	0	11.06	11.06
0.2	0.66	0.197	0.998	24.80	11.04	35.84
0.4	1.32	0.377	0.986	47.47	10.91	58.38
0.6	1.98	0.529	0.959	66.61	10.61	77.22
0.8	2.64	0.646	0.913	81.34	10.10	91.44
1.0	3.30	0.723	0.851	91.03	9.41	100.44
1.2	3.96	0.762	0.774	95.94	8.56	104.5
1.4	4.62	0.765	0.687	96.32	7.60	103.92
1.6	5.28	0.737	0.594	92.80	6.57	99.37

（续）

αz	z/m	A_M	B_M	$125.91A_M$	$11.06B_M$	$M_z/(\text{kN}\cdot\text{m})$
1.8	5.94	0.685	0.499	86.25	5.52	91.77
2.0	6.60	0.614	0.407	77.31	4.50	81.80
2.2	7.26	0.532	0.32	66.98	3.54	70.52
2.4	7.92	0.443	0.243	55.78	2.69	58.47
2.6	8.58	0.355	0.175	44.70	1.94	46.64
2.8	9.24	0.27	0.12	33.80	1.33	35.13
3.0	9.90	0.193	0.076	24.30	0.84	25.14
3.5	11.55	0.051	0.014	6.42	0.15	6.57
4.0	13.20	0	0	0	0	0

由表 5-25 计算结果可知 $M_{max} = 104.50 \text{kN}\cdot\text{m}$

或简化计算

$$C_H = \alpha\frac{M_0}{H_0} = 0.303 \times \frac{11.06}{38.15} = 0.0878$$

由 $C_H = 0.0878$ 查表得，$\alpha z = 1.27$，$K_H = 0.83$，则有：

最大弯矩位置

$$z_{max} = (1.27/0.303)\text{m} = 4.19\text{m}$$

最大弯矩为

$$M_{max} = \frac{H_0}{\alpha}K_H = \left(\frac{38.15}{0.303} \times 0.83\right)\text{kN}\cdot\text{m} = 104.5\text{kN}\cdot\text{m}$$

7. 桩基验算

（1）单桩轴向承载力验算

桩顶内力为 $N_{max} = 1012.27\text{kN}$。桩身采用 C25 混凝土重度 $\gamma = 25\text{kN/m}^3$，土平均重度 $\gamma = 8.8\text{kN/m}$。则桩自重为

$$G' = \frac{\pi d^2}{4} \times 20\text{m} \times (25 - 10)\text{kN/m}^3 = 235.5\text{kN}$$

桩入土部分同体积土重为（桩身长范围土的平均重度为 8.8kN/m^3）

$$G'' = \frac{\pi d^2}{4} \times 20\text{m} \times 8.8\text{kN/m}^3 = 138.16\text{kN}$$

$$N_{max} + G' - G'' = (1012.27 + 235.5 - 138.16)\text{kN} = 1109.61\text{kN} < 1.2[P]$$

$$= (1.2 \times 1106)\text{kN} = 1327.2\text{kN}$$

单桩轴向受压承载力满足要求。

（2）群桩承载力验算　将群桩视为实体基础，按内摩擦角扩散计算底面尺寸（见图 5-32）。桩身范围土的内摩擦角平均值为

$$\varphi = \left(\frac{9.9 \times 8 + 2.5 \times 14 + 3.5 \times 21 + 4.1 \times 17.7}{20} \right)^\circ = 13.1^\circ$$

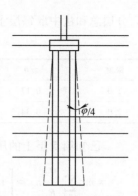

$$a = \left(6 + 2 \times 20 \times \tan \frac{13.1^\circ}{4} \right) \mathrm{m} = 8.29\mathrm{m}$$

$$b = \left(3.5 + 2 \times 20 \times \tan \frac{13.1^\circ}{4} \right) \mathrm{m} = 5.79\mathrm{m}$$

$$A = ab = (8.29 \times 5.79)\mathrm{m}^2 = 48.00\mathrm{m}^2$$

$$W = \frac{ab^2}{6} = \left(\frac{8.29 \times 5.79^2}{6} \right) \mathrm{m}^3 = 46.32\mathrm{m}^3$$

图 5-32　群桩承载力验算图式

桩自重为 $G_1 = (235.5 \times 6)\mathrm{kN} = 1413\mathrm{kN}$。

桩侧土重为 $G_2 = (48 \times 20 \times 8.8 - 138.16 \times 6)\mathrm{kN} = 7619.04\mathrm{kN}$。

承台底面处竖向总荷载为 $N = 5139.6\mathrm{kN}$。

$$N_0 = N + G_1 + G_2 = (5139.6 + 1413 + 7619.04)\mathrm{kN} = 14171.64\mathrm{kN}$$

$$\sigma = \frac{N_0}{A} + \frac{M}{W} = \left(\frac{14171.04}{48.00} + \frac{1212.45}{46.32} \right)\mathrm{kPa} = 321.41\mathrm{kPa} < [\sigma] = 338.0\mathrm{kPa}$$

群桩承载力满足要求。

（3）结构在地面处的水平位移验算　承台底面至地面距离为 2.1m，墩身埋于土中深度 0.6m。

$$\Delta = a + \beta \times 2.1\mathrm{m} = (3.34 \times 10^{-3} + 6.96 \times 10^{-4} \times 2.1)\mathrm{m} = 4.8 \times 10^{-3}\mathrm{m} < 6\mathrm{mm}$$

m 法适用于结构在地面处的水平位移最大为 6mm，故满足计算要求。

8. 桩基础沉降计算

沉降计算考虑荷载的长期效应，因此只考虑恒载。桩中心距小于 6 倍桩径，桩基础可视为实体基础，利用天然地基上浅基础地基沉降的计算方法计算桩基沉降。考虑桩基侧向摩阻力的扩散作用，由桩侧按 $\varphi/4$ 向下扩散至桩端平面为实体深基础底面积。

实体深基础底面积为

$$A = ab = (8.29 \times 5.79)\mathrm{m}^2 = 48.00\mathrm{m}^2$$

深基础基底处自重应力为

$$\sigma_{\mathrm{cz}} = (18 \times 1.5 + 18 \times 0.6 + 8 \times 9.9 + 9.9 \times 2.5 + 8.9 \times 3.5 + 10 \times 4.1)\mathrm{kPa} = 213.9\mathrm{kPa}$$

承台底面处竖向恒载为

$$F = (5139.6 - 1625.7)\mathrm{kN} = 3513.9\mathrm{kN}$$

桩与土总重为

$$G = (1413 + 7619)\mathrm{kN} = 9032\mathrm{kN}$$

深基础基底附加压力为

$$\sigma_0 = \frac{F + G}{A} - \sigma_z = \left(\frac{3513.9 + 1413 + 7619}{48} - 213.9 \right)\mathrm{kPa} = 47.5\mathrm{kPa}$$

分层总和法中取每层土厚度为 1m，应力计算结果见表 5-24。

表 5-24　附加应力计算表

深度	z/b	l/b	α	$\sigma_z = \alpha\sigma_0$	σ_{cz}
1.0	0.17	1.43	0.97	46.1	223.9
2.0	0.34	1.43	0.91	$43.2 < 0.2\sigma_{cz}$	233.9

已知第 5 层土的压缩模量为 5.09MPa，桩基沉降量为

$$s = m_s \sum_{i=1}^{n} \frac{\sigma_{zi}}{E_{si}} h_i = \left[1.3 \times \frac{1}{5.09} \times \left(\frac{47.5 + 46.1}{2} + \frac{46.1 + 43.2}{2} \right) \right] \text{mm} = 23.4\text{mm}$$

9. 桩身截面配筋

（1）偏心距计算　对桩顶力 $N_{max} = 1012.27\text{kN}$ 及 $M_0 = 11.06\text{kN} \cdot \text{m}$ 情况进行桩身正截面的偏心受压验算。验算截面取最大弯矩所在位置 z_{max}，由前面计算可知 $z_{max} = 4.19\text{m}$。

验算截面处的弯矩为 $M_{max} = 104.50\text{kN} \cdot \text{m}$。

验算截面处的轴力 N_j（计算轴力 N 时桩自重考虑浮力并按一半考虑，同时应减去摩阻力）。

水位以下桩自重每延米为 $q = (15\pi/4)\text{kN/m} = 11.78\text{kN/m}$（已扣除浮力）

$$N_j = N_{max} + 0.5qz_{max} - 0.5U\tau z_{max}$$
$$= (1012.27 + 0.5 \times 11.78 \times 4.19 - 0.5 \times 3.14 \times 20 \times 4.19)\text{kN} = 905.38\text{kN}$$

$$e_0 = \frac{M_{max}}{N_j} = \left(\frac{104.5}{905.38} \right) \text{m} = 0.115\text{m}$$

计算长度 $l_c = 0.5\left(l_0 + \frac{4.0}{\alpha} \right) = \left[0.5 \times \left(0 + \frac{4.0}{0.303} \right) \right] \text{m} = 6.6\text{m}$（$\alpha$ 为变形系数）

$$\eta = \frac{1}{1 - \dfrac{\gamma_c N_j}{10\alpha_e E_h I_h \gamma_b} l_c^2} = \frac{1}{1 - \dfrac{1.25 \times 905.38 \times 6.6^2}{10 \times 0.384 \times 2.8 \times 10^7 \times \dfrac{3.14}{64} \times 0.95}} = 1.01$$

其中，混凝土、钢筋材料安全系数：$\gamma_c = \gamma_s = 1.25$；构件工作条件系数（偏心受压取 0.95）为 $\gamma_b = 0.95$

$$\alpha_e = \frac{0.1}{0.3 + \dfrac{e_0}{d}} + 0.143 = \frac{0.1}{0.3 + \dfrac{0.115}{1}} + 0.143 = 0.384$$

计算偏心距为 $\eta e_0 = 1.01 \times 0.115 = 0.116$。

（2）配筋设计　桩截面按偏心受压构件最小配筋率 0.5% 配置钢筋，取定钢筋数量后计算实际采用的配筋率 ρ，即。

$$A_s = 0.5\% \times \frac{\pi d^2}{4} = \left(0.5\% \times \frac{3.14}{4} \right) \times 10^6 \text{mm}^2 = 3925\text{mm}^2$$

《铁路桥涵地基和基础设计规范》中对灌注桩钢筋的构造要求规定，主筋直径不宜小于

16mm，主筋净距不宜小于 120mm，且不得小于 80mm，主筋的净保护层不应小于 60mm。故选 16ϕ18mm 钢筋（HPB300）采用对称配筋，则有：

实际钢筋面积为 $A_{s,实} = 4072\text{mm}^2$

实际配筋率为 $\rho = \dfrac{A_s}{3.14/4} = 0.519\%$

取钢筋净保护层厚度 60mm，则 $a_s = (60 + 18/2)\text{mm} = 69\text{mm}$

纵向钢筋所在圆周的半径为 $r_g = r - a_s = (50 - 6.9)\text{cm} = 43.1\text{cm}$　　　（r 为桩半径）

钢筋半径相对系数为 $g = \dfrac{r_g}{r} = \dfrac{43.1}{50} = 0.862$

采用对称配筋，主筋净距为

$$\frac{2\pi r_g}{16} - d_g = \left(\frac{2 \times 3.14 \times 431}{16} - 18\right)\text{mm} = 151\text{mm} > 120\text{mm}，\quad 满足要求。$$

主筋配到 $4.0/\alpha = 13.2\text{m}$ 以下，拟取 16m（穿过较软土层）。在 4 倍桩径（即 4m）范围箍筋加密配筋，采用 ϕ8mm@100mm，其余部分采用 ϕ8mm@200mm。为增加钢筋笼刚度，每隔 2m 加一道 ϕ18mm 的骨架钢筋。顺钢筋笼长度每隔 2m 在四个节点处加四根定位钢筋，直径为 18mm。

注：《建筑桩基技术规范》对灌注桩配筋长度的规定是，桩径大于 600mm 的摩擦型桩配筋长度不应小于 2/3 桩长；当受水平荷载时，配筋长度不宜小于 $4.0/\alpha$（α 为桩的水平变形系数）。

（3）强度复核　根据式（5-46），设 $\xi = 1.1$，$A = 2.8480$，$B = 0.2415$，$C = 2.5330$，$D = 0.5055$，则

$$\eta\, e_0 = \frac{Bf_{cd} + D\rho g f'_{sd}}{Af_{cd} + C\rho f'_{sd}} r = \left(\frac{0.2415 \times 11.9 + 0.5055 \times 0.519\% \times 0.862 \times 270}{2.8480 \times 11.9 + 2.5330 \times 0.519\% \times 270}\right)\text{m}$$

$$= 0.0931\text{m}$$

设 $\xi = 1.05$，$A = 2.7754$，$B = 0.2906$，$C = 2.4276$，$D = 0.5832$，则

$$\eta\, e_0 = \frac{Bf_{cd} + D\rho g f'_{sd}}{Af_{cd} + C\rho f'_{sd}} r = \left(\frac{0.2906 \times 11.9 + 0.5832 \times 0.519\% \times 0.862 \times 270}{2.7754 \times 11.9 + 2.4276 \times 0.519\% \times 270}\right)\text{m}$$

$$= 0.114266\text{m}$$

因为 $(0.116 - 0.114266)/0.116 = 1.49\% < 2\%$，所以停止试算。

取 $\xi = 1.05$，$A = 2.7754$，$B = 0.2906$，$C = 2.4276$，$D = 0.5832$，根据式（5-44）及式（5-45）进行验算。

$$Ar^2 f_{cd} + C\rho r^2 f'_{sd} = (2.7754 \times 0.5^2 \times 11.9 \times 10^3 + 2.4276 \times 0.519\% \times 0.5^2 \times 270 \times 10^3)\text{kN}$$

$$= 9107.3\text{kN} \geqslant \gamma_0 N = (1.0 \times 905.38)\text{kN} = 905.38\text{kN}$$

$$Br^3 f_{cd} + D\rho g r^3 f'_{sd}$$

$$= (0.2906 \times 0.5^3 \times 11.9 \times 10^3 + 0.5832 \times 0.519\% \times 0.862 \times 0.5^3 \times 270 \times 10^3)\text{kN} \cdot \text{m}$$

$$= 520.13\text{kN} \cdot \text{m} \geqslant \gamma_0 N \cdot \eta e_0 = (1.0 \times 905.38 \times 0.116)\text{kN} \cdot \text{m} = 105.024\text{kN} \cdot \text{m}$$

所以以上验算满足要求。

5.6.3 高层建筑桩基础抗震设计计算

1. 设计资料

某高层建筑地上 12 层,地下 1 层为箱形基础(埋深 4m),上部结构、桩基础以及地质情况如图 5-32 所示。图 5-33 中桩基单元为结构计算单元的五分之一,天然地面的相对标高为 −0.6m。已知上部结构总重力荷载标准值为 78000kN,箱形基础自重标准为 8000kN。抗震设防烈度为 8 度,非液化地基试对该桩基础进行抗震设计验算(不考虑群桩效应)。

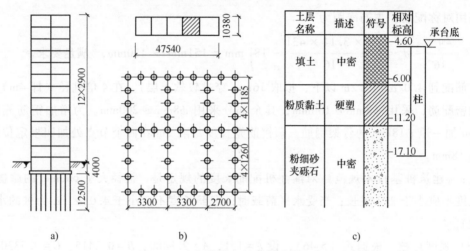

图 5-33 上部结构、桩基及地基示意图

a)建筑物横剖面 b)桩基单元平面 c)土层剖面

2. 荷载效应标准组合值计算(承台底面处总荷载)

荷载包括上部结构重力荷载,承台自重及其上的土重(箱形基础自重),水平地震作用,承台侧面抗力。标准组合时各分项系数为 1.0。

1)上部结构总重力荷载为

$$F = \sum_{i=1}^{12} G_i = 78000\text{kN}$$

2)箱形基础自重为

$$G = 8000\text{kN}$$

3)作用于桩顶(承台底面)的总竖向力为

$$P_\text{E} = F + G = (78000 + 8000)\text{kN} = 86000\text{kN}$$

4)结构总水平地震力标准值 F_Ek 高度不超过 40m 时采用底部剪力法,水平地震影响系数 α_1 取 0.08。

地震作用的等效总重力荷载值 $G_\text{ep} = (0.85 \times 78000)\text{kN}$

结构总水平地震力标准值为

$$F_{Ek} = \alpha_1 G_{eq} = (0.08 \times 0.85 \times 78000)kN = 5304kN$$

5）桩顶总地震倾覆力矩设计值 M_E　假定仅有水平地震力引起的倾覆力矩。采用底部剪力法，假定上部结构顶部的附加水平地震作用 $\Delta F_n = 0$，上部结构的水平地震作用按倒三角形分布（见图 5-34），则

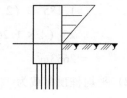

图 5-34　上部结构水平地震作用

$$M_E = \left[5304 \times \left(\frac{2}{3} \times 12 \times 2.9 + 4 \right) \right] kN \cdot m = 144269kN \cdot m$$

6）考虑承台侧面土抗力（取被动土压力的 1/3）　如图 5-35 所示，已知箱基四周回填土较密实（干重度不小于 $16kN/m^3$），土的抗剪强度 $c = 0$，$\varphi = 20°$，重度 $\gamma = 18kN/m^3$，则箱基正侧面的土抗力 E 为

$$E = \frac{1}{3} E_p = \frac{1}{3} \times \frac{1}{2} \gamma h^2 K_p \times B$$

$$= \left[\frac{1}{3} \times \frac{1}{2} \times 18 \times 4^2 \times \tan^2(45° + 10°) \times 47.54 \right] kN = 4655kN$$

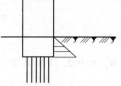

图 5-35　箱基正侧面土抗力

其中，h 为箱基埋深，B 为箱基长度。

土抗力 E 引起的承台底反力矩 M_P

$$M_P = \frac{1}{3} Eh = \left(\frac{1}{3} \times 4655 \times 4 \right) kN = 6207kN$$

7）桩基承受的总水平力为

$$H_E = F_{EH} - E = (5304 - 4655)kN = 649kN$$

8）作用在承台底面的力矩 M_E' 为

$$M_E' = M_E - M_P = (144269 - 6207)kN \cdot m = 138062kN \cdot m$$

3. 桩基数据

整个桩基拟采用 219 根灌注桩 $\phi 400mm$、桩长 12.5m。箱基作为整体承台，不考虑承台效应和群桩效应，即基桩抗震承载力等于单桩抗震承载力。

1）单桩竖向静载荷试验极限荷载为 $R_u = 1100kN$。

2）单桩竖向静承载力特征值为 $R_a = (-1100/2)kN = 550kN$。

3）单桩竖向抗震承载力特征值为 $R_{vE} = 1.25 \times R_a = (1.25 \times 550)kN = 688kN$。

4）桩周土水平抗力系数比例系数 m 值为：黏性填土 $m_1 = 20MN/m^4$，粉土 $m_2 = 10MN/m^4$。

5）单桩水平向静载荷试验临界荷载为 $R_{hcr} = 25kN$。

单桩水平承载力特征值为 $R_{ha} = (0.75 \times 25)kN = 18.75kN$。

6）单桩水平向抗震承载力特征值为 $R_{hE} = 1.25 \times R_{ha} = (1.25 \times 18.75)kN = 23.4kN$。

4. 单桩竖向抗震承载力验算

1）桩群截面惯性矩（所有桩）　为简化计算，假定桩群形心视作位于中间纵墙轴线上，则

$$\Sigma y_i^2 = \{ 16 \times [1.26^2 + (2 \times 1.26)^2 + (3 \times 1.26)^2 + (4 \times 1.26)^2 +$$

$$1.185^2 + (2 \times 1.185)^2 + (3 \times 1.185)^2 + (4 \times 1.185)^2] +$$

$$25[(4 \times 1.26)^2 + (4 \times 1.185)^2] = 20 \times 89.755 + 25 \times 47.88\} \, m^2$$

$$= 2633 m^2$$

2）平均桩顶荷载为

$$N_E = \frac{P_E}{n} = \frac{F+G}{n} = \left(\frac{86000}{219}\right) kN = 392.7 kN$$

3）最大、最小桩顶荷载为

$$N_{Emax \atop Emin} = \frac{F+G}{n} \pm \frac{M_E y_{max}}{\Sigma y_i^2} = \left[392.7 \pm \frac{138062 \times (4 \times 1.26)}{2633}\right] kN$$

$$= (392.7 \pm 264.3) kN$$

则有

$N_E = 392.7 kN < R_{aE} = 688 kN$（满足要求）

$N_{Emax} = (392.7 + 264.3) kN = 657 kN < 1.2 R_{aE} = (1.2 \times 688) kN = 825.6 kN$（满足要求）

$N_{Emin} = (392.7 - 264.3) kN = 128.4 kN > 0$（满足要求）

5. 单桩水平向抗震承载力验算

1）若考虑箱基正侧面土体抗力，则 $E = 4655 kN$。

2）桩基承受的总水平力 $H_E = F_{EH} - E = (5304 - 4655) kN = 649 kN$。

3）单桩（复合基桩）承受水平力 $H_{0i} = \frac{H_E}{n} = \left(\frac{649}{219}\right) kN = 3.0 kN < R_{hE} = 23.4 kN$，满足要求。

6. 荷载效应基本组合值计算（承台底面总荷载）

荷载效应基本组合的分项系数：上部结构重力荷载为 1.2；承台自重及其上的土重为 1.0；水平地震作用为 1.3。

1）已知上部结构总重力荷载 $F = \sum_{i=1}^{12} G_i = 78000 kN$。

2）作用于箱形基础顶（承台顶）的总竖向力设计值 $F_{Ev} = (1.2 \times 78000) kN$。

3）箱形基础自重 $G = 8000 kN$。

4）作用于桩顶（承台底面）的总竖向力设计值 P_E 为

$$P_E = F_{Ev} + G = (1.2 \times 78000 + 8000) kN = 101600 kN$$

5）结构总水平地震力标准值 F_{Ek}。高度不超过 40m，采用底部剪力法，水平地震影响系数 α_1 取 0.08。

地震作用的等效总重力荷载值 $G_{eq} = (0.85 \times 78000) kN$

结构总水平地震力标准值为 $F_{Ek} = \alpha_1 G_{eq} = (0.08 \times 0.85 \times 78000) kN = 5304 kN$

6）结构总水平地震力设计值 F_{Eh} 为

$$F_{Eh} = (1.3 \times 5304) kN = 6895 kN$$

7）桩顶总地震倾覆力矩设计值 M_E。假定仅有水平地震力引起的倾覆力矩。采用底部剪力法，假定上部结构顶部的附加水平地震作用 $\Delta F_n = 0$，上部结构的水平地震作用按倒三角形分布，则

$$M_E = \left[6895 \times \left(\frac{2}{3} \times 12 \times 2.9 + 4 \right) \right] kN \cdot m = 187544 kN \cdot m$$

8）考虑承台侧面土抗力（取被动土压力的 1/3）为

$$E = \frac{1}{3} E_p = \frac{1}{3} \times \frac{1}{2} \gamma h^2 K_p \times B$$

$$= \left(\frac{1}{3} \times \frac{1}{2} \times 18 \times 4^2 \times \tan^2(45° + 10°) \times 47.54 \right) kN = 4655 kN$$

桩基承受的总水平力为

$$H_E = F_{Eh} - E = (6895 - 4655) kN = 2240 kN$$

土抗力 E 引起的承台底反力矩 M_P 为

$$M_P = \frac{1}{3} Eh = \left(\frac{1}{3} \times 4655 \times 4 \right) kN = 6207 kN$$

作用在承台底面的力矩 M_E' 为

$$M_E' = M_E - M_P = (187544 - 6207) kN \cdot m = 181337 kN \cdot m$$

承台底面处总荷载基本组合值为

$$P_E = 101600 kN; \quad H_E = 2240 kN; \quad M_E' = 181337 kN \cdot m$$

7. 单桩桩顶力计算

1）单桩桩顶平均竖向荷载设计值为

$$N_E = \frac{F_{Ev} + G}{n} = \left(\frac{101600}{219} \right) kN = 464 kN$$

2）单桩最大、最小桩顶荷载设计值为

$$N_{Emin}^{Emax} = \frac{F_{Ev} + G}{n} \pm \frac{M_E y_{max}}{\sum y_i^2} = \left(464 \pm \frac{181337 \times (4 \times 1.26)}{2633} \right) kN$$

$$= (464 \pm 347) kN \quad \begin{array}{c} 811 kN \\ 117 kN \end{array}$$

3）单桩桩顶水平荷载设计值为

$$H_{0i} = \frac{H_E}{n} = \left(\frac{2240}{219} \right) kN = 10.2 kN$$

8. 桩身内力计算

在桩顶水平力 H_0 作用下，桩身剪力和弯矩可按 m 法分析得出。对于桩顶嵌固、$\alpha h > 4.0$ 的情况，桩身最大弯矩和剪力均发生在桩顶截面，由式（5-77）、式（5-78）及表5-17可知桩顶弯矩及剪力分别为

$$M = \beta_M \frac{H_0}{\alpha} = 0.926 \frac{H_0}{\alpha} \qquad (桩顶 \beta_M = 0.926)$$

$$Q = \beta_V H_0 = H_0 \qquad (桩顶 \beta_V = 1)$$

1）计算 $\overline{m}$ 值。

$$h_m = 2(1 + d) = [2 \times (1 + 0.4)]m = 2.8m$$

桩顶以下 2.8m 范围内为 2 层土，分别为 2.1m 和 0.7m，所以有

$$\overline{m} = \frac{m_1 h_1^2 + m_2(2h_1 + h_2)h_2}{h_m^2} = \left(\frac{2 \times 10^4 \times 2.1^2 + 10^4(2 \times 2.1 + 0.7) \times 0.7}{2.8^2} \right) kN/m^4$$

$$= 1.56 \times 10^4 kN/m^4$$

2）计算 α 值。桩身混凝土强度等级为 C20，$E_c = 2.55 \times 107 kN/m^2$

$$I = \pi \times 0.4^4 / 64 = 1.26 \times 10^{-3} m^4$$

$$EI = 0.85 E_c I = (0.85 \times 2.55 \times 10^7 \times 1.26 \times 10^{-3}) kN \cdot m^2 = 2.73 \times 10^4 kN \cdot m^2$$

$$b_0 = 0.9(1.5d + 0.5) = [0.9 \times (1.5 \times 0.4 + 0.5)]m = 0.99m$$

$$\alpha = \sqrt[5]{\frac{\overline{m} b_0}{EI}} = \sqrt[5]{\frac{1.56 \times 10^4 \times 0.99}{2.73 \times 10^4}} m^{-1} = 0.89 m^{-1}$$

3）计算单桩桩顶弯矩及剪力设计值 $4.0/\alpha = 4.49m < l = 12.5m$，属弹性长桩。

$$M_0 = \beta_M \frac{H_0}{\alpha} = 0.926 \frac{H_0}{\alpha} \qquad (桩顶 \beta_M = 0.926)$$

$$= \left(0.926 \times \frac{10.2}{0.89} \right) kN \cdot m = 10.6 kN \cdot m$$

$$Q_0 = \beta_V H_0 = H_0 = 10.2 kN \qquad (桩顶 \beta_H = 1)$$

9. 桩身截面承载力验算

正截面按钢筋混凝土偏心受压构件计算；斜截面按钢筋混凝土受弯构件计算。其中：正截面取 $N_{max} = 811 kN$，$M_0 = 10.6 kN \cdot m$，$\eta = 1.0$，$\gamma_{RE} = 0.80$；斜截面取 $N_{min} = 117 kN$，$H_0 = 10.2$，$\gamma_{RE} = 0.85$。

具体验算过程略。

💡 思考题

5-1 简述桩基础设计的技术要求。

5-2 桩基础设计计算内容包括哪些？

5-3 简述常规桩基础设计的一般步骤。

5-4 常规桩基础设计中是如何确定桩数的？

5-5 桩基承载力的验算包括哪些？

5-6 常规桩基础设计中桩基沉降计算常用哪两类方法？

5-7　在桩身结构设计中预制桩与灌注桩有何不同?

5-8　高层建筑桩基础结构形式主要有哪两类?

5-9　什么是地基-桩筏（箱）基础-上部结构的共同作用?

5-10　影响桩与筏板荷载分担的因素主要有哪些?

5-11　简述桩筏（箱）基础桩顶反力的分布及其影响因素。

5-12　桩筏（箱）基础的内力计算方法有哪三大类? 简述传统设计方法及其存在的问题。

5-13　什么是变刚度调平概念设计?

5-14　对于桥梁高承台桩基，考虑基桩屈曲问题的验算包括哪些?

5-15　桥梁桩基设计中单桩轴向受压承载力容许值是如何计算的?

5-16　简述桥梁桩基设计中单桩承载力及群桩承载力的验算方法。

5-17　房屋桩基础的震害主要表现在哪些方面?

5-18　在桩基抗震设计中，什么是"以静代动的验算"?

5-19　水平及竖向地震作用是如何计算的?

5-20　单桩竖向及水平向抗震承载力是如何确定的?

5-21　桩周存在液化土层时，桩基抗震设计中应注意哪些问题?

5-22　桩基抗震构造措施有哪些?

5-23　高层建筑桩筏基础与桥梁桩基两者布桩要求有何不同?

5-24　建筑桩基与桥梁桩基对承台厚度的构造要求有何不同?

第 6 章

复合疏桩基础的设计

▶▶ 6.1 概述

6.1.1 复合疏桩基础的概念

在软土地基基础设计中，往往会出现这两种情况：若选用大尺寸的天然地基浅基础，沉降常常不易满足；若选用常规桩基础，则因考虑上部结构荷载主要由桩承担，从而使设计的桩数过多或桩长较长，致使基础工程造价增大。复合桩基的设计思想就是从桩土共同作用的实际出发，充分利用桩基础承台底面土反力的作用。若桩基仅作为减少建筑物沉降或弥补基底下土反力不足的一种补充，则设计结果是，一方面与天然地基相比基础沉降量大大减小，或基础承载力得到提高；另一方面与常规桩基础相比桩数大大减少、桩距较大。为使承台底面土反力得到充分发挥，一般采用摩擦型桩。

可见，复合疏桩基础的定义就是，由基桩和承台下地基土共同承担荷载的一种疏布摩擦型桩的复合桩基。复合疏桩桩基是从安全及经济两方面考虑，将天然地基与桩基础两者合理结合的一种地基基础形式，或者说是介于天然地基浅基础与常规桩基础之间的一种基础类型。

为了更好理解复合疏桩基础的概念，这里对复合基桩、复合桩基、复合地基三个概念作如下比较，见表 6-1。

表 6-1 复合基桩、复合桩基及复合地基的比较

概　念	定义及设计特点
复合基桩 （常规桩基础） 	复合基桩指常规桩基础由单桩及其对应面积的承台下地基土组成的复合承载基桩 设计时荷载主要由桩承担，只是计算基桩承载力时，考虑承台效应；常规桩基的桩距不大（一般为 $3d\sim4d$）；基桩荷载不超过其容许承载力

（续）

概　念	定义及设计特点
复合桩基	复合桩基指由基桩和承台下地基土共同承担荷载的桩基础 一般是为了减沉或协力设计时承台承担相当大部分的荷载；桩距较大（一般大于5d）；单桩荷载可达其极限承载力
刚性桩复合地基	复合地基指部分土体被增强或被置换而形成的由地基和增强体共同承担荷载的人工地基。若增强体为刚性桩或柔性桩，则为桩土复合地基 刚性桩桩土复合地基属于地基范畴，但复合地基中桩体的存在，使其区别于天然地基；而桩体与桩间土共同承担荷载的特性（桩与承台不直接连接、桩无刺入变形等），又使其不同于常规桩基础与复合桩基

6.1.2　复合疏桩基础的分类及其设计思路

根据设计目的及设计思路的不同，可将复合疏桩基础分为两大类：一类是以控制沉降为主的减沉复合疏桩基础；另一类是以控制承载力为主的协力复合疏桩基础。

1. 减沉复合疏桩基础及其设计思路

当浅层地基承载力基本能满足建筑物荷载要求，而下卧层为高压缩性软土，地基变形将导致建筑物产生过大的沉降量，此时可设置适当数量的桩来控制和减少建筑物的沉降量。在减沉疏桩基础设计中，桩的作用主要是为减小建筑物的沉降量，并不需要依靠桩来增加基础总的承载力。按照这种设计理念，减少沉降量的复合疏桩桩基设计，是从天然地基设计出发，即首先考虑外荷载由承台承担，再根据容许沉降量的要求来确定桩数。

2. 协力复合疏桩基础及其设计思路

当天然地基具有一定的承载力，但又不足以承受上部结构的全部荷载，此时可利用少量的桩来弥补天然地基承载力的不足，桩只是协助承载作用，称为协力桩。这种情况所需桩数较常规桩基大为减少、桩距较大，一般都达到或超过 5~6 倍桩径，故这种考虑桩土共同作用的复合桩基称为协力复合疏桩基础。在设计中考虑桩和土共同承担荷载时，首先考虑利用地基土承担荷载，而承载力不足部分的荷载由桩承担，按需补充的承载力来确定桩数。

上述分类只是就设计目的而言的一种区分，在实际设计中，特别是在软土地基的基础设计中，所采用的疏桩基础一般兼有减沉和协力的双重作用。另外，随着桩基变刚度调平设计方法的应用，复合疏桩基础的使用也将得到拓展，其设计计算方法还将不断得到发展和完善。

6.1.3　复合疏桩基础的设计计算特点

不论是减沉复合疏桩基础还是协力复合疏桩基础，这两种复合桩基设计方法的共同特点是：

（1）从天然地基设计出发　由于复合疏桩基础中的桩数较少，桩顶荷载将可能达到其极限承载力，为了确保整个基础体系有足够的安全度，应基本保证承台自身的地基承载力要求。

国外对承台自身的地基承载能力要求较严格，要求满足

$$fA \geqslant P \tag{6-1}$$

$$或 \qquad P/A \leqslant f \tag{6-2}$$

我国通过很多试验及工程实践，在沉降控制复合桩基的设计中，对承台自身的地基承载能力要求有了改进，该项要求可表示为

$$fA \geqslant (0.6 \sim 0.7)P \tag{6-3}$$

$$或 \qquad P/A \leqslant (1.5 \sim 1.7)f \tag{6-4}$$

式中　P——作用在承台底面上的全部外荷载；

　　　　f——承台底下地基土的设计承载力；

　　　　A——承台底总面积。

（2）承台下采用数量少、桩距大的摩擦桩　桩应采用支承在不太硬的土层上的摩擦桩，桩端持力层能提供较大的变形条件使桩土共同分担荷载。设计时应考虑桩受荷后，使土对桩的抗力达到极限值，容许桩产生一定的刺入变形，使承台底面的基底压力能够充分发挥，这样才能充分合理地运用少量的桩，既控制了建筑物的沉降，又充分发挥了天然地基的承载力。

如果是桩端有非常好的支承条件的端承桩，桩端不能为桩土共同作用提供必要的变形条件，就不具备采用复合桩基的前提。但最新研究的进展表明，对于这种情况可以采用一定的技术措施降低桩的刚度，为发挥承台底的土阻力创造条件，它称为端承桩复合桩基。目前端承桩复合桩基在工程中还未广泛应用，本章主要介绍软土地区常用的摩擦桩复合桩基，其中应用较多的是减沉复合疏桩基础。

6.1.4　复合疏桩基础的研究应用概况

复合桩基的设计思想，是近 30 年来桩基础设计理论进展的一个重要方面。国外早在 20 世纪 50 年代就有人开始了这方面的研究，然后不断发展至今，被称为：附加摩擦桩的补偿基础、减少沉降量桩基、桩筏体系等。我国在 20 世纪 70 年代末也开始了复合桩基方面的研究和工程实践，如上海地区的"沉降控制复合桩基"在积累了十余年的工程应用经验之后，该设计计算方法被列入 1999 年及 2010 年颁布的上海市 DGJ 08—11—2010《地基基础设计标准》中。JGJ 94—2008《建筑桩基技术规范》也增加了"软土地基减沉复合疏桩基础"。

复合桩基的设计理论在我国工程实践中的应用，是理论研究→工程实践→经验总结→列入规范的过程，所以最终形式是半理论、半经验的方法。本章将首先介绍复合疏桩基础受力性状的一些研究结论，然后依据规范来介绍复合桩基的设计计算方法。

▶▶ 6.2　复合疏桩基础的受力性状

研究复合疏桩基础的受力性状对于发展复合疏桩基础的设计方法是至关重要的，一些设

计计算的概念都来自于研究的成果。

国内外的理论分析研究及室内模型试验和现场试验的成果说明，对桩长和桩数一定的群桩，随着桩距增大，桩群、承台和地基土之间的相互作用就会逐渐减弱，群桩中各基桩的工作性状和群桩整体承载性状也会发生明显变化。一般规律是随着桩距的增大，群桩中基桩的承载性状逐渐趋近于单桩，当桩距增大至 6d 时，桩侧阻力分布、极限桩侧阻力以及极限桩端阻力总体上均趋近于独立单桩。桩顶设承台的单桩可以近似作为大桩距低承台摩擦桩基础的基本受力单元，因此对属于大桩距低承台摩擦桩基础范畴的复合疏桩基础，其主要受力性状可以通过对桩顶设承台的单桩静载荷试验得到近似的反映和验证。

研究表明，复合疏桩基础的主要受力性状如下：

1. 软黏土中的低承台摩擦桩基础，当桩距增大至 6d 后，承台下桩和地基土就基本能充分发挥各自独立状态的承载力

在上海进行过桩顶设承台的单桩静载荷试验，同时还分别平行进行了单桩以及天然地基平板（承台）静载荷试验，其中桩为截面 200mm×200mm、长 16m 的预制混凝土方形桩，板（承台）的平面尺寸为 1.6m×1.6m，此外在桩顶设承台的单桩静载荷试验中，桩顶安放了集中力传感器。图 6-1 是其中的一组试验结果，对同一个场地的单桩、天然地基和复合桩基载荷试验的 Q-S 曲线进行比较可看出，桩顶设承台的单桩整体极限承载力大体上和与其相对应的单桩极限承载力与天然地基平板的极限承载力之和相等。如图 6-1 所示的实例中，单桩极限承载力为 490kN，平板极限承载力为 610kN，而桩顶设承台的单桩极限承载力为 1060kN。

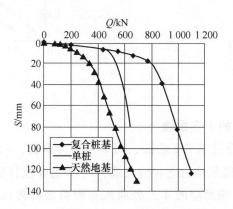

图 6-1　沉降控制复合桩基载荷试验曲线

2. 承台下地基土和桩分担外荷载的比例与荷载作用的水平及时间有关

（1）分担比例与荷载作用水平有关　将上述桩顶设承台的单桩静载荷试验结果整理绘出，如图 6-2 所示，可得到桩分担的荷载与总荷载的关系。图 6-2 中 Q 为作用在承台上的总荷载，Q_p 为桩分担的荷载（即桩顶反力），Q_u 为单桩极限承载力，横坐标 Q/Q_u 代表作用在承台上的荷载水平，纵坐标 Q_p/Q_u 表示桩分担的荷载水平。由图 6-2 可知，当作用在承台上的荷载水平 Q/Q_u 分别为 0.5、1.0 和 1.5 时，桩分担的荷载水平分别为 0.2、0.6 和 1.0，

如果 Q/Q_u 继续提高，则 Q_p/Q_u 会持续保持在 1.0 的水平基本不变。可见，当承台上荷载水平 Q/Q_u 达到 1.0 时（即承台上外荷载达桩的极限承载力，也相当于沉降控制复合桩基的实际工作荷载水平），桩所分担的荷载比例平均约为 60%，承台下地基土则分担余下的荷载约为 40%。

（2）分担比例与荷载作用时间有关　实际工程的原型观测结果说明，一般在受荷初期，由于承台下地基土处于不排水状态，有较大的相对刚度，因此要分担较大一部分荷载，但随着承台下地基土与桩所分担的荷载均在地基中扩散并促使地基土固结下沉，导致原来由承台下地基土分担的荷载逐渐向桩顶转移，这种现象必然造成承台下地基土与桩分担外荷载的关系是随着作用时间而变化的。

参照已有的低承台摩擦桩基础下桩与地基土分担外荷载规律的时间效应分析研究成果可知，图 6-3 中所示的实测曲线，随着时间的增长，会逐渐向 $Q_p = Q$ 和 $Q_p = Q_u$ 的两条直线逐渐靠近，逐渐反映最终受荷状态的承台下桩分担的荷载与承台上荷载水平的关系。也就是说，当承台上的荷载小于单桩极限承载力时（$Q < Q_u$ 时），桩分担的荷载 Q_p 会逐渐接近 Q；当承台上的荷载接近达到或超过单桩极限承载力时（$Q \geqslant Q_u$ 时），桩分担的荷载 Q_p 会逐渐接近并保持在 Q_u 左右。

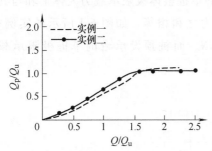

图 6-2　桩分担的荷载与总荷载的关系

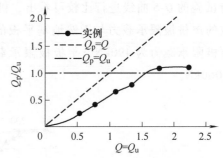

图 6-3　长期荷载作用下的桩土荷载分担变化趋势

3. 沉降控制复合桩基的 *P-S* 曲线

图 6-4 为沉降控制复合桩基 *P-S* 曲线，图中 P 为外荷载，S 为沉降，P_a 为沉降控制复合桩基中相应于各单桩极限承载力之和的荷载，P_u 为沉降控制复合桩基整体极限承载力。由图 6-4 可看出，在与 P_a 相对应的 A 点处曲线有较明显的转折。一般来说，复合桩基的 *P-S* 曲线的第一个拐点为桩土分担荷载的分界点。在此拐点之前，承台下地基土受力是很小的，基础上的外荷载主要由桩承担；该拐点之后，当外荷载继续增大，桩承载力却保持不变或变化很小，而地基土分担的荷载随着外荷载及基础沉降的增大而增大。承台下地基土与桩承担外荷载是非同步的，承台下地基土受荷在桩群之后，即土的受荷过程有一个滞后现象。

所以，实用上在计算沉降时，可根据所作用的外荷载大小或作用在桩顶上的荷载水平，将沉降控制复合桩基的荷载与沉降关系区分为 $P < P_a$ 和 $P \geqslant P_a$ 两个阶段：在 $P < P_a$ 阶段，外荷载主要由桩承担，承台下地基土的分担作用居次要地位；而在 $P \geqslant P_a$ 阶段，荷载由桩与

承台下地基土共同承担，其中桩分担量约为其单桩极限承载力之和，承台下地基土则分担余下的荷载。

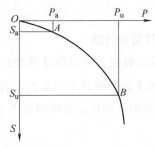

图 6-4　沉降控制复合桩基的 P-S 曲线

6.3　减沉复合疏桩基础的设计计算

减沉复合疏桩基础，也称沉降控制复合桩基，是承台下地基与桩共同分担荷载、按沉降控制要求确定用桩数量的大桩距（一般在 5 倍桩身截面边长以上）低承台摩擦桩基。

6.3.1　减沉复合疏桩基础的设计原则

减沉复合疏桩基础设计时一般遵循下面两个主要设计原则：

1）为确保复合桩基具有合理的总体安全度水平，对其中承台自身的地基承载能力有一定要求。一般首先按外荷载主要由承台承担来初步确定承台尺寸。

减沉复合疏桩
基础的设计原则

2）一般可使各单桩极限承载力之和超过外荷载，以充分发挥地基土的承载能力；桩距达到或超过 5~6 倍桩身截面边长。

下面以上海市 DGJ 08—11—2018《地基基础设计标准》和 JGJ 94—2008《建筑桩基技术规范》为例介绍复合疏桩基础的设计计算方法。

6.3.2　上海市 DGJ 08—11—2018《地基基础设计标准》

在上海规范中，该类桩基被称为沉降控制复合桩基。

6.3.2.1　适用条件

复合桩基中的桩宜采用桩身截面边长小于等于 250mm、长细比在 80~100 且桩身质量有可靠保证的预制方桩；桩距不宜小于 5 倍桩身截面边长；桩端穿过高压缩性淤泥质土层进入压缩性相对较低（但不十分坚硬）的持力层；复合桩基承台埋深不宜小于建筑物高度的 1/15。

6.3.2.2　计算方法及基本规定

1. 沉降控制复合桩基承台下桩与地基土分担外荷载的计算

1）当作用在沉降控制复合桩基上的外荷载小于承台下各桩的极限承载力之和时，从计算沉降的目的出发，可假定外荷载全部由桩承担，对承台下地基土的分担作用忽略不计。

2）当作用在沉降控制复合桩基上的外荷载超过承台下各桩的极限承载力之和时，承台下的各桩都始终保持分担相当于各桩极限承载力之和的外荷载，而承台下的地基土则分担余下的荷载。

2. 沉降控制复合桩基最终沉降量的计算

根据上述关于桩土分担外荷载的假定，对沉降计算做出如下相应规定：

1）当作用在沉降控制复合桩基上的外荷载小于承台下各桩的极限承载力之和时，沉降控制复合桩基的最终沉降量，就是桩承担全部外荷载作用下产生的沉降量，按 Mindlin-Geddes 应力解法计算。

2）当作用在沉降控制复合桩基上的外荷载超过承台下各桩的极限承载力之和时，沉降控制复合桩基的最终沉降量，等于桩在其所分担的荷载作用下产生的沉降量与承台下地基土所分担的荷载作用下所产生的沉降量之总和。其中桩分担荷载的沉降计算方法同上；承台承担荷载的沉降计算方法同浅基础。

3. 沉降控制复合桩基极限承载力的计算

一般情况下，沉降控制复合桩基桩数较少，桩距达到或超过 5 倍桩身截面边长，因此可以认为承台下地基土和桩基本能充分发挥各自独立状态下的承载力，所以其整体极限承载力可近似等于其中所有各单桩的极限承载力与承台下地基土在无桩条件下的极限承载力之和。

4. 沉降控制复合桩基的结构设计要求

沉降控制复合桩基中桩与承台分担外荷载的实际工作性状是相当复杂的，因此结构设计除需满足常规低承台摩擦桩基要求外，还应注意以下要求。

1）桩身结构设计要点。在桩身结构设计中，应注意在承台产生一定沉降时，桩可能接近或达到地基土对其极限支承力的特点，同时桩数又相对较少，故设计时除应使桩身结构承载力满足相当于单桩地基土极限承载力的荷载，还应考虑一定的超载可能性，以防实际单桩土极限承载力超过设计时的预估值。

2）在承台结构设计中，应注意承台下地基土与桩分担外荷载关系随荷载作用时间而变化的特点，设计时除了必须考虑上述计算方法中有关沉降控制复合桩基承台下桩与地基土分担外荷载的计算规定之外，尚应考虑受荷初期，承台下地基土会分担较大荷载所产生的结构内力，然后取其中最不利者进行承台的结构强度设计计算。

在建筑物竣工初期承台要分担较大外荷载，此时计算承台底面地基土反力，可根据部分工程实测结果按经验近似取全部外荷载的 50%；当建筑物沉降趋于稳定时，则按上述关于承台下桩与地基土分担外荷载的规定计算。

6.3.2.3 设计步骤

1. 初步确定承台底面积及其布置

为了确保沉降控制复合桩基有足够的安全度，可首先假定外荷载全部由承台单独承担的条件下，承台下地基土的极限承载力有一定安全储备的要求。根据这一原则，承台的底面积由下式确定

$$A_c \geqslant \frac{F_d + G_d}{\eta f_d} \qquad (6\text{-}5)$$

式中　A_c——承台底面积（m^2）；

　　　F_d——上部结构传至承台顶面的竖向荷载设计值（kN），按作用效应基本组合计算，但其分项系数均为 1.0；

　　　G_d——承台自重和承台上的覆土自重设计值（kN），按作用效应基本组合计算，承台材料和上覆土的混合重度取 $20kN/m^3$，地下水位以下扣除浮力，自重和浮力作用分项系数均取 1.0；

　　　η——承台底面下地基土承载力的经验系数，一般可取 1.5~1.7；

　　　f_d——承台底面下地基土承载力设计值（kPa）。

根据初步确定的承台底面积，按承台底面处竖向作用准永久组合的合力作用点与承台底面形心重合的要求，拟定承台平面布置。

2. 选择桩型、桩端埋深及桩身截面

1）沉降控制复合桩基和常规桩基相比，桩数较少，基桩承受的荷载水平比较高，可达到桩的极限支承力，因此对桩身混凝土的强度要求和质量要求比较高，一般应采用预制钢筋混凝土桩。

2）选择桩端埋深时，应根据上部结构荷载的大小和地基土层的组成，按桩端应尽可能穿过地基压缩层范围内压缩性最高的土层、进入压缩性相对较低，但不十分坚硬的持力层的要求来初步确定桩端埋深。持力层的选择宜使桩有足够的"韧性"，当承台产生一定沉降量时，桩可充分发挥并能持续保持其全部极限承载力。

3）当桩长初步确定以后，可按由桩身结构强度确定的单桩承载力必须大于地基土对桩的极限支承力并留有一定余地的原则来选择桩身截面尺寸。

3. 确定单桩极限承载力标准值 R_k

复合桩基的单桩极限承载力标准值 R_k 应通过单桩静载荷试验确定。当没有进行试验时，可按下式估算

$$R_k = U_p \Sigma f_{si} l_i + f_p A_p \qquad (6\text{-}6)$$

同时桩身结构强度应符合下式要求

$$R_k \leqslant (0.65 \sim 0.80) f_c A_p \qquad (6\text{-}7)$$

式中　R_k——单桩极限承载力标准值（kN）；

f_{si}、f_p——桩侧第 i 层土的极限摩阻力标准值和桩端处土层的极限端阻力标准值（kPa）；

　　　l_i——第 i 土层厚度（m）；

　　　A_p——桩的截面面积（m^2）；

　　　f_c——混凝土的轴心抗压强度设计值（kPa）。

4. 确定沉降控制复合桩基的桩数和桩位

初步选定承台底面积和平面布置后，假定承台下布置若干种不同桩数，并相应计算不同桩数情况下桩基的沉降量，得到沉降控制复合桩基桩数与沉降量的关系曲线。桩基的沉降量

采用上述有关沉降控制复合桩基最终沉降量的计算方法。若作用在承台底面处的荷载准永久组合值为 P，承台底面积为 A_c，承台底面处地基土自重应力为 σ_c，桩数为 n，单桩极限承载力标准值为 R_k，扣除浮力后单桩自重标准值为 G_{pk}。则：

1）当 $(P-\sigma_c A_c) \leqslant nR_k$ 时，复合桩基沉降量就是 n 根桩产生的，每根桩的桩顶荷载为 $(P-\sigma_c A_c)/n + G_{pk}$，此 n 根桩产生的沉降按 Mindlin-Geddes 应力解法计算。

2）当 $(P-\sigma_c A_c) > nR_k$ 时，复合桩基的沉降量，等于桩所分担的荷载作用下产生的沉降量与承台下地基土所分担的荷载作用下所产生的沉降量之总和。其中每根桩分担的荷载为 R_k+G_{pk}，沉降计算方法同上；承台承担荷载为 $P-\sigma_c A_c-nR_k$，沉降计算方法同浅基础沉降计算方法。

根据计算沉降控制复合桩基的桩数与沉降量关系的经验，可以简化计算分析工作，一般只需计算以下三种桩数布桩情况的沉降量：

1）按外荷载全部由桩单独承担的常规桩基础所需的桩数。

2）按常规桩基所需桩数的 1/3。

3）桩数为零。

按线性变化假定绘制桩数与沉降量的关系曲线，桩数为上述三种桩数之间时的沉降量可近似按线性插值法估计。若按上述第一种桩数布桩（常规桩基础所需的桩数）计算得到的沉降量已经超过建筑物的容许沉降时，则应适当增加桩长。

按上述方法得到桩数与桩基沉降量之间的关系后，就可以根据建筑物容许沉降量的要求确定实际所需桩数。然后按承台底面以上竖向作用准永久组合的合力作用点与群桩形心基本重合的要求，进行桩位平面布置。

5. 验算沉降控制复合桩基的整体承载力

在按式（6-5）初步确定承台面积以及按沉降计算确定了实际所需桩数后，为确保其满足承载力要求，在实际应用中，按下式验算沉降控制复合桩基的整体承载力

$$F_d + G_d \leqslant (A_c f_k + nR_k)/\gamma_R \tag{6-8}$$

式中　f_k——承台下地基土极限承载力标准值（kPa）；

　　　n——桩数；

　　　γ_R——复合桩基承载力综合分项系数，可取 $2.0 \sim 2.2$。

6. 承台结构设计时承台下地基土反力及桩顶反力计算

根据承台和桩分担荷载的基本假定，按建筑物竣工初期和建筑物沉降趋于稳定时的两种条件分别计算承台底面的地基土总反力设计值 $R_{f,s}$ 及单桩桩顶反力设计值 $R_{f,p}$，并取其最不利者进行承台内力计算。

1）建筑物竣工初期：

$$R_{f,s} = 1.35(F_d + G_d) \times 0.5 \tag{6-9}$$

$$R_{f,p} = \frac{1.35(F_d + G_d) \times 0.5}{n} \tag{6-10}$$

2）建筑物沉降趋于稳定时：

当 $P > nR_k$ 时
$$R_{f,s} = 1.35(F_d + G_d - nR_k) \tag{6-11}$$
$$R_{f,p} = 1.35R_k \tag{6-12}$$

当 $P \leqslant nR_k$ 时
$$R_{f,s} = 0 \tag{6-13}$$
$$R_{f,p} = \frac{1.35(F_d + G_d)}{n} \tag{6-14}$$

若按式（6-14）计算的 $R_{f,p} > R_{uk}$ 时，则按式（6-11）和式（6-12）计算 $R_{f,s}$ 及 $R_{f,p}$

式中 P——作用在承台底面处的荷载准永久组合值（kN）；

n——桩数；

F_d——上部结构传至承台顶面的竖向荷载设计值（kN），按作用效应基本组合计算，但其分项系数均为 1.0；

G_d——承台及其上覆土重的设计值（kN），按作用效应基本组合计算，但其分项系数均为 1.0；

R_k——单桩极限承载力标准值（kN）；

$R_{f,s}$——承台下地基土总反力设计值（kN）；

$R_{f,p}$——单桩桩顶反力设计值（kN）。

6.3.3 JGJ 94—2008《建筑桩基技术规范》

在《建筑桩基技术规范》中，该类桩基被称为软土地基减沉复合疏桩基础。

1. 适用条件

减沉复合疏桩基础适用于软土地基上的多层建筑，当地基承载力基本满足要求时，可设置穿越软土层进入相对较好土层的疏布摩擦桩，由桩和桩间土共同分担荷载，以控制基础沉降量。

软土地基减沉复合疏桩基础的设计应满足两个基本要求：一是桩和桩间土在受荷变形过程中始终确保两者共同分担荷载，因此单桩承载力应控制在较小范围，桩的横截面尺寸一般宜选择 $\phi200\text{mm} \sim \phi400\text{mm}$（或 $200\text{mm} \times 200\text{mm} \sim 300\text{mm} \times 300\text{mm}$），桩应穿越上部软土层，桩端支承于相对较硬土层；二是桩间距大于 $(5 \sim 6)d$，以确保桩间土的荷载分担比足够大，即承台效应系数 $\eta_c > 0.6$。

2. 承台底面积和桩数的确定方法

承台底面积可按下式计算
$$A = \xi \frac{F_k + G_k}{f_{ak}} \tag{6-15}$$

由复合桩基承载力计算式
$$F_k + G_k \leqslant nR_a + \eta_c f_{ak} A \tag{6-16}$$

得计算桩数 n 为
$$n \geqslant \frac{F_k + G_k - \eta_c f_{ak} A}{R_a} \tag{6-17}$$

式中 A——桩基承台总面积（m^2）；

ξ——承台底面积控制系数，$\xi \geqslant 0.60$；

F_k——作用于承台顶面的竖向荷载标准值（kN）；

G_k——承台和承台上的覆土自重标准值（kN）；

f_{ak}——承台底地基承载力特征值（kPa）；

n——桩数；

R_a——单桩竖向承载力特征值（kN）；

η_c——桩基承台效应系数，按《建筑桩基技术规范》取值。

3. 沉降计算方法

复合疏桩基础与常规桩基相比，其沉降具有下列两个明显的特点：一是桩端发生塑性刺入变形的可能性大，在受荷变形过程中，土的分担荷载比随土的固结而在一定范围内变化，随固结变形逐渐完成而趋于稳定；二是桩间土体的压缩固结受承台压力作用为主，受桩土相互作用的影响次之。

减沉复合疏桩基础上的荷载由承台下的地基土和桩分担，地基土和桩分担的荷载必然产生相应的变形。由于承台底平面处桩、土的沉降是相等的，桩基的沉降即可通过计算桩的沉降，也可通过计算桩间土沉降来实现。桩的沉降包括桩端平面以下土的压缩和塑性刺入（忽略桩身的弹性压缩），同时还应考虑承台底土反力对桩沉降的影响（即土对桩的影响）。桩间土的沉降包括承台底土受荷后产生的压缩以及桩对土的影响。由于桩端塑性刺入的计算比较困难，可以采取计算桩间土沉降的方法。

桩间土沉降是由两个不同的沉降分量叠加而成，其一是由承台下的地基土所分担的荷载产生；其二是桩对土的影响，即由桩受荷后沉降引起的桩间土的附加变形。计算时还考虑了复合疏桩基础沉降的特点。具体计算如下：

（1）承台下地基土分担荷载产生的沉降 S_0 在承台底地基土附加应力作用下的压缩变形按 Bouissinesq 解计算土中附加应力，按单向压缩分层总和法计算沉降，与常规浅基础沉降计算模式相同。考虑到桩的刺入变形导致承台分担荷载增大，故对承台底附加压力 p_0 乘以刺入变形影响系数 η_p，对黏性土取 1.30，砂性土取 1.0。

$$S_0 = 4p_0 \sum_{i=1}^{m} \frac{z_i \overline{\alpha}_i - z_{i-1} \overline{\alpha}_{i-1}}{E_{si}} \tag{6-18}$$

$$p_0 = \eta_p \frac{F - nR_a}{A} \tag{6-19}$$

（2）桩受荷后引起的桩间土的变形 S_{sp} 桩对土的作用是由桩侧阻力及桩端阻力两部分引起。由于减沉桩桩端阻力较小，端阻力对地基土位移的影响也较小，予以忽略。桩侧阻力引起桩周土的沉降，按桩侧剪切位移传递法计算，推导得到的公式如下

$$S_{sp} = 280 \frac{\overline{q}_{su}}{\overline{E}_s} \frac{d}{\left(\dfrac{s_a}{d}\right)^2} \tag{6-20}$$

例如，$\overline{q}_{su} = 30\text{kPa}$，$\overline{E}_s = 2\text{MPa}$，$s_a/d = 6$，$d = 0.4\text{m}$，则

$$S_{sp} = 280\frac{\overline{q}_{su}}{\overline{E}_s}\frac{d}{\left(\dfrac{s_a}{d}\right)^2} = 280 \times \frac{30\text{kPa}}{2000\text{kPa}} \times \frac{0.4\text{m}}{36} = 0.047\text{m}$$

（3）减沉复合疏桩基础沉降 S

$$S = \psi(S_0 + S_{sp}) \tag{6-21}$$

式中　　S——桩基中点沉降量（mm）；

　　　　S_0——由承台底地基土附加压力作用下产生的中点沉降（mm）；

　　　　S_{sp}——由桩土相互作用产生的中点沉降（mm）；

　　　　p_0——按荷载效应准永久组合计算的假想天然地基平均附加压力（kPa）；

　　　　E_{si}——基底以下第 i 层土的压缩模量（MPa），应取自重压力至自重压力与附加压力段的模量值；

　　　　m——地基沉降计算深度范围内的土层数；沉降计算深度按 $\sigma_z = 0.1\sigma_c$ 确定。

　　z_i、z_{i-1}——基底至第 i 层、第 $i-1$ 层土底面的距离（m）；

　　$\overline{\alpha}_i$、$\overline{\alpha}_{i-1}$——基底至第 i 层、第 $i-1$ 层土底范围内的角点平均附加应力系数；

　　$\overline{q}_{su}$、$\overline{E}_s$——桩身范围内按厚度加权的平均桩侧极限摩阻力（kPa）、平均压缩模量（MPa）；

　　　　F——荷载效应准永久值组合下，作用于基底的总附加荷载（kN）；

　　　　η_p——基桩刺入变形影响系数；按桩端持力层土质确定，砂土为 1.0，粉土为 1.15，黏性土为 1.3；

　　　　ψ——沉降计算经验系数，无当地经验时取 1.0；

　　　s_a/d——桩径比。

当布桩不规则时，等效桩径比按下式计算

圆形桩　　　　　　　　　$s_a/d = \sqrt{A}/(\sqrt{n}\,d) \tag{6-22}$

方形桩　　　　　　　　　$s_a/b = 0.886\sqrt{A}/(\sqrt{n}\,b) \tag{6-23}$

式中　A——桩基承台总面积（m^2）；

　　　d——圆形桩截面直径（m）；

　　　b——方形桩截面边长（m）。

▶▶ 6.4　协力复合疏桩基础的设计计算

当天然地基具有一定的承载力，但又不足以承受上部结构的全部荷载时，疏桩基础可以较充分地发挥天然地基的承载力，而只要用少量的桩来弥补天然地基承载力的不足。在设计考虑桩和土共同承担上部结构荷载时，首先考虑利用地基土承担荷载，而承载力不足部分的荷载由桩承担，桩只是起协助承载作用，称为协力桩。以这种设计思想为出发点设计的疏桩

基础，就称为协力复合疏桩基础。

实际上，复合疏桩基础的协力和减沉两种作用并不是独立的，我们只是从设计目的上如此划分。但以协力为目的的复合疏桩基础的设计在应用中并不多，有关研究也较少，所以这类疏桩基础目前在规范中并未提及。本节只对此类疏桩基础的设计思想作简单的介绍。

6.4.1 协力复合疏桩基础的设计原则

1）首先利用天然地基的承载力，不足部分由桩来补充。

2）疏桩基础的桩距一般应达到或超过 5 倍桩径。这样，一方面可充分发挥天然地基的承载作用，另一方面可以有效地避免群桩效应引起单桩承载力的严重衰减，在软土地基上还可避免由于打桩扰动而引起孔隙水压力的增高，从而引起桩间土的再固结。

3）桩的入土深度宜大于天然地基的压缩层深度。如果桩的入土深度 l 过短，致使整个桩身处于承台下土的压缩变形区之内时，则桩的作用甚小，等于浪费，而且承台对桩侧摩阻力的削弱作用也是随 l/B（B 为承台宽度）的减小而加大的；但桩的入土深度也不宜过深，否则由桩承担的荷载百分比将过大，土承担的过小，这也是不经济的。有研究显示最佳的入土深度在（$1.5 \sim 3.0$）B。

6.4.2 协力复合疏桩基础的计算方法

1. 确定承台承担的荷载

桩间土的承载力并不是全部可以利用的。因为它的一部分要用于维持桩本身的承载力，这部分承载力则表现为桩与桩间土的摩擦力，即桩周的剪应力。为了维持这部分桩所需的摩擦力，则桩间土需要一定的范围，它等于以 3~4 倍桩径为直径的圆面积。余下的承台面积可作为天然地基那样发挥作用，这部分面积以 $A_{有效}$ 表示

$$A_{有效} = A - Sn \tag{6-24}$$

式中　A——承台总面积（m^2）；

　　　S——维持桩的承载力所需的承台面积（m^2），它等于以 3~4 倍桩径为直径的圆面积；

　　　n——桩数。

2. 确定桩数

$$n = \frac{N - fA_{有效}}{R} \tag{6-25}$$

式中　N——作用在承台底面的总荷载（kN）；

　　　f——基底土的设计承载力（kPa）；

　　　R——单桩的设计承载力（kN）。

3. 桩基承载力及沉降的验算

复合桩基的整体承载力安全度 K 应不小于 2；沉降量 s 应不大于容许沉降量 $[s]$。桩基

沉降量的计算如下

$$s = s_1 + s_2 \tag{6-26}$$

式中　s——总沉降量（mm）；

　　　s_1——天然地基部分产生的沉降量（mm）；

　　　s_2——桩基部分产生的沉降量（mm）。

s_1 与 s_2 均可按上节沉降控制复合桩基沉降计算方法计算。

▶▶ 6.5　设计算例

沉降控制复合桩基的设计计算。

1. 设计资料

某 6 层住宅建筑位于软弱地基上，上部结构为砖混结构，建筑总面积约 $2559m^2$，上部结构传至室外地面标高处的竖向荷载基本组合设计值为 54000kN，竖向荷载准永久组合值为 43500kN。墙下条形承台埋深 1.27m，承台平面及桩位如图 6-5 所示，建筑物场地地基土的主要物理力学性质指标见表 6-2。地下水位在天然地面以下 0.5m。试按上海市 DGJ 08—11—2018《地基基础设计标准》设计该沉降控制复合桩基。

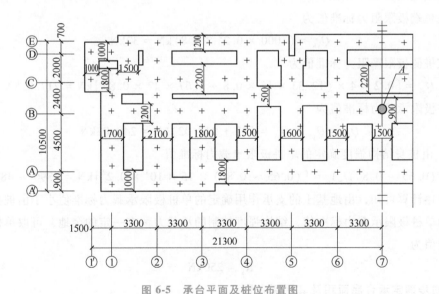

图 6-5　承台平面及桩位布置图

2. 选择桩型、桩端埋深及桩身截面

根据复合桩基设计的规定，采用截面为 200mm×200mm 的预制混凝土方桩，桩身混凝土强度等级 C30，桩长 16m，分两段预制（8m+8m）。根据基础承台的埋置深度，桩的入土深度应为 17.27m，从表 6-2 可知，桩端已穿过压缩性最高的淤泥质黏土，进入压缩性相对较低但不十分坚硬的灰色黏土层 3.67m。

表 6-2　地基土主要物理力学性质指标

层底埋深 /m	土　层	$\gamma/$ (kN/m³)	e	w (%)	$E_s/$ MPa	$E_{0.1-0.2}$ (MPa)	$c/$ kPa	φ (°)
1.20	填土	—	—	—	—	—	—	—
2.90	褐黄色粉质黏土	18.8	0.930	32.9	—	4.33	24	14.80
4.50	灰色淤泥质粉质黏土	17.5	1.290	46.8	—	2.70	13	21.78
13.60	灰色淤泥质黏土	16.8	1.518	54.4	—	1.77	10	10.70
18.90	灰色黏土夹砂	18.0	1.114	39.4	3.52	3.12	16	17.20
26.20	灰色粉砂夹黏土	18.6	0.913	31.8	6.91	6.61	7	35.70
29.00	暗绿色粉质黏土	20.1	0.685	23.7	7.55	6.88	44	27.80

3. 计算单桩极限承载力标准值

单桩极限承载力计算必须同时满足地基土对桩的支承和桩身结构强度的要求。

（1）由地基土的支承作用确定的单桩极限承载力标准值　根据上海市《地基基础设计标准》，对于一般的桩基，在地面以下 15m 范围内的桩侧摩阻力均取 15kPa，灰色黏土夹砂层的桩侧摩阻力取 42kPa，桩端阻力取 1000kPa；对于在黏性土中的桩，许多试桩资料表明，其承载力小于支承在砂土或粉土中的桩，因此规定复合桩基的桩侧摩阻力和桩端阻力在上述取值的基础上取其 80% 使用。

单桩桩端极限阻力标准值为

$$Q_{pk} = (1000 \times 0.2^2 \times 0.8)kN = 32kN$$

单桩桩侧极限摩阻力标准值为

$$Q_{sk} = [0.2 \times 4 \times (12.33 \times 15 \times 0.8 + 3.67 \times 42 \times 0.8)]kN = 217.02kN$$

单桩极限承载力标准值为

$$Q_{uk} = Q_{pk} + Q_{sk} = (32 + 217.02)kN = 249.02kN$$

（2）由桩身结构强度确定的单桩极限承载力标准值

$$Q_{uk} = (0.65 \sim 0.80)f_c A_p = [(0.65 \sim 0.80) \times 15 \times 10^3 \times 0.2^2]kN = (390 \sim 480)kN$$

由上述计算可知，由地基土的支承作用确定的单桩极限承载力标准值小于由桩身结构强度确定的单桩极限承载力标准值，结构强度控制的承载力留有一定的余地，可取单桩极限承载力标准值为

$$R_k = 250kN$$

4. 初步确定承台底面积及其平面布置

本算例为砖混结构，承台采用墙下条形基础，承台底面埋深为室外地面下 1.27m。

（1）计算地基承载力设计值　根据地质资料已知持力层地基土的极限承载力标准值 f_k 为 258kPa，根据上海市《地基基础设计标准》，持力层的地基承载力设计值 f_d 为

$$f_d = \frac{f_k}{\gamma_R} = \frac{258}{2} = 129kPa$$

式中　γ_R——天然地基承载力抗力分项系数，取 2.0。

（2）根据地基承载力设计值初步确定承台的面积　可由 $A_c \geqslant \dfrac{F_d + G_d}{\eta f_d}$，条形基础 $A_c = (b \times 1)\,\mathrm{m}$ 确定。

已知室外地面标高处作用于每延米基础上的上部结构荷载设计值 $F_d = 258\,\mathrm{kN/m}$。η 值取为 1.6，基础及台阶上土的自重设计值 $G_d = b \times [1.0 \times 20 \times 0.5 + 1.0 \times 10 \times 0.77] = 17.7b$（分项系数均为 1.0），地基承载力设计值 $f_d = 129\,\mathrm{kPa}$，代入上式得基础宽度 b，即

$$b \geqslant \frac{F + G}{\eta f_d} = \left(\frac{258 + 17.7b}{\eta f_d} \right)\mathrm{m} \Rightarrow b \geqslant \left(\frac{258}{1.6 \times 129 - 17.7} \right)\mathrm{m} = 1.37\,\mathrm{m}$$

取 $b = 1.5\,\mathrm{m}$。对于其他的各轴线可按同样的方法逐条计算，初步确定承台总面积 A_c 为 $360\,\mathrm{m}^2$。

5. 计算不同桩数时复合桩基的沉降

（1）采用竖向荷载基本组合设计值选取三种计算桩数　选取三种不同的桩数并相应计算基础中点的沉降。这三种桩数分别为按荷载全部由桩单独承担即不考虑地基土的复合作用时的桩数、该桩数的 1/3、桩数为 0。

上部结构传至基础顶面的竖向荷载基本组合设计值 $F_d = 54000\,\mathrm{kN}$，则承台底面处的荷载基本组合设计值 $F_d + G_d = \{54000 + 360 \times [1.0 \times 20 \times 0.5 + 1.0 \times 10 \times 0.77]\}\mathrm{kN} = 60372\,\mathrm{kN}$。

单桩承载力设计值为

$$R_d = \frac{Q_{sk}}{\gamma_s} + \frac{Q_{pk}}{\gamma_p} = \left(\frac{217.02}{1.728} + \frac{32}{1.067} \right)\mathrm{kN} = 156\,\mathrm{kN}$$

$$n = \frac{F_d + G_d}{R_d} = \left(\frac{60372}{156} \right)根 = 387（根）$$

因此，沉降计算取用的三种桩数分别为 387 根、129 根和 0 根时。下面就按这三种桩数计算基础中点，如图 6-5 所示的 A 点的沉降。

（2）复合桩基沉降计算　以本例中桩数 n 为 129 根为例来说明：

1）计算条件。承台底面处竖向荷载准永久组合值为

$$P = \{43500 + 360 \times [20 \times 0.5 + (20 - 10) \times 0.77]\}\mathrm{kN} = 49872\,\mathrm{kN}$$

承台底面处地基土的自重应力为

$$\sigma_c = [18 \times 0.5 + (18 - 10) \times 0.7 + (18.8 - 10) \times 0.07]\mathrm{kPa} = 15.2\,\mathrm{kPa}$$

承台底面总的附加荷载为

$$P - \sigma_c A_c = (49872 - 15.2 \times 360)\mathrm{kN} = 44400\,\mathrm{kN}$$

桩基中各单桩极限承载力标准值之和为

$$nR_k = (133 \times 250)\mathrm{kN} = 33250\,\mathrm{kN}$$

计算结果说明，算例符合 $P - \sigma_c A_c > nR_k$ 的条件，故复合桩基的沉降应由两部分叠加组成，一部分是由桩在其所分担的荷载作用下产生的沉降量；另一部分是承台下地基土所分担的荷载作用下所产生的沉降量。

2）承台下地基土沉降计算。承台下地基土承担的附加荷载为

$$P - \sigma_c A_c - nR_k = (44400 - 33250)kN = 12150kN$$

承台下地基土承担附加荷载在承台底面 A 点处产生的沉降量为 75.0mm。可用常规的分层总和法计算承台下地基土的压缩量，此处计算过程略。

3）桩的沉降计算。桩的沉降计算采用 Mindlin-Geddes 公式法，即首先用 Mindlin-Geddes 应力公式计算 n 根桩在桩端平面下地基土中计算点处产生的附加应力之和，然后再用常规的分层总和法计算桩端平面下地基土的压缩量。计算中，地基土的泊松比近似取 0.4；桩侧摩阻力分布假定为三角形分布（沿桩身线性增加），桩端阻力与桩顶荷载之比 α 近似取单桩极限荷载下的端阻比；各土层的压缩模量取自重应力至自重加附加应力时的压缩模量 E_s；桩基沉降计算经验系数取 1.0。

单桩自重（扣除浮力）为

$$G_{pk} = [(25 - 10) \times 0.2 \times 0.2 \times 16]kN = 9.6kN$$

则单桩沉降计算荷载为

$$Q = R_k + G_{pk} = (250 + 9.6)kN = 259.6kN$$

假设桩端阻力为集中力，桩侧摩阻力沿桩身线性增加，桩端阻力占桩顶荷载的比例为

$$\alpha = \frac{Q_{pk}}{Q_{pk} + Q_{sk}} = \frac{32}{32 + 217.02} = 0.128$$

压缩层厚度算到附加应力等于地基土自重应力的 10% 处，约在室外地面下 27m。

计算得到 A 点处由 129 根桩承担的荷载所产生的沉降为 96mm。则复合地基的总沉降量为

$$s = (96 + 75)mm = 171mm$$

同理可计算当桩数为 387 根和 0 根时，基础 A 点的沉降分别为 103.0mm 和 692.0mm。

（3）桩数与沉降的关系曲线　将上述三种桩数情况下计算得到的沉降值（103mm、171mm 和 692mm），绘出桩数与沉降的关系曲线图，如图 6-6 所示。

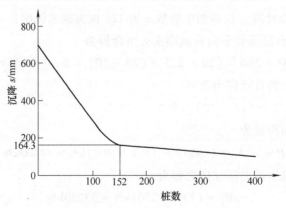

图 6-6　桩数与沉降关系曲线图

6. 确定桩数和桩位平面布置

本算例当桩数为 129 根时的复合桩基总沉降量为 171mm，满足建筑物容许沉降 150～200mm 的要求。考虑到实际工程布桩中应满足构造上的要求，尚需进行桩位的调整，桩数

略有增加，最终布桩 152 根，桩位布置如图 6-5 所示。根据图 6-6 所示的桩数与沉降关系曲线，用内插法求得与此相应的沉降量近似为 164.3mm。

7. 验算复合桩基承载力

根据最终确定的桩数，验算复合桩基承载力为

$$F_d + G_d = 60372kN$$

$(A_c f_k + nR_k)/\gamma_R = [(360 \times 258 + 152 \times 250)/2.0]kN = 65440kN > F_d + G_d$，满足要求。

8. 承台结构设计时承台下地基土反力及桩顶反力的计算

根据承台和桩分担荷载的基本假定，按建筑物竣工初期和建筑物沉降趋于稳定时的两种条件分别计算承台底面的地基土总反力设计值 $R_{f,s}$ 及单桩桩顶反力设计值 $R_{f,p}$，并取其最不利者进行承台计算。

（1）建筑物竣工初期

$$R_{f,s} = 1.35(F_d + G_d) \times 0.5 = (1.35 \times 60372 \times 0.5)kN = 40751kN$$

$$R_{f,p} = \frac{1.35(F_d + G_d) \times 0.5}{n} = \left(\frac{1.35 \times 60372 \times 0.5}{152}\right)kN = 268kN$$

（2）建筑物沉降趋于稳定时

$$R_{f,s} = 1.35(F_d + G_d - nR_k) = [1.35 \times (60387 - 152 \times 250)]kN = 30222kN$$

$$R_{f,p} = 1.35R_k = (1.35 \times 250)kN = 337.5kN$$

💡 **思考题**

6-1 什么是减沉复合疏桩基础？

6-2 简述减沉复合疏桩基础的适用条件及设计原则。

6-3 简述上海市 DGJ 08—11—2018《地基基础设计标准》中沉降控制复合桩基的设计步骤。

6-4 简述上海市 DGJ 08—11—2018《地基基础设计标准》中沉降控制复合桩基沉降计算方法。

6-5 简述 JGJ 94—2008《建筑桩基技术规范》中减沉复合疏桩基础沉降计算方法。

CHAPTER 7

第 7 章

抗滑桩的设计与计算

▶▶ 7.1 概述

当桩横向受荷时，根据桩与周围土体的相互作用，可将桩分为主动桩和被动桩两大类。主动桩是指桩直接承受外荷载并主动向桩周土中传递应力，如承受风力、地震力、车辆制动力等的构筑物桩基；被动桩是指桩不直接承受外荷载，只是由于桩周土在自重或外荷载下发生变形或运动而受到影响，是被动承受侧向土压力，如深基坑支护桩、港口码头桩基以及防治路基边坡滑动的抗滑桩。对于主动桩，桩上的荷载是因，而它相对于土的变形或运动是果；对于被动桩，土体运动是因，而它在桩身上引起的荷载是果。

见证江河安澜
的经纬仪

1. 被动桩的应用

被动桩在实际应用中常见的有三大类（见图7-1）即基坑支护桩、滑坡工程的抗滑桩以及岸坡码头高桩。其中支护桩所受荷载主要是桩侧主动土压力，无潜在的滑动面，容许变形小，一般为连续的排桩结构；滑坡工程中的抗滑桩所受荷载主要是滑坡推力，有潜在滑动面，容许变形相对较大，为"大截面""大位移"构件，一般为非连续的桩排形式；岸坡上高桩码头的桩基，承受的滑推力较小（岸坡本身是较稳定的），桩的荷载除了竖向荷载之外，水平荷载主要是由土自重及地面荷载产生的土压力，一般为多排桩，桩截面的直径大多不超过1.2m，桩基的侧向位移小。

对于岸坡码头高桩，因为考虑到桩抗滑力的发挥与土体的变形大小有关，如果桩的抗滑力在码头中充分发挥出来，土体就需要有较大的变形量，而这样的变形量往往是码头正常使用所不容许的，况且对桩的抗滑能力来讲，也应该有一定的安全储备。所以 JTS 147—2017《水运工程地基设计规范》规定：对有桩的土坡和地基，稳定性验算不宜计入桩的抗滑作用。但对滑坡工程中的抗滑桩则不同，是以桩的计算抗滑力来设计抗滑桩的。

本章主要介绍路基边坡及滑坡防治等滑坡工程中抗滑桩的设计计算。对于支护桩和港口码头桩基的内容参见相关文献。

a)　　　　　　　　　　　　　　b)

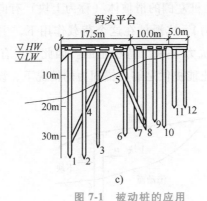

c)

图 7-1　被动桩的应用

a）支护桩　b）抗滑桩　c）岸坡码头高桩

2. 抗滑桩的分类

抗滑桩按其埋置位置及受力条件可分为悬臂式抗滑桩、全埋式抗滑桩、埋入式抗滑桩和锚索式抗滑桩（见图 7-2）。若将抗滑桩结构设于最下一级，桩前滑面以上无岩土体（桩前为临空面）或者有岩土体但设计不考虑桩前土体抗力时，为悬臂式抗滑桩；若考虑桩前滑面以上土体剩余抗滑力或被动土压力时，为全埋式抗滑桩；埋入式抗滑桩是桩顶标高低于滑坡体表面一定深度的抗滑桩，由于悬臂长度减短，相应弯矩值也小，其材料消耗量就比一般抗滑桩要经济。埋入式抗滑桩作为新兴的经济实用的支挡结构已在某些工程中得到了应用。

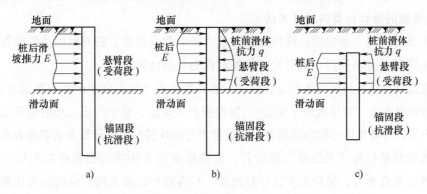

a)　　　　　　　　　　b)　　　　　　　　　　c)

图 7-2　抗滑桩的类型

a）悬臂式　b）全埋式　c）埋入式

3. 抗滑桩的施工流程

滑坡工程中的抗滑桩是在岸坡地层中挖孔或钻孔后，放置钢筋或型钢，然后浇筑混凝土而形成的就地灌注桩。譬如挖孔抗滑桩施工流程为：地表截排水施工→测量放线定桩位→桩井口开挖→锁口施工→桩身开挖→设置必要的支挡防护→桩中护壁施工→开挖中地下水处理→开挖至设计深度→桩身钢筋笼下放及安设→无损检测管安装→分层浇筑混凝土→检测→桩间重力式挡土墙施工。

4. 抗滑桩的工作原理

抗滑桩属于水平承载桩，工作原理如图 7-3 所示，有一滑坡断面，其中 AB 为抗滑桩，它的一部分 BC 埋在滑面以下。当桩左侧的滑坡体（称为上块）有向右变形的趋势时，抗滑桩上将承受一个荷载 P（滑坡推力），抗滑桩在这个荷载作用下，主要是依靠埋入滑面以下部分的锚固作用以及下块的被动抗力 E 来维持稳定的。因此，在有明显滑动面而滑动面以下有较完整的基岩或密实的地基土能提供足够的锚固力的情况下，设置抗滑桩能够有效保证边坡的稳定性。

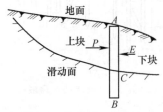

图 7-3　抗滑桩工作原理

5. 抗滑桩上的作用力

作用于抗滑桩上的外力包括滑坡推力、受荷段地层（滑体）抗力、锚固段地层抗力、桩侧摩阻力，以及桩底应力等。这些力均为分布力。抗滑桩断面大，桩周围面积大，桩与地层间的摩阻力大，由此产生的平衡弯矩对桩显然有利，但其计算复杂，所以，过去一般未予考虑。抗滑桩的基底应力，主要由自重引起的。而桩侧摩阻力、黏着力又抵消了一部分自重力。实测资料说明，桩底应力一般相当小，加之在完整的地层中，桩底还可能出现拉应力，情况更复杂。所以为简化计算，对桩底应力通常忽略不计。这样计算偏于安全，对整体设计影响不大。

6. 抗滑桩的设计计算内容及方法

抗滑桩设计内容主要包括：桩排设置位置、桩的截面尺寸、桩间距以及锚固深度等；抗滑桩计算主要包括滑坡推力、抗滑力以及桩身内力等的计算。

抗滑桩设计计算方法有常用的悬臂桩法、地基系数法（它们属于弹性地基梁方法），另外还有桩的绕流阻力法（散体极限平衡法）、塑性变形理论法、基于优化原理的整体设计方法以及有限元法等，各类方法对桩的抗滑力、滑坡推力等的计算假定和计算方法都各有不同。

由于抗滑桩是容许"大位移"的构件，弹性地基梁方法的前提条件并不符合桩的抗滑机理，计算结果有出入，但该类方法计算简便，故实践中较常采用；绕流阻力法虽然理论推导比较严谨，但由于未考虑土对桩协同作用的影响，其计算结果偏小，在工程实践中应用较少；基于优化原理的整体设计理论是近年的研究成果，也已有实际工程应用。抗滑桩用于整治滑坡是成功的，但设计理论和方法还在完善之中，本章主要介绍常用的悬臂桩法。

7.2　抗滑桩的设计

7.2.1　抗滑桩设计应满足的要求

1）整个滑坡体具有足够的稳定性，即抗滑稳定安全系数满足设计要求，保证滑体不越过桩顶，不从桩间挤出。

2）桩身要有足够的强度和稳定性，桩的断面和配筋合理，能满足桩内应力和桩身变形的要求。

3）桩周的地基抗力和滑体的变形在容许范围内。

4）抗滑桩的间距、尺寸、埋深等都较适当，保证安全，方便施工，并使工程量最节省。

抗滑桩的设计任务就是根据以上要求，确定抗滑桩的桩位、间距、尺寸、埋深、配筋、材料和施工要求等。这是一个很复杂的问题，常常要经反复分析计算才能得出合理的方案。

7.2.2　抗滑桩设计计算步骤

1）弄清滑坡的原因、性质、范围、厚度，分析滑坡的稳定状态、发展趋势。

2）根据滑坡地质断面及滑动面处岩（土）的抗剪强度指标，计算滑坡推力。

3）根据地形、地质及施工条件等确定桩的位置及范围。

4）根据滑坡推力的大小、地形及地层性质，拟定桩长，锚固深度、截面形状、截面尺寸及桩间距。

5）桩身内力计算及地基强度校核：

① 确定桩的计算宽度，并根据滑体的地层性质，选定地基系数。

② 根据选定的地基系数及桩的截面形式、尺寸，计算桩的变形系数 α 及其换算深度 αh，据此判断是按刚性桩还是按弹性桩来设计。

③ 根据桩底的边界条件采用相应的公式计算桩身各截面的变位、内力及侧壁应力等，并计算确定最大剪力、弯矩及其部位。

④ 校核地基强度。若桩身作用于地基的侧向应力超过地层容许值或者小于其容许值过多时，则应调整桩的埋深或桩的截面尺寸或桩的间距，重新计算，直至符合要求为止。

⑤ 根据计算的结果，绘制桩身的剪力图和弯矩图。

7.2.3　桩排位置的确定以及桩截面尺寸和桩间距的拟定

1. 桩排位置

滑体的上部滑动面陡，拉张裂缝多，不宜设桩；中部滑动面往往较深且下滑力大，也不宜设桩；下部滑动面较缓，下滑力较小或是抗滑地段，经常是较好的设桩位置。实践中，对地质条件简单的中小型滑坡，宜在滑体前缘设一排抗滑桩，布置方向应与滑体滑动方向垂直或接近垂直。对于轴向很长的多级滑动或推力很大的滑坡，宜设两排或三排抗滑桩分级处治，也可采用在上部设抗滑桩，下部设挡土墙联合防治。当滑坡推力较大时，抗滑桩在平面上可按品字形或梅花形交错布设。

2. 桩截面尺寸和桩距

对于防治滑坡的抗滑桩，桩身截面较大，桩截面的最小边宽度一般大于 1.2m。在滑坡治理中，通常采用的抗滑桩截面尺寸为 2m×3m，2.5m×3.5m，3m×4m 等，其中 2m×3m 最常见。

桩间距是抗滑桩设计时的一个重要指标，桩间距过大可能会造成抗滑作用失效，桩间距过小又易造成投资增加，所以合理的桩间距选择是一个重要的工程问题。一般从技术经济角度来说，合理桩间距选择应该是在保证坡体安全的条件下尽可能的大。关于桩间距的计算，目前的研究中主要有以下方法：根据抗滑桩两侧摩阻力之和不小于桩间滑坡推力这一思想建立的桩间距计算公式；根据土拱的强度条件建立的桩间距的计算方法。

实际工程中常按经验拟定桩间距，抗滑桩的中心间距一般为桩径的 2~4 倍。例如桩截面为 2m×3m 时，桩间距为 6~10m。通常在滑坡主轴附近桩的间距较小，两侧间距较大。

7.2.4　桩的锚固深度验算（地基强度校核）

桩埋入滑面以下稳定地层内的适宜锚固深度，与该地层的强度、桩所承受的滑坡推力、桩的相对刚度以及桩前滑面以上滑体对桩的反力有关。

锚固深度的确定原则是：由桩的锚固深度传递到滑面以下地层的侧向压应力不得大于该地层的容许侧向抗压强度，桩基底的最大压应力不得大于地基的容许承载力。

按桩侧支承条件，应满足如下要求：

（1）土层及严重风化破碎岩层　　$\sigma_{max} \leqslant \dfrac{4}{\cos\varphi}(\gamma h \tan\varphi + c)$　　　　　(7-1)

式中　σ_{max}——桩身对地层的最大侧压应力（kPa）；

φ——地层岩（土）的内摩擦角（°）；

γ——地层岩（土）的容重（kN/m^3）；

h——地面至计算点的深度（m）；

c——地层岩（土）的黏聚力（kPa）。

（2）比较完整的岩质、半岩质地层　　$\sigma_{max} \leqslant K_1' K_2' R_0$　　　　　(7-2)

式中　K_1'——折算系数，根据岩层构造在水平方向的岩石容许承压力的换算系数，取 0.5~1.0；

K_2'——折减系数，根据岩层的破碎和软化程度，取 0.3~0.5；

R_0——岩石单轴抗压极限强度（kPa）。

一般先按经验拟定锚固深度，计算桩身内力和桩侧应力，再用上述公式校核地基强度。若不符合上述公式，则调整桩的锚固深度或截面尺寸、间距，直至满足为止。

通常锚固深度按如下经验拟定：对于土层或软质岩层为 1/3~1/2 桩长；对于完整、较坚硬的岩层可以采用 1/4~1/3 桩长。

锚固深度不足，易引起桩的失效；锚固过深则将导致工程量的增加和施工的困难。有时可适当缩小桩的间距以减小每根桩所承受的滑坡推力，有时可调整桩的截面以增大桩的相对刚度，从而达到减小锚固深度的目的。

▶▶ 7.3 抗滑桩的常用计算方法

抗滑桩的设计一般是根据滑坡推力的大小、地形及地层性质，先按经验设置桩排位置、拟定桩的截面尺寸、桩距以及锚固深度，然后进行抗滑力以及桩身内力的计算，进而进行地基强度验算以及桩身结构设计。

滑坡推力一般采用传递系数法，桩身内力及侧壁应力常用的计算方法是悬臂桩法和地基系数法。

7.3.1 滑坡推力的计算

在用土坡稳定分析方法确定了坡体的滑动面位置后，可将滑坡范围内滑动方向和滑动速度基本一致的滑体部分视为计算单元，并在其中选择一个或几个顺滑坡主轴方向的地质断面为代表，视为平面问题计算下滑力（每延米上的力），每根桩所受的力为桩间距范围内的滑坡推力。以下介绍常用的传递系数法。

传递系数法假定：

1）选取顺滑坡主轴方向的地质断面作为计算断面，纵向取单位长度（一般为 1.0m）。

2）滑坡体不可压缩并作整体下滑，不考虑条块之间挤压变形；条块之间只传递推力不传递拉力，不出现条块之间的拉裂；不考虑条块两侧的摩擦力。

3）块间作用力（即推力）以集中力表示，它的作用线平行于前一块的滑面方向，作用在分界面的中点如图 7-4 所示。图中 E_i 为第 i 块滑体剩余下滑力（i 块滑坡推力）；E_{i-1} 为第 $(i-1)$ 块滑体剩余下滑力；W_i 为第 i 块滑体的重量；R_i 为第 i 块滑体滑床反力；α_i 为第 i 块滑体滑面的倾角；α_{i-1} 为第 $(i-1)$ 块滑体滑面的倾角。

取图 7-4 中第 i 条块为分离体，将各力分解在该条块滑面的方向上，如图 7-5 所示，可得下列方程

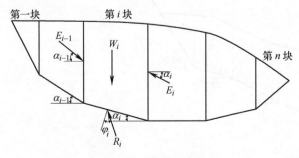

图 7-4 滑坡体断面分块图

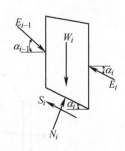

图 7-5 第 i 块单元受力图

$$W_i\sin\alpha_i - E_{i-1}\cos(\alpha_{i-1} - \alpha_i) +$$
$$[W_i\cos\alpha_i + E_{i-1}\sin(\alpha_{i-1} - \alpha_i)]\tan\varphi_i + c_il_i = 0 \tag{7-3}$$

由式（7-3）可得出第 i 条块的剩余下滑力（即该部分的滑坡推力）E_i，即

$$E_i = W_i\sin\alpha_i - W_i\cos\alpha_i\tan\varphi_i - c_il_i + \psi_iE_{i-1} \tag{7-4}$$

式中　φ_i——第 i 块滑体滑面上岩土的内摩擦角；

　　　c_i——第 i 块滑体滑面上岩土体的黏聚力（kPa）；

　　　l_i——第 i 块滑体的滑面长度（m）；

　　　ψ_i——传递系数，$\psi_i = \cos(\alpha_{i-1} - \alpha_i) - \sin(\alpha_{i-1} - \alpha_i)\tan\psi_i$。

　　实际工程中计算滑坡体的稳定性还要考虑一定的安全储备，选用的安全系数 K_s 应大于 1.0。在推力计算中如何考虑安全系数目前认识还不一致，一般采用加大自重下滑力，即 $K_sW_i\sin\alpha_i$ 来计算推力，则式（7-4）变为

$$E_i = K_sW_i\sin\alpha_i - W_i\cos\alpha_i\tan\varphi_i - c_il_i + \psi_iE_{i-1} \tag{7-5}$$

式（7-5）中，安全系数 K_s 一般取为 $1.05\sim1.25$。如果最后一块的 E_n 为正值，说明滑坡体在要求的安全系数下是不稳定的；如果 E_n 为负值或为零，说明滑坡体稳定，满足设计要求。另外，如果计算断面中有逆坡，倾角 α_i 为负值，则 $W_i\sin\alpha_i$ 也是负值，即 $W_i\sin\alpha_i$ 变成了抗滑力，此时在计算滑坡推力时，$W_i\sin\alpha_i$ 项就不应再乘以安全系数。如果计算过程中某一块的 E_i 为负值或为零，则说明本块以上岩土体已能稳定，下一条块计算时按无上一条块推力考虑。

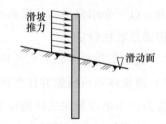

图 7-6　滑坡推力的矩形分布形式

　　另外，滑坡推力沿桩身的具体分布形式较为复杂，与滑坡类型、地层情况等因素有关。在设计计算时，如果滑体土层是黏性土等黏聚力较大的地层，则可简化为矩形分布形式（见图 7-6）；若为砂、砾等非黏性土，则可采用三角形分布；介于两者之间时，可假定为梯形分布。

【例 7-1】　某滑坡体断面如图 7-7 所示，滑面处土的抗剪强度指标为：$\gamma = 20\text{kN/m}^3$，$\varphi = 17°$；$c = 5\text{kPa}$。后缘破裂壁处 $\varphi = 22.5°$，不计 c 值。安全系数 K_s 采用 1.15。拟设置抗滑桩，求桩后滑坡推力。

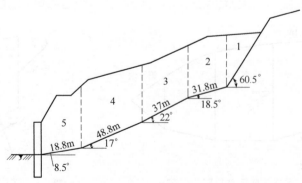

图 7-7　算例滑坡断面分块

解：将滑坡体分为 5 个条块，按式（7-5）计算，计算结果列于表 7-1，最后得出作用于桩上的滑坡推力为 673kN/m。

表 7-1　滑坡推力计算表

条块编号	条块体力/（kN/m）	滑面倾角 α_i（°）	倾角差 $\Delta\alpha$（°）	传递系数 ψ	$N_i = W\cos\alpha_i$ /（kN/m）	$T_i = W\sin\alpha_i$ /（kN/m）	$1.15T_i$ ①	ψE_{i-1} ②	$N_i\tan\varphi_i$ ③	$c_i l_i$ ④	推力 $E_i =$ ①+②- ③-④
1	480	60.5	—	—	236	418	481	—	98	—	383
2	4910	18.5	42	0.539	4656	1558	1792	206	1423	159	416
3	6650	22	-3.5	1.017	6166	2491	2865	423	1885	185	1218
4	6600	17	5	0.970	6312	1930	2220	1181	1930	214	1257
5	3180	8.5	8.5	0.944	3145	470	540	1186	962	91	673

7.3.2　悬臂桩法

悬臂桩法原理

抗滑桩的桩身内力及侧壁应力的常用计算方法是悬臂桩法。计算时将滑面以上桩身所受滑坡推力及桩前土体的剩余抗滑力作为设计荷载（若剩余抗滑力大于被动土压力，则以被动土压力代替剩余抗滑力），并假定桩后滑坡推力与桩前土体剩余抗滑力（或被动土压力）沿深度的分布规律相同。

滑动面以上受荷段的桩身内力计算，是将滑动面以上受荷段视为悬臂梁，按材料力学方法求解其内力；而滑动面以下锚固段则采用弹性地基梁 m 法，计算出锚固段的桩侧应力以及桩身各截面的位移和内力。桩的计算图示相当于锚固在滑动面以下的悬臂结构故称为悬臂桩计算法（见图 7-8）。该法计算简单，在实际设计中广为采用。

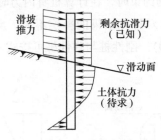

图 7-8　悬臂桩法示意图

滑面以下锚固段的桩侧应力、桩的位移及内力计算如下。

1. 桩侧土的弹性抗力

按 Winkler 假定，地表以下 y 处地层对桩的抗力为

$$\sigma_y = KB_p x_y \tag{7-6}$$

式中　x_y——桩在深度 y 处的水平位移值；

B_p——桩的计算宽度，可按如下计算：对于矩形桩，$B_p = B + l$、对于圆形桩，$B_p = 0.9$ $(d+1)$，单位为 m；K 为地基系数或称弹性抗力系数，与深度有关，在常用的 m 法中，K 沿深度呈三角形分布，其计算公式为

$$K = my \tag{7-7}$$

2. 桩底支承条件

抗滑桩的顶端一般为自由支承；而底端由于锚固程度不同，可以分为自由支承、铰支承、固定支承三种，通常采用前两种。

（1）自由支承（见图7-9a）　当锚固地层为土体、松软破坏碎岩时，现场试验表明，在滑坡推力作用下，桩底有明显的位移和转动，桩底可按自由支承处理，即令 $Q_B = 0$、$M_B = 0$。

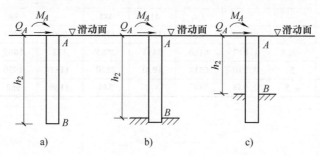

图 7-9　桩底支承条件

a）自由支承　b）铰支承　c）固定支承

（2）铰支承（见图7-9b）　当桩底岩层完整，并比 AB 段地层坚硬，但桩嵌入此层不深时，桩底可按铰支承处理，即令 $x_B = 0$、$M_B = 0$。

（3）固定支承（见图7-9c）　当桩底岩层完整，极坚硬，桩嵌入此层较深时，桩底可按固定端处理，即令 $x_B = 0$、$\varphi_B = 0$。但抗滑桩出现这种支承情况是不经济的，故应较少采用。

3. 刚性桩与弹性桩的判断

当桩的刚度远大于土体对桩的约束时，在计算桩身内力时，可忽略桩的变形，而将桩视为刚体，即"刚性桩"，这样的简化对计算结果的影响不大。反之，则需考虑桩身变形的影响，即将桩作为"弹性桩"（见图7-10）。刚性桩与弹性桩可按式（4-1）和式（4-2）进行判断。

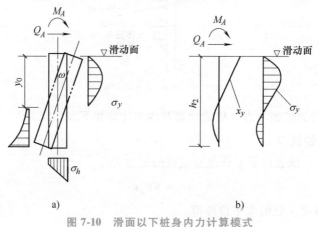

图 7-10　滑面以下桩身内力计算模式

a）刚性桩计算图式　b）弹性桩计算图式

4. 滑动面处的内力计算

1）当桩前没有岩、土体时，不存在抗力作用（见图7-11），或桩前岩、土可能滑走时，

滑动面处剪力与弯矩为

$$\left.\begin{array}{l} Q_A = E_T = E_n L \\ M_A = E_T h_0 \end{array}\right\} \qquad (7\text{-}8)$$

式中　Q_A、M_A——滑动面处桩的剪力（kN）及弯矩（kN·m）；

　　　　E_T——每根桩承受的滑坡推力（kN）；

　　　　E_n——设桩处滑坡推力（kN/m）；

　　　　L——桩的间距（m）；

　　　　h_0——滑坡推力合力作用点至滑面的距离（m）。

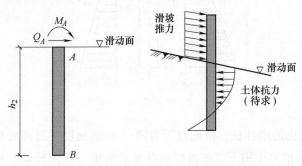

图 7-11　桩前无抗力时滑动面处内力计算

2）桩前岩、土体基本稳定的情况（见图 7-12）。桩前岩体、土体基本稳定，存在着抗力作用。抗力的大小不应大于桩前岩、土体的剩余抗滑力或被动土压力，滑动面处剪力与弯矩为

$$\left.\begin{array}{l} Q_A = E_T - E_R = (E_n - E_n')L \\ M_A = (E_T - E_R)h_0 \end{array}\right\} \qquad (7\text{-}9)$$

式中　E_R——每根桩桩前的剩余抗滑力（kN）；

　　　　E_n'——设桩处桩前的剩余抗滑力（kN/m）；

　　　　h_0——剩余抗滑力合力作用点至滑面距离（m）。

若桩前被动土压力 $E_p < E_n'$，应采用 E_p 代替 E_n' 计算。

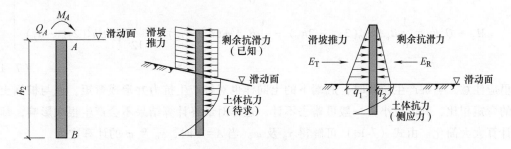

图 7-12　桩前有抗力时滑动面处内力计算

显然，对悬臂桩法，桩在滑动面以上所受的荷载是已知的，桩在这一段的变形及内力，可视为悬臂梁按材料力学方法求解。下面介绍滑动面以下刚性桩和弹性桩的计算，桩侧土的

反力计算采用 m 法。

5．刚性桩的内力计算

刚性桩的内力计算，根据滑动面以下地层的情况不同，采用不同的计算模式。当桩埋入土层或软质岩层中时，桩在滑坡推力作用下绕桩身某点转动（见图 7-13）；当桩埋入完整、坚硬岩石时，将绕桩底转动。

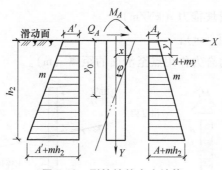

图 7-13　刚性桩的内力计算

图 7-13 为桩底自由的刚性桩，滑面以下为同一 m 值地层，滑面处桩前后土的地基系数分别为 A、A'。在滑坡推力作用下，桩将以桩身某点为中心发生转动，设转动中心距离滑面 y_0、转动角度为 φ，则滑面以下 y 处的水平位移 x 为

$$x = (y_0 - y)\varphi \tag{7-10}$$

对 m 法，桩侧反力为

$$\left. \begin{array}{ll} \sigma_y = (A + my)(y_0 - y)\varphi & y < y_0 \text{ 时} \\ \sigma_y = (A' + my)(y_0 - y)\varphi & y \geqslant y_0 \text{ 时} \end{array} \right\} \tag{7-11}$$

其中 y_0、φ 可由桩的平衡方程及底端边界条件求得。以底端 B 点自由支承为例，则由

$$\left. \begin{array}{l} \Sigma Q_B = 0 \\ \Sigma M_B = 0 \end{array} \right\} \tag{7-12}$$

可得

$$\left. \begin{array}{l} Q_A = \dfrac{1}{2}B_p A\varphi y_0^2 - \dfrac{1}{2}B_p A'\varphi(h_2 - y_0)^2 + \dfrac{1}{6}B_p m\varphi h_2^2(3y_0 - h_2) \\[3mm] M_A + Q_A h_2 = \dfrac{1}{6}B_p A\varphi y_0^2(3y_0 - 2h_2) - \dfrac{1}{6}B_p A'\varphi(h_2 - y_0)^3 + \dfrac{1}{12}B_p m\varphi h_2^3(2y_0 - h_2) \end{array} \right\} \tag{7-13}$$

这里应注意，当桩产生位移时，底端下的土同样也对桩产生抗力并形成弯矩，但与桩侧土抗力的弯矩相比，其值较小，一般可略去不计，这样对最终计算结果不会产生很大影响，却使得计算大大简化。由式（7-13）可解得 y_0 及 φ。当 $A = A'$ 时，y_0 及 φ 的计算式为

$$\left. \begin{array}{l} y_0 = \dfrac{h_2\left[2A(2Q_A h_2 + 3M_A) + mh_2(3Q_A h_2 + 4M_A)\right]}{2\left[3A(Q_A h_2 + 2M_A) + mh_2(2Q_A h_2 + 3M_A)\right]} \\[4mm] \varphi = \dfrac{12\left[3A(Q_A h_2 + 2M_A) + mh_2(2Q_A h_2 + 3M_A)\right]}{B_p h_2^3\left[6A(A + mh_2) + m^2 h_2^2\right]} \end{array} \right\} \tag{7-14}$$

于是可得桩侧应力及桩身内力为

当 $y < y_0$ 时

$$
\left.
\begin{aligned}
\sigma_y &= (A + my)(y_0 - y)\varphi \\
Q_y &= Q_A - \frac{1}{2}B_p A\varphi(2y_0 - y)y - \frac{1}{6}B_p m\varphi(3y_0 - 2y)y^2 \\
M_y &= M_A + Q_A y - \frac{1}{6}B_p A\varphi(3y_0 - y)y^2 - \frac{1}{12}B_p m\varphi(2y_0 - y)y^3
\end{aligned}
\right\}
\tag{7-15}
$$

当 $y \geqslant y_0$ 时

$$
\left.
\begin{aligned}
\sigma_y &= (A' + my)(y_0 - y)\varphi \\
Q_y &= Q_A - \frac{1}{6}B_p m\varphi(3y_0 - 2y)y^2 - \frac{1}{2}B_p A\varphi y_0^2 + \frac{1}{2}B_p A'\varphi(y - y_0)^2 \\
M_y &= M_A + Q_A y - \frac{1}{6}B_p A\varphi y_0^2(3y - y_0) + \frac{1}{6}B_p A\varphi(y - y_0)^3 - \frac{1}{12}B_p m\varphi(2y_0 - y)y^3
\end{aligned}
\right\}
$$

$$\tag{7-16}$$

当底端为铰支承或固定支承时，也同样可建立其相应的计算公式。

6. 弹性桩的内力计算

图 7-14 所示为抗滑桩在滑动面处受横向荷载 Q_A、M_A 作用下，弹性桩的内力计算图式。其中 Q_A、M_A 为滑面处桩的剪力（kN）及弯矩（kN·m），其计算见式（7-8）及式（7-9）。滑面以下的桩身内力计算可参见第 4 章中水平受荷桩计算的 m 法，这里不再赘述。

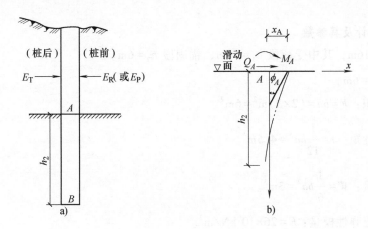

图 7-14　弹性桩的内力计算图式

a）弹性桩受荷段所受外荷载　b）弹性桩锚固段的变位

7.3.3　地基系数法简介

地基系数法是将滑动面以上桩身所承受的滑坡推力作为已知的设计荷载，然后根据滑动面上下地层的地基系数把整根桩作为弹性地基上的梁计算，因此对滑动面的存在没有考虑。

采用该法时，要求所求得的滑动面以上桩前抗力小于或等于其剩余抗滑力及被动土压力，否则应重新调整设计。地基系数法计算示意图如图 7-15 所示。

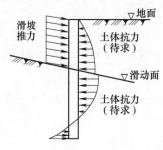

图 7-15　地基系数法示意图

7.4　设计算例

铁路路基边坡的抗滑桩设计计算。

1. 设计资料

已知滑动面以上为碎石、块石的堆积层，由上至下变形增大。$\gamma_1 = 19\text{kN/m}^3$，$\varphi_1 = 26°$。滑面以下为风化严重的泥岩、页岩，可按密实土层考虑，$\gamma_2 = 21\text{kN/m}^3$，$\varphi_2 = 42°$。

抗滑桩前、后滑体厚度基本相同，滑动面处的地基系数 $K = A = A' = 80000\text{kN/m}^3$。滑坡推力 $E_n = 1000\text{kN/m}$，桩前剩余抗滑力 $E'_n = 500\text{kN/m}$。滑动面以下地基系数的比例系数 $m = 40000\text{kN/m}^4$。

2. 桩的设计及其参数

桩长：$h = 16\text{m}$，其中受荷段 $h_1 = 10\text{m}$，锚固段 $h_2 = 6\text{m}$。

桩间距：$L = 6\text{m}$。

桩截面面积：$F = ba = (2 \times 3)\text{m}^2 = 6\text{m}^2$。

桩截面惯性矩：$I = \dfrac{1}{12}ba^3 = 4.5\text{m}^4$。

桩截面模量：$W = \dfrac{1}{6}ba^2 = 3\text{m}^3$。

桩身混凝土弹性模量：$E = 26 \times 10^6\text{kN/m}^2$。

桩的抗弯刚度：$EI = 26 \times 10^6 \times 4.5\text{kN} \cdot \text{m}^2 = 117 \times 10^6\text{kN} \cdot \text{m}^2$。

桩的计算宽度：$B_p = (b+1)\text{m} = 3\text{m}$。

桩的变形系数：$\alpha = \sqrt[5]{\dfrac{mB_p}{EI}} = \sqrt[5]{\dfrac{4000 \times 3}{117 \times 10^6}}\text{m}^{-1} = 0.252\text{m}^{-1}$。

桩的计算深度：$\alpha h_2 = 0.252 \times 6 = 1.512 < 2.5$，则属刚性桩。

桩底边界条件：自由端。

3. 外力计算（见图 7-16）

每根桩的滑坡推力为 $E_T = E_n L = 1000 \times 6 \text{kN} = 6000 \text{kN}$，按三角形分布，即

$$q_1 = \frac{E_T}{0.5 h_1} = \frac{6000}{0.5 \times 10} \text{kN/m} = 1200 \text{kN/m}$$

桩前被动土压力为

$$E_p = \frac{1}{2} \gamma_1 h_1^2 \tan^2\left(45° + \frac{\varphi}{2}\right) = \frac{1}{2} \times 19 \times 10^2 \tan^2\left(45° + \frac{26°}{2}\right) \text{kN/m} = 2433 \text{kN/m}$$

因 $E_p > E_n'$，故采用剩余抗滑力 E_n' 作为桩前地层抗力。

每根桩的剩余抗滑力为 $E_R = E_n' L = 600 \times 6 \text{kN} = 3600 \text{kN}$，按三角形分布，即

$$q_2 = \frac{E_R}{0.5 h_1} = \frac{3000}{0.5 \times 10} \text{kN/m} = 600 \text{kN/m}$$

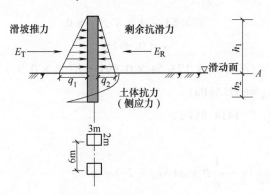

图 7-16　桩所受外力示意图

4. 受荷段桩身内力计算

y 深度截面的剪力为 $Q_y = \dfrac{(q_1 - q_2) y}{h_1} \cdot \dfrac{y}{2} = \dfrac{(1200 - 600)}{2 \times 10} y^2 = 30 y^2$。

滑面处（A 截面）的剪力为 $Q_A = 30 \times 10^2 \text{kN} = 3000 \text{kN}$。

y 深度截面的弯矩为 $M_y = Q_y \cdot \dfrac{y}{3} = 30 y^2 \cdot \dfrac{y}{3} = 10 y^3$。

滑面处（A 截面）的弯矩为 $M_A = 10 y^3 = 10 \times 10^3 \text{kN} \cdot \text{m} = 10000 \text{kN} \cdot \text{m}$。

5. 锚固段桩侧应力和桩身内力计算

（1）刚性桩的转动中心至滑面的距离 y_0 为

$$y_0 = \frac{h_2 [2A(2Q_A h_2 + 3M_A) + m h_2 (3Q_A h_2 + 4M_A)]}{2[3A(Q_A h_2 + 2M_A) + m h_2 (2Q_A h_2 + 3M_A)]}$$

$$= \frac{6 \times [2 \times 80000(2 \times 3000 \times 6 + 3 \times 10000) + 40000 \times 6 \times (3 \times 3000 \times 6 + 4 \times 10000)]}{2 \times [3 \times 80000(3000 \times 6 + 2 \times 10000) + 40000 \times 6 \times (2 \times 3000 \times 6 + 3 \times 10000)]} \text{m}$$

$$= 3.981 \text{m}$$

（2）桩的转角 φ 为

$$\varphi = \frac{12\left[3A(Q_A h_2 + 2M_A) + mh_2(2Q_A h_2 + 3M_A)\right]}{B_p h_2^3\left[6A(A + mh_2) + m^2 h_2^2\right]}$$

$$= \frac{12 \times \left[3 \times 80000(3000 \times 6 + 2 \times 10000) + 40000 \times 6 \times (2 \times 3000 \times 6 + 3 \times 10000)\right]}{3 \times 6^3 \times \left[6 \times 80000(80000 + 40000 \times 6) + 40000^2 \times 6^2\right]}\text{rad}$$

$$= 0.00219\text{rad}$$

（3）桩侧应力为

$$\sigma_y = (A + my)(y_0 - y)\varphi$$

$$= (80000 + 40000y)(3.981 - y) \times 0.00219$$

$$= 697.47 + 173.54y - 87.6y^2$$

最大侧应力位置的求解，令 $\dfrac{\mathrm{d}\sigma_y}{\mathrm{d}y} = 0$，即

$$173.54 - 2 \times 87.6y = 0$$

可得

$$y = 0.991\text{m}$$

最大侧应力为 $\sigma_{\max} = (697.47 + 173.54 \times 0.991 - 87.6 \times 0.991^2)\text{kPa} = 783.4\text{kPa}$。

滑面处侧应力为 $\sigma_{0.0} = 697.5\text{kPa}$。

桩端处侧应力为 $\sigma_{6.0} = -1414.9\text{kPa}$。

（4）桩身剪力为

$$Q_y = Q_A - \frac{1}{2}B_p A\varphi(2y_0 - y)y - \frac{1}{6}B_p m\varphi(3y_0 - 2y)y^2$$

$$= 3000 - \frac{1}{2} \times 3 \times 80000 \times 0.00219(2 \times 3.981 - y)y - \frac{1}{6} \times 3 \times 40000 \times 0.00219(3 \times 3.981 - 2y)y^2$$

$$= 3000 - 2092.41y - 260.3y^2 + 87.6y^3$$

最大剪力位置的求解，令 $\dfrac{\mathrm{d}Q_y}{\mathrm{d}y} = 0$，即

$$262.8y^2 - 520.6y - 2092.41 = 0$$

可得

$$y = 3.981\text{m}$$

即桩身最大剪力位置在桩的转动中心处。

最大剪力为 $Q_{\max} = -3928.3\text{kN}$

（5）桩身弯矩为

$$M_y = M_A + Q_A y - \frac{1}{6}B_p A\varphi(3y_0 - y)y^2 - \frac{1}{12}B_p m\varphi(2y_0 - y)y^3$$

$$= 10000 + 3000y - \frac{1}{6} \times 3 \times 80000 \times 0.00219(3 \times 3.981 - y)y^2$$

$$- \frac{1}{12} \times 3 \times 40000 \times 0.00219(2 \times 3.981 - y)y^3$$

$$= 10000 + 3000y - 1046.21y^2 - 86.77y^3 + 21.9y^4$$

最大弯矩位置的求解，令 $\dfrac{\mathrm{d}M_y}{\mathrm{d}y} = 0$，即

$$43.8y^3 - 260.31y^2 - 2092.42y + 3000 = 0$$

可得

$$y = 1.315\mathrm{m}$$

最大弯矩为 $M_{\max} = 12004.1\mathrm{kN \cdot m}$

6. 地基强度校核（桩侧应力验算）

滑体的换算高度为

$$h_1' = \frac{\gamma_1}{\gamma_2}h_1 = \frac{19}{21} \times 10\mathrm{m} = 9.048\mathrm{m}$$

验算要求为 $[\sigma_y] = \dfrac{4}{\cos\varphi_2}\gamma_2(h_1 + y)\tan\varphi_2 > \sigma_y$。

滑面处侧应力验算为

$$[\sigma_{0.0}] = \frac{4}{\cos\varphi_2}\gamma_2(h_1 + 0)\tan\varphi_2$$

$$= \frac{4}{\cos 42°} \times 21 \times (9.048 + 0)\tan 42°$$

$$= 928.7\mathrm{kPa} > \sigma_{0.0} = 697.5\mathrm{kPa}$$

最大侧应力处验算为

$$[\sigma_{0.99}] = \frac{4}{\cos\varphi_2}\gamma_2(h_1 + 0.99)\tan\varphi_2$$

$$= \frac{4}{\cos 42°} \times 21 \times (9.048 + 0.99)\tan 42°$$

$$= 1030.3\mathrm{kPa} > \sigma_{0.99} = 783.4\mathrm{kPa}$$

桩端处侧应力验算为

$$[\sigma_{6.0}] = \frac{4}{\cos\varphi_2}\gamma_2(h_1 + 6.0)\tan\varphi_2$$

$$= \frac{4}{\cos 42°} \times 21 \times (9.048 + 6.0)\tan 42°$$

$$= 1544.6\mathrm{kPa} > \sigma_{6.0} = 1414.9\mathrm{kPa}$$

所以，以上验算均符合要求。

思考题

7-1　什么是主动桩和被动桩？

7-2　抗滑桩按其受力条件及设桩位置分为哪些类型？

7-3　作用于抗滑桩上的力有哪些？

7-4　抗滑桩设计及计算内容包括哪些？

7-5　简述抗滑桩设计的要求。

7-6　简述抗滑桩设计计算步骤。

7-7　简述滑坡推力计算方法——传递系数法。

7-8　滑坡工程中如何设置抗滑桩桩排位置？简述抗滑桩常见的桩身截面尺寸及桩距。

7-9　简述抗滑桩锚固深度的确定原则。

7-10　简述桩身内力计算的悬臂桩法和地基系数法的基本原理。

7-11　简述悬臂桩法桩身内力计算及地基强度校核步骤。

第 8 章

桩基施工与检测

▶▶ 8.1　桩基施工方法及工艺

按施工方法可将桩分为预制桩和灌注桩两大类。预制桩是在工厂或施工现场预制桩体，然后运至桩位处，再经锤击、振动、静压等方式沉桩就位；灌注柱是直接在所设计桩位处成孔，然后在孔内下放钢筋笼及浇灌混凝土而成。

8.1.1　预制桩的施工

目前预制桩常用的桩型是钢筋混凝土预制方桩、预应力钢筋混凝土管桩、钢管桩及 H 型钢桩。

1. 混凝土预制方桩的制作及接桩

混凝土预制桩可在工厂或施工现场预制，图 8-1 为预制混凝土方桩构造示意图，工厂预制利用成组拉模生产，用不小于桩截面高度的槽钢安装在一起组成。现场预制可采用工具式木模或钢模板，支在坚实、平整的混凝土地坪上，用间隔重叠的方法生产，重叠层数不宜超过 4 层。现场重叠法的制桩程序如下：制作场地压实整平→场地地坪浇筑混凝土→支模→绑扎钢筋骨架、安装吊环→灌筑混凝土→养护至 30% 强度拆模→支间隔头模板、刷隔离剂→绑钢筋、灌注间隔桩混凝土→养护至 30% 强度拆模→再支上层模，同法间隔制桩→养护至 70% 强度起吊→达 100% 强度后运输、堆放。

当桩的设计长度较大时，受运输条件和打（压）桩架高度的限制，一般应分成数节制作，分节打（压）入，在沉桩现场接桩。混凝土预制桩的接桩方法可采用焊接、法兰接、硫黄胶泥锚接及机械快速连接（如螺纹式、啮合式）。

2. 预应力混凝土管桩的制作及接桩

按施加预应力工艺的不同，预应力混凝土管桩的制作分为先张法和后张法，目前国内普遍采用的是先张法。

先张法预应力混凝土管桩是采用先张法预应力工艺和离心成型法，制成的空心圆柱形细长混凝土预制构件，主要由圆筒形桩身、端头板和钢套箍等组成。管桩的预应力施加于轴向钢筋,并由螺旋形钢箍与主筋点焊成钢筋笼。未经高压蒸汽养护生产的为 PC 管桩（预应力混凝土管桩）,其桩身混凝土强度为 C60~C80;如生产中经高压蒸汽养护,则为 PHC 管桩（高强度预应力混凝土管桩）,其桩身混凝土强度等级大于 C80。建筑工程中常用的 PHC、PC 管桩的外径一般为 300~1000mm,每节长一般不超过 15m。

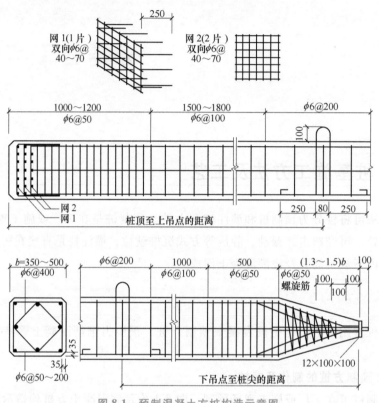

图 8-1　预制混凝土方桩构造示意图

每一节桩两端的端头板既是预应力筋的锚板,也是管节之间的连接板。管桩的接头大多采用端头板焊接法。端头板是管桩顶端的一块圆环形铁板,厚度一般为 18~22mm,端板外缘一周留有坡口,供焊接时用。由于焊接质量易受人为因素及天气条件等影响,近年来研制了一些新的安全可靠的接头形式,如机械啮合连接、螺纹连接等。每根桩的接头数量不宜超过 3 个。

预应力混凝土管桩沉入土中的第一节桩称为底桩,底桩端部都要设置桩尖（靴）。桩尖的形式主要有闭口式（十字形、圆锥形）和开口式。开口式桩尖的管桩沉桩后,桩身下部的内腔会被土体充填,可减小挤土作用。

3. 钢管桩及 H 型钢桩的制作与接桩

常用钢管桩大多是由厂家生产的螺旋焊接管,材料一般为 Q235。也有非大批量生成的钢管桩是用平板卷制成钢管单元,然后再用焊接成 10~15m 一节的成品钢管桩。H 型钢桩一般均由专业工厂轧制,规格相对固定。

用于地下水有侵蚀性的地区或腐蚀性土层的钢桩应按设计要求作防腐处理。

钢管桩及 H 型钢桩的接桩方法都为焊接式，只要确保焊接所需的外界条件（气候、环境），一般都能保证质量，特别需重视的是焊缝长度应予保证。

4. 预制桩的沉桩方法

预制桩的沉桩有锤击法、静压法、振动法、射水法以及预钻孔沉桩等施工方法。

（1）锤击法　锤击法是最常用的预制桩沉桩方法，利用蒸汽锤、柴油锤等的冲击能量克服土对桩的阻力，使桩沉到预定的深度或达到持力层。

（2）静压法　静压法是借助专用桩架的自重和配重或结构物自重，通过滑车换向把桩压入土中。这是一种利用静压作用的沉桩方法，具有无噪声、无振动、无冲击力、施工应力小等特点。该法适用于较均质的软土地基，在砂土及其他坚硬土层中，由于压桩阻力过大而不宜采用。目前国内压桩设备的静压力可达 8000kN。

（3）振动法　振动法沉桩的主要设备是一个大功率的电力振动器（振动打桩机）和一些附属起吊机械设备。沉桩时，把振动打桩机安装在桩顶上，利用振动力来减少土对桩的阻力使桩能较快沉入土中。这种方法一般用于沉、拔钢板桩和钢管桩效果很好，尤其是在砂土中效率最高。对黏土地基则需要大功率振动器。

（4）射水法　射水沉桩是锤击法或振动法的一种辅助方法，利用高压水流经过依附于桩侧面或空心桩内部的射水管，冲松桩尖附近的土层，以减少桩下沉时的阻力，使桩在自重或锤击作用下沉入土中。此法一般用于砂土层中效率很高，或在锤击法遇砂卵石层受阻打不穿时，可辅以射水法穿过，当桩尖沉到距设计标高 1.0~1.5m 时，应停止射水，而用锤击法将桩沉到设计标高。

（5）预钻孔沉桩法　当桩较长、截面尺寸较大，深部土层较坚硬，且在缺乏大能量桩锤时，预制桩常难以顺利沉达预定深度。预钻孔沉桩法是先用钻机在桩位上打钻孔，孔径略小于桩径，孔深可距桩尖设计标高 1~2m（一般钻孔取土深度为 8~10m，过浅作用不大，过深对桩的承载力影响较大）。成孔后，在预钻孔位上沉桩，可大大减小沉桩阻力。预钻孔沉桩的单桩承载力略低于常规锤击沉桩的单桩承载力，但能使桩较顺利地穿过一定厚度的硬土层而到达下部更坚硬土层，减小桩基的沉降量。

5. 沉桩深度

预制桩沉桩深度一般应根据地质资料及结构设计要求估算。施工时以最后贯入度和桩尖设计标高两方面控制。最后贯入度是指最后一击桩的入土深度，通常取最后一阵的平均贯入度。锤击法常以 10 次锤击为一阵，振动沉桩以 1min 为一阵。最后贯入度需根据计算或地区经验确定，一般要求最后两阵的平均贯入度为 10~50mm。

6. 沉桩对周围环境的挤土影响及防控措施

沉桩过程是一个挤土过程，使得土体产生隆起和水平向挤压，引起相邻建筑物和市政设施的不均匀变形以致损坏。对于各类沉桩方法而言，锤击法和静压法沉桩的挤土效应最大；对桩型而言，混凝土预制方桩和闭口管桩的挤土效应最大，开口钢管桩和混凝土管桩次之。对地基条件而言，软土地基上施工密集的实心桩将产生较高的孔隙水压力，挤土效应较严重。

沉桩施工挤土效应对周围环境的影响，在距密集群桩边缘一倍桩长的范围内影响比较明显。为减小沉桩对周围管线及建筑物的影响，通常采取如下措施：

1) 选择合理的沉桩路线和控制沉桩速度。周围结构物距离施工场地较近时，沉桩顺序应背离保护对象由近向远处沉桩；在场地空旷的条件下，宜采取先中央后四周、由里及外的顺序沉桩。每天的沉桩数量不宜过多，使挤土引起的孔隙水压力有足够的时间消散，有效减小挤土效应。

2) 设置竖向排水通道，如塑料排水板、袋装砂井等，以便及时排水，使软土中的超孔隙水压力得以迅速消散。

3) 在桩位处预先钻孔取土（孔深 8~10m），然后再沉桩，以减少挤土量。

4) 在沉桩区外开挖防挤沟，以消减从沉桩区传向被保护建筑及管线的挤土压力。

8.1.2 灌注桩的施工

灌注桩是直接在所设计桩位处成孔，然后在孔内下放钢筋笼（也有直接插筋或省去钢筋的）再浇灌混凝土而成。其横截面呈圆形，可以做成大直径和扩底桩。保证灌注桩承载力的关键在于桩身的成型及混凝土质量。按成孔方法不同，灌注桩通常有钻孔灌注桩、沉管灌注桩以及人工挖孔桩等类型。

1. 钻（冲）孔灌注桩

钻（冲）孔灌注桩是指用钻机（如螺旋钻、振动钻、冲抓锥钻、旋转水冲钻等）钻土成孔，然后清除孔底残渣，安放钢筋笼，最后浇灌混凝土从而成桩。

图 8-2 为钻孔灌注桩的构造示意图，其施工程序如图 8-3 所示，主要分三大步：成孔、沉放钢筋笼、导管法浇灌水下混凝土成桩。钻孔桩采用钻头回转钻进成孔，同时采用具有一定重度和黏度的泥浆进行护壁，通过泥浆不断地正循环或反循环，完成将钻渣携运出孔的任务；回转钻进对于卵砾石层、漂石、孤石和硬基岩较为困难，一般用冲击钻头先进行破碎，然后捞渣出孔。

这种成孔工艺可穿过任何类型的地层，桩长可达 100m，桩端不仅可进入微风化基岩而且可扩底，常用直径为 600mm 和 800mm，较大的可做到 2000mm 以上的大直径桩，单桩承载力和横向刚度比预制桩大大提高；而且该种桩型施工过程中无挤土、无（少）振动、无（低）噪声，环境影响较小，因此在桥梁工程、城市建设等各工程领域中获得了越来越广泛的运用。

2. 沉管灌注桩

沉管灌注桩是利用锤击打桩设备或振动沉桩设备，将带活瓣桩尖的钢套管（沉管时桩尖闭合，拔管时活瓣张开以便浇灌混凝土）或桩位安放钢筋混凝土预制桩尖的钢套管沉入土中成孔，然后放入钢筋笼，并边浇灌混凝土边用卷扬机拔出钢套管而成桩，其施工工序如图 8-4所示。沉管灌注桩一般可分为单打、复打（浇灌混凝土并拔管后，立即在原位再次沉管及浇灌混凝土）和反插法（灌满混凝土后，先振动再拔管，一般拔0.5~1.0m，再反插0.3~0.5m）三种。复打后的桩横截面面积增大，承载力提高，但其造价也相应提高。

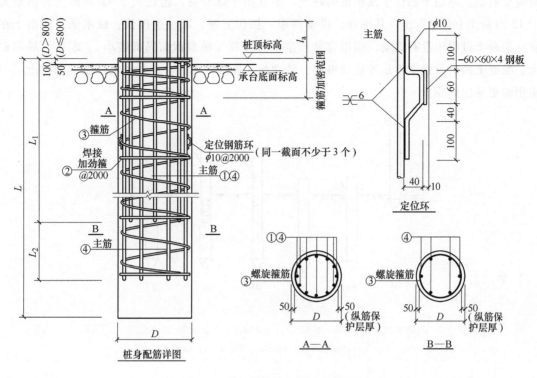

图 8-2 钻孔灌注桩的构造示意图

注：图中 l_a 表示桩主筋锚入承台内的锚固长度，承压桩不小于钢筋直径的 35 倍，抗拔桩不小于钢筋直径的 40 倍。

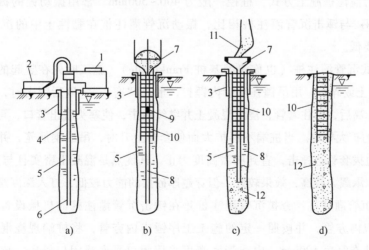

图 8-3 钻（冲）孔灌注桩施工程序示意图

a）成孔　b）下导管和钢筋笼　c）浇灌水下混凝土　d）成桩

1—钻机　2—泥浆泵或高压水泵　3—护筒　4—钻杆　5—泥浆　6—钻头　7—料斗　8—导管

9—隔水栓　10—钢筋笼　11—混凝土输送装置　12—混凝土

沉管灌注桩按施工工艺的不同有以下几种类型：

（1）锤击沉管灌注桩　采用普通锤击打桩机施工，桩径一般为 300~500mm，桩长受桩架高度限制。适用于黏性土及稍密的砂土，不宜用于标准贯入击数大于 12 的砂土和击数大于 15 的黏性土及碎石土。其优点是设备简单、操作方便、沉桩速度快、成本低，但由于在灌注混凝土过程中没有振动，所以容易产生桩身缩颈（桩身截面局部缩小）、断桩、局部夹土、混凝土离析及强度不足等质量事故，特别是在厚度较大、含水量和灵敏度高的软土层中使用时更易出问题。

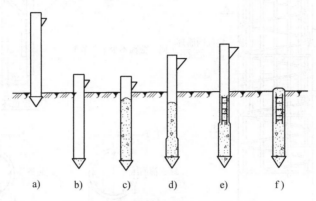

图 8-4 沉管灌注桩的施工程序示意图

a）打桩机就位 b）沉管 c）浇灌混凝土 d）边拔管，边振动
e）安放钢筋笼，继续浇灌混凝土 f）成型

（2）振动沉管灌注桩 利用振动桩锤将桩管沉入土中，然后灌注混凝土而成桩，它是目前常用的沉管灌注桩施工方式，桩径一般为 400～500mm。常用振动锤的振动力为 70kN、100kN 和 160kN。与锤击沉管灌注桩相比，振动沉管灌注桩在黏性土中的沉管穿透能力稍差，承载力也要低。

（3）内击式沉管灌注桩（也称弗朗基桩 Franki Pile） 施工时先在竖起的钢套管内放进约 1m 高的混凝土或碎石，用吊锤在套管内锤打，形成"塞头"。以后锤击时，塞头带动套管下沉，至设计标高后，吊住套管，浇灌混凝土并继续锤击，使塞头脱出管口，可形成直径达桩身直径 2～3 倍的扩大桩端。当桩端不再扩大而使套管上升时，吊放钢筋笼，并开始浇灌桩身混凝土，同时边拔套管边锤击，直到所需高度为止。其优点是混凝土密实且与土层紧密接触，同时桩头扩大，承载力较高，效果较好，但穿越厚砂层的能力较低，打入深度难以掌握。

（4）夯扩沉管灌注桩 夯扩沉管灌注桩是在锤击沉管灌注桩的机械设备与施工方法的基础上增加一根内夯管，并按照一定的施工工序锤击内夯管，将桩端现浇混凝土夯扩成大头。内夯管比外夯管短 100mm，内夯管底端可采用闭口平底或闭口锥底。该桩型通过扩大桩端截面积和挤密地基土，使桩端土的承载力有较大幅度的提高，同时桩身混凝土在柴油锤和内夯管的压力作用下成型，避免了"缩颈"现象，使桩身质量得以保证。

3. 挖孔灌注桩

挖孔灌注桩是采用人工或机械挖掘成孔，在向下掘进的同时，设孔壁衬砌以保证施工安全，达到所需深度并清理完孔底后，安装钢筋笼及浇灌混凝土成桩。

挖孔桩一般内径应大于 800mm，开挖直径大于 1000mm，护壁厚度大于 100mm，分节支护，每节高 500~1000mm，可用混凝土浇筑或砖砌筑，桩身长度宜限制在 40m 以内。

挖孔桩的优点是可直接观察地层情况，孔底易清除干净，设备简单，噪声小，场区内各桩可同时施工，且桩径大、适应性强，比较经济。但由于挖孔时可能存在塌方、缺氧、有害气体、触电等危险，易造成安全事故，故挖孔桩挖深有限，且最忌在含水砂层中开挖，主要适用于场地土层条件较好，在地表下不深的位置有硬持力层，而且上部覆土透水性较低或地下水位较低的条件。

8.1.3　灌注桩的新工艺及新桩型

随着工程建设的蓬勃发展，桩基施工中的新桩型及新工艺也不断涌现，相应的设计方法也随之被提出。下面简单介绍灌注桩的后注浆工艺及挤扩支盘桩的施工方法，有关设计计算可参考相关文献及规范。

1. 灌注桩的后注浆工艺

由于受现有施工工艺的限制，钻孔灌注桩在成孔过程中孔壁土体易受扰动，以及成桩后桩底沉渣较厚和桩侧泥皮过厚等因素，严重影响钻孔灌注桩的竖向承载力。为提高钻孔灌注桩的竖向承载力，后注浆法就是较常用且有效的一种措施。所谓灌注桩后注浆，就是在灌注桩成桩后一定时间，通过预设于桩身内的注浆导管及与之相连的桩端、桩侧注浆阀，注入水泥浆，使桩端、桩侧土体（包括沉渣和泥皮）得到加固，从而提高单桩承载力，减小沉降。

后注浆装置有桩端注浆装置和桩侧注浆装置两大类。JGJ 94—2008《建筑桩基技术规范》规定有：

1）后注浆导管应采用钢管，且应与钢筋笼加劲筋绑扎固定或焊接。

2）桩端后注浆导管及注浆阀数量宜根据桩径大小设置，对于直径不大于 1200mm 的桩，宜沿钢筋笼圆周对称设置 2 根，对于直径大于 1200mm 而不大于 2500mm 的桩，宜对称设置 3 根。

3）对于桩长超过 15m 且承载力增幅要求较高者，宜采用桩端桩侧复式注浆。桩侧后注浆管阀设置数量应综合地层情况、桩长和承载力增幅要求等因素确定，可在离桩底 5~15m 以上、桩顶 8m 以下，每隔 6~12m 设置一道桩侧注浆阀，当有粗粒土时，宜将注浆阀设置于粗粒土层下部，对于干作业成孔灌注桩宜设于粗粒土层中部。

4）对于非通长配筋桩，下部应有不少于两根与注浆管等长的主筋组成的钢筋笼通底。

以桩端后注浆工艺为例，利用预先埋设于桩体内的注浆系统，通过高压注浆泵将高压浆液压入桩底，浆液克服土粒之间抗渗阻力，不断渗入桩底沉渣及桩底周围土体孔隙中，排走孔隙中的水，充填于孔隙中。由于浆液的充填胶结作用，在桩底形成一个扩大头。另一方面，随着注浆压力及注浆量的增加，一部分浆液克服桩侧摩阻力及上覆土压力沿桩土界面不断向上泛浆，高压浆液破坏泥皮，渗入（挤入）桩侧土体，使桩周松动（软化）的土体得到挤密加强。浆液不断向上运动，上覆土压力不断减小，当浆液向上传递的反力大于桩侧摩阻力及上覆土压力时，浆液将以管状流溢出地面（见图 8-5）。因此，控制一定的注浆压力和注浆量，将使桩底土体及桩周土体均得到加固，从而有效提高桩端阻力和桩侧阻力，达到大幅度提高承载力的目的。

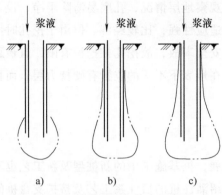

图 8-5　桩底后注浆效应示意图

有关资料表明，桩端注浆的单桩竖向极限承载力可提高 30%～60%；桩侧、桩端同时注浆，单桩竖向极限承载力提高幅度更大，可达到 85%。另外，桩底进入砂层越深，后注浆后单桩竖向承载力提高幅度越大。

2. 挤扩支盘桩

挤扩支盘桩是在原有等截面钻孔灌注桩的基础上发展而成的，用现有施工机具钻（冲）孔后，再向孔内放入专用的液压挤扩设备，通过地面液压站控制挤扩设备的扩张和收缩，并根据地质构造，在适宜土层中挤扩成承力盘及分支。由于挤扩是三维静压，经挤密的周围土体和空腔内灌注的混凝土与桩身紧密地结合为一体，形成了挤扩支盘桩（见图 8-6），发挥了桩土共同承载力的作用。挤扩支盘桩的承力盘盘径较大，其支盘面积为桩身截面的 1.6～2.4 倍，若在地基土中多设几个支盘，则各支盘面积的总和可达桩身截面的 5～7 倍以上。挤扩支盘桩的桩径、承力盘直径、盘与盘的最小间距见表 8-1。

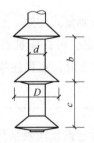

图 8-6　挤扩支盘桩示意

表 8-1　桩径、承力盘直径、盘与盘最小间距

桩径 d/mm	400	600	800	1000
承力盘直径 D/mm	960	1600	2000	2500
土质	砂土	粉土	黏土	其他土
承力盘最小间距 b/mm	$\geqslant 3D$	$\geqslant 2.5D$	$\geqslant 2.0D$	$\geqslant 2.5D$

相对普通灌注桩来说，挤扩支盘桩的桩身结构发生了根本改变，大大提高了桩的承载力，桩的沉降明显减少，所以在整个桩基设计中可以缩小桩径、减少桩的数量、缩短桩长。技术经济效果显著，并可大大节省工程造价，缩短工期。

挤扩支盘成型机由主机、液压油缸、接长管、液压站和高压胶管等 5 部分组成（见图 8-7）。液压站提供液压动力，液压缸输出工作推力。当向液压缸工作腔供液时，活塞杆推出，使主机弓压臂沿主机径向伸出，挤扩孔壁直至达到最大行程。当液压缸反向供液时，活塞杆回缩，拖动主机弓压臂复位，直至原始位置，即完成一个分支盘的挤扩过程。通过旋转接长管将主机旋转相应角度，按设计要求的支盘数，重复上述挤扩过程，可在设定的位置上挤扩出若干分支或支盘，完成挤扩支盘桩的施工操作。

挤扩支盘桩施工可采用钻孔成孔，也可采用冲击、振动沉管成孔，达到设计要求的深度，并将孔底清理干净后，调入支盘成型机，完成桩的盘或支的挤扩成型。施工工序示意图如图 8-8 所示。

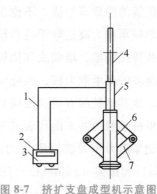

图 8-7　挤扩支盘成型机示意图

1—液压胶管　2—液压站　3—高压流量计　4—接长管
5—液压缸　6—主机　7—三岔挤扩弓压臂

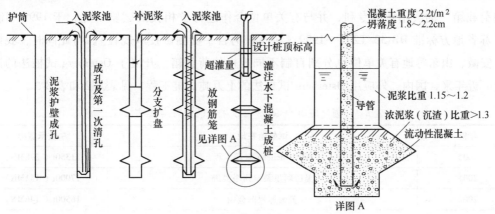

图 8-8　挤扩支盘桩施工工艺示意图

8.2　桩基现场载荷试验与大吨位试桩技术

8.2.1　桩基现场载荷试验概述

桩的现场静载荷试验主要有单桩竖向抗压静载试验、单桩竖向抗拔静载试验以及单桩水平静载试验（具体见前述相关章节内容），它们是获得单桩竖向抗压、抗拔以及水平向承载力的最为可靠的方法。

通过这些现场载荷试验，还可对桩的承载机理进行研究。对单桩竖向抗压与抗拔载荷试验，在桩身预先埋设测试元件，测定桩侧摩阻力和桩端阻力，可以研究桩的荷载传递规律及荷载传递函数。桩的水平向载荷试验还可确定地基土水平抗力系数，当桩中埋设测试元件时，可测定桩身弯矩分布和桩侧土压力分布，研究土抗力与水平位移的关系。此外，还有单桩抗压和水平荷载共同作用静载试验以及单桩抗压和水平荷载共同作用静载试验等。这些桩基试验可以为探索更合理的桩基分析计算方法提供依据。

但是传统的静载试桩法，不论采用堆载法还是锚桩法，都不适用于特大型高承载力桩。尤其是当单桩承载力高达数千吨乃至数万吨时，传统的静载试桩技术已遇到了严峻的挑战。同时在一些特殊场地，堆载法和锚桩法也无法施展。目前对于高层建筑及特大桥梁建设中出现的越来越多的高承载力桩，大吨位试桩技术日益受到重视。此外，高层建筑常有一层或数层地下室，故其基桩的有效长度应从地下室底板的底面算起，因此用传统的静载试桩法在地面测得的单桩承载力并不能代表其有效桩长度的承载力。

用桩侧摩阻力作为桩端阻力的反力测试桩承载力的概念早在 1969 年就被日本的中山（Nakayama）和藤关（Fujiseki）所提出。美国西北大学荣誉教授 Jorj O. Osterberg 于 1984 年研究成功了类似原理的 Osterberg 试桩法，获美、英等国的专利权，并推广到世界各地的工程应用中。从 1993 年开始我国学者李广信、史佩栋等相继将 Osterberg 试桩法介绍到国内。东南大学龚维明等于 1997 年和 2000 年先后申请了"桩承载力测定装置"及"桩承载力测定用荷载箱"的实用新型专利，并与有关单位合作进行了相关的试验研究，于 1999 年制定了江苏省地方标准 DB 32/T291—1999《桩承载力自平衡测试技术规程》。与此同时，我国浙江、安徽、山东等地有关单位也分别自制不同规格的荷载箱，开展了 Osterberg 试桩法的试验研究。近年来，国内、外应用 Osterberg 试桩法的上万吨试桩工程，见表 8-2 和表 8-3。

表 8-2　国外应用 Osterberg 试桩法的上万吨试桩工程

年份	试桩所在地	单桩承载力
2003	韩国 Inchean 海洋工程	31350t（278MN）
2001	美国阿里桑拿州塔克逊	17000t（151MN）
2002	美国加州旧金山	16500t（146MN）
2002	美国加州旧金山	15500t（137MN）
1997	美国佛罗里达州 APalachicola 河	15000t（135MN）

注：1t = 1 美吨 = 2000 磅。

表 8-3　国内应用 Osterberg 试桩法的上万吨试桩工程

年份	试桩所在地	单桩承载力
2004	西堠门大桥，舟山	130MN
2000	润扬长江大桥，镇江	120MN
2006	荆岳长江公路大桥，岳阳	120MN
2003	苏通长江大桥，南通	100MN

8.2.2　Osterberg 试桩法的测试原理

Osterberg 试桩法的主要特点可以概括为：一个荷载箱、两条 Q-s 曲线。图 8-9 和图 8-10 是 Osterberg 试桩法的装置略图，Osterberg 荷载箱（简称 O-cell）被安置于桩的底部。它需要按照桩的不同类型、不同截面尺寸和荷载大小分别设计制作；对打入桩是随桩打入土中，对钻孔灌注桩是将它与钢筋笼焊接而沉入桩孔。因此，它属于一次性投入器件。其试验过程就是从桩顶输压管对荷载箱的内腔施压，使其箱盖顶着桩身向上移动，并使箱底（活塞）

向下移动，从而调动桩身侧阻力和桩端阻力，使两者互为反力。因此，在加载过程中逐级记录所加荷载以及相应的桩身向上位移和桩底向下位移，便可得到两条荷载-位移曲线，如图 8-11 所示 。通常，当两条荷载-沉降曲线中任一条曲线达到破坏时，试验即告结束，并认为该破坏荷载可作为桩顶的设计荷载或容许荷载，而此时桩具有大于 2 的安全系数。

这种试桩法也被形象地称为"桩底加载法"，传统的试桩法则属于"桩顶加载法"。

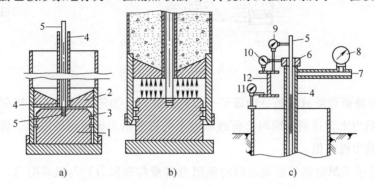

图 8-9 钢管桩的 Osterberg 法试验装置图

a）钢管桩剖面 b）荷载箱被推开 c）钢管桩顶部装置

1—活塞 2—顶盖 3—箱壁 4—输压竖管 5—芯棒 6—密封圈

7—输压横管 8—压力表 9、10、11—百分表 12—基准梁

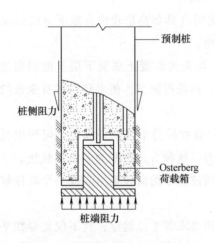

图 8-10 荷载箱浇筑在预制桩端部

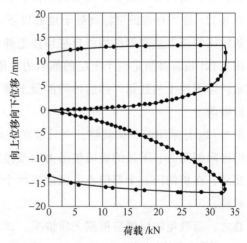

图 8-11 Osterberg 试桩法的试验曲线

8.2.3 荷载箱的埋设

目前美国测试均是将荷载箱放置于桩端，而我国经过不断探索改进，已经拓宽了其埋设位置。Osterberg 荷载箱除了可放置于桩的底部外，还可放置于桩身中的不同部位或不同土层的分界面，也可在同一根桩中放置若干个荷载箱，如图 8-12 所示。

图 8-12a 是 Osterberg 荷载箱通常设置的位置，以钻孔灌注桩为例，当桩身成孔清孔后，先在孔底稍作注浆或用少量混凝土找平，即放置荷载箱。它适用于桩侧阻力与桩端阻力大致相等的情况，或端阻力大于侧阻力而试桩目的在于测定侧阻极限值的情况。

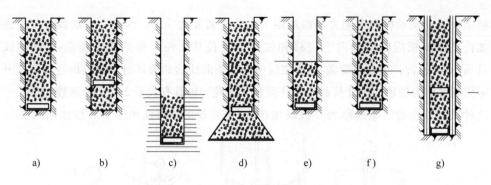

图 8-12　Osterberg 荷载箱的埋设部位

图 8-12b 是将荷载箱放在桩身中部某一位置，此时，如定位恰当，则当荷载箱以下的桩侧阻力和桩端阻力之和达到极限时，荷载箱以上的桩侧阻力也达到极限值。将二者相加便可得到桩的总承载力极限值。

图 8-12c 适用于测定嵌岩桩嵌岩段的侧阻力（或称嵌固力）与桩端阻力。这样所得结果将不至于与覆盖土层的侧阻力相混。如仍需测定覆盖土层的极限阻力，则可在嵌岩段试验后再灌注桩身上段的混凝土，待混凝土达到足够强度后再进行一次试桩。

图 8-12d 是当试验目的要求测定桩侧阻力极限值而预估的桩端阻力小于桩侧阻力时，可将桩底扩大，将荷载箱放在扩大头的上面，以增加桩端抗力。

图 8-12e 是当有效桩顶标高处于地面以下一定距离时（即如高层建筑有地下室的情况），试验的输压管道及量测器件均可自桩顶往上伸出至地面。

图 8-12f 是若需测定两个土层的侧阻力极限值时，可先将混凝土灌至下层土的顶面进行测试来获得下层土的数据，然后再将混凝土灌至桩顶，再进行测试，便可获得桩身全长的侧阻力极限值。

图 8-12g 是采用两只荷载箱，一只放在桩底，一只放在桩身中部某一部位，可测出桩身上段的极限侧阻力、下段的极限侧阻力以及极限端阻力，这种方式被称为多级加载法。

此外，在桩的同一个部位也可以放置两个以上的吨位较小的荷载箱组合成一个吨位较大的荷载箱。

总之，荷载箱的位置应根据土质情况、试验目的和要求等予以确定，这不仅是寻找平衡点的理论问题，也是一个重要的实践经验问题。

8.2.4　Osterberg 试桩法的主要优点和局限性

Osterberg 试桩法的优点主要表现在：

1）Osterberg 试桩法可对超大吨位桩进行测试。

2）与传统的静载试验法相比，Osterberg 试桩法更为省时、省力、省钱，并且试验过程不存在安全事故的风险。

3）具有强大的研究功能。例如，Osterberg 试桩法可以直接测出桩端阻力或反向侧阻力，尤其是可以查明嵌岩桩嵌岩段的嵌固力，这是传统的试桩法难以做到的；当设计拟采用预制混凝土打入（或静压）试桩时，Osterberg 试桩法可以利用同一根试桩先后打至地层的不同深度逐一进行试验，从而为设计选择最佳持力层和最佳桩长度。

4）Osterberg 试桩法可实现恶劣场地试桩。可以对水下、山上、山坡地等许多困难条件下的桩以及斜桩等进行试验，这也是传统的试桩法难以做到的。

另一方面，Osterberg 试桩法的应用也有其一定的局限性，例如：

1）Osterberg 荷载箱以及相关的量测系统必须在试桩打设前安装完毕，故该法不能用于桩基竣工后的随机抽样检测。

2）Osterberg 荷载箱安装后，在试验中荷载不可能再增加。

3）在 Osterberg 试验中桩侧阻力和桩端阻力二者往往只有一方能达到极限值，故只能认为最大试验荷载是该值的 2 倍。

4）采用 Osterberg 试桩法后，只能从所得试验曲线通过经验换算或判定桩的桩顶荷载-桩顶沉降曲线，而不可能直接由量测获得桩顶的荷载-沉降曲线。

5）Osterberg 试桩法不能应用于 H 型钢桩、钢板桩及木桩。

8.3　桩基工程的检测

8.3.1　概述

桩基础通常位于地下或水下，属隐蔽工程。桩基础工程的质量直接关系到整个建筑物的安全和正常使用。桩基础施工程序烦琐、技术要求高、施工难度大，容易出现质量问题。因此，桩基工程的试验及质量检测尤为重要，设计前、施工中和施工后都应进行必要的试验及检测。

随着我国桩基础的大量应用以及科学技术的发展，桩基工程的检测技术也在不断更新和提高。桩基工程检测主要有：现场静载荷试验（包括竖向抗压、抗拔以及水平向载荷试验）；桩基现场成孔质量检测、桩身混凝土钻芯取样检测、桩身质量无损检测以及桩基承载力检测等。JGJ 106—2014《建筑基桩检测技术规范》中列出了基桩检测方法及检测目的，见表 8-4。该规范还规定了桩身完整性分类的统一划分标准，见表 8-5。

表 8-4　基桩检测方法及检测目的

检测方法	检测目的
单桩竖向抗压静载试验	确定单桩竖向抗压极限承载力； 判定竖向抗压承载力是否满足设计要求； 通过桩身内力及变形测试，测定桩侧、桩端阻力； 验证高应变法的单桩竖向抗压承载力检测结果
单桩竖向抗拔静载试验	确定单桩竖向抗拔极限承载力； 判定竖向抗拔承载力是否满足设计要求； 通过桩身内力及变形测试，测定桩的抗拔摩阻力

(续)

检测方法	检测目的
单桩水平静载试验	确定单桩水平临界和极限承载力,推定土抗力参数; 判定水平承载力是否满足设计要求; 通过桩身内力及变形测试,测定桩身弯矩和挠曲
钻芯法	检测灌注桩桩长、桩身混凝土强度、桩底沉渣厚度,判定或鉴别桩底岩土性状,判定桩身完整性类别
低应变法	检测桩身缺陷及其位置,判定桩身完整性类别
高应变法	判定单桩竖向抗压承载力是否满足设计要求; 检测桩身缺陷及其位置,判定桩身完整性类别; 分析桩侧和桩端土阻力
声波透射法	检测灌注桩桩身混凝土的均匀性、桩身缺陷及其位置,判定桩身完整性类别

表 8-5　桩身完整性分类表

桩身完整性类别	分类原则
Ⅰ 类桩	桩身完整
Ⅱ 类桩	桩身有轻微缺陷,不会影响桩身结构承载力的正常发挥
Ⅲ 类桩	桩身有明显缺陷,对桩身结构承载力有影响
Ⅳ 类桩	桩身存在严重缺陷

桩身质量的无损检测方法主要有动力检测法(低应变动测法及高应变动测法)、声波透射法。其中低应变法和声波透射法适用于检测桩身完整性,而高应变法既可用于检测桩身完整性,也可用于检测基桩竖向承载力。本节将简要介绍动测法及声波透射法的基本原理。

8.3.2　动力检测法

桩基动力检测是指在桩顶施加一个动态力(可以是瞬态冲击力或稳态激振力),桩土系统在动态力的作用下产生动态响应信号,通过对信号的时域分析、频域分析或传递函数分析,判断桩身结构的完整性,推断单桩承载力。根据作用在桩顶上的能量大小,动测法分为高应变法和低应变法两种。

高应变动测法是以重锤敲击桩顶,使桩产生一定的贯入度(2~6mm),然后通过测量力、位移或速度,来推断桩身的质量和极限承载力。高应变法包括动力打桩公式法、波动方程分析法(Smith 法)、Case 法、波形拟合法(CAPWAP 法)、锤击贯入法和静动法等。《建筑基桩检测技术规范》根据我国实际情况规定了高应变动力检测为 Case 法和波形拟合法两种方法。

低应变动测法作用在桩上的能量小,是通过对桩顶施加激振能量(瞬态或稳态激振),引起桩身及周围土体的微幅振动,然后用仪表记录桩顶的动态响应信号并加以分析,最终判断桩身的完整性。低应变法包括应力波反射法(瞬态激振)、机械阻抗法(瞬态或稳态激振)、球击法、动力参数法和水电效应法等。目前常用的低应变动测法是应力波反射法。

以下主要介绍低应变应力波反射法和高应变 Case 法的基本原理。

8.3.2.1　低应变应力波反射法

反射波法的基本原理是通过在桩顶施加竖向瞬态激振产生应力波，该应力波沿桩身传播过程中，遇到桩身存在明显波阻抗差异的界面（如桩底、断裂、严重离析等）或桩身截面积发生变化（如缩颈或扩颈）时，将产生反射波，经仪器接收、放大、滤波和数据处理，识别来自不同部位的反射信息，利用波动理论对反射信息进行分析计算，可判断桩身混凝土的完整性，判定桩身缺陷的程度及其位置。

1. 基本理论

反射波法是以一维弹性杆的波动理论为基础的。取直杆的轴线作为 x 轴，假设原始截面积 A、密度 ρ、弹性模量 E 及其他材料性能参数均与坐标无关，各运动参数仅为位置 x 和时间 t 的函数，直杆各截面的纵向振动位移可表示为 $u(x, t)$。设任一截面 x 处的纵向应变为 $\varepsilon(x)$，内力为 $p(x)$，则有

$$p(x) = AE\varepsilon = AE\frac{\partial u}{\partial x} \tag{8-1}$$

在 $x+\mathrm{d}x$ 截面处的内力为

$$p + \frac{\partial p}{\partial x}\mathrm{d}x = AE\left(\frac{\partial u}{\partial x} + \frac{\partial^2 u}{\partial x^2}\mathrm{d}x\right) \tag{8-2}$$

由达朗伯尔原理列出杆微元 $\mathrm{d}x$ 的运动方程为

$$\rho A\mathrm{d}x\frac{\partial^2 u}{\partial t^2} = AE\frac{\partial^2 u}{\partial x^2}\mathrm{d}x \tag{8-3}$$

式（8-3）整理后即得到直杆纵向振动的微分方程为

$$\frac{\partial^2 u}{\partial x^2} = \frac{1}{c^2}\frac{\partial^2 u}{\partial t^2} \tag{8-4}$$

一维波动方程式（8-4）就是反射波法测桩的波动方程。式（8-4）中 $c^2 = E/\rho$ 为纵波沿直杆的传播速度。高应变法和低应变法中的应力波反射法就是利用它的波动解；低应变法中的稳态激振机械阻抗法是利用它的振动解。

式（8-4）波动方程的波动解为

$$u(x, t) = f(x - ct) + g(x + ct) \tag{8-5}$$

式中　$u(x, t)$——深度 x 处单元 t 时刻的位移；

　　　　f、g——任意函数，其中 $f(x-ct)$ 为一个以波速 c 沿正的 x 轴方向向下正向传播的压力波，称为下行波；$g(x+ct)$ 为一个以波速 c 沿负的 x 轴方向向上传播的拉力波，称为上行波。

设 Z_1 和 Z_2 分别表示桩上部和下部的阻抗（见图 8-13），下标 I、R、T 分别表示入射波、反射波和透射波。由桩身阻抗变化界面处的连续条件可得到界面两侧质点位移、速度和力的平衡方程：

位移　　　　　　　　　　$u_1 = u_2 \qquad u_\mathrm{I} + u_\mathrm{R} = u_\mathrm{T} \tag{8-6}$

速度　　　　　　　　　　$v_1 = v_2 \qquad v_\mathrm{I} + v_\mathrm{R} = v_\mathrm{T} \tag{8-7}$

力

$$F_\mathrm{I} + F_2 \qquad F_\mathrm{I} + F_\mathrm{R} = F_\mathrm{T} \tag{8-8}$$

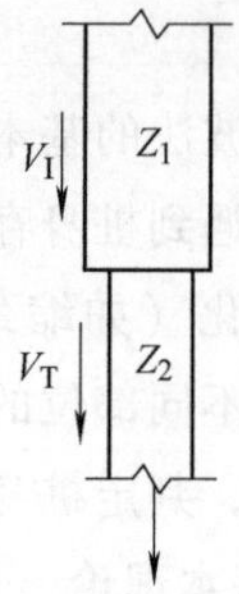

图 8-13　桩身阻抗的变化

由式（8-5），入射的下行波为

$$u_\mathrm{I} = f(x - c_1 t) = f(\xi),\ \xi = x - c_1 t \tag{8-9}$$

$$c_1 = \sqrt{\frac{E_\mathrm{I}}{\rho_\mathrm{I}}}$$

将 u_I 分别对 x 和 t 求偏导数

$$\frac{\partial u_\mathrm{I}}{\partial x} = \frac{\partial u_\mathrm{I}}{\partial \xi}\frac{\mathrm{d}\xi}{\mathrm{d}x} = \frac{\partial u_\mathrm{I}}{\partial \xi} = \frac{\mathrm{d}f}{\mathrm{d}\xi} \tag{8-10}$$

$$\frac{\partial u_\mathrm{I}}{\partial t} = \frac{\partial u_\mathrm{I}}{\partial \xi}\frac{\mathrm{d}\xi}{\mathrm{d}t} = -c_1\frac{\mathrm{d}f}{\mathrm{d}\xi} = -c_1\frac{\partial u_\mathrm{I}}{\partial x} \tag{8-11}$$

同理对于反射波和透射波为

$$\frac{\partial u_\mathrm{R}}{\partial t} = c_1\frac{\partial u_\mathrm{R}}{\partial x} \tag{8-12}$$

$$\frac{\partial u_\mathrm{T}}{\partial t} = -c_2\frac{\partial u_\mathrm{T}}{\partial x} \tag{8-13}$$

将速度 $v = \dfrac{\partial u}{\partial t}$ 和式（8-11）~式（8-13）代入式（8-7）可得

$$-c_1\frac{\partial u_\mathrm{I}}{\partial x} + c_1\frac{\partial u_\mathrm{R}}{\partial x} = c_2\frac{\partial u_\mathrm{T}}{\partial x} \tag{8-14}$$

由 $\varepsilon = \dfrac{\partial u}{\partial x} = \dfrac{\sigma}{E} = \dfrac{F}{AE}$，阻抗 $Z = \dfrac{EA}{c}$，则式（8-14）可写为

$$\left.\begin{aligned} -\frac{1}{Z_1}F_\mathrm{I} + \frac{1}{Z_1}F_\mathrm{R} &= -\frac{1}{Z_2}F_\mathrm{T} \\ F_\mathrm{T} &= \frac{Z_2}{Z_1}(F_\mathrm{I} - F_\mathrm{R}) \end{aligned}\right. \tag{8-15}$$

由式（8-8）和式（8-15）可得

$$\frac{F_\mathrm{R}}{F_\mathrm{I}} = \frac{Z_2 - Z_1}{Z_2 + Z_1} = R_F \tag{8-16}$$

同理得

$$\frac{v_\mathrm{R}}{v_\mathrm{I}} = \frac{Z_1 - Z_2}{Z_2 + Z_1} = R_v \tag{8-17}$$

$$\frac{F_\mathrm{T}}{F_\mathrm{I}} = \frac{2Z_2}{Z_2 + Z_1} = I_F \tag{8-18}$$

$$\frac{v_\mathrm{T}}{v_\mathrm{I}} = \frac{2Z_1}{Z_2 + Z_1} = I_v \tag{8-19}$$

式中 R_F、R_v——反射系数；

$\qquad I_F$、I_v——透射系数。

综上可见：

1）当 $Z_1 = Z_2$ 即桩身阻抗无变化时，由式（8-16）~式（8-19）有

$$F_R = 0，v_R = 0 \qquad 表明无应力波反射$$

$$F_T = F_I，v_T = v_I \qquad 表明入射波等于透射波$$

2）当 $Z_1 > Z_2$ 即桩身缩颈、夹泥、混凝土离析、断桩等阻抗变小或桩底时，由式（8-17）可知 R_v 为正值，速度 v_I 与 v_R 同号，表明速度入射波与反射波同相位。

3）当 $Z_1 < Z_2$ 即桩身扩颈或桩底嵌岩时，由式（8-17）可知 R_v 为负值，速度 v_I 与 v_R 异号，即反射波与入射波反相位。

4）由式（8-16）~式（8-19）可知，变阻抗处反射波幅值（F，v）与阻抗差值（Z_1-Z_2）成正比，表明阻抗变化越大，反射信号越强烈。

5）桩端反射波（F_R，v_R）随桩端土质变软（Z_1 变小），其幅值变大；当桩和桩端土阻抗相差很大时，可近似为自由端。随着桩端土质变好，阻抗 Z_1 增大，反射幅度变小，当两者阻抗接近时，桩底反射微弱。

6）透射波幅值（F，v）在缩颈处或扩颈处均不改变方向和符号，缩颈处透射波大于入射波；扩颈处透射波小于入射波。

以上讨论表明，根据反射波与入射波的相位关系，可以判别截面波阻抗的变化，这是反射波动测法判别桩身质量的依据。

2. 反射波法的典型波形特征

1）完整桩。桩顶全部应力波均通过桩身混凝土传至桩底。当桩身阻抗小于桩底土阻抗时（$Z_1 < Z_2$），桩底界面反射波与桩顶初始入射波反相位（见图 8-14a）；当桩身阻抗大于桩底土阻抗时（$Z_1 > Z_2$），桩底界面反射波与桩顶初始入射波同相位（见图 8-14b）。

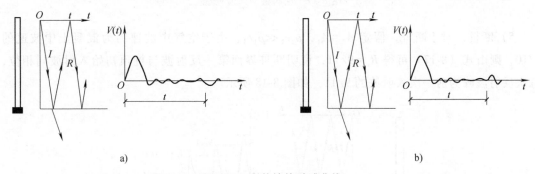

图 8-14　完整桩的时域曲线

2）缩颈桩。对于缩颈桩，桩身波阻抗 $Z_1 > Z_2$，$Z_2 < Z_3$，缩颈的上界面表现为反射波与初始入射波同相位；缩颈的下界面表现为后续反射波与初始入射波反相位。由于缩颈引起的反射波的界面波阻抗差异较大，故反射波形清晰、完整而直观，如图 8-15 所示。

3）扩颈桩。对于扩颈桩，桩身波阻抗 $Z_1 < Z_2$，$Z_2 > Z_3$，扩颈的上界面表现为反射波与初始入射波反相位；扩颈的下界面表现为后续反射波与初始入射波同相位，如图 8-16 所示。

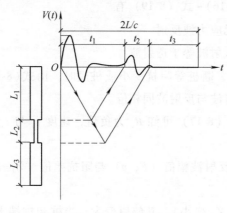
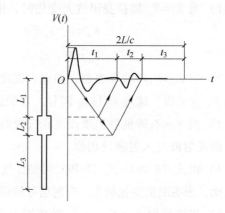

图 8-15　缩颈桩的时域曲线　　　　　　　图 8-16　扩颈桩的时域曲线

4）离析和夹泥等缺陷桩。这类桩缺陷处的密度 ρ、截面面积 A、波速 v 全都减小，导致缺陷处波阻抗 Z_2 变小，即 $Z_1 > Z_2$，时域曲线上第一反射子波与初始入射波同相位，幅值与缺陷程度相关，但频率明显降低，这是与断桩的主要区别，如图 8-17 所示。

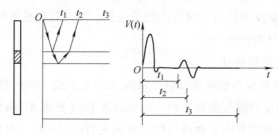

图 8-17　离析桩的时域曲线

5）断桩。对于断桩，假定 $A_2 = A_1$，$\rho_2 c_2 \ll \rho_1 c_1$，由于空气中波速约为混凝土中波速的 $1/10$，则由式（8-17）可得 $R_v = 9/11$，说明断桩界面第一反射波与桩顶初始入射波同相位，每次反射波峰为前一次入射波的 $9/11$，如图 8-18 所示。

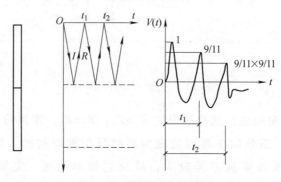

图 8-18　断桩的时域曲线

3. 桩身质量的判定

由波动方程的解 $\Delta f = f_{n+1} - f_n = c/2L$（$n = 0, 1, 2, \cdots$）及频率和周期的关系可得到

$$c = 2L\Delta f = 2L/\Delta T \qquad (8\text{-}20)$$

瞬态动测法就是根据一维弹性杆纵向振动的这一特性，利用传播周期 ΔT 或各阶频率间隔 Δf、纵应力波波速 c 和桩长 L 三个参数之间的关系，作为桩基质量检验的理论依据之一。3 个参数之中，只要知道其中两个就可以确定出第 3 个。具体步骤如下：

1）桩身平均波速的判定。取不少于 5 根 I 类桩的波速进行计算，可按下式计算

$$c_m = \frac{1}{n}\sum_{i=1}^{n} c_i \qquad (8\text{-}21)$$

$$c_i = \frac{2L}{\Delta T} = 2L\Delta f \qquad (8\text{-}22)$$

式中　c_m——桩身波速平均值；

　　　n——参加波速平均值计算的基桩数量（$n \geqslant 5$）；

　　　c_i——第 i 根桩的桩身波速值，c_i 取值的离散性不能太大，要求 $|c_i - c_m|/c_m \leqslant 5\%$；

　　　L——测点下桩长；

　　　ΔT——速度波第一峰与桩底反射波峰间的时间差，如图 8-19 所示；

　　　Δf——幅频曲线上桩底相邻谐振峰间的频差，如图 8-20 所示。

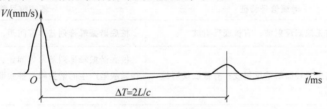

图 8-19　完整桩的典型时域波形图

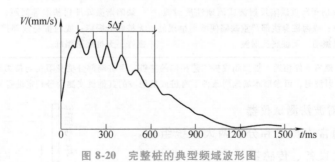

图 8-20　完整桩的典型频域波形图

2）桩身缺陷位置的判断。桩身缺陷位置的计算可采用以下两式之一

$$x = \frac{1}{2}\Delta t_x c \qquad (8\text{-}23)$$

$$x = \frac{1}{2}\frac{c}{\Delta f'} \qquad (8\text{-}24)$$

式中　x——桩身缺陷至传感器安装点的距离；

　　　Δt_x——速度波第一峰与缺陷反射波峰间的时间差，如图 8-21 所示；

　　　c——受检桩的桩身波速，无法确定时用 c_m 值替代；

　　　$\Delta f'$——幅频曲线上缺陷相邻谐振峰间的频差，如图 8-22 所示。

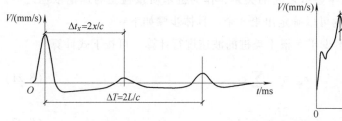

图 8-21　缺陷桩的典型时域波形图

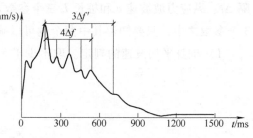

图 8-22　缺陷桩的典型频域波形图

3）桩身完整性类别的判定。建议采用时域和频域波形分析相结合的方法进行桩身完整性判定，也可根据单独的时域或频域波形进行分析判定。一般在实际应用中是以时域分析为主、频域分析为辅。

《建筑基桩检测技术规范》对应力波反射法检测结果的类别判定作了具体规定，见表 8-6。

表 8-6　应力波反射法桩身完整性判定

类别	时域信号特征	幅频信号特征
Ⅰ	$2L/c$ 时刻前无缺陷反射波；有桩底反射波	桩底谐振峰排列基本等间距，其相邻频差 $\Delta f=c/2L$
Ⅱ	$2L/c$ 时刻前出现轻微缺陷反射波；有桩底反射波	桩底谐振峰排列基本等间距，其相邻频差 $\Delta f=c/2L$，轻微缺陷产生的谐振峰与桩底谐振峰之间的频差 $\Delta f'>c/2L$
Ⅲ	有明显缺陷反射波，其他特征介于Ⅱ类和Ⅳ类之间	
Ⅳ	$2L/c$ 时刻前出现严重缺陷反射波或周期性反射波，无桩底反射波；或因桩身浅部严重缺陷使波形呈现低频大振幅衰减振动，无桩底反射波	缺陷谐振峰排列基本等间距，相邻频差 $\Delta f'>c/2L$，无桩底谐振峰；或因桩身浅部严重缺陷只出现单一谐振峰，无桩底谐振峰

注：对同一场地、地质条件相近、桩型和成桩工艺相同的基桩，因桩端部分桩身阻抗与持力层阻抗相匹配导致实测信号无桩底反射波时，可参照本场地同条件下有桩底反射波的其他桩实测信号判定桩身完整性类别。

4. 低应变反射波法测试仪器

基桩动测仪通常由测量和分析两大系统组成。测量系统包括激振设备、传感器、放大器、数据采集器、记录存储器组成；分析系统由动态信号分析仪或微机以及计算分析软件包组成。目前许多厂家把传感器、放大器、数据采集器、记录存储器、信号分析及数值计算分析软件融为一体，称之为信号采集分析仪。

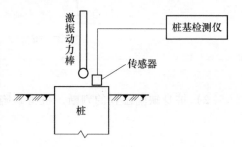

图 8-23　反射波法现场测试仪示意图

反射波法现场测试仪示意图如图 8-23 所示，包括：激振设备，为手锤或力棒，测浅部缺陷可使用主频高的小锤，测深部缺陷宜使用主频低的大锤；传感器，采用速度与加速度传感器（常用），传感器与桩头的连接必须良好；放大器，要求增益高、噪声低、频带宽；多道信号采集分析仪，要求仪器体积小、质量轻、性能稳定，便于野外使用，并具有实时时域显示及信号分析功能。

8.3.2.2 高应变动测法

1. 高应变动测法概述

高应变动测法包括以下几类方法：

1）打桩公式法。采用刚体碰撞过程中的动量与能量守恒原理而建立的打桩公式，用于预制桩施工时的同步测试。

2）锤击贯入法。简称锤贯法，类似静载荷试验法获得动态打击力与相应沉降之间的曲线，通过动静对比系数计算静承载力。

3）Smith 波动方程法。设桩为一维弹性杆，桩土间符合牛顿黏性体和理想弹塑性体模型，将锤、冲击块、锤垫、桩垫、桩等离散化为一系列单元，编程求解离散系统的差分方程组，得到打桩反应曲线，根据实测贯入度，考虑土的吸着系数，求得桩的极限承载力。

4）Case 法。该方法是波动方程半经验解析解法，将桩假定为一维弹性杆件，土体静阻力不随时间变化，动阻力仅集中在桩尖。根据应力波理论，可同时分析桩身完整性和桩土系统承载力。

5）波形拟合法（又称实测曲线拟合法、CAPWAP 法）。通过对波动问题进行数值计算，反演确定桩土模型参数。其模型较为复杂，只能编程计算，是目前广泛应用的一种较合理的方法。

6）静动法。该方法是介于静载荷试验和高应变法之间的一种试桩方法，也称准静态试桩法，其作用荷载是用动力方法产生，但延长冲击力作用时间，使之更接近于静载荷试验状态。故有些文献并不将该方法归入高应变法中。

各类试桩方法参数比较具体见表8-7。

表8-7 各类试桩方法参数比较

方法		设备重力（Q_u极限荷载）	荷载作用时间/ms	桩体速度/(m/s)	桩最大位移/mm	桩体加速度（g）	力峰值（kN）	桩的运动	动阻力	检测速度
静载法	堆载	120%Q_u	小时计	10^{-4}	100	0	$10^3 \sim 8\times10^4$	静力	无	1根/d
	锚桩	(5%~10%)Q_u								
静动法		(5%~10%)Q_u	80~800	0.5	10~20	<100	$2\times10^3 \sim 10^4$	刚体	一般	2~4根/d
高应变法		(1%~1.5%)Q_u	10~20	2~4	2.5~10	400~800	$2\times10^3 \sim 10^4$	应力波传播	大	2~6根/d
低应变法		—	2~10	10^{-2}	10^{-2}	50	10~40	应力波传播	很小	20~60根/d

Case 法和波形拟合法（CAPWAP 法）是目前最常用的两种高应变动测法，也是狭义的

高应变动测法。Case 法是由美国凯司大学在政府部门资助下，从 20 世纪 60 年代中期开始历经十余年，在 70 年代中期研究出的一套以行波理论为基础的桩基动力测量和分析方法。当时，打桩工程普遍采用各种基于刚体假定和能量关系的动力打桩公式来实现桩基工程的检测和承载力预测。随着振动测试技术的发展和计算机技术的应用，人们开始有可能考虑桩身的弹性特征而应用应力波理论来解决该类问题。Case 法就是在这个方向上实现了突破，从而提高了对打入桩的检测可靠性。随后，他们又提出了波形拟合法（实测曲线拟合法）并研制了 CAPWAP 分析软件，该法克服了 Case 法的局限性，可以用于各种复杂的桩土体系，并且真正实现了比较可靠的土阻力的分层解析，不仅可对单桩极限承载力和桩身完整性解析判定，还可估算桩侧阻的分布和端阻力值。1990 年以后我国不少单位都研制了类似的波形拟合法计算程序用于实际工程。

Case 法和波形拟合法的现场测试方法和测试系统完全相同，通过重锤冲击桩头，产生沿桩身向下传播的应力波和一定的桩土位移，利用对称安装于桩顶两侧的加速度计和应变计记录冲击波作用下的加速度与应变，并通过长线电缆传输给桩基动测仪；然后采用不同软件求得相应承载力和基桩质量完整性指数。CAPWAP 实测曲线拟合法是通过波动问题数值计算，反演确定桩土模型参数。其分析过程为：假定各桩单元的桩和土的力学模型及其模型参数，利用桩顶实测的速度（或者力、上行波、下行波）曲线作为输入边界条件，数值求解波动方程，反算桩顶的力（或者速度、下行波、上行波）曲线。若计算的曲线与实测曲线不吻合，说明假设的模型或其参数不合理，有针对性地调整模型及参数再进行计算，直至计算曲线与实测曲线（以及贯入度的计算值与实测值）的吻合程度良好且不易进一步改善为止，从而得到单桩承载力、桩身应力等分析结果。拟合法因要进行大量拟合反演运算，一般只能在室内进行。Case 法由于分析较为简单，可在现场提交高应变动力测试示意图结果，因而也称为波动方程实时分析法。下面主要介绍 Case 法的基本原理。

2. Case 法基本原理

Case 法从行波理论出发，推导得出了一套简洁的分析计算公式并改善了相应的测量仪器，使之能在打桩现场立即得到关于桩的承载力、桩身完整性、桩身应力和锤击能量传递等分析结果，其优点是具有很强的实时测量分析功能。

（1）Case 法基本假定

1）桩身是等阻抗的（$Z=\rho Ac$），即 Z 沿桩身不变。该假定对钢桩、预制桩和预应力管桩在桩身无缺陷情况下基本符合；而灌注桩断面是不均匀的，桩身即使无任何缺陷也难以满足。在该假定条件下，实测信号为除了土阻力和桩底信号的反射波外，没有任何阻抗变化的反射波。

2）动阻力集中在桩底，忽略桩侧动阻力。

3）忽略应力波在传播过程中的能量损耗，包括桩身中内阻尼损耗和向桩周土的逸散。在该假定条件下，应力波传播过程没有波形畸变和幅值的变化。

4）试桩时认为桩、土界面发生破坏，桩的承载力为土对桩的支承力。

（2）土阻力的反射波　桩顶受锤击作用，应力波沿桩身传递，遇到桩侧土摩阻力 R 时，将产生上行的压力波和下行的拉力波，由行波理论推导可知，此时所产生的上行压力波和下行拉力波数值上均为摩阻力 R 的一半。上行为 $R/2$ 的压力波到达测点后，对测点波的影响是使得力值增加、速度值减小，也就是力和速度波形分开，分开距离在数值上正好是桩侧摩阻力值。数值为 $-R/2$ 的下行拉力波将和下行的锤击力波 $F(t)$ 叠加，传播至桩底后产生反射。由桩顶的力和加速度传感器可以直接量测到土阻力，但它是包含静阻力和动阻力的总阻力值，其中含多少静阻力是未知的。

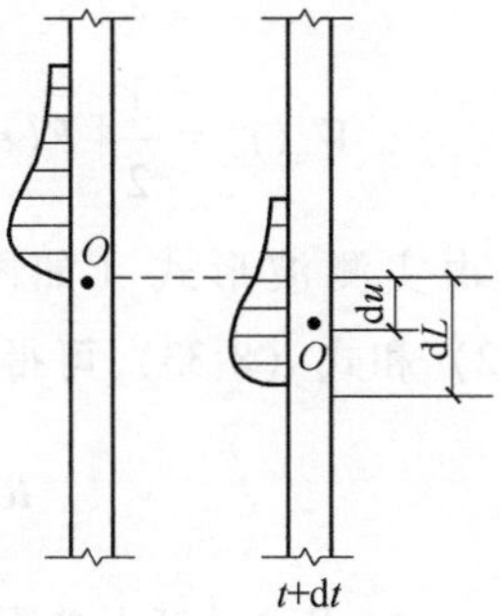

（3）行波理论计算总阻力　自由杆顶受锤击后，将产生一波速 c 向下传播的压缩波（下行波），经过 dt 时间，波行走距离为 dL（见图 8-24），即

$$dL = cdt$$

dL 长度范围内受到压缩的变形 du，则应变为

$$\varepsilon = du/dL = du/cdt$$

由胡克定律，杆内应力为

$$\sigma = F/A = E\varepsilon$$
$$F = AEdu/cdt$$

质点 O 运动速度为

$$v = du/dt = Fc/EA$$
$$F = EAv/c$$
$$EA/c = Z$$

综上可得

$$F = Zv \tag{8-25}$$

图 8-24　应力波沿杆件的传播

式中　A、E——杆截面面积和弹性模量；
　　　Z——杆的力学阻抗。

式（8-25）表明，在反射波到来之前，即无上行波时，力和速度是成正比的，比例系数为 Z。所以实测的力和速度波形，当只有下行波时，F 和 Zv 应该是重合的。

假设上、下行波分别为 $W_u(t)$ 和 $W_d(t)$，由式（8-25）可知，应力波在杆件中任何截面的轴力和运动速度之间，在数值上保持比例关系，因此得到：

上行波　　　　　$W_d(t) = Zv(t)$ $\tag{8-26}$
下行波　　　　　$W_u(t) = -Zv(t)$ $\tag{8-27}$

根据线性叠加原理，杆件任一截面在不同时刻的轴力和运动速度是上、下行波的叠加，即

$$F(t) = W_d(t) + W_u(t) \tag{8-28}$$
$$v(t) = [W_d(t)/Z] + [-W_u(t)/Z] \tag{8-29}$$

由式（8-28）和式（8-29）可得

$$F(t) - v(t)Z = 2W_u(t) \tag{8-30}$$

$$F(t) + v(t)Z = 2W_{\mathrm{d}}(t) \tag{8-31}$$

由式 (8-30) 和式 (8-31) 联立方程得到
上、下行波的计算公式为

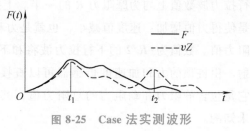

$$W_{\mathrm{d}}(t) = \frac{1}{2}[F(t) + v(t)Z] \tag{8-32}$$

$$W_{\mathrm{u}}(t) = \frac{1}{2}[F(t) - v(t)Z] \tag{8-33}$$

图 8-25　Case 法实测波形

由实测波形式 (如图 8-25 所示) 根据式
(8-32) 和式 (8-33) 可得土对桩的总阻力为

$$R = \frac{1}{2}[F(t_1) + F(t_2) + Zv(t_1) - Zv(t_2)] \tag{8-34}$$

式中　　　　R——打入总阻力；

$F(t_1)$、$v(t_1)$——t_1 时刻的力和速度值；

$F(t_2)$、$v(t_2)$——桩底反射处的力和速度值。

式 (8-34) 为 Case 法的基本公式。它是根据力和速度曲线，由行波理论推导得到的动力试桩时土对桩的总阻力。

3. Case 法单桩承载力判定

高应变实测阻力 R 为静阻力 R_{c} 和动阻力 R_{D} 之和，但人们关心的是类似单桩静载荷试验的静阻力 R_{c}，这需从总阻力中分离出静阻力。

$$R = R_{\mathrm{c}} + R_{\mathrm{D}} \tag{8-35}$$

动阻力 R_{D} 可简化为与桩身阻抗和运动速度呈线性关系的黏滞阻尼模型，即桩端动阻力 R_{D} 为

$$R_{\mathrm{D}} = J_{\mathrm{c}}Zv_{\mathrm{b}} \tag{8-36}$$

式中　J_{c}——Case 阻尼系数；

　　　v_{b}——桩底质点速度。

将上述各式整理，可得

$$v_{\mathrm{b}} = \frac{1}{2}(F(t_1) + Zv(t_1) - R) \tag{8-37}$$

$$R_{\mathrm{c}} = \frac{1}{2}(1 - J_{\mathrm{c}})[F(t_1) + Zv(t_1)] + \frac{1}{2}(1 + J_{\mathrm{c}})[F(t_2) - Zv(t_2)] \tag{8-38}$$

式中　　　　J_{c}——Case 阻尼系数，可用静、动对比试验求得，或根据地区经验假定；

$F(t_1)$、$v(t_1)$——t_1 时刻力和速度值，t_1 时刻可取在第一峰值、第二峰值或最大峰值处，3 种取法一般情况其结果相差不大，如果有明显差别，应选择能提供最大静阻力的那个位置；

$F(t_2)$、$v(t_2)$——桩底反射处的力和速度值，t_2 为桩底反射点的位置，即 (t_1+2L/c) 时刻。

可见，t_1 和 t_2 确定后，在波形曲线上 $F(t_1)$、$F(t_2)$、$v(t_1)$、$v(t_2)$ 都有确定值，桩身阻抗 Z 可根据桩身截面积和波速计算得到，所以有了实测的力和速度波形，很容易用 Case

法计算单桩极限承载力。

《建筑基桩检测技术规范》中 Case 法判定单桩静阻力 R_c 的公式如下

$$R_c = \frac{1}{2}(1 - J_c)\left[F(t_1) + Zv(t_1)\right] + \frac{1}{2}(1 + J_c)\left[F\left(t_1 + \frac{2L}{c}\right) - Zv\left(t_1 + \frac{2L}{c}\right)\right] \quad (8\text{-}39)$$

$$Z = \frac{EA}{c} \quad (8\text{-}40)$$

式中　A——桩身截面面积；

　　　L——测点以下桩长。

式（8-39）适用于 $t_1 + 2L/c$ 时刻桩侧和桩端阻力均已充分发挥的摩擦型桩。

Case 法判定单桩极限承载力的关键之一是选取合理的阻尼系数 J_c。J_c 值的准确确定，只有通过静、动试桩对比得到。美国 PID 公司的 Case 阻尼系数建议值如下：砂取 $0\sim0.15$；砂质粉土取 $0.15\sim0.25$；粉质黏土取 $0.45\sim0.70$；黏土取 $0.9\sim1.20$。

4. 桩身完整性判定

对于等截面均匀桩，只有桩底反射能形成上行拉力波，且是 $2L/c$ 时到达桩顶。如果动测仪实测信号中于 $2L/c$ 之前看到上行的拉力波，那么一定是由桩身阻抗减小所引起的。假定应力波沿波阻抗为 Z_1 的桩身传播途中，在 x 深度处遇到阻抗减小（设阻抗为 Z_2），且无土阻力的影响，若反射波为 F_R、入射波为 F_I，则 x 界面处的反射波为

$$F_R = \frac{Z_2 - Z_1}{Z_1 + Z_2}F_I \quad (8\text{-}41)$$

定义桩身完整性系数 $\beta = Z_2/Z_1$，根据式（8-41）可得

$$\beta = \frac{F_I + F_R}{F_I - F_R} \quad (8\text{-}42)$$

由于 F_I 和 F_R 不能直接测量，需通过桩顶所测信号进行换算。如果不计土阻力的影响，则 x 位置处的入射波 F_I 和反射波 F_R 与桩顶处（$x = 0$）的实测力波（上行波 F_u 和下行波 F_d）有以下对应关系

$$F_I = F_d(t_1)$$
$$F_R = F_u(t_x) \quad (8\text{-}43)$$

式中　t_x——$t_x = t_1 + 2x/c$。

当考虑土阻力影响时，桩顶处 t_x 时刻的上行波 $F_u(t_x)$ 不仅包括了由于阻抗变化所产生的 F_R 作用，同时也受到 x 界面以上桩段所发挥的总阻力 R_x 的影响，即

$$F_u(t_x) = F_R + \frac{R_x}{2}$$

或　　　$$F_R = F_u(t_x) - \frac{R_x}{2} \quad (8\text{-}44)$$

同理，对于 x 位置处的入射波 F_I，可由桩顶初始下行波 $F_d(t_1)$ 与 x 桩段全部土阻力所

产生的下行拉力波叠加求得

$$F_1 = F_d(t_1) - \frac{R_x}{2} \tag{8-45}$$

将式（8-44）和式（8-45）代入式（8-42）可得

$$\beta = \frac{F_d(t_1) - R_x + F_u(t_x)}{F_d(t_1) - F_u(t_x)} \tag{8-46}$$

式（8-46）用桩顶实测力和速度表示为

$$\beta = \frac{F(t_1) + F(t_x) - 2R_x + Z[v(t_1) - v(t_x)]}{F(t_1) - F(t_x) + Z[v(t_1) + v(t_x)]} \tag{8-47}$$

式（8-47）中 Z 为传感器安装点处的桩身阻抗，相当于等截面均匀桩的缺陷以上桩段的桩身阻抗。即式（8-47）是对等截面桩的桩顶以下的第一个缺陷程度的计算。桩身完整性类别与完整性系数 β 的对应关系见表 8-8。测点下桩身第一个缺陷位置按下式计算

表 8-8　CASE 法桩身完整性判定

类　别	β 值	类　别	β 值
I	$\beta = 1.0$	III	$0.6 \leqslant \beta < 0.8$
II	$0.8 \leqslant \beta < 1.0$	IV	$\beta < 0.6$

$$x = c \frac{t_x - t_1}{2} \tag{8-48}$$

式中　x——桩身缺陷至传感器安装点的距离；

　　　t_x——缺陷反射峰对应的时刻；

　　　R_x——缺陷以上部分土阻力的估计值，等于缺陷反射波起始点的力与速度乘以桩身截面力学阻抗之差值（$F-vZ$），取值方法如图 8-26 所示。

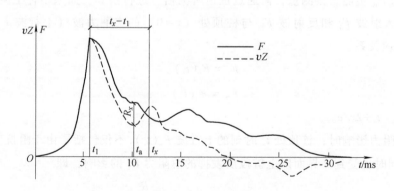

图 8-26　实测曲线及桩身完整性系数计算

5. Case 法适用范围

（1）该方法适用于检测基桩的竖向抗压承载力和桩身完整性；监测预制桩打入时的桩

身应力和锤击能量传递比，为沉桩工艺参数及桩长选择提供依据。

（2）进行灌注桩的竖向抗压承载力检测时，应具有现场实测经验和本地区相近条件下的可靠对比验证资料。

（3）对于大直径扩底桩和 Q-s 曲线具有缓变型特征的大直径灌注桩，不宜采用本方法进行竖向抗压承载力检测。

（4）出现下列情况之一时，桩身完整性判定宜按工程地质条件和施工工艺，结合实测曲线拟合法或其他检测方法综合进行：

1）桩身有扩径的桩。

2）桩身截面渐变或多变的混凝土灌注桩。

3）力和速度曲线在峰值附近比例失调，桩身浅部有缺陷的桩。

4）锤击力波上升缓慢，力与速度曲线比例失调的桩。

8.3.3　声波透射法

声波透射法是将两根或两根以上的声测管固定于桩身钢筋笼上，预埋作为声波换能通道，每对声测管构成一个检测剖面，通过水的耦合，超声波从一根声测管发射，到另一根管内接收，利用声波的透射原理，根据声时、波幅及主频等特征参数的变化，对桩身混凝土介质状况进行检测，从而确定桩身的完整性。本方法适用于已预埋声测管的混凝土灌注桩桩身完整性检测，判定桩身缺陷的程度并确定其位置。

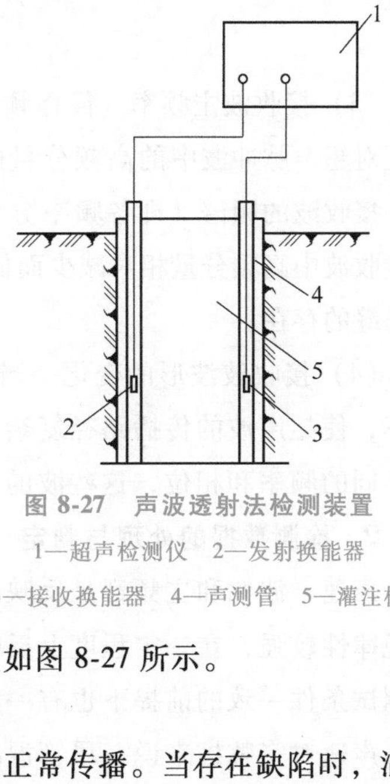

声波透射法检测装置包括非金属超声检测仪、超声波发射及接收换能器（也称探头）、预埋测管等，也有的设备加上换能器标高控制绞车和数据处理计算机，其装置如图 8-27 所示。

图 8-27　声波透射法检测装置

1—超声检测仪　2—发射换能器
3—接收换能器　4—声测管　5—灌注桩

1. 声波透射法基本原理

当混凝土无缺陷时，混凝土是连续体，超声波在其中是正常传播。当存在缺陷时，混凝土的连续性中断，缺陷区与混凝土之间形成界面（空气与混凝土界面）。在这界面上，超声波的传播情况发生变化，将发生反射、散射与绕射（见图 8-28），此时接收到的波的声学参数也将发生如下变化：

（1）声时（及声速）的变化　声时是指超声波穿过混凝土所需的时间；声速是指超声波传播单位声时所经过的路程。由于钻孔桩的混凝土缺陷主要是由于灌注时混入泥浆或混入来自孔壁坍塌的泥、砂所造成的。缺陷区的夹杂物声速低，或声阻抗明显低于混凝土的声阻抗。因此，超声脉冲穿过缺陷或绕过缺陷时，声时值增大。增大的数值与缺陷尺度大小有关，所以声时值是判断缺陷有无和计算缺陷大小的基本物理量。为观察声时值随深度的变化情况，通常绘制"声时-深度"曲线。

（2）接收波振幅的变化　当波束穿过缺陷区时，部分声能被缺陷内含物所吸收，部分声能被缺陷的不规则表面反射和散射，到达接收探头的声能明显减少，反映为波幅降低。实践证明，波幅对缺陷的存在非常敏感，是判断桩内缺陷有无的重要参数。

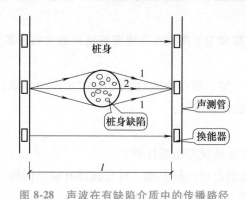

图 8-28　声波在有缺陷介质中的传播路径

1—声波绕过桩身缺陷传播　2—声波穿越桩身缺陷的传播

（3）接收波主频率（简称频率）的变化　对接收波信号的频谱分析证明，不同质量的混凝土对超声脉冲波中的高频分量的吸收、衰减不同。因此，当超声波通过不同质量的混凝土后，接收波的频谱（即各频率分量的幅度）也不同。质量差或有内部缺陷、裂缝的混凝土，其接收波中高频分量相对减少而低频分量相对增大，接收波的主频率值下降，从而反映出缺陷和裂缝的存在。

（4）接收波波形的变化　当超声波通过混凝土内部缺陷时，由于混凝土的连续性已被破坏，使超声波的传播路径复杂化，直达波、绕射波等各类波相继到达接收换能器。它们各有不同的频率和相位，这些波的叠加有时会造成波形的畸变。

2. 检测数据的处理与判定

声速、波幅和主频都是反映桩身质量的声学参数测量值。大量实测经验表明，声速的变化规律性较强，在一定程度上反映了桩身混凝土的均匀性，而波幅的变化较灵敏，主频在保持测试条件一致的前提下也有一定的规律。

声速对完整桩来说，尽管混凝土本身的不均匀性会造成测量值一定的离散性，但测量值仍符合正态分布；对缺陷桩来说，由缺陷造成的异常测量值则不符合正态分布。声速检测数据的处理方法是，对来自某根基桩（完整桩或缺陷桩）的测量值样本数据，首先识别并剔除来自缺陷部分的异常测量点，以得到完整性部分所具有的正态分布统计特征，并将此统计特征作为基桩完整性的判定依据。

声幅采用声幅平值作为完整性的判定依据，主频则通过主频-深度曲线上明显异常作为判定依据。

对现场实测数据整理后，应绘制声速-深度（v-z）曲线、波幅-深度曲线（A_p-z）曲线及主频-深度（f-z）曲线，由此对桩的完整性进行判定。

（1）声速判据

1）采用概率统计方法确定声速临界值

a）将同一检测剖面各测点的声速值由大到小依次排序，即

$$v_1 \geq v_2 \geq \cdots \geq v_i \geq \cdots \geq v_{n-k} \geq \cdots \geq v_{n-1} \geq v_n (k = 0, 1, 2, \cdots, n) \quad (8\text{-}49)$$

式中　v_i——按序排列后的第 i 个声速测量值；

　　　n——检测剖面测点数；

　　　k——从零开始逐一去掉上式序列尾部最小数值的数据个数。

b）对从零开始逐一去掉序列中最小数值后余下的数据进行统一计算。当去掉最小数值的数据为 k 时，对包括在内的余下数据 $v_1 \sim v_{n-k}$ 按下列公式进行统计计算

$$v_0 = v_m - \lambda s_x \quad (8\text{-}50)$$

$$v_m = \frac{1}{n-k} \sum_{i=1}^{n-k} v_i \quad (8\text{-}51)$$

$$s_x = \sqrt{\frac{1}{n-k-1} \sum_{i=1}^{n-k} (v_i - v_m)^2} \quad (8\text{-}52)$$

式中　v_0——异常判断值；

　　　v_m——$(n\text{-}k)$ 个数据的平均值；

　　　λ——由表 8-9 查得的与 $(n\text{-}k)$ 相对应的系数；

　　　s_x——$(n\text{-}k)$ 个数据的标准差。

c）将 v_{n-k} 与异常判断值 v_0 进行比较，当 $v_{n-k} \leq v_0$ 时，v_{n-k} 及其以后的数据均为异常，去掉 v_{n-k} 及其以后的异常数据，再用数据 $v_1 \sim v_{n-k-1}$ 重复式（8-50）~式（8-52）的计算步骤，直到 v_i 序列中余下的数据全部满足下式

$$v_i > v_0 \quad (8\text{-}53)$$

此时的 v_0 为声速的异常判断临界值 v_{c0}。

d）声波异常的临界值判定依据为

$$v_i \leq v_{c0} \quad (8\text{-}54)$$

当式（8-54）成立时，此声速可判定为异常。

表 8-9　统计数据个数 $(n\text{-}k)$ 与对应的 λ 值

$(n\text{-}k)$	20	22	24	26	28	30	32	34	36	38
λ	1.64	1.69	1.73	1.77	1.80	1.83	1.86	1.89	1.91	1.94
$(n\text{-}k)$	40	42	44	46	48	50	52	54	56	58
λ	1.96	1.98	2.00	2.02	2.04	2.05	2.07	2.09	2.10	2.11
$(n\text{-}k)$	60	62	64	66	68	70	72	74	76	78
λ	2.13	2.14	2.15	2.17	2.18	2.19	2.20	2.21	2.22	2.23
$(n\text{-}k)$	80	82	84	86	88	90	92	94	96	98
λ	2.24	2.25	2.26	2.27	2.28	2.29	2.29	2.30	2.31	2.32
$(n\text{-}k)$	100	105	110	115	120	125	130	135	140	145
λ	2.33	2.34	2.36	2.38	2.39	2.41	2.42	2.45	2.46	2.46
$(n\text{-}k)$	150	160	170	180	190	200	220	240	260	280
λ	2.47	2.50	2.52	2.54	2.56	2.58	2.61	2.64	2.67	2.69

2）当检测剖面各测点的声速值普遍偏低且离散性很小时，宜采用声速低限值来判定，即下式成立时，可直接判定为异常

$$v_i < v_L \tag{8-55}$$

式中 v_i——第 i 测点声速；

v_L——声速低限值，可由同条件混凝土试件强度和速度对比试验，结合地区经验确定，声速低限值相对应的混凝土强度不宜低于 $0.9R$（R 为混凝土设计强度），若试件为钻孔芯样，则不宜低于 $0.86R$。

（2）波幅判据 首波对缺陷的反应比声速敏感，但波幅测试受仪器设备，测距和耦合状态等因素影响，其测试值没声速稳定。波幅异常的临界值判据为同一剖面各测点波幅平均值的一半。

$$A_m = \frac{1}{n} \sum_1^n A_{pi} \tag{8-56}$$

$$A_{pi} < A_m - 6 \tag{8-57}$$

式中 A_m——波幅平均值（dB）；

n——检测剖面测点数。

当式（8-57）成立时，波幅可判定为异常。实际判定时，应将异常点波幅与混凝土的其他声学参量综合分析判定。

（3）主频判据 检测参数主频漂移程度反映声波在混凝土传播时的衰减程度，这种衰减程度又反映混凝土质量的优劣，主频信号漂移越大，混凝土质量越差，它可作为桩身缺陷的辅助判据，即主频-深度曲线上主频值明显降低的测点可判为异常。

（4）PSD判据（斜率判据） 声时曲线相邻点的斜率 K 和相邻两点声时差 Δt 乘积为 PSD，即 $PSD = K\Delta t$

$$K = \frac{t_{ci} - t_{ci-1}}{z_i - z_{i-1}} \tag{8-58}$$

$$\Delta t = t_{ci} - t_{ci-1} \tag{8-59}$$

式中 t_{ci}——第 i 测点声时（ms）；

t_{ci-1}——第（i-1）测点声时（ms）；

z_i——第 i 测点深点（m）；

z_{i-1}——第（i-1）测点深度（m）。

PSD判别法是声时随深度曲线的求导计算，通过这样数学变换更容易发现曲线的突变特征，对界面变化明显的局部缺陷十分敏感，而由于两测管不平行或混凝土不均匀等非缺陷原因所引起的声时变化基本上不反映。

（5）桩身完整性类别判定 根据桩身混凝土的声速、波幅临界值、混凝土声速低限值、PSD判据和桩身质量可疑点的加密测试后确定缺陷范围，同时结合波形特征、桩施工工艺、施工记录和地质报告进行综合评价和桩类别判定，见表8-10。

表 8-10 声波透射法桩身完整性判定

类 别	特 征
I	各检测剖面的声学参数均无异常，无声速低于低限值异常
II	某一检测剖面个别测点的声学参数出现异常，无声速低于低限值异常
III	某一检测剖面连续多个测点的声学参数出现异常 两个或两个以上检测剖面在同一深度测点的声学参数出现异常 局部混凝土声速出现低于低限值异常
IV	某一检测剖面连续多个测点的声学参数出现明显异常 两个或两个以上检测剖面在同一深度测点的声学参数出现明显异常 桩身混凝土声速出现普遍低于低限值异常或无法检测首波或声波接收信号严重畸变

思考题

8-1 预制桩包括哪些桩型？有哪些沉桩方法？

8-2 预制桩的沉桩深度如何确定？

8-3 简述预制桩沉桩对周围环境的挤土影响及其防控措施。

8-4 灌注桩按照成孔方法分为哪些类型？简述它们的施工工序。

8-5 简述灌注桩的后注浆工艺及其特点。

8-6 什么是挤扩支盘桩？简述其施工工序。

8-7 桩的现场静载荷试验主要有哪些？简述其试验方法和目的。

8-8 简述 Osterberg 试桩法的测试原理。为何也称之为自平衡试桩技术？

8-9 Osterberg 试桩法的主要优点和局限性有哪些？

8-10 简述基桩检测方法及其检测目的。

8-11 桩身质量的无损检测方法有哪些？各自的检测项目主要是什么？

8-12 什么是桩基的动力检测？什么是低应变法和高应变法？

8-13 低应变动力检测主要包括哪些方法？目前最常用的是哪个方法？

8-14 低应变应力波反射法的基本原理是什么？

8-15 桩身缺陷类型主要指哪些？简述低应变应力波反射法判定桩身缺陷类型及缺陷位置的具体方法和步骤。

8-16 简述应力波反射法对桩身完整性的类别判定依据。

8-17 高应变动力检测主要包括哪些方法？目前最常用的是哪两个方法？

8-18 Case 法和波形拟合法在测试方法和分析方法上有何异同？

8-19 简述 Case 法对单桩承载力和桩身完整性判定的方法或步骤。

8-20 简述 Case 法的适用范围。

8-21 什么是声波透射法？该方法适用于什么情况？

8-22 简述声波透射法对桩身完整性的类别判定依据。

参 考 文 献

［1］中华人民共和国建设部. 建筑桩基技术规范：JGJ 94—2008［S］. 北京：中国建筑工业出版社，2008.

［2］中国建筑科学研究院. 混凝土结构设计规范（2015 年版）：GB 50010—2010［S］. 北京：中国建筑工业出版社，2015.

［3］中华人民共和国住房和城乡建设部. 建筑地基基础设计规范：GB 50007—2011［S］. 北京：中国计划出版社，2012.

［4］中华人民共和国住房和城乡建设部. 建筑基桩检测技术规范：JGJ 106—2014［S］. 北京：中国建筑工业出版社，2014.

［5］中华人民共和国住房和城乡建设部，中华人民共和国国家质量监督检验检疫总局. 建筑抗震设计规范（2016 年版）：GB 50011—2010［S］. 北京：中国建筑工业出版社，2016.

［6］中华人民共和国住房和城乡建设部. 高层建筑筏形与箱形基础技术规范：JGJ 6—2011［S］. 北京：中国建筑工业出版社，2011.

［7］中华人民共和国交通运输部. 公路桥涵地基与基础设计规范：JTG 3363—2019［S］. 北京：人民交通出版社，2020.

［8］中华人民共和国交通运输部. 公路桥涵设计通用规范：JTG D60—2015［S］. 北京：人民交通出版社，2015.

［9］中华人民共和国交通运输部. 公路钢筋混凝土及预应力混凝土桥涵设计规范：JTG 3362—2018［S］. 北京：人民交通出版社，2018.

［10］国家铁路局. 铁路桥涵地基和基础设计规范：TB 10093—2017［S］. 北京：中国铁道出版社，2017.

［11］国家铁路局. 铁路桥涵设计规范：TB 10002—2017［S］. 北京：中国铁道出版社，2017.

［12］中华人民共和国交通运输部. 水运工程地基设计规范：JTS 147—2017［S］. 北京：人民交通出版社，2018.

［13］中华人民共和国交通运输部. 水运工程桩基设计规范：JTS 147—7—2022［S］. 北京：人民交通出版社，2023.

［14］史佩栋. 桩基工程手册［M］. 北京：人民交通出版社，2008.

［15］张雁，刘金波. 桩基手册［M］. 北京：中国建筑工业出版社，2009.

［16］《桩基工程手册》编写委员会. 桩基工程手册［M］. 北京：中国建筑工业出版社，1995.

［17］张忠苗. 桩基工程［M］. 北京：中国建筑工业出版社，2007.

［18］袁聚云，楼晓明，姚笑青，等. 基础工程设计原理［M］. 北京：人民交通出版社，2011.

［19］杨克己. 实用桩基工程［M］. 北京：人民交通出版社，2011.

［20］高大钊，赵春风，徐斌. 桩基础的设计方法与施工技术［M］. 2 版. 北京：机械工业出版社，2002.

［21］穆保岗. 桩基工程［M］. 南京：东南大学出版社，2009.

[22] 闫富有，刘忠玉，祝彦知，等. 基础工程［M］. 北京：中国电力出版社，2009.

[23] 赵明华. 桥梁桩基计算与检测［M］. 北京：人民交通出版社，2000.

[24] 凌治平，易经武. 基础工程［M］. 北京：人民交通出版社，1997.

[25] 陈国兴. 高层建筑基础设计［M］. 北京：中国建筑工业出版社，2000.

[26] 华南理工大学，东南大学，湖南大学，等. 地基及基础［M］. 北京：中国建筑工业出版社，1998.

[27] 吴邦颖. 路基工程［M］. 成都：西南交通大学出版社，1989.